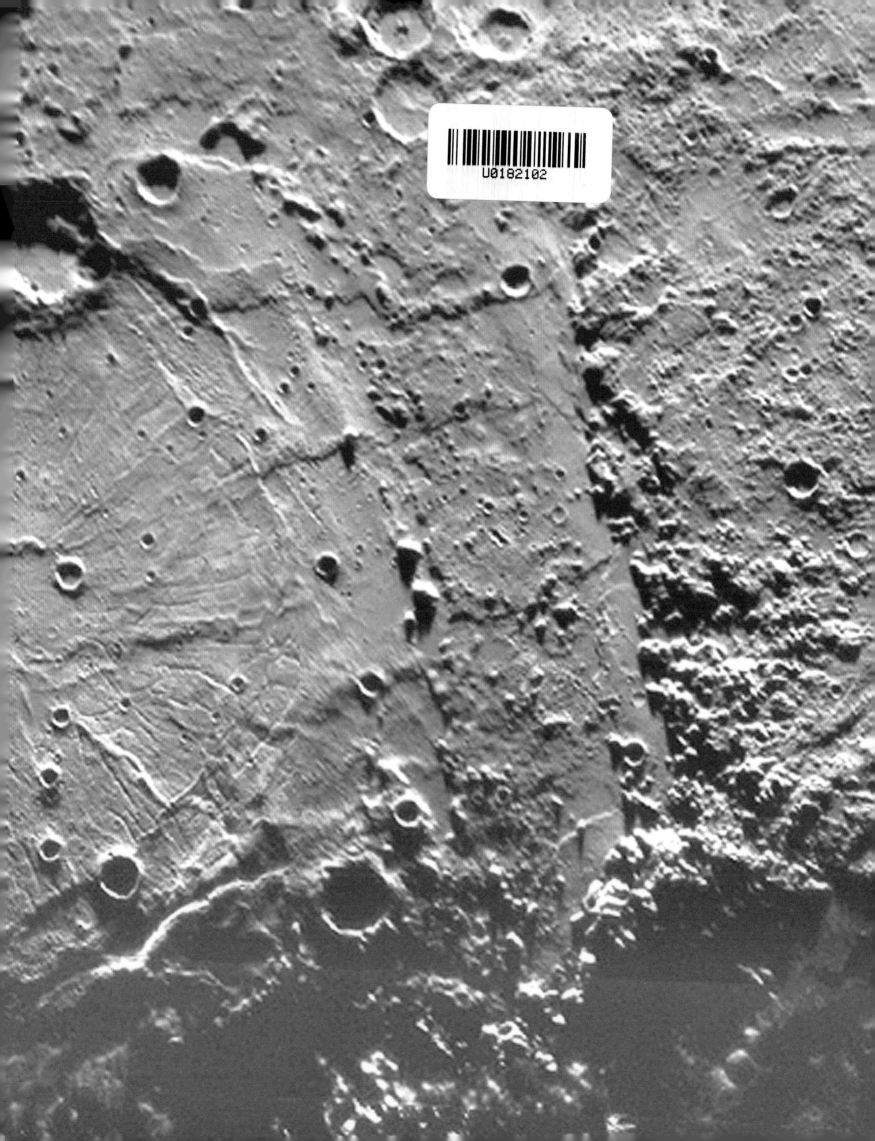

SPACE 太空

DK太空

从地球一直到宇宙边缘

［英］卡萝尔·斯托特 等编

孙跃 译

南斗天文 校译

科学普及出版社

·北 京·

Original Title: Space: From Earth to the Edge of the Universe

Copyright © 2010 Dorling Kindersley Limited

A Penguin Random House Company

本书中文版由Dorling Kindersley Limited

授权科学普及出版社出版，未经出版社允许

不得以任何方式抄袭、复制或节录任何部分。

版权所有　侵权必究

著作权合同登记号　01-2015-3198

图书在版编目（ＣＩＰ）数据

DK太空：从地球一直到宇宙边缘 /（英）卡萝尔·斯托特等编；孙跃译.

－－ 北京：科学普及出版社，2020.11（2024.5重印）

书名原文: Space: From Earth to the Edge of the Universe

ISBN 978-7-110-09509-6

Ⅰ.①D… Ⅱ.①卡… ②孙… Ⅲ.①宇宙学－普及读物 Ⅳ.
①P159-49

中国版本图书馆CIP数据核字(2016)第312339号

策划编辑　吕建华　赵　晖

责任编辑　夏凤金

责任校对　张晓莉

责任印制　徐　飞

科学普及出版社出版

http://www.cspbooks.com.cn

北京市海淀区中关村南大街16号

邮政编码：100081

联系电话：010-63582180

中国科学技术出版社有限公司销售中心发行

鸿博昊天科技有限公司印刷

开本：635mm×965mm　1/8

印张：45　字数：400千字

2020年11月第1版　2024年5月第9次印刷

定价：268.00元

ISBN 978-7-110-09509-6/P·190

混合产品

纸张 |
支持负责任林业

FSC® C018179
www.fsc.org

www.dk.com

目　录

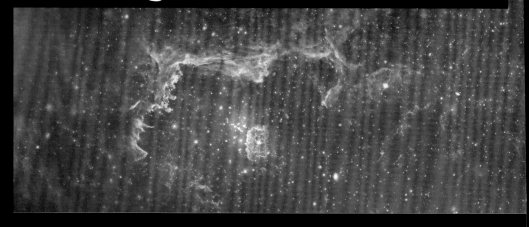

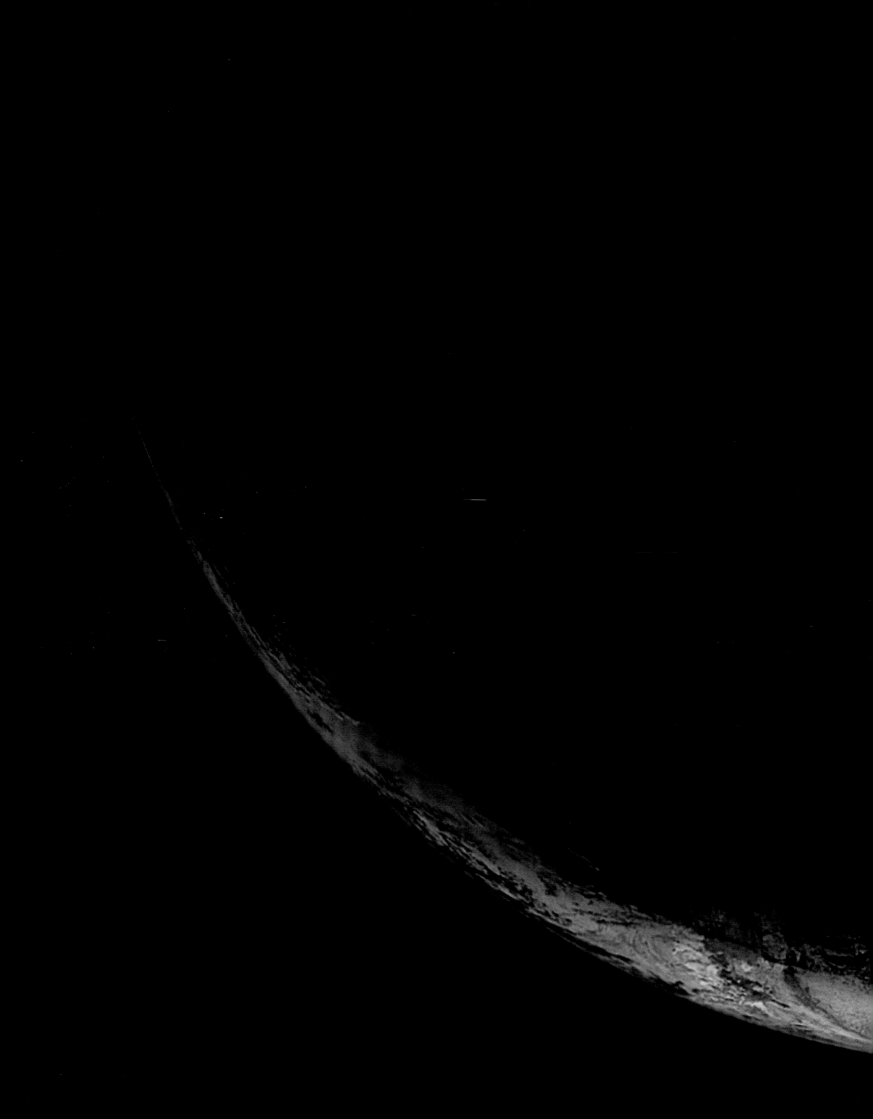

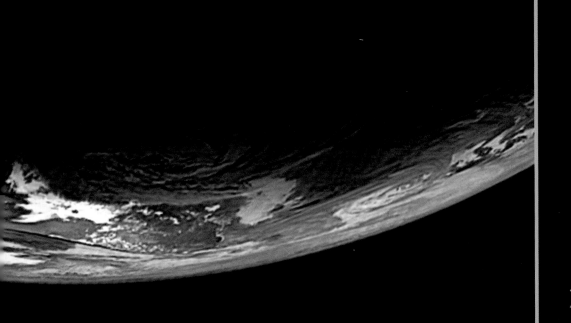

1

发射场——地球

<< 地球
从350000千米处遥望地球

遥望太空

人类对宇宙的认识源于在地球上的种种观测，站在宇宙中的这颗小星球上，天文学家们通过对宇宙历史中某一时刻、某一点的观测，最终拼凑出了我们对宇宙的非凡理解，以及我们在其中的位置。

地基观测

虽然人类并未太过远离地球，但是通过不断地接收来自宇宙的信号，也可以揭示宇宙的秘密。这些信号大多数以可见光或其他辐射形式存在，经历了几百、几百万甚至数十亿年穿过宇宙空间才到达地球，人们通过望远镜对其观测收集，通过分析可以得知遥远天体的形状、空间运动情况、物理属性以及化学成分。此外，辐射不是到达地球信号中的唯一形式，陨石和高能粒子（曾被误称为宇宙射线）也让我们得以一窥地球附近的行星及更广阔宇宙的迷人图景。

肉眼观星
夜晚时分，如果天空晴朗，人们用肉眼可以看到约3000颗恒星，还有一些行星，淡淡的银河以及大量星团、星云，甚至还能看到距离地球较近的一些星系。

望远镜观星
透过哈勃空间望远镜，人们可以看到，杜鹃座方向原本肉眼中空旷的夜空，也出现了数千星系，密密麻麻地排布在遥远的宇宙空间中。

宇宙的范围

宇宙的范围大到超乎想象。地球只是广阔的太阳系中的一点，而太阳系又只是银河系2000亿个类似系统中的一个，它们大部分被巨大空旷的宇宙空间隔开。同样，银河系也只是宇宙中1000亿个星系中的一个。

如果以千米或英里为单位计量宇宙的距离，数字大到无法想象，为了更合理地表示宇宙距离，天文学家使用了更大的计量单位。在太阳系中使用的基本单位是天文单位（AU），即地球至太阳的平均距离——1.496亿千米。要表示星际和星系际的距离，则最好使用光年作为计量单位，即宇宙中最快的现象——光在一年中走过的距离。光速非常快，达10.79亿千米/时，所以1光年相当于9.5万亿千米。

银河系
一个巨大的棒旋星系，直径约10万光年，太阳系位于其盘面结构上。

太阳系区域在银河系的位置
位于银河系的猎户臂，距中心约26000光年。

天狼星

太阳系附近空间
距离太阳最近的恒星是比邻星，约4.24光年远。大多数恒星相距几十、几百甚至几千倍远。

冥王星轨道

小行星主带

太阳

地球

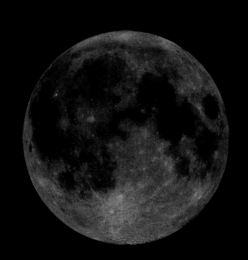

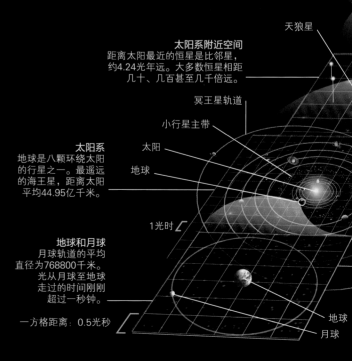

太阳系
地球是八颗环绕太阳的行星之一。最遥远的海王星，距离太阳平均44.95亿千米。

1光时

地球和月球
月球轨道的平均直径为768800千米。光从月球至地球走过的时间刚刚超过一秒钟。

地球

月球

一方格距离：0.5光秒

最近的邻居
月球是我们在太空中最近的邻居，在距离地球平均384400千米的轨道上运行，这一距离约为地球直径的30倍。

遥远的宇宙
艾贝尔星系团1689距我们22亿光年远，发射出的光线需用地球年龄的一半时间才能到达地球。

奔向宇宙

大部分宇宙空间距离我们非常遥远，我们只能掌握一些到达地球的信息。但幸运的是，我们可以通过有人或无人探测器，详细研究地球附近的几个天体。1957年人类开启了太空时代，卫星升空，从全新的角度向我们展示了一个不一样的地球，宇航员踏上月球，自动空间探测器飞掠太阳系的几个主要天体和许多小天体。人们发现这些探测器虽然不如人类灵活，但十分耐用，且可被设计用于完成一系列不同任务，比如短时间飞掠行星并对其进行探测，或者延长在行星轨道运行的时间，又或通过固定平台或可移动的探测车完成对行星表面的探测。这些探测不仅向我们展示了行星的外表，也揭示了其表面化学成分、内部结构和地质历史。

> **"我认为人类活不过下一个千年，除非我们移民太空。"**
>
> 斯蒂芬·霍金，《每日电讯报》，2001年

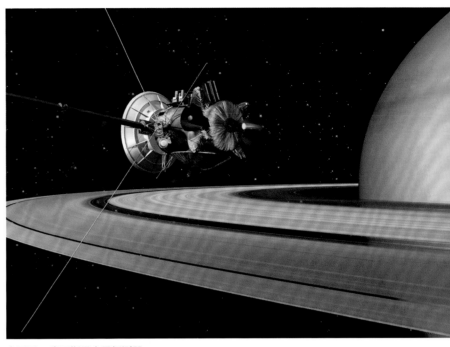

卡西尼－惠更斯号土星探测器
此图是卡西尼－惠更斯号探测器环绕土星的场景。卡西尼－惠更斯号由"惠更斯"和"卡西尼"两部分组成，惠更斯是登陆土卫六表面的探测器，卡西尼是一个绕土星运行的轨道飞行器，从1997年发射，一直工作到2017年（见156~157页）。

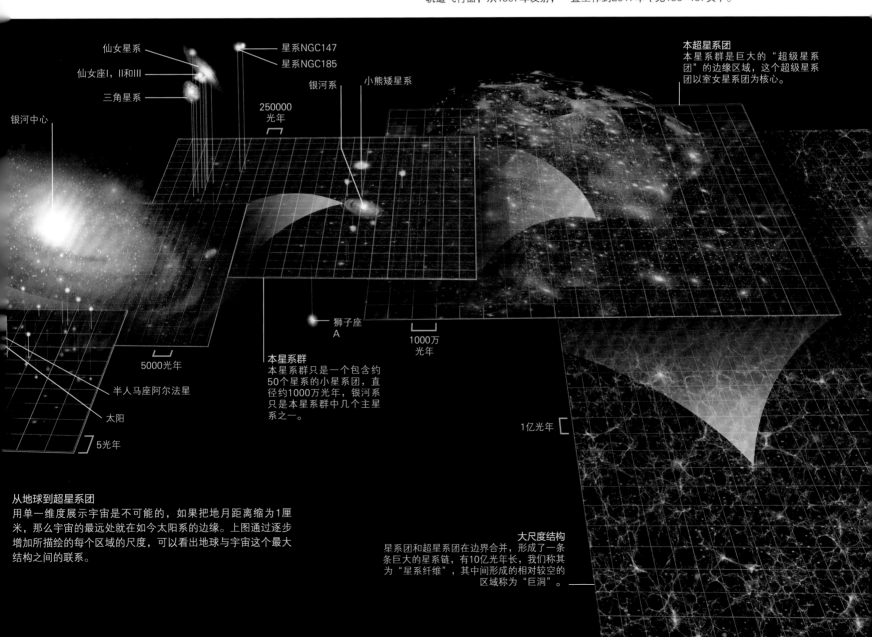

从地球到超星系团
用单一维度展示宇宙是不可能的，如果把地月距离缩为1厘米，那么宇宙的最远处就在如今太阳系的边缘。上图通过逐步增加所描绘的每个区域的尺度，可以看出地球与宇宙这个最大结构之间的联系。

本星系群
本星系群只是一个包含约50个星系的小星团，直径约1000万光年，银河系只是本星系群中几个主星系之一。

本超星系团
本星系群是巨大的"超级星系团"的边缘区域，这个超级星系团以室女星系团为核心。

大尺度结构
星系团和超星系团在边界合并，形成了一条条巨大的星系链，有10亿光年长，我们称其为"星系纤维"，其中间形成的相对较空的区域称为"巨洞"。

仙女星系
仙女座I，II和III
三角星系
银河中心
星系NGC147
星系NGC185
银河系
小熊矮星系
250000 光年
5000光年
半人马座阿尔法星
太阳
5光年
狮子座 A
1000万 光年
1亿光年

仰望星空

历史上大多数时间，天文学家只能用肉眼或者简单的测量仪器，观测记录恒星、行星或者其他天体的属性。如今，人们已能够利用一系列地基和在轨高科技探测器，对天空进行全方位探测和研究。

光学望远镜

毫无疑问，现代天文学中最重要的观测工具当属望远镜了。望远镜发明于17世纪初，之后人们对其不断改进完善。它实际上是一种收集装置，能够捕获更多人眼所看不到的光线。望远镜还可以将天空中的某一天体或者区域的图像放大，或者将收集到的光线传输到其他仪器，用于全方位分析研究。早期望远镜（和现代一些非专业仪器）用透镜收集光线，然后将光线集中于一点，现代望远镜则大量使用反射镜（直径达数米），将光线集中于一点。如今，专业的天文学家很少通过目镜直接观看望远镜形成的图像，而是通过电子探测器等仪器，收集光线，转换成各种数据，在电脑中做进一步分析。

> " 在云层之上的山顶上也许可以看到最宁静的空气。"

艾萨克·牛顿，英国天文学家

主要光学天文台

对于在地面观测的天文学家来说，地球大气中的不稳定气流和多变的天气是一个挑战。云层会影响视域，就算天空晴朗无云，光线也可能被吸收或者扭曲。因此，世界上许多重要的天文台集中在某几个地方，都是海拔较高的岛屿，例如夏威夷的莫纳克亚，或者海拔较高的沙漠中，例如智利的阿塔卡马。位于这些地方的望远镜受大气和天气影响较小，在夜空中观测时最为清晰。

1.凯克望远镜I和II（口径10米），莫纳克亚天文台，夏威夷
2.甚大望远镜（口径8.2米），帕拉纳尔天文台，智利
3.LBT大型双筒望远镜（口径11.8米），格雷厄姆山国际天文台，美国
4.加那利大型望远镜（口径10.4米），拉帕尔马，加那利群岛
5.南非大型望远镜（口径9.2米），卡鲁，南非
6.英澳望远镜（口径3.9米），赛丁泉山，澳大利亚

30米望远镜
这是张效果图，莫纳克亚天文台30米口径光学望远镜，原计划于2018年竣工，建成后它将成为世界上最大的光学望远镜。经过多年努力，在2018年10月最终获得土地使用权，大约将在2028年开始首光观测。

望远镜中的光谱

19世纪以后，科学家认识到光线是一种电磁波，它可以刺激位于我们眼睛后部的神经细胞，使人意识到图像。不同波长和能量的光可以产生不同颜色，可见光只是电磁波谱中一段较宽的部分，还有许多形式的不可见光，通过对它们进行分析，也可以揭示出许多宇宙奥秘。

射电望远镜

天体和星际气体云会发出射电波，大多数射电波可以穿透地球大气层，完整无损地到达地球表面，但由于波长较长，很难确定其来源。为了形成更清晰的天体射电源图像，天文学家在美国新墨西哥州建成了这个甚大阵射电望远镜（见右图），以利用这样的碟形金属天线，组合来自多个望远镜的信号。

微波望远镜

微波是波长最短的射电波。一些天体，如正在形成的恒星会发出微波，还有一些微波来自宇宙背景辐射（大爆炸的回声，见316~317页）。利用地基天线，例如SPT南极点望远镜（见右图）可以将其探测出来，但只有通过卫星观测站，如威尔金森微波各向异性探测器（见316页）才能真正揭开微波携带的所有秘密。

红外望远镜

红外辐射是靠近光谱中可见光红色端以外的部分。红外辐射是一种高效的热辐射，由能量或温度不足以发出可见光的天体发出。位于地球高山上的望远镜可以探测出一些红外辐射，例如莫纳克亚山上的红外望远镜（见右图），还有一些低能量辐射只能通过在轨望远镜，在温度较低的条件下才能探测到。

光学望远镜

地球大气层中的不稳定气流，会导致望远镜拍摄的图像出现模糊和扭曲。望远镜口径的大小也限制了其聚光区域和分辨率。经过不断改进，如今的光学望远镜可以拍摄出更清晰的图像，右图为位于夏威夷凯克天文台的双子望远镜，口径10米，由电脑自动控制。

高能望远镜

宇宙中一些猛烈的爆炸会发出一种高能辐射，这种辐射的波长比可见光短，但具有极高的能量。右图为康普顿γ射线望远镜，由于大多数X射线和γ射线无法由普通望远镜反射并聚焦，所以如今使用专门的紫外线、X射线和γ射线天文台进行空间探测。

电磁波谱

波谱可分成几个谱带，从射电波到γ射线。地球大气层吸收了来自宇宙的大部分辐射，只有可见光和部分射电波穿过地球大气层，进入地球。

1千米　　0

射电

不透明大气

射电窗口
波长在1厘米~11米的辐射，包括一些微波，可轻而易举地穿过地球大气层

微波

不透明大气

红外线

光学窗口
波长在300~1100纳米之间的波可轻而易举地穿过地球大气层

可见光

可见光的范围是400~700纳米

紫外线

X射线

不透明大气

γ射线

10千米
1千米
100米
10米
1米
10厘米
1厘米
1毫米
100微米
10微米
1微米
100纳米
10纳米
1纳米
0.1纳米
0.01纳米
0.001纳米
0.0001纳米
0.00001纳米

波长

准备发射

宇宙中的所有航天器必定是在地球上某个发射场发射升空。发射场选址受地理、政治、后勤运输等因素的制约。如今最大的发射场已发展成为城镇，可为空间飞行器发射提供设备准备、维修、发射与地面控制等多种服务。

发射场选址

航天器飞向太空需要考虑多种因素。为了确保发射成功，大多数国家会选择在本国境内靠近赤道的地方建造发射场，因为靠近赤道的地方由于地球自转，可为航天器带来速度推进，但这样也不可避免地把航天器送入低纬度轨道，所以那些飞越极地区域上空的航天器通常选择在高纬度地区发射。寻找有潜力的发射场是一项复杂的工作，不仅需要考虑交通是否便利，还要考虑到万一在发射过程中发生意外，航天器飞行轨迹下的区域应属于无人区，这样才能确保安全。

卡纳维拉尔角

最著名的发射场要属位于美国佛罗里达州大西洋沿岸的卡纳维拉尔角。它是美国航空航天局肯尼迪航天中心（KSC）和卡纳维拉尔角空军基地的大本营，发射任务非常频繁。该空军基地在1967年前一直都是美国载人空间飞行的发射地，现在仍然执行很多无人飞行的发射任务。肯尼迪航天中心于1962年建成，曾用于著名的阿波罗登月任务，成功发射升空百余架次航天飞机。肯尼迪航天中心设施齐备，机库众多，可用于火箭和航天器（利用空运或水运送至该中心）发射前的准备工作。肯尼迪航天中心还配有一辆强大的履带式运输车，可以将一个完全组装好的巨大飞行器，从飞行器装配大楼（VAB）送至发射台。

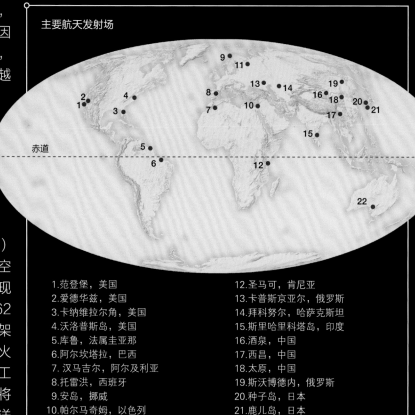

主要航天发射场

赤道

1.范登堡，美国
2.爱德华兹，美国
3.卡纳维拉尔角，美国
4.沃洛普斯岛，美国
5.库鲁，法属圭亚那
6.阿尔坎塔拉，巴西
7.汉马吉尔，阿尔及利亚
8.托雷洪，西班牙
9.安岛，挪威
10.帕尔马奇姆，以色列
11.普列谢茨克，俄罗斯
12.圣马可，肯尼亚
13.卡普斯京亚尔，俄罗斯
14.拜科努尔，哈萨克斯坦
15.斯里哈里科塔岛，印度
16.酒泉，中国
17.西昌，中国
18.太原，中国
19.斯沃博德内，俄罗斯
20.种子岛，日本
21.鹿儿岛，日本
22.麦拉，澳大利亚

译者注：2016年，中国文昌航天发射场投入使用。

历史性的一刻
1969年7月16日，土星五号火箭搭载阿波罗11号登月飞船在卡纳维拉尔角39号发射区A发射台发射升空，图中人们在附近观看发射过程。

飞行器装配大楼
奋进号航天飞机，附带其外部燃料箱和火箭助推器，于2010年2月在美国航空航天局肯尼迪航天中心飞行器装配大楼进行最后准备。

拜科努尔航天发射场

迄今为止世界上最大的发射场，也是俄罗斯的主要发射场，位于哈萨克斯坦半沙漠地区的丘拉塔姆。1957年建成以来连续运行至今，1961年的首次载人航天飞行——东方1号的历史性发射就在此进行。发射场与俄罗斯境内的火箭和航天器工厂由长达几百千米的公路和铁路连接。苏联解体后，由俄罗斯联邦航天局接管，也用于商业火箭发射，并承担将联盟号载人空间飞船送入国际空间站的任务（见22~23页）。

铁路运输
与美国航空航天局的火箭不同，拜科努尔的火箭采用水平装配，后由马力十足的火车缓缓地运至发射台。

圭亚那航天中心

欧洲的主要发射场，位于南美洲大西洋海岸的法属圭亚那库鲁。纵观世界上所有的主要发射场，圭亚那航天中心距离赤道最近。俄罗斯联盟号火箭也用此发射场将货物运送至太空。圭亚那航天中心由法国空间局于1968年创建，如今主要由欧洲空间局（ESA）资助。

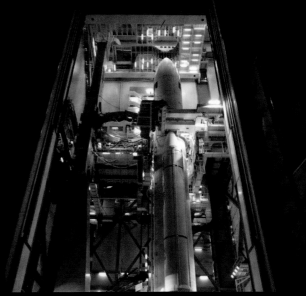

倒计时准备
2009年5月，欧空局的阿丽亚娜5型火箭运载着赫歇尔和普朗克卫星（见316页），在法属圭亚那航天中心总装大楼准备发射。

日本航天发射场
H-IIA火箭于日本最大的发射场——种子岛宇宙中心点火起飞。种子岛宇宙中心坐落于九州南部的一座小岛上，也是日本领土之内比较接近赤道的地方。

太空之旅

要想克服地球的巨大引力，进入地球轨道，宇宙飞船必须开足马力，加速相当长的一段时间才行，这时它的速度能达每秒几千米。

火箭的动力

火箭是目前能够到达及飞出地球轨道的唯一运载工具。火箭的工作原理是利用反作用力。大多数火箭中载有两种化学物质——燃料和氧化剂，这两种化学物质在燃烧室混合并被引燃。当爆炸燃烧产生的废气流从火箭发动机后面高速喷出时，反作用力将火箭向上推升。由火箭送入太空的最重要的两艘载人航天器分别为美国的航天飞机和俄罗斯的联盟号飞船。

航天飞机

美国航空航天局的航天飞机于1981年首飞，主要目的是降低载人航天器进入轨道的成本。该系统由一个像飞机一样的大型轨道飞行器、一个巨大的外部燃料箱和一对可重复使用的助推火箭组成。它集卫星运输、修复以及轨道实验室等功能于一身。但高昂的费用和两起悲惨的事故严重削弱了其运行效果，美国航空航天局的航天飞机已于2011年全部退役。

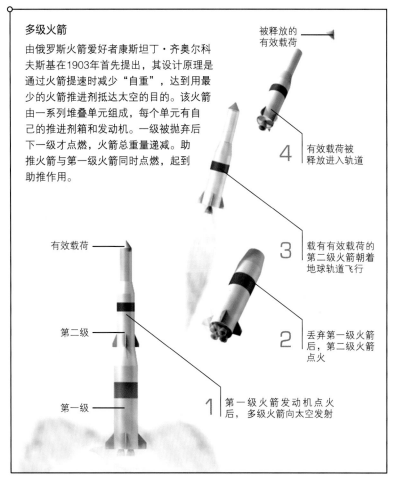

多级火箭

由俄罗斯火箭爱好者康斯坦丁·齐奥尔科夫斯基在1903年首先提出，其设计原理是通过火箭提速时减少"自重"，达到用最少的火箭推进剂抵达太空的目的。该火箭由一系列堆叠单元组成，每个单元有自己的推进剂箱和发动机。一级被抛弃后下一级才点燃，火箭总重量递减。助推火箭与第一级火箭同时点燃，起到助推作用。

被释放的有效载荷

4 有效载荷被释放进入轨道

3 载有有效载荷的第二级火箭朝着地球轨道飞行

2 丢弃第一级火箭后，第二级火箭点火

1 第一级火箭发动机点火后，多级火箭向太空发射

有效载荷

第二级

第一级

航天飞机发射
2006年，亚特兰蒂斯号航天飞机在美国佛罗里达州肯尼迪航天中心升空，助推火箭排出的气体比发动机喷出的火焰更为显眼。

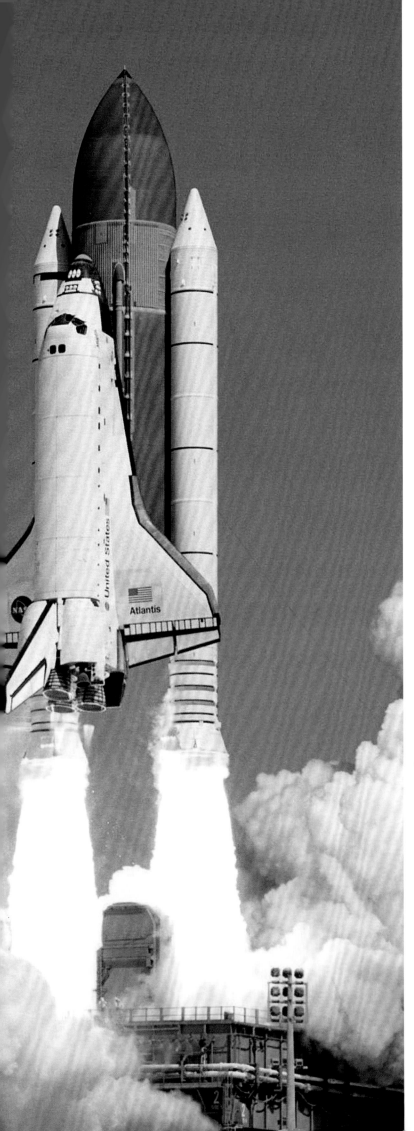

联盟号飞船的故事

俄罗斯主要的载人飞船——联盟号空间飞船，自20世纪60年代中期服役以来，几经升级，一直使用至今。联盟号是组合式的宇宙飞船，类似于20世纪60年代的美国双子座飞船和阿波罗飞船。联盟号飞船由轨道舱（宇航员的主要活动区）、返回舱和一个圆柱形服务舱（携带操纵发动机、动力系统、太阳能电池板等设备）组成，搭乘联盟号火箭升空。与航天飞机不同，联盟号飞船不能重复使用——服务舱与轨道舱将会留在轨道上，最后在地球大气层中被烧蚀，只有返回舱重返地球。

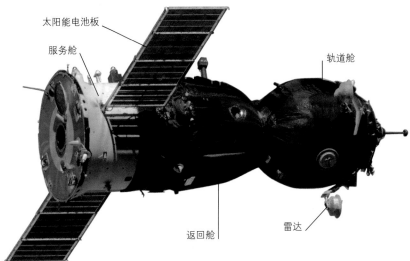

太阳能电池板
服务舱
轨道舱
返回舱
雷达

联盟号飞船TMA
俄罗斯联盟号飞船的最新版本，作为往返国际空间站的"渡轮"。

联盟号飞船着陆
联盟号飞船的返回舱返回地球着陆。降落伞打开，减小其下降速度，制动火箭点燃，以避免返回舱最后撞击地面时太过猛烈。

未来可重复使用的航天器

航天飞机过于昂贵，可靠性也不高。商业航天公司已开始寻求一种完全可重复使用的运载火箭，例如太空船一号（2004年进行了三次亚地球轨道太空飞行）及其升级版维珍银河公司的太空船（使用运载飞机，将一枚较小的装有火箭发动机的太空船送入太空），还有公司正在研究单级入轨（SSTO）火箭。（2020年，美国太空探索技术公司的龙载人飞船搭乘猎鹰9号火箭成功升入太空，译者注）

入轨

飞行至距地面约100千米处，就意味着航天器开始进入太空了。航天器保持在某一高度，之后在末级火箭的推动下，克服地球引力，高速到达稳定的预定绕地轨道。因此，需要根据所发射卫星的用途和目的轨道的不同，选择使用不同的末级火箭。

航天飞机释放卫星

发射升空八分半钟后，航天飞机轨道飞行器的主发动机停止运行，以约28000千米/时的速度稳定停留在约340千米高的近地轨道（LEO）上。它保持直线移动的趋势正好与地球引力达到平衡，这样就可以平行于地表运动。然后，航天飞机利用其机械臂，将有效载荷直接放置在近地轨道。这是一种较为理想的释放卫星的方式，无论该卫星只是在轨道上做短暂停留，抑或以后回收（如哈勃空间望远镜）。一旦被放置在轨道上，载荷基本保持稳定，但稀薄的上层大气对其会产生阻力作用，导致其高度逐渐降低。所以像哈勃空间望远镜，会被放置在高于理论轨道上，每次维修时都由航天飞机助推一下，以减缓这种下降趋势。更高轨道的卫星通常配有一个单独的小型火箭发动机，称为"航天飞机有效载荷辅助舱（PAM）"。卫星从轨道飞行器的货舱弹出（货舱位于一个倾斜的平台上），当与轨道飞行器分离到安全距离时，卫星上的火箭才会点火。

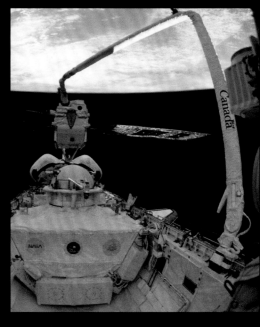

尤里卡的一瞬间
1992年7月，机械臂从亚特兰蒂斯号的货舱将尤里卡卫星（欧洲可回收载具）举起，放置在508千米高高空。尤里卡卫星执行了15个实验任务，绕地球轨道飞行11个月后由奋进号回收。

自由飘浮
在保持与发现号的安全距离后，ANDE的密封舱打开，释放了两颗微卫星。这两个球形航天器具有不同的密度和质量，经过数月乃至数年的探测，可以揭示地球稀薄的上层大气的特性。

二合一
2006年12月，载有美国国防部大气中性密度实验装置（ANDE）的发射筒与发现号航天飞机分离，发射筒中装有一对球形的微卫星，每个直径仅有43.5厘米。

火箭发射

火箭发射装置的顶端通常都装有一个空气动力整流罩。卫星本身并没必要是流线型的，因为稀薄的上层大气对它的阻力很小。但是，如果在发射过程中没有整流罩的保护，形状粗笨的卫星很容易被高速气流撕裂。整流罩下面的一级负责将有效载荷送入近地轨道，届时整流罩分离，露出货舱。卫星通常装有一个类似于"有效载荷辅助舱"的单级或两级火箭，点火后将卫星推离近地轨道，进入预定轨道。一级火箭在特定的时间点火后，可将卫星送入绕地椭圆形轨道上，此时卫星距地球最近的点（近地点）位于近地轨道上，而远地点则远高于此。二级火箭点火后可将卫星送入更高的圆形轨道上。

发射前的保护
美国航空航天局的费米伽马射线望远镜被置于德尔塔II火箭顶部的整流罩内，之后在卡纳维拉尔角发射。

露出卫星
该效果图为俄罗斯的质子号火箭上的整流罩分离，露出欧空局的集成伽马射线天文卫星。

空间站的补给

目前，所有的在轨载人飞行任务都会涉及与轨道高度约400千米的国际空间站（ISS）会合的问题。前往空间站主要是为了进行补给和提供新的组件。宇航员搭乘联盟号"渡船"往返于地球与国际空间站之间，"渡船"与空间站会保持几天的对接状态，直至美俄宇航员换班完毕。另有两个联盟号密封舱会一直停靠在空间站，这是为宇航员准备的紧急"救生船"。无人飞行器，包括俄罗斯的进步号、欧洲的自动转移飞行器（ATV）以及日本的H-II转移飞行器（HTV）也会为空间站提供新的设备和补给，这些工作也可以通过商业宇宙飞船完成。

从地球上发货
2009年9月，日本的H-II转移飞行器（HTV）靠近国际空间站，抵达可对接距离后，被空间站的机械臂抓住，移动到对接口。

联盟号"救生船"
2009年11月，俄罗斯联盟号宇宙飞船外挂在国际空间站的底部，随时待命，若遇紧急情况，可马上撤离。

绕地飞行

　　根据探测任务的需要，卫星可能被送入不同轨道，有基本呈圆形的近地轨道，也有偏心率较高的大倾角椭圆形轨道。还有些探测器已完全飞出了地球轨道，但仍与我们这颗星球保持着稳定的联系。

轨道类型

　　卫星轨道的高度范围从几百到几千千米不等。根据万有引力定律，卫星轨道越高，运行速度越慢。像航天飞机这样的航天器在近地轨道绕一圈大致需要90分钟，而在地球上方20000千米的中间轨道飞行一圈大概需要12小时。在35786千米的高度飞行，沿轨道一圈恰好用时23小时56分（与地球自转同期），也就是1天，这样可以与地球表面保持相对静止。我们称这种类型的轨道为静止轨道或地球同步轨道。卫星在椭圆轨道一端比在另一端距离地球远得多，飞行速度也随之变化。倾角（卫星轨道面与地球赤道面的夹角）是轨道的另一个重要参数，大多数卫星轨道在赤道上方，或相对于赤道面略微倾斜，运行于地球低纬度地区上空。在高度倾斜的极地轨道上，卫星可飞越极点附近上空，并且随着地球自转，可飞越大部分地球表面。与太阳同步的极地轨道的倾角缓慢变化，使卫星、地球和太阳之间的角度保持恒定。

卫星及其轨道

　　卫星任务不同，其对轨道的需求也不一样。例如，近地轨道适合那些只需要在地球大气层之上运行的卫星；低高度的极地

轨道适合那些在全球范围内进行观测的卫星；完成感光成像任务则需使用太阳同步轨道；此外，静止轨道可以使卫星永久处在地球赤道上方的同一点，观测整个半球，是监测通信卫星的理想选择；还有高度倾斜的高椭圆闪电轨道，卫星在远地点处极缓慢移动，适用于高纬度地区通信卫星。

拉格朗日点

　　在地球-月球-太阳系统中，有几个特定的点被称为拉格朗

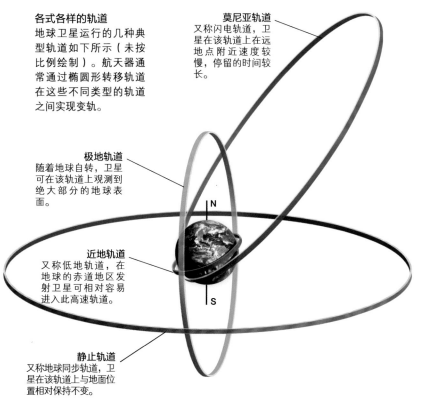

各式各样的轨道
地球卫星运行的几种典型轨道如下所示（未按比例绘制）。航天器通常通过椭圆形转移轨道在这些不同类型的轨道之间实现变轨。

莫尼亚轨道
又称闪电轨道，卫星在该轨道上在远地点附近速度较慢，停留的时间较长。

极地轨道
随着地球自转，卫星可在该轨道上观测到绝大部分的地球表面。

近地轨道
又称低地轨道，在地球的赤道地区发射卫星可相对容易进入此高速轨道。

静止轨道
又称地球同步轨道，卫星在该轨道上与地面位置相对保持不变。

N

S

格洛纳斯
（GLONASS）卫星
俄罗斯研发的全球卫星导航系统，类似于如今广泛使用的美国全球定位系统（GPS）。GPS卫星被放置于中间轨道。目前有六个轨道平面，每个轨道平面至少四颗卫星，服务区域覆盖全球。

轨道上的尤里卡卫星
亚特兰蒂斯号航天飞机将欧洲可回收载具尤里卡卫星（见16页）送入佛罗里达海岸上空的近地轨道。

日点，在这些点上，两个或两个以上天体引力的合力会产生有价值的效果。最重要的两点，L1和L2，分别位于地球—太阳连线上地球的两侧，航天器在这里受地球和太阳的引力，并在此合力下与地球同步绕太阳运行。L1点适合对日观测的探测器，而L2适合盖亚卫星（见199页）、赫歇尔空间望远镜（见218页）以及威尔金森微波各向异性探测器（WMAP）（见316页）等航天器。对于地球来说，L3点的航天器永远在太阳的另一面。L4和L5点称为特洛伊点，在该点上航天器可与地球共享地球公转轨道，互不干扰。

太空垃圾

迄今人类已向太空发射了上千颗卫星，由此也产生了大量的太空垃圾，它们小到一个涂料斑点，大到废弃的各级火箭。虽然大部分运行于近地轨道，最终将自行返回地球大气层，还有些卫星在寿终正寝之时也会被人为回收，但是大量快速飞行的垃圾碎片，仍对正常运行的航天器构成巨大威胁，发生碰撞的概率有增无减。

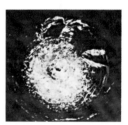

撞伤
1983年，一小块涂料撞击了挑战者号的窗户，留下了一个4毫米宽的微坑。

平衡点
日－地－月系统的五个拉格朗日点如图所示。要将SOHO等卫星送入远离地球的稳定轨道，这些点都非常有用。

L4
L3
地球
月球
L1
L2
太阳
L5
太阳及日球层探测器
SOHO

坠向地球
2001年1月，一大块太空垃圾高速坠落到地面，图中几位沙特阿拉伯科学家正在检查这位不速之客。这是一个有效载荷辅助舱的残骸，在此8年前，它曾用于发射美国的全球定位系统的卫星。

早期的空间站

过去的40多年间，地球轨道上出现过一个又一个的空间站。这些空间站位于地球上方几百千米处，是宇航员在太空中生活和工作的地方。

礼炮号空间站和天空实验室

地球轨道上总共有过9个空间站。第一个是苏联的礼炮1号，于1971年发射，它的体积较小，因此是被整体送入太空的。不过它可以容纳三名宇航员，其中有一名宇航员在该空间站停留了28天。第二个载人空间站是美国的天空实验室，服役年限1973—1979年，它的第一位乘客在空间站度过了23天，随后又有两名宇航员分别待了59天和84天。1975—1991年，先后又有5个礼炮号空间站被送入太空，进入空间站的宇航员越来越多，停留时间也越来越长。第7个也是此系列最后一个空间站——礼炮7号，从1982年到1991年在轨道上有人驻守长达816天。礼炮7号空间站的两侧有两个对接口，这种对接口可供舱式航天器对接，为在太空中搭建新型的空间站铺平了道路。

天空实验室
1974年，此实验室最后一位宇航员走出空间站所拍摄的天空实验室。它在轨道上运行至1979年，之后受控重返大气层并解体。

礼炮7号
长约16米，平均宽约4米，太空停留3216天，绕地飞行51917圈，曾接纳过6名常驻宇航员和4名访问宇航员，此外，还完成过15次无人补给任务。

礼炮7号外的太空行走
斯韦特兰娜·萨维茨卡娅，第二位进入太空的女性宇航员，曾两次登上礼炮7号。1984年，成为第一位进行太空行走的女性。

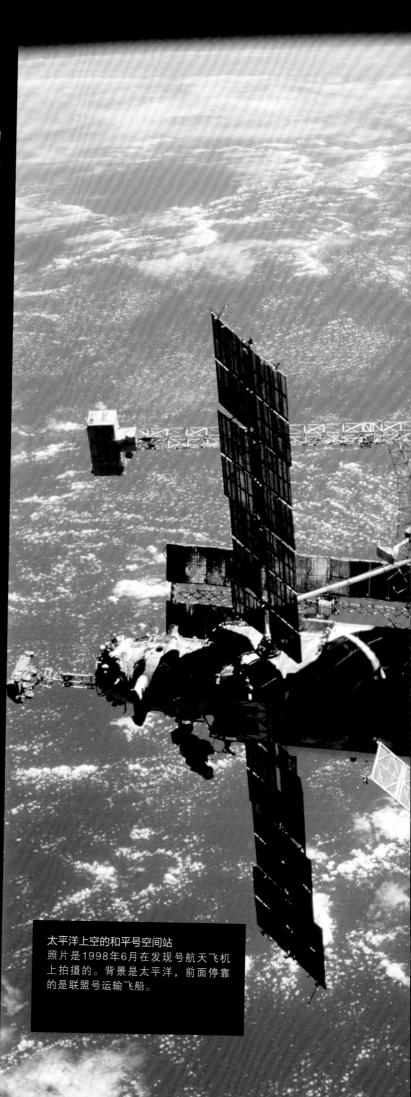

太平洋上空的和平号空间站
照片是1998年6月在发现号航天飞机上拍摄的。背景是太平洋，前面停靠的是联盟号运输飞船。

进入和平号空间站
和平号空间站内部的大小和形状都与火车车厢类似，这一狭小的空间里容纳了所有的设备，曾经有18名宇航员进入此空间站工作。图为工作中的弗拉基米尔·德朱罗大(左)和杰纳迪·斯特雷卡罗夫。

和平号空间站

第一个真正成功的空间站当属和平号空间站，1987年2月—2000年6月，先后有多名宇航员进入此空间站工作。1986—1996年，在生活舱的基础上不断添加新的部件，最终在太空中搭建起了这座空间站，它总共由7个舱组成，分为生活区和工作区。和平号空间站中可容纳3名常驻宇航员和3名来访宇航员。1994年1月—1995年3月，瓦列里·波利亚科夫常驻空间站，成为连续在太空停留最长时间的宇航员。往返于空间站的主要交通工具是联盟号宇宙飞船，主要运送宇航员，而无人驾驶的进步号太空飞行器则用于运送货物。1994—1998年，先后执行了11次航天飞机与和平号空间站对接任务。2001年3月，和平号空间站脱离轨道，重返大气层解体。

> "**地面支持有限，只能靠自己。**"
>
> 香农·卢西德，和平号空间站宇航员，1996年

航天飞机与和平号空间站对接
1995年7月，亚特兰蒂斯号航天飞机的轨道器与和平号空间站对接。这张照片由俄罗斯宇航员尼古拉·布达林在联盟号宇宙飞船上拍摄，当时联盟号宇宙飞船暂时脱离空间站，进行绕空间站的简短飞行。

国际空间站

国际空间站(ISS)是地球轨道上最大、最新的空间站。该空间站的零部件被分成几部分送入太空，由宇航员在太空组装完成。自2000年11月以来，至少有15个国家的宇航员在此生活和工作过。

建设空间站

国际空间站在约400千米的高空，一天绕地飞行15圈。该项目由美国、俄罗斯、加拿大、日本、11个欧洲国家以及巴西合作完成。1998年开工建设，在2011年竣工。在此期间，通过50多次发射，将100多个零部件送入太空。截至2016年3月，宇航员已完成超过193次太空行走，来安装、维护这些零部件。

日常维修
宇航员定期对国际空间站开展维护工作。如图所示，宇航员正在评估几天前展开的太阳能电池阵列的受损情况。

航天飞机与国际空间站
2010年2月，奋进号航天飞机与空间站对接后离开。它刚刚交付的是宁静号节点舱和穹顶舱。

空间站里的生活

国际空间站内部为五居室，大致分为居住区和工作区，其中最大一部分还是用于工作。宇航员在国际空间站一次要停留数周或数月。他们不靠日出日落安排一天的作息时间，因为在空间站每90分钟完成一次绕地飞行，其间他们就能看到一次日出和日落，所以他们只能依靠手表掌握时间。宇航员在太空中工作，遵循一周五天、每天工作9小时的作息时间表，其他时间归个人支配，可以搞搞个人卫生、吃饭、休闲、做家务或者睡个好觉。

锻炼
宇航员每天在跑步机或者自行车上完成例行锻炼，如上图所示。

太空实验
国际空间站的建设、维护和有些实验需在空间站外完成。图中所示，宇航员正在测试不同材料在太空中的表现。

空间站内部实验
宇航员正在星辰号服务舱的拉达温室里做植物生长实验，未来还有可能在太空中种植农作物。

国际空间站的主要组件

国际空间站有18个主要部分，较大的舱包括：用于生活的星辰号服务舱以及三个实验舱——美国的命运号实验舱、欧洲的哥伦布号实验舱和日本的希望号实验舱，其中希望号还有实验后勤舱和暴露于太空环境中的舱外设施。较小的舱包括：用于宇航员出入舱进行太空行走的气闸舱；宇宙飞船对接口。其他部件还有：中央桁架，用于支撑两组巨大的太阳能电池阵列，为整个空间站供电；Canadarm2加拿大机械臂，装有7个机动关节，可用于移动空间站设备和协助宇航员工作。

2010年的国际空间站

下图为电脑合成的2010年2月建设中的国际空间站效果图，图中可以看到带接口的宁静号节点舱和用于观测的穹顶舱，都已安装完毕。

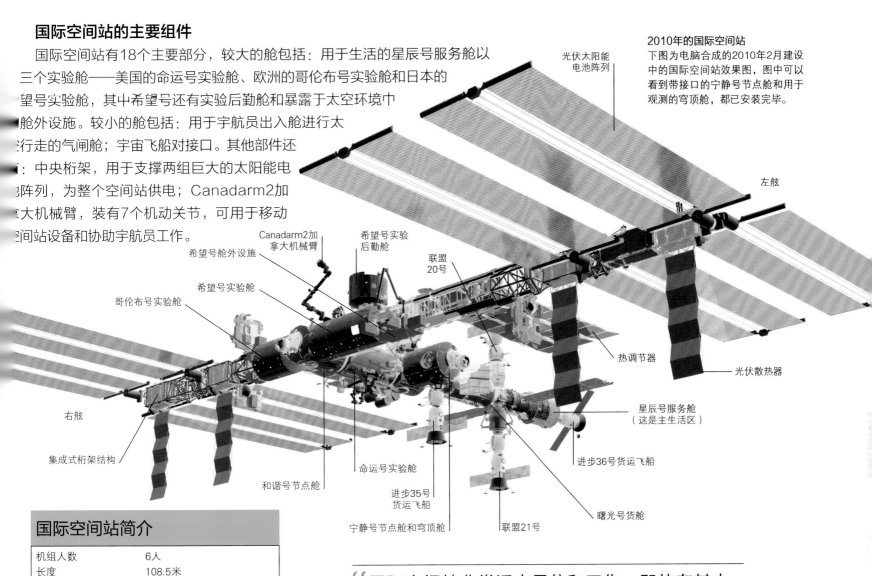

光伏太阳能电池阵列

左舷

Canadarm2加拿大机械臂

希望号实验后勤舱

联盟20号

希望号舱外设施

希望号实验舱

哥伦布号实验舱

热调节器

光伏散热器

星辰号服务舱（这是主生活区）

右舷

进步36号货运飞船

集成式桁架结构

命运号实验舱

和谐号节点舱

进步35号货运飞船

曙光号货舱

宁静号节点舱和穹顶舱

联盟21号

国际空间站简介

机组人数	6人
长度	108.5米
宽度	72.8米
质量	420623千克
居住容积	408立方米
太阳能电池阵列面积	3023平方米
功率	80千瓦
第一次组装部件发射时间	1998年11月
最后组装部件发射时间	2011年12月

> "国际空间站非常适宜居住和工作，即使在其中发挥一点小作用，我也感觉很棒。"
>
> 尼古拉斯·帕特里克，美国航空航天局宇航员，2010年

业余无线电发报员
宇航员通过电子邮件或者偶尔使用无线电呼叫与家人保持联络。图中宇航员正在与地球上的学生通话。

休闲时间
闲暇时分，宇航员可以读读书、听听音乐、看电影、看看窗外或者下盘远程国际象棋。

用餐时间
国际空间站上的食物还算丰盛，宇航员们一天吃3顿正餐，还有零食和饮料供应。

睡眠
根据工作日程，宇航员一天可以有8小时的睡眠。睡袋需固定，以防止他们四处飘浮。

1998年

2000年

2007年

建设国际空间站

国际空间站的组装始于1998年，当时发射了两个舱——曙光号与团结号，共同形成空间站的核心舱（左上）。此前一直为无人飞行任务，直至2000年7月，俄罗斯星辰号服务舱加入（中左），使得3名宇航员可以在空间站永久停留。截至2007年，码头号对接舱、寻求号气闸舱、命运号实验舱，以及大部分集成式桁架结构已陆续组装完毕（左下）。2010年，一套新的太阳能电池阵列以及13个加压舱被安装在空间站上（主图像）。整个空间站于2011年建成。

太空行走

太空行走（extra-vehicular activity，EVA）就是宇航员在航天器外面的太空中活动，全球500多位宇航员中，大约有200位都有过太空行走的经历。宇航员走到航天器外面工作、维修、监测实验，或者从事与国际空间站有关的其他工作。

早期太空行走

1965年3月18日，苏联宇航员阿列克谢·列昂诺夫进行了人类历史上的首次太空行走，时间虽然不长，约十几分钟，但却让他过足了瘾。他走出舱外，朝着相机挥了挥手，这一历史性时刻被记录了下来，随后他便回到舱内。此后几乎所有太空行走都像这次一样，在绕地轨道上进行。从月球返回的阿波罗号宇航员与之不同，比如1972年12月，阿波罗17号的宇航员罗恩·埃文斯，为取回航天器外的照相机胶卷，做了一次长达1小时6分钟的太空行走。目前，美国、苏联、中国进行过太空行走任务。

苏联太空行走第一人
苏联宇航员阿列克谢·列昂诺夫是太空行走第一人。当时他出舱行走几分钟后，他的太空服开始膨胀，将空气释放后才又重新回到了上升2号太空船。

美国太空行走第一人
1965年6月3日，埃德·怀特成为美国第一位、世界第二位进行太空行走的宇航员。他手持气体枪，行走在双子座4号飞船之外。

太空服

舱外行走时，宇航员需穿着一套加压的太空服，这套太空服可以将宇航员的身体全部包裹在里面，为其提供一个类似地球的环境，里面有氧气可供呼吸。太空服外层是防水、防弹和防火的面料，里层是耐撕裂的材质，足以保证宇航员氧气供应和正常气压。太空服储存于国际空间站（见22～23页）中，每件可使用25次。太空服起初为每名宇航员量身定做，如今已设计成标准尺寸，裤腿长短可调节。舱外航天服又称为舱外活动装置（EMU），配有便携式生命保障系统（PLSS）背包，可控制温度和压力，为在舱外活动的宇航员提供氧气。

灯光和摄影机
照亮并记录航天员所处环境

头盔和护目镜
里面有航天员的通信帽

控制面板
用于操控舱外活动装置

任务清单
宇航员太空行走的工作表

手套
由硅胶模压而成，具有较高灵敏度

空气管道
用于太空服测试阶段的空气供应，在太空中不使用

系链
用于舱外行走的拴链，保障宇航员不与航天器分离

太空靴
鞋底很软，宇航员穿上它可在太空中行走

舱外航天服
谢尔盖·克里卡廖夫，世界上最有经验的宇航员，完成过6次太空任务，在太空停留803.4天，执行过8次太空行走任务。他正在试穿一套舱外航天服。

命悬一线

太空行走期间，宇航员保持在安全范围之内，不能远离航天器。早期太空行走的宇航员身上都系有绳索，还有条系绳用于提供氧气。如今，宇航员背着氧气包，使用较短的登山式金属系绳，或者把脚部和背部直接固定在空间站的机械臂上。有不到10名宇航员体验过完全脱离航天器的太空行走。在1984年的三次航天飞行任务中，宇航员使用载人机动装置（MMU）——一种喷气推进背包——得以在太空中自由翱翔。在随后的一次航天飞机任务中，两名宇航员又试穿了一种更小的推进器背包——舱外活动简易救援装置（SAFER）。

SAFER测试
图为美国宇航员马克·李正在测试SAFER。该装置是背包式的，采用手控氮气推进器。如果宇航员意外漂走，该装置可使宇航员安全返回。穿着该装置已成为国际空间站宇航员的惯例。

第一次自由飞行
1984年，美国宇航员布鲁斯·麦坎德利斯飞离航天飞机98米——这是太空行走的最远距离，也是第一次无绳太空行走。

太空中的工作

太空行走一般最多持续7个小时，宇航员在这段时间始终处于忙碌状态。出舱之前也要做几个小时的准备工作，计划太空行走前的几天里，就要把太空服充满电，其他设备和工具也都要准备妥当。太空行走的当天，宇航员要训练呼吸纯氧，以减少血液中氮的含量，之后进入气闸舱。气闸舱里的压力此时将缓慢降低到地球标准大气压的1/4。如果压力降低得太快，人体血液中形成氮气气泡，这会使宇航员患上减压病（又称"潜函病"）。在国际空间站（见22~23页），宇航员甚至要通宵睡在气闸舱内，以避免患上此病。在气闸舱停留至少6小时后，宇航员穿上太空服，打开舱门，迈向太空。

> **"由于宇航员们把持得太使劲，航天飞机舱口上面的扶手都凹进去了。"**
>
> 辛迪·贝格利，美国航空航天局太空行走任务指挥官，2005年

卫星维修与维护

1983—2010年，宇航员多次出舱进行了常规太空行走，以检查有效载荷舱上的实验控制板和已发射升空的卫星。1992年5月，通过三次太空行走，3名宇航员取回了未能进入预定轨道的国际通信卫星-6（Intelsat VI），安装了一个新的火箭推进器，将其送入了正确轨道。1993年，宇航员对哈勃太空望远镜（见276~277页）进行了第一次维修与维护，这样的维护前后进行了5次。通过太空行走，宇航员校正了望远镜的反射镜问题，对其计算器进行了升级，并且更换了上面的照相机、光谱仪、陀螺仪和太阳能电池。

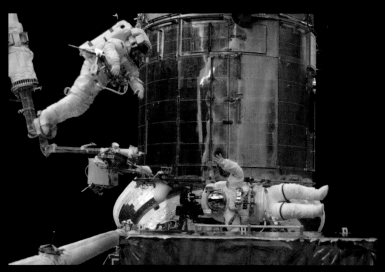

维修哈勃空间望远镜
2009年5月，哈勃空间望远镜被固定在亚特兰蒂斯号有效载荷舱内。美国宇航员安德鲁·福伊斯特尔（左）和约翰·格伦斯菲尔德对其进行了第五次，也是它的最后一次维修。

空间站外工作

宇航员在国际空间站外行走了千余小时。他们主要执行两种任务——为空间站添加新组件和维护修理现有结构。迄今为止，时间最长的空间站外太空行走历时8小时56分钟，由美国宇航员苏珊·赫尔姆斯和吉姆·沃斯于2001年3月11日完成，任务是为命运号舱外安装硬件设备。太空行走时，宇航员必须装配齐全：将必备工具系在一条可伸缩的绳子上，不用时可收回；头盔里有一根吸管，可以解决宇航员饮水问题；手腕上戴有任务清单，可以时刻提醒宇航员下一步要做什么。尽管如此，宇航员事先还是要在地球上反复练习，训练是在水下的一个大罐体中完成的，这个罐子与空间站大小一样，叫中性浮力实验室（NBL）。水下环境虽然不是完全失重状态，但至少可以提供最好的模拟环境。

水下训练
2003年1月，美国和瑞典的宇航员罗伯特·柯宾和克里斯特·富格莱桑正在练习将全尺寸桁架模型安装到国际空间站上，他们身处中性浮力实验室中，身穿培训专用的白色出舱活动装置。

真正实操
2006年12月，柯宾（左）和富格莱桑在国际空间站外，完成了他们准备了几年的工作。太空行走的6.5个小时中，他们将桁架安装好，完成了电力和数据连接，并更换了一台有故障的照相机。

返回空间站内
2009年5月，经过6个小时的太空行走，美国宇航员理查德·阿诺德（左）和史蒂夫·斯旺森返回探索号气闸舱，迈克尔·芬克（后）和托尼·安东内利正在帮助他们脱掉航天服。

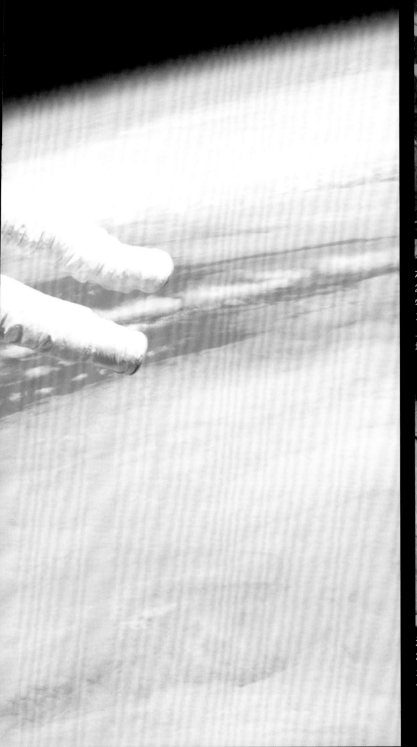

勇攀高峰
2010年年初，美国宇航员尼古拉斯·帕特里克在国际空间站外工作。经过5小时48分钟的太空行走，他从空间站新安装的穹顶舱的窗户上取下了隔离毯和固定螺栓。

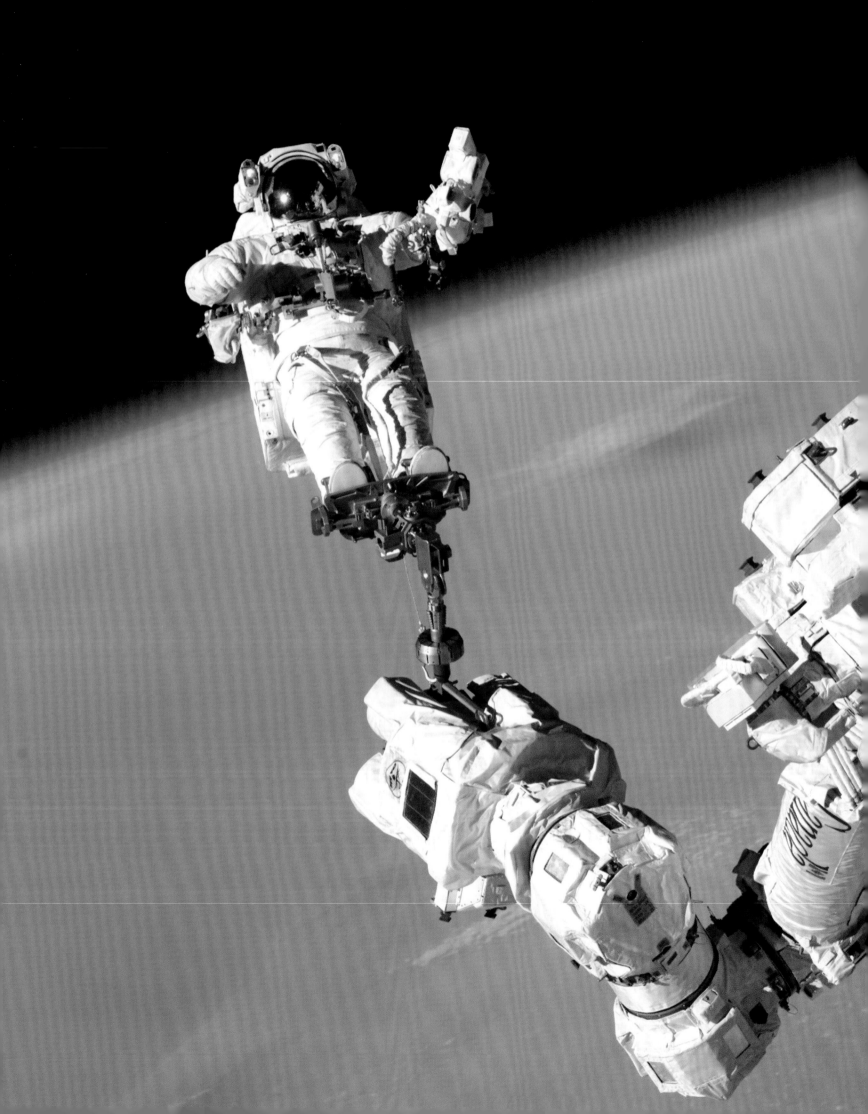

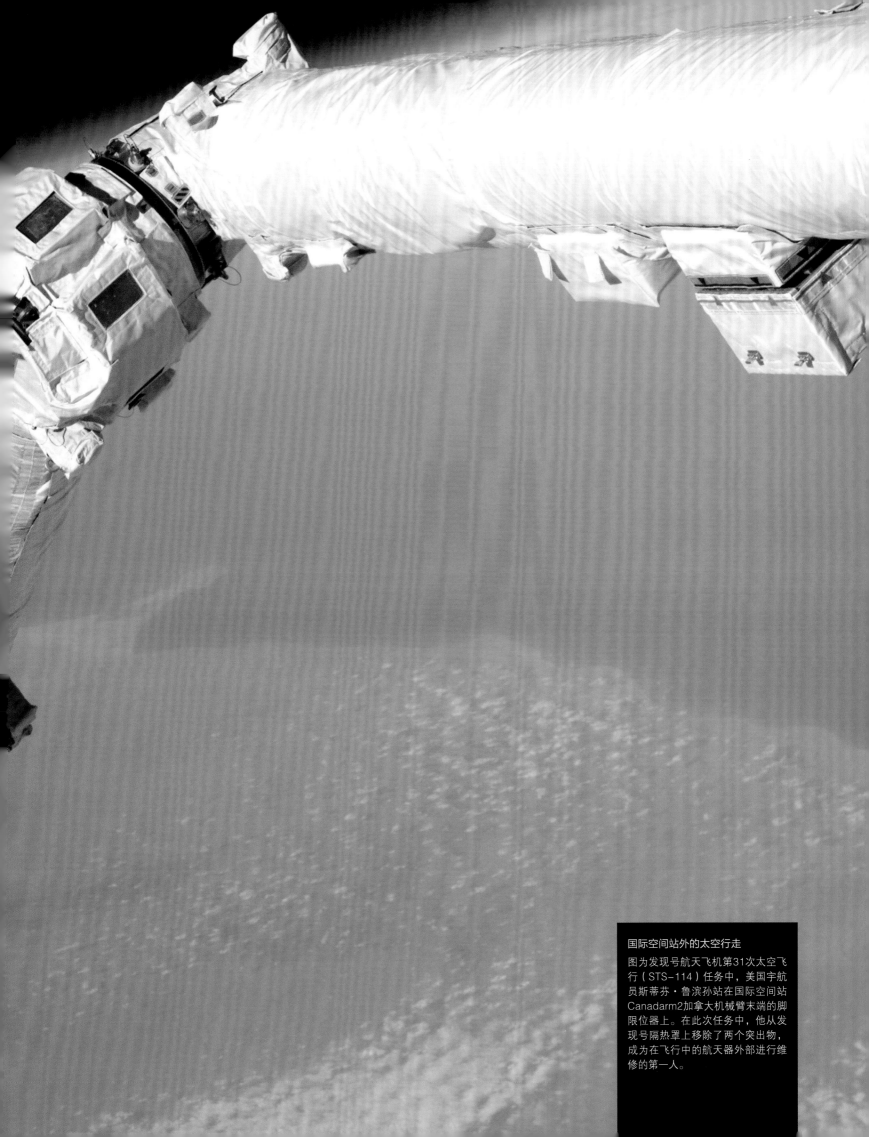

国际空间站外的太空行走

图为发现号航天飞机第31次太空飞行（STS-114）任务中，美国宇航员斯蒂芬·鲁滨孙站在国际空间站Canadarm2加拿大机械臂末端的脚限位器上。在此次任务中，他从发现号隔热罩上移除了两个突出物，成为在飞行中的航天器外部进行维修的第一人。

跟着宇航员看地球

近60年来，宇航员们都是带着相机执行太空飞行任务的。他们用相机记录了太空某一瞬间的历史时刻，同时也记录了宇航员们在太空的日常生活。如今，宇航员拍摄照片不仅为了持续监测地球，同时也成了一种乐趣。

宇航员摄影

1962年2月，美国宇航员约翰·格伦第一次将照相机带上太空。自此，宇航员都要接受专业摄影训练，以记录他们的太空飞行任务。早期飞行携带的相机和胶卷是专门为在太空中拍摄而设计的，如今，宇航员使用市面上就可以买到的数码相机和录像机，将它们安装于国际空间站内进行拍摄。科学家们要求宇航员每天拿出30分钟用于拍摄记录。

独特视角

在观测记录地球表面方面，宇航员比卫星更有优势。大多数卫星只能直接向下看，但宇航员可以在任何角度拍照，也可以调整焦距，追踪有趣的景象。比如，薄尘云现象，就必须在特定角度才能捕捉到。宇航员还能捕捉到诸如日照亮斑现象——由水波反射阳光造成，显示出与众不同的波浪。所照景象还与宇航员的个人喜好有关，例如，美国宇航员唐·佩蒂特拍摄了很多从太空中看地球城市夜景的壮观画面。

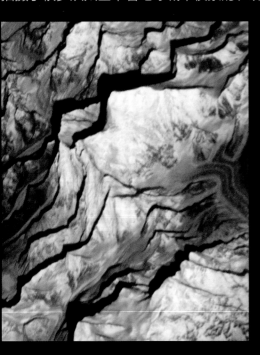

国际空间站上看珠峰
2002年3月20日，西藏正值太阳升起之时，美国宇航员丹·布尔施用800毫米镜头数码相机捕捉到了国际空间站下350千米处的喜马拉雅山，拍摄完毕后用电子邮件发回地球。中间明亮的山峰是珠峰，影子投射在后面的山峰上。

> "珠峰看上去像跳着跃入我们眼中的！"

丹·布尔施，美国宇航员，2002年3月

飞越太平洋
此图摄于航天飞机上，太平洋上空云层朵朵，水面波光粼粼，帕甘岛上升起一缕黑烟。帕甘岛由一对火山组成，图中可以看到水面上空绵延的黑烟（中间偏左）。

从国际空间站上拍摄

宇航员可透过国际空间站上的10扇窗户俯视地球，另有6扇窗户朝向其他方位。宇航员可透过所有窗户进行拍照，其中有两扇拍摄效果最好：一扇是50厘米宽的命运号实验舱窗户，专门用于摄影，四层玻璃，透光率98.5%，隔着它拍摄的照片不会失真。另一个有利于摄影的地点是穹顶舱，2010年2月由欧洲航天局出资安装于国际空间站，它有6块侧窗，还有一块置于顶部，主要用于指导国际空间站的站外作业，这里也是拍摄的好地方。

国际空间站上的穹顶舱
2010年2月18日，日本宇航员野口聪一透过穹顶舱的一面窗户进行拍摄，那天拍摄的照片有阿拉伯沙漠和新西兰普卡基湖。野口经常从这里拍摄，并将照片放到网上，供大家欣赏。

EARTHKAM计划

国际空间站上装有一台专门用于教学的数码相机，地球上的学生可以申请拍摄地点，这一计划被称为"EarthKAM"计划（中学生地球探索），1995年起实施至今，起初称为"KidSat"计划，1998年改称"EarthKAM"计划。空间站现有这台数码相机从2001年第一名宇航员入驻后一直使用至今。

安装EarthKAM
1998年1月，第一台EarthKAM相机安装于奋进号航天飞机上。图中，美国宇航员邦尼·邓巴正在调整其位置。

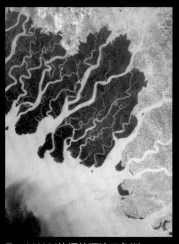

EarthKAM拍摄的河流三角洲
该图为恒河三角洲，拍摄于亚特兰蒂斯号航天飞机，深色部分是一个巨大的野生动物保护区——孙德尔本斯国家公园。

从太空中探索地球

自20世纪60年代初至今，人类已发射数百颗卫星进入地球轨道，专门用于拍摄、测量和监测地球上的陆地、海洋、冰、雪与大气。

地球观测卫星

地球观测卫星主要用于监测和观察天气现象，包括冷暖锋、热带风暴、沙尘暴、暴风雪以及海洋状态；有些卫星也用于监测和测量诸如森林覆盖率、空气和海洋污染，以及北极海冰范围等长期变化；还有一些卫星是用来测量海洋和陆地形状的变化，或者用于地图更新。

卫星上携带的仪器有简单检测光或热的被动传感器，还有主动传感器，包括雷达和激光设备，可以发射能量并记录反射或背散射情况。几十年来，这些仪器的精度和空间分辨率（物体成像的最小尺寸）大大提高。截至2010年，已有超过150颗观测卫星正在绕地球轨道飞行（见18～19页），很多携带着具有极高精密性的传感器。

高科技天气监测
卫星最早的用途之一是监测天气变化。现代气象卫星使用雷达绘制暴雨的三维图像，如上图，记录的是2004年美国得克萨斯州上空的图像。

一天之内地球成像完毕
现代卫星不断收集关于地球陆地、海洋、大气、雪、冰的数据。这张复合图像主要是利用美国航空航天局的泰拉（Terra）和水（Aqua）两颗卫星于2005年7月11日当天收集的数据绘制而成。

早期的卫星成像

1959年，美国航空航天局的探险者6号（Explorer 6）首次从太空传回地球图像。1960年，该机构的电视红外观测卫星泰罗斯1号（TIROS-1）成为第一颗从太空传回天气电视画面的卫星。这些早期的卫星使用的相机相对简单。到了20世纪六七十年代，配备了多光谱传感器的卫星迎来了发展的关键阶段，这些传感器可以探测来自地球表面的多波段辐射，包括红外辐射、微波以及可见光。如1972年发射的美国陆地卫星1号（Landsat 1），这是美国系列陆地卫星的第一颗卫星，该系列卫星用于大陆与海岸成像，所成的图像有多种实际用途，例如，可以用来研究土地覆盖情况、评估人类活动的影响以及绘制地图。

如今的卫星成像

2000年以来，美国航空航天局的地球观测标志性卫星泰拉（Terra），每1～2天覆盖全球一次，携带仪器包括测量诸如云层性质的MODIS(中分辨率成像光谱仪)，和测量土地温度、海拔和反射率的ASTER(先进星载热发射和反射辐射仪)。其姊妹卫星Aqua可用于研究地球水循环。2002年，欧洲空间局也发射了一颗携带多个传感器的对地观测卫星Envisat。

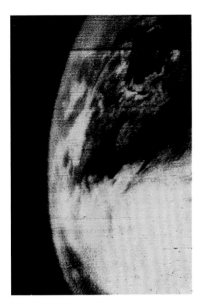

第一张电视太空图像
1960年4月1日由泰罗斯1号拍摄，这是有史以来第一张从太空拍摄的电视图像，图中显示了大西洋上空的云层（下）和加拿大的一部分国土（上）。

早期的陆地卫星1号热成像图片
在发射15天后的1972年8月7日，陆地卫星1号拍摄了这张美国犹他州内的红外图像，红色的是沙漠植被，灰色的是沙漠，黑色的是大盐湖。

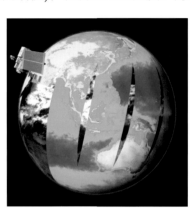

工作中的MODIS
美国航空航天局极轨卫星Terra和Aqua携带的MODIS可以成片地扫描地球，每次宽度约2300千米。

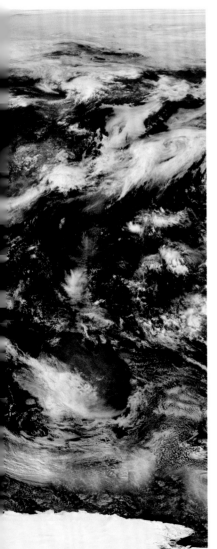

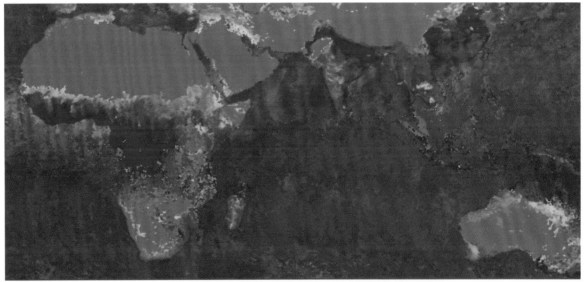

颗粒监测
2004年12月，Terra上的MODIS在5天内形成大气悬浮颗粒图像，红色点是颗粒较小的烟雾，金色点是颗粒较大的沙尘和大气海盐。

合成图像
现代卫星技术应用中通常会使用合成图像，图中格陵兰岛海岸就由三幅不同颜色的Envisat卫星图像组合而成。

地球上的海洋

地球表面71%被海洋覆盖，海洋不仅是食物的主要来源，也是货物运输的重要载体，还对气候和天气有着巨大影响。这种影响来自冷暖洋流的共同作用，来自海洋从大气中吸收二氧化碳（温室气体）的能力，还来自太平洋周期性海洋/气候扰动（即厄尔尼诺现象）。其他与海洋有关的现象，如潮汐和海平面变化，对于千百万居住在海岸或海岸附近的人们来说，具有十分重要的意义。

卫星监测

如今大量的海洋监测是由卫星完成的。美国航空航天局和法国航天局合资的杰森1号（Jason 1）和杰森2号（Jason 2）卫星使用雷达设备监测海面的精确形状和平均浪高。科学家利用这些数据研究潮汐、海平面变化，以及海风带来的变化（发布航运警告之用）。海水温度上升后，水面扩大，所以测量海洋形状的微小变化也是间接测量海洋特定地点温度变化的一种方式。也有卫星通过直接探测海面的红外辐射（热量）测量海洋表面温度。无论哪种方式，卫星都可以监测海洋中冷暖水流的移动，从而可以研究热能量的大规模运动。此类数据对于建立气候模型有巨大价值。卫星也可以监测浮游植物的密度，这些微小的植物是海洋食物链的基础，它们影响大气中二氧化碳的含量，对环境变化也很敏感。

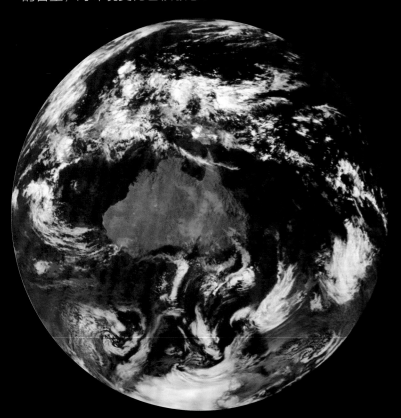

海洋的范围
这张图是根据陆地和海洋数据与云层图像合成的，可以看出地球表面绝大部分被海洋覆盖。陆地和海洋数据由美国GeoEye公司发射的轨道观测卫星2号（Orbview-2）上的宽视场水色扫描仪（SeaWiFS）搜集，云层图像来自美国航空航天局的泰拉（Terra）卫星。

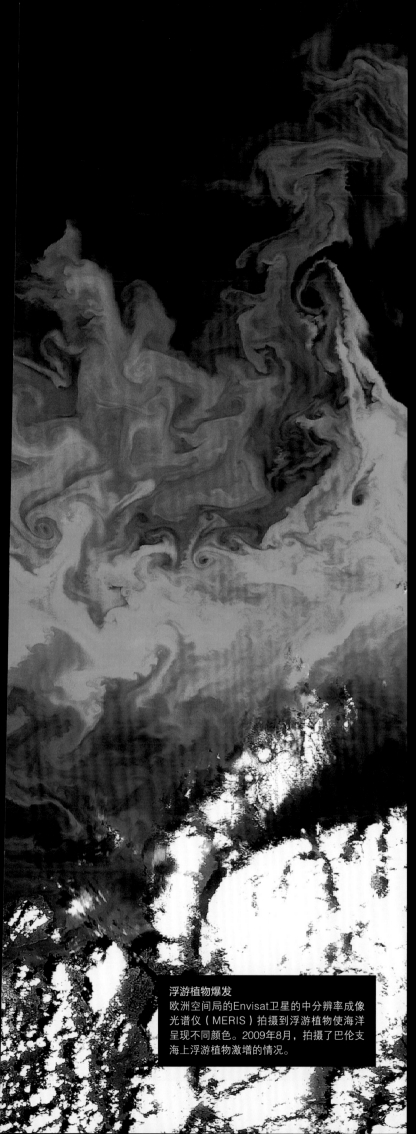

浮游植物爆发
欧洲空间局的Envisat卫星的中分辨率成像光谱仪（MERIS）拍摄到浮游植物使海洋呈现不同颜色。2009年8月，拍摄了巴伦支海上浮游植物激增的情况。

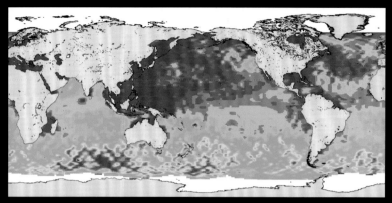

浪高（米）

| 0 | 0.5 | 1 | 1.5 | 2 | 2.5 | 3 | 3.5 | 4 | 4.5 | 5 |

平均浪高
这张图来自杰森2号（Jason 2）卫星，显示的是2008年7月的全球平均浪高数据，强风在南半球的洋面上掀起了巨浪。

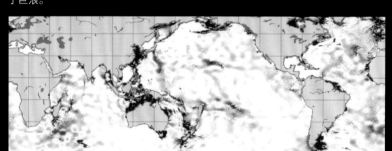

潮汐能的释放

低　　　　　　　　　　　　　　　　　　　　　高

潮汐能的释放
潮汐导致海水平面周期性升降，来自卫星的海平面数据显示，30%的潮汐能释放在深海海底山脉和海脊，其余的释放在浅海海床。

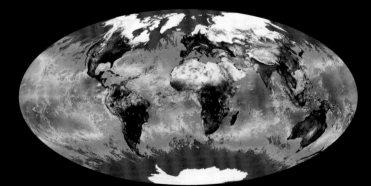

海面温度
泰拉（Terra）卫星的中分辨率成像光谱仪（MODIS）提供了这张2000年3月海面温度的数据图。红色区域最高，紫色区域最低。

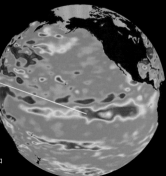

太平洋上的热点
温度上升导致这片红色区域高于正常高度约10厘米。

厄尔尼诺异常现象
2006年11月，杰森1号卫星（Jason 1）传回的海洋表面温度数据图显示了海洋中的高温区域，这是厄尔尼诺现象的特征。

从太空中看船舶航迹
这张照片由美国航空航天局的
MODIS拍摄，图中为太平洋上
空的云，呈斑点或条纹状。这
些云是水分子在船舶排放的废
气颗粒周围凝结形成的。所有
这种颗粒都有助于云的形成，
但仅在相对均匀的空气中清晰
可见，比如海洋上空。

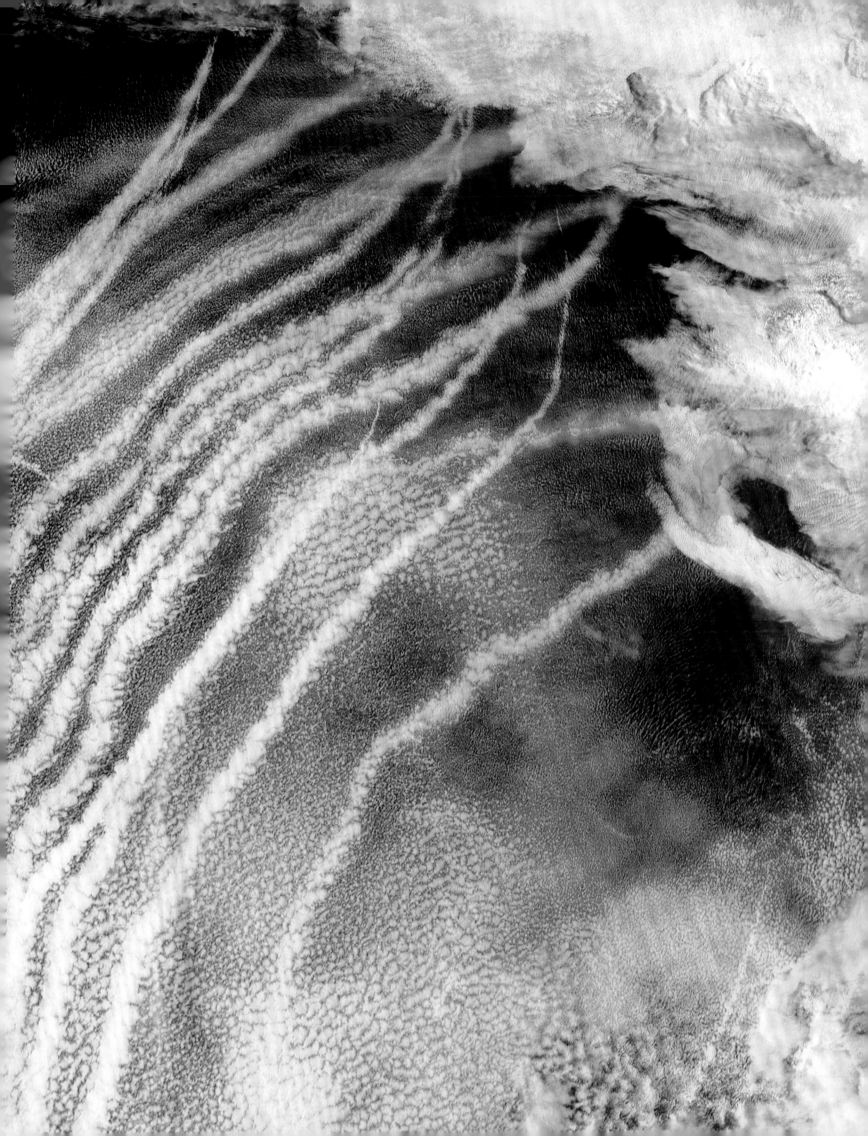

地球上的陆地

地球表面近30%是高低起伏的陆地，包括各种各样的地质形态和栖息地，从广袤山区到成片的草原、沙漠、森林和冻土带。大多数山脉是大陆板块挤压隆起所致。小溪、河流和缓慢移动的冰川具有侵蚀力量，削减、重塑了这些隆起的地区，产生了许多不同的地貌。在低洼地区，沉积作用也产生了一些地貌特征，如河流冲积平原和沿海三角洲。其他特征还有诸如火山喷发导致的大量厚厚的火山灰或熔岩沉积。人类活动也留下了许多痕迹，如庞大的城市、路网以及一块块耕地。

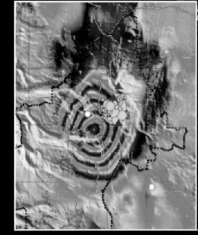

美国俄勒冈州的隆起地
卫星雷达监测图上，三姐妹火山（红色的三角形所示）附近的"靶心"处，1996—2000年岩浆侵入后使陆地增高了几厘米。

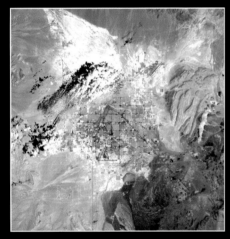

1984年

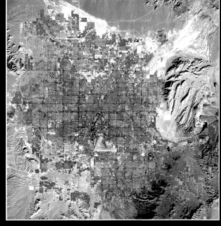

2009年

沙漠城市扩张
凭借蓬勃发展的博彩业和旅游业，内华达州的拉斯维加斯是美国发展最快的大都市之一。上面两张图像，由美国航空航天局的陆地卫星5号（Landsat 5）分别拍摄于1984年和2009年，可以看出城市的扩张。两张图中，道路和建筑物呈现蓝灰色或蓝绿色，公园和高尔夫球场是亮绿色，周围的沙漠是棕色或浅褐色。

火灾热成像
这张假彩色红外图像，由美国航空航天局泰拉卫星上的ASTER（先进星载热辐射和反射辐射仪）拍摄，如图中所示，2003年10月美国加利福尼亚州森林大火肆虐，绿色区域（未燃烧的森林）和深红色区域（燃烧的森林）之间是火焰的边界。蓝色的是烟雾。

卫星观测

地貌特征无论大小高低，通过卫星都很容易进行观察和研究。利用卫星，我们可以监测已发生的自然灾害，如火山爆发、洪水或重大森林火灾。在太空中，我们还可以发现那些数百万年前小行星撞击地球造成的古老地壳断层和火山口。卫星的另一个用途是监测人类活动和自然过程如何影响森林和沙漠的范围变化，即使是被云层遮盖的区域，因为雷达可以穿透云层测量各种地貌特征的精确高度。利用陆地表面多次反射的雷达信号，可以监测出地面随时间推移而产生的微小变化。

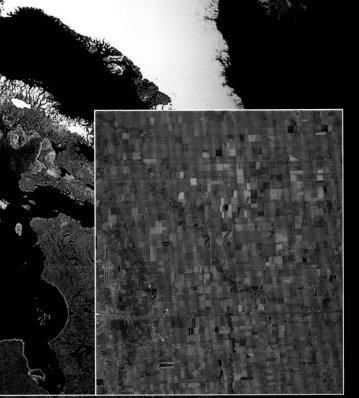

农用卫星
这张由陆地卫星5号（Landsat 5）于2009年拍摄的假彩色红外图像是美国明尼苏达州的农田。这里的耕地田连阡陌，面积达上千公顷，农民们使用这些图像来监测农作物的健康程度（红/粉色）、收获的农田（棕色）和洪水淹没的农田（黑色）。

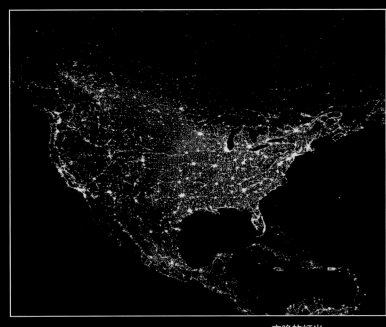

北美洲
针对北美洲地理上的多样性，可使用不同的卫星成像。美国航空航天局利用不同卫星形成的多张图像，拼合出了这块大陆的全貌。

夜晚的灯光
数百张气象卫星图像合成了这幅北美的夜晚景色（2001年），光亮处显示出了主要人口中心的分布情况。

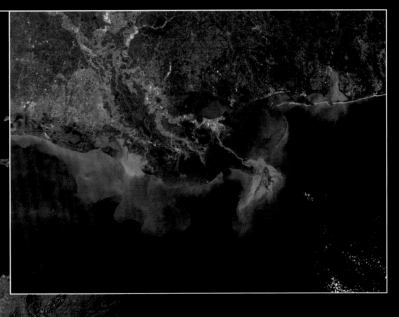

河流沉积物
因富含泥沙而呈黄色的密西西比河，与墨西哥湾清澈的深蓝色海水交融在一起。这是美国航空航天局的泰拉卫星上的MODIS（中分辨率成像光谱仪）于2001年拍摄的。密西西比河每年携带约5.5亿吨的泥沙流入墨西哥湾。

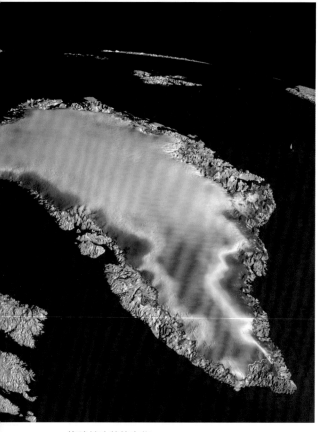

格陵兰冰盖的变化

这张ICESat卫星图像展示的是2003—2006年格陵兰岛上冰盖的变化情况。粉色表示增厚，蓝色和紫色表示变薄。ICESat卫星的服役时间为2003—2009年。

地球上的冰与雪

通过卫星观测，科学家能够监测不同季节和年份全球冰雪覆盖的变化情况。连年出现持续性的变化可能代表着气候发生了变化。

海水表面已冻结的部分称为海冰，它覆盖了北冰洋的大部分区域，覆盖面积随季节的变化而变化。在冬季，原有海冰变厚，并有新的海冰形成；到了夏季，海冰融化变薄。欧洲空间局的ENVISAT卫星和美国航空航天局的ICESAT卫星（冰、云和陆地高度卫星）的大量监测显示，北冰洋部分区域的海冰几年来一直在变薄减少。

ICESAT卫星、泰拉(TERRA)卫星上的ASTER（高级星载热辐射和反射辐射仪）和ENVISAT卫星上的高级合成孔径雷达也已被用来监测格陵兰岛和南极洲的冰盖、冰川和冰架（延伸至海洋中的冰川）。图中显示出冰块减少和消融的情况，不过格陵兰冰盖的部分区域还正在增厚。

其他监测冰的卫星还研究了南极洲及其他冰架的融解，追踪大冰山（从冰架上脱离的大冰块）的运动，因为它们可能对航运有危险。

太空中的卫星还可以准确测量全球的降雪厚度以及融化速度。综合利用这些卫星测量数据，科学家们可以预测河水的流量。

雪的反射率

由于雪可以反射高达80%的太阳光和其他辐射，所以积雪可影响地球吸收太阳的总热量。可利用星载仪器研究雪的不同属性对反射率的影响。例如，大的雪粒和杂质都会降低反射率。科学家使用泰拉卫星MODIS（中分辨率成像光谱仪）采集的数据制成这些彩色编码图像，显示出北极冰雪的雪粒径与杂质含量。

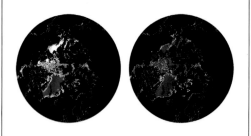

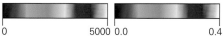

雪粒径（微米） 杂质（百万分之一，以重量计）

0   5000   0.0   0.4

北极冰雪雪粒径和杂质含量

对泰拉卫星MODIS数据的初步研究表明，北极地区的平均雪粒径(左图)在高海拔地区最小，比如格陵兰冰盖的顶部。杂质含量（右图）在陆地海岸附近最高。

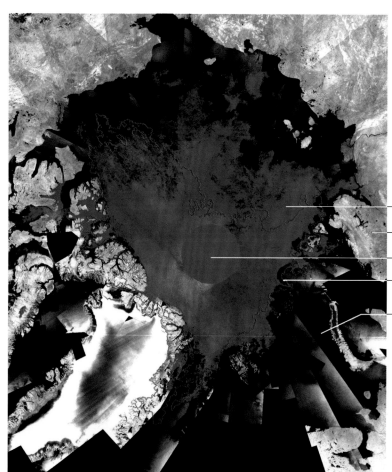

— 2008年8月的海冰

— 陆地冰雪

— 北极

— 海冰的历史最低水平
（2007年9月）

— 无冰的海洋

北极海冰

这张ENVISAT卫星的ASAR拍摄的图像将2008年8月北极海冰的范围（蓝色）与2007年9月所记录的测量范围最小值（红色轮廓）进行了对比。北极是地球上人类最难接近的地区之一，如果没有卫星，获得这样的测量数据是很困难的。

喜马拉雅冰川消融
这张由泰拉卫星上的ASTER于2002年6月拍摄的
图像显示,在喜马拉雅山的不丹段,几座冰川的
边缘已经变薄或融化,形成了冰川湖(蓝色),
冰川消融,山谷重现。

南极冰川
科学家利用卫星仪器收集
了四年的数据合成了这张
南极洲的图像。通过系列
动画图像演示,可以很容
易地看出南极的季节及年
度变化。

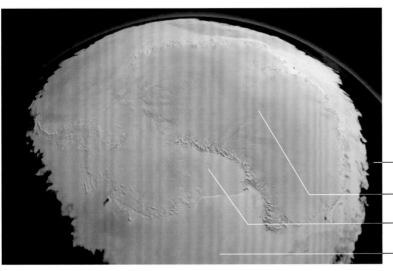

—— 海洋

—— 陆地冰

—— 冰架

—— 海冰

南极冰山
2010年3月,美国航空航天局Aqua卫星上的MODIS
(中分辨率成像光谱仪)拍摄到了这两座冰山,每一座
冰山的面积都堪比一个小国。右侧的这一座冰山形成于
1987年,撞击默茨冰川(图中底部)时,也撞断了其
他冰山。

地球的大气层

地球的大气层中含有78.1%的氮气和20.9%的氧气，以及少量的氩气、二氧化碳、水蒸气、甲烷和臭氧。后四种气体均可产生温室效应，使地面温度高于正常水平。各种天气变化发生于大气层的最底层——对流层，大约位于赤道以上16千米，极地以上8千米处；再往上，大约50千米处是相对稳定的平流层，或称为上层大气层。平流层以外是一层层非常稀薄（低密度）的空气。

卫星监测

水蒸气是大气中唯一肉眼可见的气体，当它聚成含有小水滴或冰晶的云层时，我们就可以看到。卫星可以监测云层覆盖情况，以及影响云层分布的气象事件，如飓风。通过监测分析对流层中的云层移动，可以计算出风速和风向。美国航空航天局的Terra和Aqua两颗卫星上的仪器，如MODIS（中分辨率成像光谱仪）也可以监测沙尘暴、烟雾污染和火山灰。还有一些卫星用于研究不可见气体。例如，Aqua卫星上的AIRS（大气红外探测器）监测中对流层中的二氧化碳，Aura卫星上的OMI（臭氧监测仪）主要监测平流层的臭氧浓度。欧洲空间局Envisat卫星上的SCIAMACHY（大气制图扫描成像吸收光谱仪）用于测量平流层的甲烷含量。

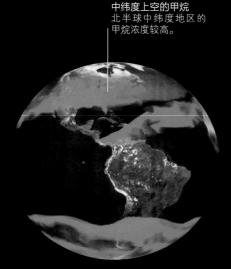

中纬度上空的甲烷
北半球中纬度地区的甲烷浓度较高。

平流层中的甲烷
这张美洲上空的甲烷分布图基于美国航空航天局UARS（高层大气研究卫星）1999年获得的数据绘制而成。该卫星现已退役。

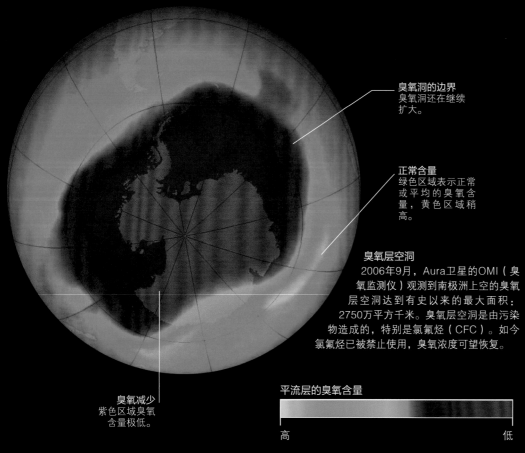

臭氧洞的边界
臭氧洞还在继续扩大。

正常含量
绿色区域表示正常或平均的臭氧含量，黄色区域稍高。

臭氧层空洞
2006年9月，Aura卫星的OMI（臭氧监测仪）观测到南极洲上空的臭氧层空洞达到有史以来的最大面积：2750万平方千米。臭氧层空洞是由污染物造成的，特别是氯氟烃（CFC）。如今氯氟烃已被禁止使用，臭氧浓度可望恢复。

臭氧减少
紫色区域臭氧含量极低。

平流层的臭氧含量
高　　　　　低

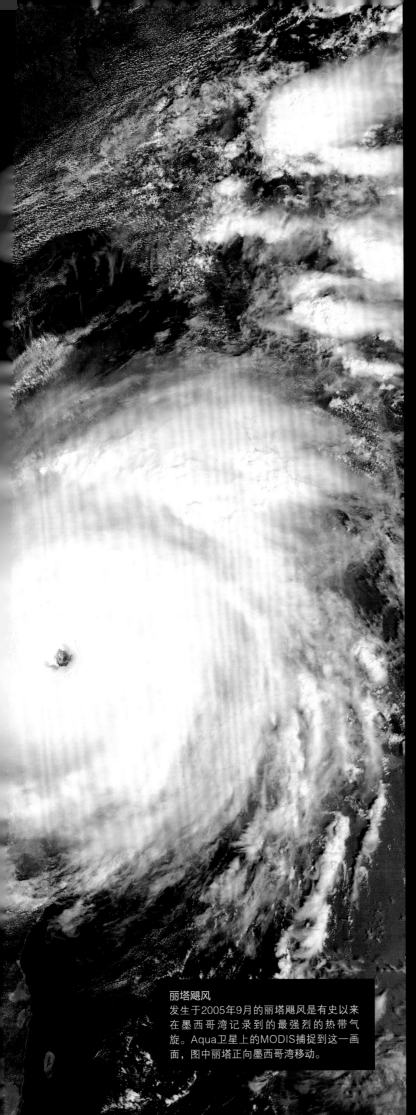

丽塔飓风
发生于2005年9月的丽塔飓风是有史以来在墨西哥湾记录到的最强烈的热带气旋。Aqua卫星上的MODIS捕捉到这一画面，图中丽塔正向墨西哥湾移动。

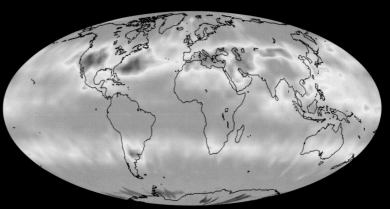

浓度（PPM）

365	370	375	380

二氧化碳
这张是由Aqua卫星的AIRS于2003年7月拍摄的8千米高处二氧化碳全球分布图，可以看出北半球中纬度地区二氧化碳浓度最高。

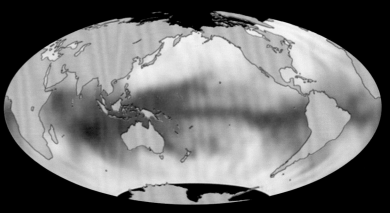

水蒸气

干燥 　　　　　　　　　　　　　　　　　潮湿

大气中的水蒸气
这幅全球大气中的水蒸气含量图是基于2008年6月美国航空航天局与法国航天局联合卫星Jason 2的传感器采集的数据。

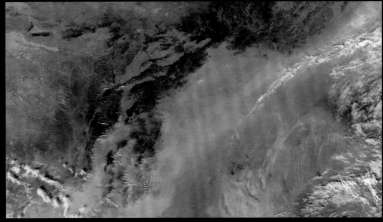

中国的雾霾污染
2009年10月，Terra卫星上的MODIS拍摄了这幅中国东部部分地区厚厚的灰色雾霾带。图中右侧部分是北京东南150千米处的渤海。

地球周围

地球表面以上约100千米处为地球大气的上边界，再往外就是浩瀚的太空。这里受三种物理系统相互作用的影响，即地球上层大气层的末端、来自太阳的带电粒子流以及地球强大的磁场。

地球上空

科学家把地球的大气分成几层。最底层是对流层，包含90%的大气，止于地面以上16千米处，地球上几乎所有的天气及气候变化都在这里发生，因为地球的热量和水蒸气在这层循环传递。

对流层往上，气压和温度迅速降低，到达与平流层的交界处后，大气温度约为-50℃。平流层的大气条件基本稳定，但大气的垂直变化显著，每降16千米，气体密度增加10倍。温度的变化更为复杂，在平流层，温度随高度的升高而不变或微升，到了中间层，温度随高度的升高而迅速降低，热层的温度又随高度上升而增加。大气成分在垂直方向上也发生变化，较重气体的原子和分子仍离地表不远，但较轻气体则升到更高处，如氢和氦。

大气层
此图显示了地球大气层一直到热层的详细结构。热层再往上就是由分散的气体原子和分子组成的外逸层，一直漫延到距离地表约1万千米。

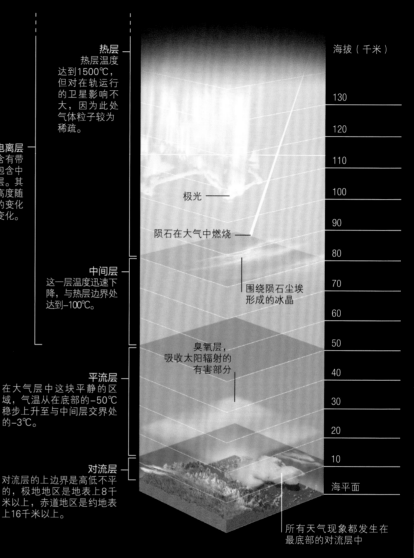

热层
热层温度达到1500℃，但对在轨运行的卫星影响不大，因为此处气体粒子较为稀疏。

海拔（千米）
130
120
110
100
90
80
70
60
50
40
30
20
10
海平面

电离层
这一区域含有带电气体，包含中间层和热层。其下边界的高度随太阳活动的变化而变化。

极光

陨石在大气中燃烧

围绕陨石尘埃形成的冰晶

中间层
这一层温度迅速下降，与热层边界处达到-100℃。

臭氧层，吸收太阳辐射的有害部分

平流层
在大气层中这块平静的区域，气温从在底部的-50℃稳步上升至与中间层交界处的-3℃。

对流层
对流层的上边界是高低不平的，极地地区是地表上8千米以上，赤道地区是约地表上16千米以上。

所有天气现象都发生在最底部的对流层中

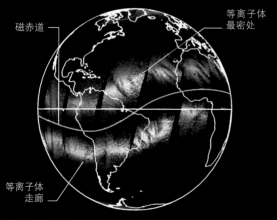

磁赤道

等离子体最密处

等离子体走廊

在太空中观测电离层
美国航空航天局的TIMED卫星采用紫外线和红外线仪器观测不断变化的电离层，揭示出地球气候与太阳对它的影响。等离子体在热带地区密度最大。

太空开始的地方

地球的大气层越高空气越稀薄，来自太阳的紫外线和X射线辐射将上层大气的气体原子分解成带负电荷的电子和带正电的离子，这种气态的物质称为等离子体，它在50～1000千米高的大气层中占主导地位，因此这一层又称为电离层。根据国际航空联合会的定义，它就是"太空边缘"，又称卡门线。

等离子体中的带电粒子受到地球磁场（见下页）的影响，形成了环绕地球的像风一样的气流。电离层中电荷的强度变化也取决于来自太阳的辐射和粒子的强度大小，因此大气层上层的结构，随着太阳活动周期，每天每月都在发生变化。

北极光
带电粒子涌入地球两极上方的上层大气层，与稀薄气体相撞使之激发，以致发出不同颜色的光。在北极出现的这一壮观景象，就是北极光。

地球磁层

熔融的铁地核旋转流动，产生了巨大的磁场，强度是太阳系岩质行星中最强的。它会对附近的任何磁性或带电物体产生影响。这个磁场向四面八方延伸，直到地球直径数十倍以外，形成磁层，使得来自太阳的带电粒子流（即太阳风，见89页）绕过地球磁场。这些粒子很多都被屏蔽在磁层中像甜甜圈形状的区域（称为范艾伦辐射带）。长期暴露于这个区域，对航天器和宇航员都是危险的。穿过两极磁场附近的粒子与大气层相互作用发出的光称为极光。

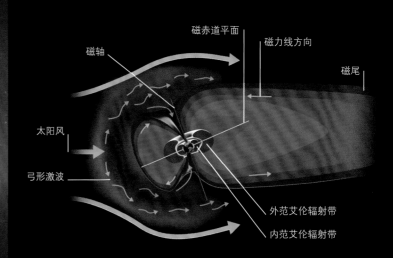

太阳风和磁层
该图显示了地球磁层的泪滴状结构在与太阳风相互作用后发生扭曲。大多数的太阳风粒子绕着磁层流动，但有些直接冲入磁层的粒子在一个区域慢了下来，这一区域称为弓形激波。

对磁层的研究

在1958年之前，对地球周围复杂的磁场环境，人类尚未形成足够的认知，直到当年1月，美国的第一颗Explorer I号发射。这个小型探测器载着物理学家詹姆斯·范艾伦设计的仪器，在现在所谓范艾伦辐射带的区域，监测到一个带电粒子激流。后来，探测器进一步调查了地球磁场的形状，对地球磁场与太阳风相互作用进行了研究。但是，由于不能对磁层直接成像，只能对探测器所在的特定位置的情况进行调查，所以很难监测磁层结构的变化，也很难将它们与外界影响联系起来。

星簇计划2
由欧洲空间局于2000年发射，是一组四个相同的探测器，一起绕地球轨道列队飞行。通过测量带电粒子和同时在几个位置测量磁性条件，它们已经揭示出磁层中几个意想不到的特征。

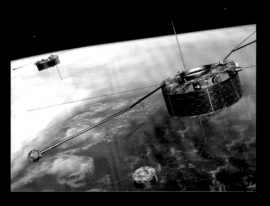

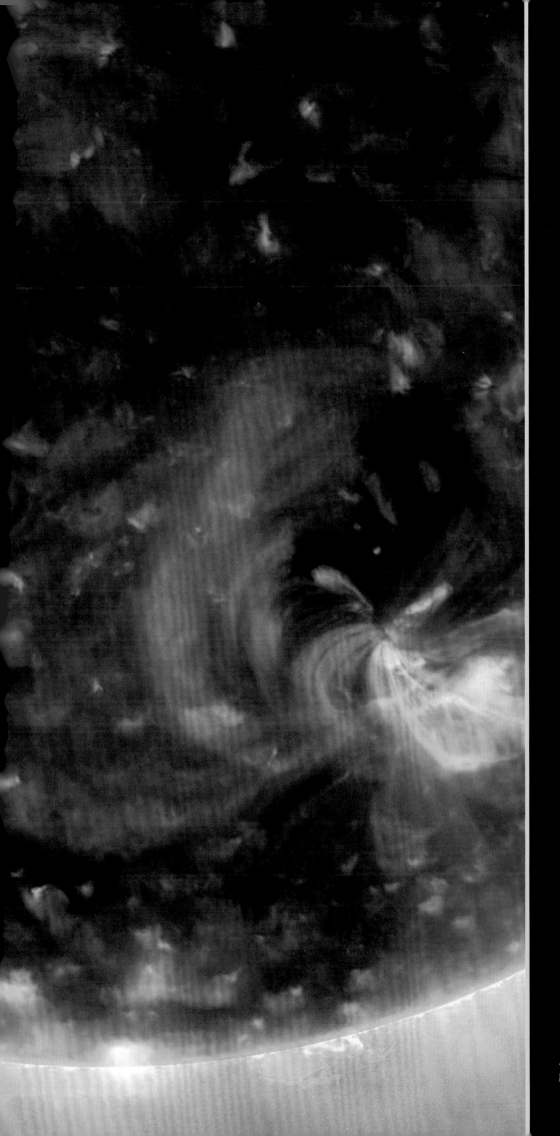

2

邻近的世界

<< 太阳
距离地球1.496亿千米

太阳系

太阳系由我们的恒星太阳以及围绕太阳运行的大量天体组成，仅行星轨道的跨度就长达约90亿千米。在巨大的太阳系中，地球只是在其较小的中心区域运行的一颗行星而已。

太阳系家族

太阳是太阳系内最大的天体，占总质量的99.85%，其他还包括八大行星及其卫星、少数矮行星和大量小天体。小天体大概可分为三类：小行星（主要由岩石和金属组成）、彗星（由冰、岩石和尘埃组成）和柯伊伯带天体（主要是冰体）。此外还有彗星遗留下来的数量可观的碎石、尘埃和冰粒。太阳系行星分为两类：一类是岩质的、相对较小的带内行星（水星、金星、地球和火星，见52～53页），另一类则是个头较大的气态的带外行星（木星、土星、天王星和海王星，见124～125页）。

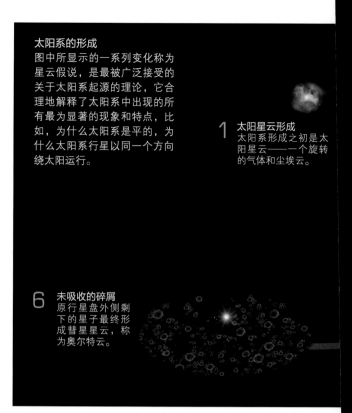

太阳系的形成
图中所显示的一系列变化称为星云假说，是最被广泛接受的关于太阳系起源的理论，它合理地解释了太阳系中出现的所有最为显著的现象和特点，比如，为什么太阳系是平的，为什么太阳系行星以同一个方向绕太阳运行。

1 **太阳星云形成**
太阳系形成之初是太阳星云——一个旋转的气体和尘埃云。

6 **未吸收的碎屑**
原行星盘外侧剩下的星子最终形成彗星星云，称为奥尔特云。

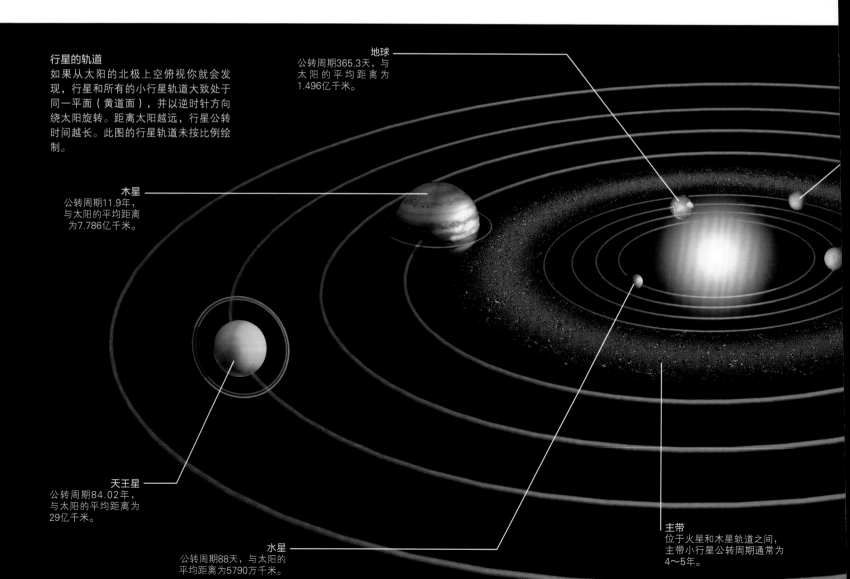

行星的轨道
如果从太阳的北极上空俯视你就会发现，行星和所有的小行星轨道大致处于同一平面（黄道面），并以逆时针方向绕太阳旋转。距离太阳越远，行星公转时间越长。此图的行星轨道未按比例绘制。

地球
公转周期365.3天，与太阳的平均距离为1.496亿千米。

木星
公转周期11.9年，与太阳的平均距离为7.786亿千米。

天王星
公转周期84.02年，与太阳的平均距离为29亿千米。

水星
公转周期88天，与太阳的平均距离为5790万千米。

主带
位于火星和木星轨道之间，主带小行星公转周期通常为4～5年。

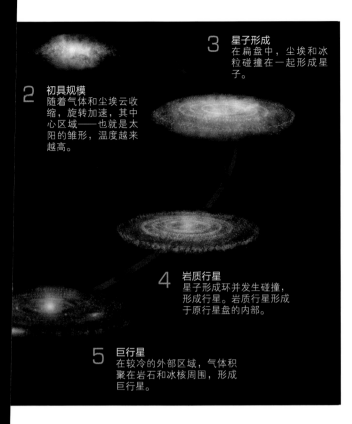

3 星子形成
在扁盘中，尘埃和冰粒碰撞在一起形成星子。

2 初具规模
随着气体和尘埃云收缩，旋转加速，其中心区域——也就是太阳的雏形，温度越来越高。

4 岩质行星
星子形成环并发生碰撞，形成行星。岩质行星形成于原行星盘的内部。

5 巨行星
在较冷的外部区域，气体积聚在岩石和冰核周围，形成巨行星。

太阳系的诞生

太阳系形成于约46亿年前，起初在银河系内是一片巨大的、慢速旋转的气体和尘埃云。由于引力作用，气体和尘埃云开始逐渐收缩，加速旋转，中心区域越来越密集，随之也越来越热，最终演变成太阳。环绕着中心区域的是一个由气体、尘埃和冰组成的旋转圆盘。在这个圆盘中，尘埃和冰粒碰撞在一起形成的粒子叫作星子，星子集中形成更大的天体称为原行星。原行星进一步碰撞，形成四个带内行星和四个带外行星的内核。最后，带外行星的内核吸聚了大量的气体，形成气态巨行星。

正确认识太阳系

过去500年中，人们对太阳系的认识发生了巨大变化。16世纪中叶以前，人们普遍认为地球是宇宙的中心，不是太阳。到1780年，人们认为太阳系只有1个太阳、6颗行星和一些彗星。直到有了望远镜后，人们对宇宙大小和天体数量的认识才有了突飞猛进的增长，特别是在过去的60年里。同时，人们对可观测宇宙的其余部分也有了显著了解，知道银河系中还有其他行星系统，但近年来人们更多地关注宇宙反而使得对太阳系的认知价值稍有下降。

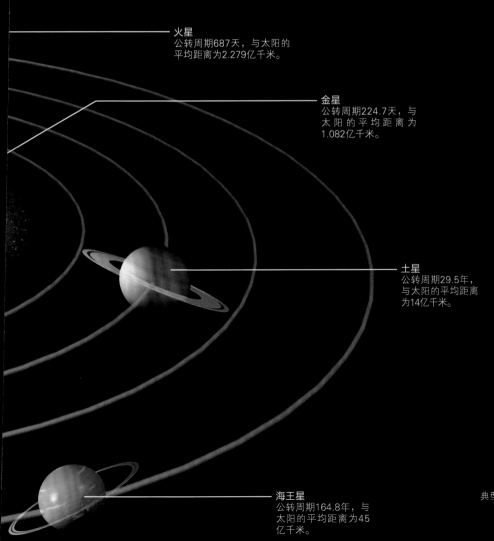

火星
公转周期687天，与太阳的平均距离为2.279亿千米。

金星
公转周期224.7天，与太阳的平均距离为1.082亿千米。

土星
公转周期29.5年，与太阳的平均距离为14亿千米。

海王星
公转周期164.8年，与太阳的平均距离为45亿千米。

典型的彗星轨道

奥尔特云

海王星之外的世界
海王星轨道外是由彗星和环日轨道上的类似彗星的冰冷天体构成的两个区域，最里面是柯伊伯带，范围从海王星轨道向外延伸至距太阳约120亿千米处。再往外是一个巨大的球形区域，直径超过3～4光年，称为奥尔特云（见178～179页），估计含有超过1万亿的冰冷天体。

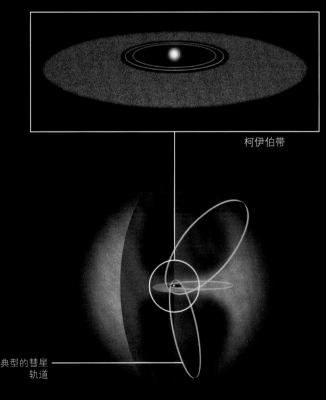

柯伊伯带

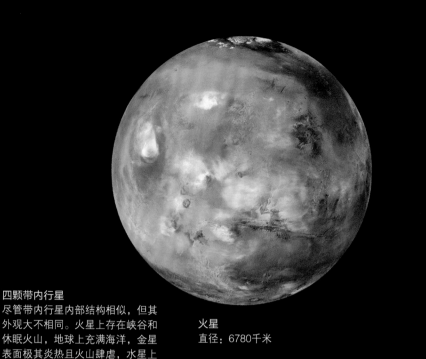

四颗带内行星
尽管带内行星内部结构相似，但其外观大不相同。火星上存在峡谷和休眠火山，地球上充满海洋，金星表面极其炎热且火山肆虐，水星上最有名的是表面的陨石坑。

火星
直径：6780千米

地球
直径：12756千米

带内行星

　　四颗带内行星，或称岩质行星，按照与太阳的距离由近及远，分别为水星、金星、地球、火星，它们的体积相对较小，但非常致密，主要由岩石和金属等固态物质组成，有的有一两颗卫星，有的没有卫星，但都没有行星环。

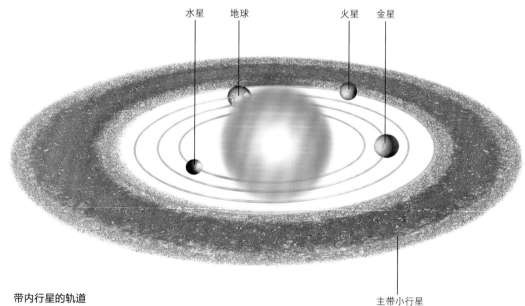

水星　地球　　　　火星　金星

主带小行星

带内行星的轨道
这些岩质行星的绕日轨道间隔大致相等，除了水星，其他行星轨道基本呈圆形，而水星轨道是明显的椭圆形。此图中行星及其轨道的大小未按实际比例显示。

起源

　　四颗岩质行星形成的时间大致相同，大约在46亿年前，组成物质来源于太阳初成时周围不断旋转的原行星盘（见50~51页）。行星形成的位置位于原行星盘的内部，这里温度很高，只有高熔点和高沸点的物质（比如矿物颗粒和金属）才可以一直维持固态或液体状态，其他物质都会被蒸发掉。到了适当时候，岩石和金属微粒凝聚，在引力作用下随机碰撞，形成固体块，称为星子。这些星子大小从几米到上百千米不等，最终渐渐聚集形成月球大小的天体，宽度达数千千米，称为原行星。最后，经过一系列越来越猛烈的碰撞，原行星聚集成四个大团块，渐渐演变

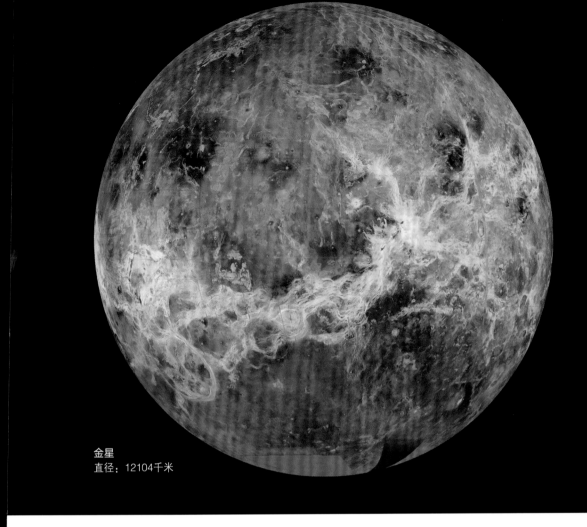

金星
直径：12104千米

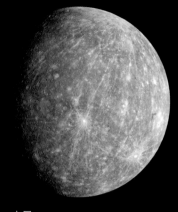

水星
直径：4880千米

成为如今的四颗带内行星。

　　一系列的撞击后形成了带内行星，同时也产生了巨大热量，因此每颗行星在形成之初都处于完全熔融（液体）状态。熔融的过程中，行星内的物质分离成两个主要部分，这一过程称为分化。密度较大的物质，主要是铁和镍等金属，向行星中心沉积，而密度较小的物质，上浮到了表面。随着时间的推移，行星逐渐冷却，开始从其表面向内固化。处于行星表面密度较小的物质，固

化成两个岩石层，外层较薄，称为地壳；内层更深更厚，称为地幔。岩石层深处，处于中心的物质形成了密度很大的地核，主要由铁组成。今天部分地核仍然是液态的，水星、火星和金星的内核也可能是部分熔融状态。

多岩石的表面

　　在行星形成的早期，形成行星的剩余物质猛烈撞击带内行星，这一过程直到现在仍在继续。水星显然被撞击过很多次，其表面大量的陨石坑即是明证。其他岩质行星同样受到撞击，但如今陨石坑已不明显，特别是地球，这是由于它们的表面随着时间的推移已被板块构造、侵蚀等过程所改变。

　　火山活动影响了所有的带内行星。水星上的大部分火山活动是数十亿年前发生的；火星上存在巨大的火山，但已经沉寂了数千万年；地球上的火山活动仍很活跃。特别是金星的表面曾经深受火山作用重创，现在，金星上的火山活

动仍可能在持续。火星、地球和金星都有大气层，由火山活动从内部释放出的气体组成。地球和火星上永不停歇的风化作用重塑着它们的表面。只有地球表面有液态水，火星表面上也留下了水曾经流动的痕迹。

铁陨石
科学家认为这种物质源自小行星，它们与带内行星一样，一度处于熔融状态，这样其中的铁就沉积到了中心位置。

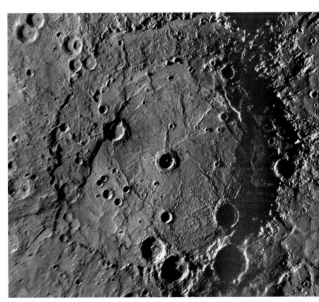

水星上的伦勃朗陨石坑
直径715千米，伦勃朗陨石坑（图中最大的坑）是水星的第二大陨石坑，形成于39亿年前。

地球

地球是距离太阳第三近的行星，有许多独特的地形地貌，也是已知行星中唯一存在活跃的板块运动、流动水和大量生命的星球。

地球轨道

地球轨道接近圆形，与太阳的平均距离为1.496亿千米，每365.3天完成一次公转，自转轴相对黄道面倾斜约23.5°，因其公转及黄赤交角的存在而产生了四季交替，每个半球轮流朝向或背离太阳，接受的阳光照射多寡不均。

结构与大气层

作为太阳系最大的固态行星，地球在形成之初内部就产生热量，46亿年来一直如此。由于热量足够多，组成地核的镍和铁部分呈熔融状态，地核外层的地幔中也形成了一个巨大的对流圈，地幔物质（热岩）在其中形成循环运动。地球的地壳和上地幔，厚约1000千米，被分成巨大的板块，称为构造板块，由于地幔运动，地球表面被慢慢地推拉。地球大气层保护地球免于遭受剧烈的气温变化，并使液态水在地表得以存在。纵观地球历史，生命的存在已使大气层发生了巨大的改变。

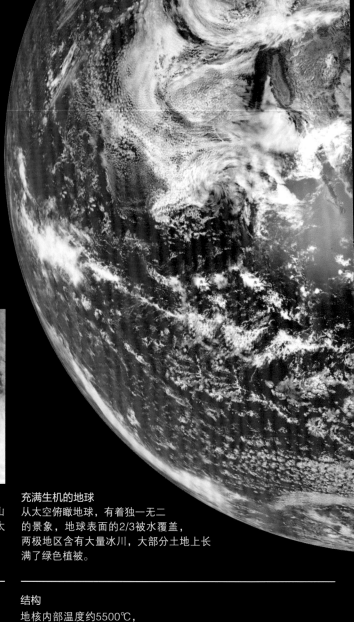

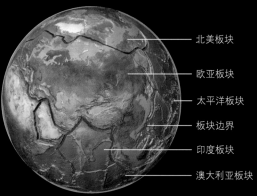

北美板块
欧亚板块
太平洋板块
板块边界
印度板块
澳大利亚板块

构造板块
地球的地壳和上地幔被分成七个大板块和几十个较小的板块。板块运动形成了山脉、火山和海床。

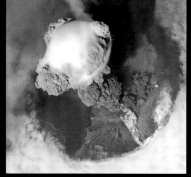

从太空看火山喷发
火山灰羽在太平洋海岸的萨雷切夫火山上空升腾。太平洋火山活动频繁，由太平洋板块与其他板块发生碰撞所致。

充满生机的地球
从太空俯瞰地球，有着独一无二的景象，地球表面的2/3被水覆盖，两极地区含有大量冰川，大部分土地上长满了绿色植被。

公转与自转
地球公转轨道只在近日点和远日点之间稍有变化，所以地球的气温相对平均。1月初，地球离太阳距离最近，这一点叫作近日点，此时南半球为夏季。在远日点的时候，北半球为夏季。

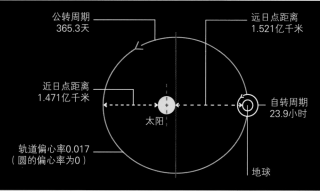

公转周期
365.3天

远日点距离
1.521亿千米

近日点距离
1.471亿千米

太阳

自转周期
23.9小时

轨道偏心率0.017
（圆的偏心率为0）

地球

结构
地核内部温度约5500℃，大部分处于熔融状态，随着它的慢慢冷却，固体内核渐渐增大。

地幔
黏稠的硅酸盐岩

内核
固体铁镍

外核
液态铁镍

地壳
固体岩石

水与生命

　　地表存在的大量液态水滋养了地球上的生命。地球与太阳的距离、自身引力和具有保护作用的大气层，为水的三种物理状态（液体水、冰和水蒸气）的存在创造了理想条件，这三种状态之间的不断转化，塑造了地球上的不同景观，也驱动着地球上复杂的天气系统。众所周知，液态水是生命存在的一个重要因素，有了液态水，某些生命所需的化学反应才有可能进行。地球上的生命纷繁多样，有简单的单细胞生物，也有复杂的多细胞生物（主要是植物、藻类和动物）。植物和藻类吸收阳光和大气中的二氧化碳，产生能量并释放氧气，这一过程就是光合作用。动物通过吃植物或其他动物，产生能量，呼出二氧化碳。

地球上的水循环
地球上的水，从冰到液态水再到水蒸气，往复循环，最主要的水循环是海洋水蒸发，然后又以降水的形式回到陆地和海洋。

下雨后水返回陆地

带水汽的云进入内陆

下雪后水返回陆地

湖中的水蒸发

冰川中冻结的水

植物蒸腾作用，水分流失

冰融化形成冰川融水

海洋水蒸发，凝结形成云

河流、小溪中的水流向山下

河流、小溪中的水返回大海

水渗入地下，流入大海

化石
图为爬行动物的化石，是保存在地球岩石中的生物痕迹，这些化石及年代更近的生物显示至少在35亿年前生命就出现了，并且处于不断进化中。

生物多样性
科学家估计目前地球上大约有1000万个物种，大多数集中在珊瑚礁和热带雨林等生物多样性的热点地区。

大气
地球大部分大气是透明的氮气，另外还有部分氧气和低浓度的微量气体，其中一些微量气体有助于捕获来自太阳的热量，维持地球上温暖的气候。

氮：78.1%

微量气体：1%

平均地表温度 15℃

氧：20.9%

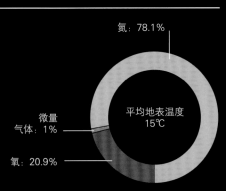

深海火山口
一些物种可在极端恶劣的环境下存活。深海火山口是一些生命的绿洲，如巨型管蠕虫扎根于火山口周围，就可以忍受极端的温度存活。

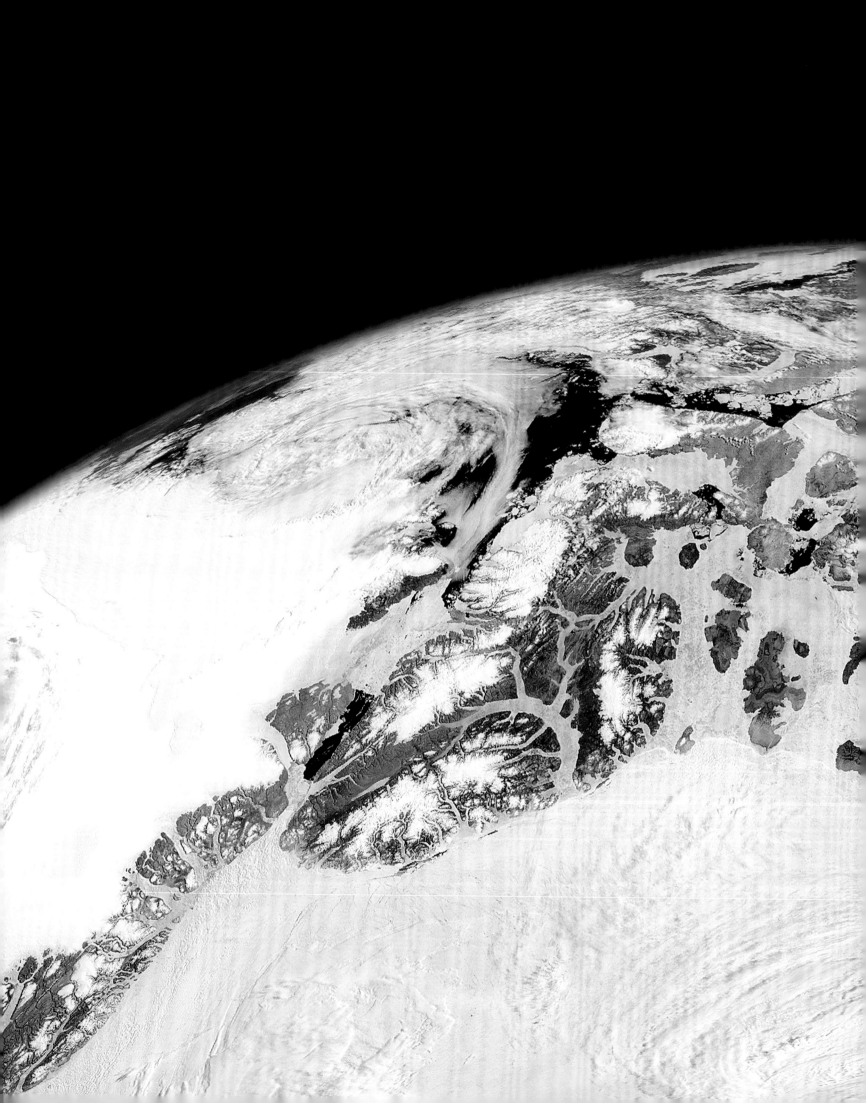

北极上空

这张照片由美国航空航天局
OrbView-2卫星上的SeaWiFS拍摄。
这一角度是地球北极的正上方，穿
过冰冻的波弗特海，一路向正南望
去。左侧是格陵兰冰盖，加拿大地
盾从图中右下方一直向上延伸。

月球

地球绕太阳公转时，有一颗天然卫星也绕着地球公转，它就是月球。人们根据月相的变化确定月份，月球的潮汐引力将地球的自转周期从原来的6个小时延长至现在的24小时。

地球最近的邻居

月球是一颗干燥、死气沉沉的星球，上面布满岩石，直径约是地球的3/11。作为地球最近的邻居，它自然成为我们要探索的目标，也是地球以外人类唯一踏足过的星球。月球与地球同步旋转，也就是说它绕地一周的同时完成一次自转。因此，月球总是同一面朝向地球。由于月球引力较弱，月球大气也可以忽略不计，绝大多数水已经从内部蒸发到太空中。由于没有大气层覆盖，赤道附近昼夜温差约280摄氏度。

月球的起源

天文学家认为，一颗火星大小的小行星撞击地球之前，地球刚刚形成一个铁核和一个岩石表层，剧烈的撞击溅射出的岩石，环绕地球形成了一个碎石环，最后这些岩石慢慢聚集，形成月球。这一假说解释了为什么月球上缺少铁元素，为什么它在形成之初距离地球比现在更近。这也解释了为什么它会迅速进入自转与旋转同步的模式，以及为什么在早期月球外壳上形成了一个岩浆海洋，并且失去了许多挥发性元素。

地球与月球
地球之所以呈现蓝色，是波长较短的光（偏蓝）被地球大气层中的分子散射造成的。相比之下，毫无生机的月球上看到的只是干燥、多岩石、没有大气的表面。

具有里程碑意义的探月任务

宇宙飞船	日期	成果
月球3号（苏联）	1959年10月7日	第一张月球背面图像
月球9号（苏联）	1966年2月3日	第一个机器人飞船软着陆
阿波罗8号（美国）	1968年12月24日	人类首次绕月飞行
阿波罗11号（美国）	1969年7月20日/24日	人类首次登陆月球/首次带回月岩
月球16号（苏联）	1970年9月24日	首次自动采样返回
月球17号（苏联）	1970年11月17日	第一个机器人月球车
阿波罗15号（美国）	1971年7月30日	第一个载人月球车
阿波罗17号（美国）	1972年12月11日	迄今为止，最后一次人类登陆月球
嫦娥4号（中国）	2019年1月3日	第一个在月球背面着陆的月球车

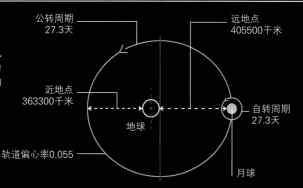

1 小行星撞击地球
一颗火星大小的小行星给了地球猛烈的一击，如此大的小行星与一颗带内行星相撞是较为罕见的，这也解释了为什么火星、金星和水星没有大型卫星。

2 地球上的物质散落
部分地幔被喷射到太空，但大部分返回了地面，成功逃逸地球的物质，在地球周围轨道上形成了"碎石云"。

3 绕地飞行的物质
"碎石云"中的颗粒在地球周围形成一个环。与土星环不同，地球周围的环非常密集，因离地球足够远，这些颗粒没有四散开来而是渐渐凝聚。

4 月球形成
地球周围形成的环中，最大块的物质不断扩大，撞击频次减少，环中的物质渐渐冷却，经过数千万年，只剩下那个最大块的物质仍然在地球周围轨道上运行，它就是月球。

月球轨道与自转

月球以椭圆轨道绕地球运转，最远点比最近点远10%，其轨道平面与地球轨道平面夹角为5.15°，月球在绕地球公转的同时也在自转。

公转周期 27.3天
远地点 405500千米
近地点 363300千米
地球
自转周期 27.3天
轨道偏心率0.055
月球

月球大小

月球是球形的，直径约为地球的3/11，质量是地球的1/81，引力是地球的1/6。

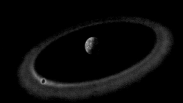

地球
赤道直径：12756千米

月球
赤道直径：3476千米

月球表面

月球表面没有风，没有水，也没有什么天气变化，只有岩石。随着时间的推移，受小行星和陨石撞击影响，形成了陨石坑。在约40亿年前撞击最为频繁，自此频率逐步下降。那时月球的温度比现在要高，薄薄的月壳下面是熔融状态的岩浆，巨大的陨石击穿了月壳，致使熔融的玄武岩岩浆充到月球表面，填满了低洼地区。

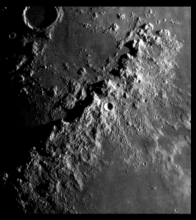

亚平宁山脉
这座山脉绵延600千米，耸立在雨海的边缘部分。最高峰峰顶距雨海底部5千米。

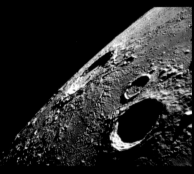

哥白尼环形山和莱因霍尔德陨石坑
低角度阳光的照耀下，哥白尼环形山（上）和莱因霍尔德陨石坑（右下）显得特别壮美。该图由阿波罗12号上的宇航员理查德·戈登抓拍。

阿波罗16号的视角
月球表面布满了陨石坑。这张由阿波罗16号拍摄的图像显示了月球背面曾受到严重的撞击，该区域在地球上是无法直接看到的。

月球结构
月壳由富含钙的花岗岩构成，月幔富含硅酸盐。月震表明其固体内核外部可能包围着一个熔融区域。

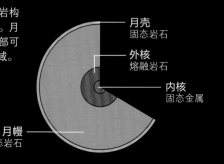

月壳
固态岩石

外核
熔融岩石

内核
固态金属

月幔
固态岩石

大气
25吨重的月球大气来自放射性衰变、陨石撞击和捕获的太阳风。

微量气体：2%
氖：29%

平均表面温度
−20℃

氩：20.6%
氢：22.6%
氦：25.8%

4万年

现在仍有小行星和陨石撞击月球，形成陨石坑，但现在能看到这种撞击的概率是很低的，盯着观察月球正面4万年，才可能会发现一次能撞出直径大于1千米坑的撞击。就算如此，如果考虑到月相和地球的天气，观察到这一现象的概率也仅约为1/8。

空中的月球

月球是地球在太空中最近的邻居，也是夜空中看起来最大的天体。月球总是同一面朝向地球，它反射的太阳光投射到地球，我们每29.5天可以看到一次月球正面全貌。月球也会周期性地遮蔽太阳，形成壮观的日食。

月球正面

月球早期形成之时与地球的距离比现在更近些，且与地球同步旋转，此后，一直保持公转时间与自转时间相同，也是由于这种同步性，月球的同一面，称为月球正面，一直朝向地球。但我们看到的不是月球表面的50%，而是59%。这种现象称为天平动，因为月球的轨道是椭圆形的，当最接近地球（近地点）时，它的移动速度比其在距离地球最远（远地点）时要快，这使我们能够看到球状物的两侧边缘。由于月球的自转轴与其轨道平面倾斜了6.7°，两极交替指向地球，这也让我们看到了一点点月球背面的两极地区。

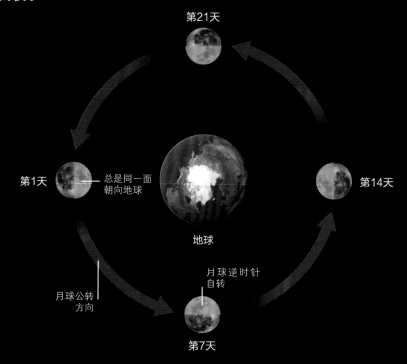

第21天

第1天 — 总是同一面朝向地球

地球

第14天

月球逆时针自转

月球公转方向

第7天

同步旋转
月球绕地球公转一周大约27.3天。绕地的同时，月球也在自转，自转一周的时间也是27.3天，因此，总是月球相同的一面朝向地球。

月相

月球本身不发光，它是被太阳照亮的。当太阳照射月球的一半时，另一半则处在黑暗中。从地球上看，月球似乎每天呈现不同的形状，这是因为随着月球绕地球运转，我们看到的太阳光照射的面积发生变化，这些不同形状就是我们所谓的月相，一个完整的月相周期是29.5天。周期的前半段，月亮看似渐渐变大，直至满月，此时，月亮和太阳分居地球两侧。周期的后半段，月亮渐渐变小直至新月，此时月亮位于太阳与地球之间。

相位周期
月亮从新月变化到满月，然后重回到新月。上弦月时，已经完成了周期的1/4，下弦月时，也完成了周期的1/4。处于半亮与全亮之间叫凸月，处于半亮与新月之间叫残月。

| 蛾眉月 | 上弦月 | 渐盈凸月 | 满月 |

| 渐亏凸月 | 下弦月 | 残月 | 新月 |

月球在空中的大小

由于月球轨道是椭圆形的，因此地球和月球之间的距离也是随之变化的（见58页）。月球在近地点时离地球比在远地点近10%，这种距离的变化对我们看到的天空中月球的大小有一定影响。每个相位周期中，月球经过近地点，这时看起来最大；约两星期后，位于远地点，这时看起来最小。这种变化令人几乎毫无察觉，但在日食（下图）发生时，这种区别会更明显，因为这时太阳被遮挡多少取决于月球的相对大小。一种更常见的现象是，感觉月球在靠近地平线的时候似乎比高悬夜空中时更大，这其实是一种光学错觉。因为月球在地平线时，我们以一个较近的前景作为参照物，而在空中却没有类似的参照物。

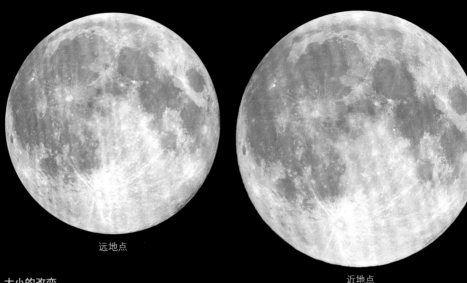

远地点

近地点

大小的改变
通过这两张图的比较可以看出月球在远地点和近地点的大小。放到一起时，差别显而易见，但从一个逐渐变化到另一个时，却很难注意到这种差别。

食

尽管太阳和月球的实际大小截然不同，但在空中看起来大小却差不多。这源于一个巧合：太阳直径约为月球的400倍，但距离也更远（也是约400倍）。因此，当太阳、月球和地球处于同一直线时，月球可以挡住太阳，月球在近地点时，完全看不见太阳，远地点时，部分看不见。太阳被遮住，月亮在地球上投下了一个影子。人们在影子的最暗处能够看到日全食，在较暗处能够看到日偏食。太阳被完全遮盖的时间段称为"全食"。当太阳、地球、月亮排列起来，月亮进入地球的影子时，月食就发生了。

月食
月亮在地球的影子中完全被遮挡，变成暗红色，原因在于少量的太阳光穿过地球周围的大气层，只有波长较长的光（偏红）到达月球。

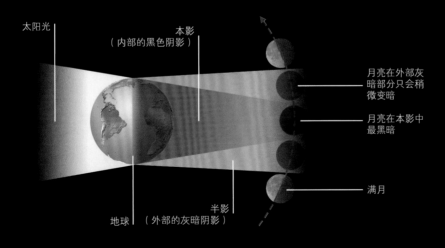

太阳光

本影
（内部的黑色阴影）

月亮在外部灰暗部分只会稍微变暗

月亮在本影中最黑暗

满月

地球

半影
（外部的灰暗阴影）

月食

日食
日全食期间，太阳被遮蔽，但可以看见日冕。在日全食开始和结束的几秒钟，光从月亮表面的环形山缝隙透出，产生钻石环现象。

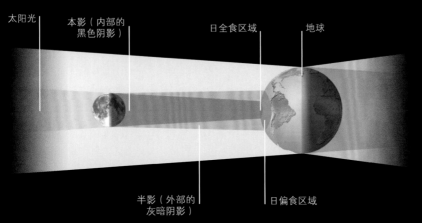

太阳光

本影（内部的黑色阴影）

日全食区域

地球

半影（外部的灰暗阴影）

日偏食区域

日食

月球测绘

第一张月图只不过是根据面朝地球这一面的亮暗程度绘制的一张草图，望远镜出现之后，又增加了很多细节。近年来，利用探测器绘制了更为详细的月面全图。

早期月图

早期印制的月图记录了通过望远镜观测到的景象，并引入拉丁语命名月球表面的特征。比如，认为较暗的地区都是水，所以称其为mare（海）或oceanus（海洋），与这些有关的湖泊、海湾和沼泽，分别称为lacus（湖泊）、sinus（海湾）和palus（沼泽）。较亮的地区是山脉，称为montes（山脉）。这种命名方法一直沿用至今。

赫维留与里乔利绘制的月图
两张极具影响力的月图由天文学家约翰内斯·赫维留和乔凡尼·里乔利于17世纪中叶绘制。里乔利的月图（右）引入了拉丁语命名系统。

探测器测绘

美国开始阿波罗计划之后，对月图的绘制要求也就越来越高。为了给载人登月做准备，五次月球探测任务拍摄了将近99%的月球表面，每张照片分辨率60米，以便于分析月球表面特征，并对20个潜在的着陆点进行了更为详细的研究。最后将拍摄的照片和相关数据传回了地球。

当阿波罗12号遇上勘测者3号
20世纪60年代，月球测绘已非常精确。1969年，阿波罗12号登月舱（图中背景处）的降落地点距离探测者3号非常近，宇航员可步行往返。在此两年前勘测者3号登陆月球。

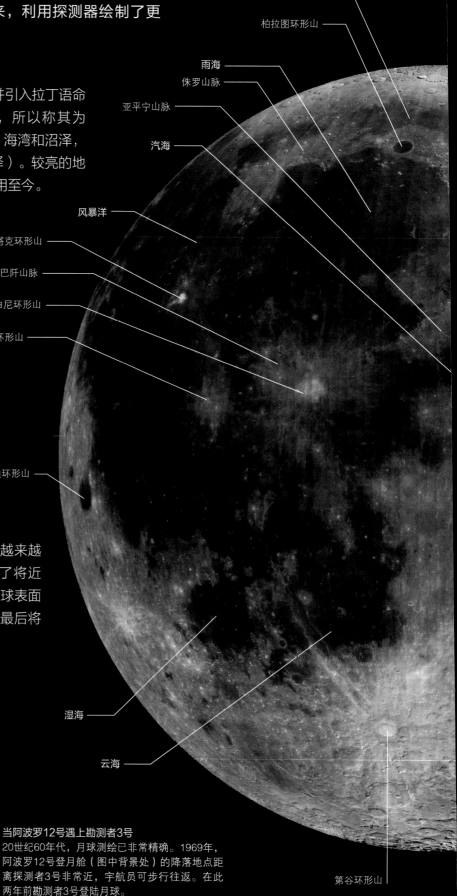

冷海
高加索山脉
柏拉图环形山
雨海
侏罗山脉
亚平宁山脉
汽海
风暴洋
阿利斯塔克环形山
喀尔巴阡山脉
哥白尼环形山
开普勒环形山
格里马尔迪环形山
湿海
云海
第谷环形山

地形测绘

月球表面跟地球一样，坑坑洼洼，高低不平，其最高山峰和最低山谷之间的高度差约为20千米。绕月飞行探测器（如1994年的克莱门汀号、2009年以来的月球勘测轨道飞行器）上的激光高度计，都绘制了月球表面的这种不规则地形。这些数据随后被转换成等高线，在月面图上标示出来。也可用颜色区分高低区域。月球最高的地区位于月球背面的中北部，最低区域是南极-艾特肯盆地，它也位于月球背面。比较月球正背两面的地图，可以发现两侧截然不同。

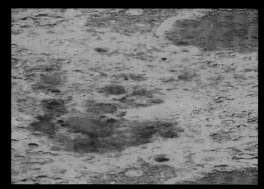

克莱门汀号测绘

这张有点倾斜的月球表面图像被放大了10倍，目的在于更好地显示出可见的月球表面地形的相对高度。这种假彩色成像更直观：紫色表示最低的陆地；蓝色、绿色表示较高的陆地；红色代表最高的陆地。

其他特征图

有些图可以显示月球的其他特征，如表面温度和引力场。绕月飞行的探测器可以感受到月球的引力是不均匀的，所以它们无法按照完美的椭圆轨道飞行。通过测量轨道偏离，天文学家可以模拟月球物质的密度如何变化。可以用磁力计测量不同地区的磁场强度。这两种特性的分布情况也已经被绘制出来。

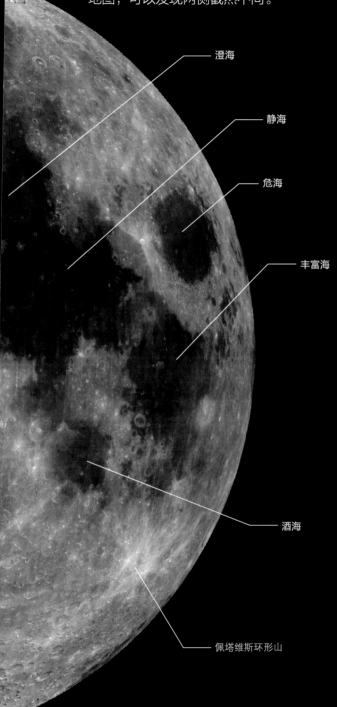

- 澄海
- 静海
- 危海
- 丰富海
- 酒海
- 佩塔维斯环形山

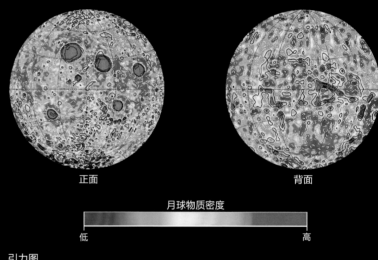

正面　　　　　　背面

月球物质密度

低　　　　　　　　　　　　　高

引力图

这张月球引力图由月球勘探者号绘制，图中不同颜色表明月球物质的密度不同，月球引力也不均匀。红色地区密度最大，称为质量瘤。

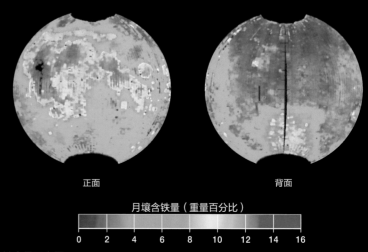

正面　　　　　　背面

月壤含铁量（重量百分比）

0　2　4　6　8　10　12　14　16

铁含量示意图

克莱门汀号上装有紫外线和红外线感应相机，通过它们采集的数据，最终绘制了这张月球表面的铁含量示意图。铁含量高的地区往往是充满熔岩的月海。

灰色阴影

从远处看，月球正面有明显的黑色区域，这些都是充满熔岩的巨型盆地，称为月海。较亮的区域是更高的陆地。小亮点都是最近形成的陨石坑，周围是溅射出的物质。

地月往返

1960年5月25日，时任美国总统约翰·F·肯尼迪承诺十年后将美国人送上月球，结果这一目标提前5个月实现了，随后直到1972年，又有五次载人飞行任务飞往月球。

阿波罗任务

1969—1972年，先后有12名宇航员登陆月球，这就是美国航空航天局的阿波罗计划。这项计划中有三个革命性的创意：第一，将阿波罗宇宙飞船的每个舱设计成一节一节的，飞往月球途中可以随时弹出抛弃，以减轻重量。第二，不直接飞抵月球，而是利用中间的两个绕地和绕月"停泊轨道"，给宇航员留出检查设备的时间。第三，进入月球轨道后宇航员分成两组，两名宇航员登陆月球，另外一名留守指令和服务舱。

发射与月球之旅

土星5号三级火箭发射升空后，将阿波罗号宇宙飞船送入近地轨道。之后上面级点火将飞船送往月球，靠近月球时，飞船进入月球轨道。两名宇航员利用登月舱登月，任务完成后使用登月舱的上升段返回指令和服务舱。在三天返回地球途中，飞船服务舱弹出脱离，指令舱降落地球。

发射逃逸火箭

发射逃逸塔

指令舱（CM）

服务舱（SM）

登月舱（LM）

阿波罗飞船
火箭顶部有三个舱。宇航员坐在最上面的舱里，再上面就是逃逸火箭，一旦遭遇紧急情况马上逃生。

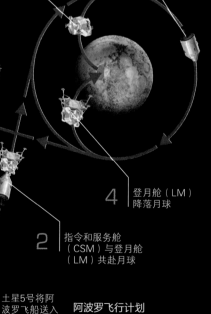

5 登月舱（LM）的上升段返回月球轨道，重新对接指令和服务舱（CSM），宇航员转移

3 与登月舱（LM）分离后，指令和服务舱（CSM）停留在月球轨道

7 指令舱（CM）重新进入地球大气层

6 指令和服务舱（CSM）返回地球

4 登月舱（LM）降落月球

2 指令和服务舱（CSM）与登月舱（LM）共赴月球

1 土星5号将阿波罗飞船送入地球轨道

阿波罗飞行计划
完整的阿波罗飞行计划中有三个舱飞向月球，返回地球途中，其中两个舱被丢弃，宇航员乘坐指令舱返回地球。

阿波罗11号升空
1969年7月16日，巨大的土星五号火箭搭载着阿波罗11号在美国卡纳维拉尔角发射台发射升空，宇航员们开启了为期一周的奔月之旅。此次历史性的登月行程长达150万千米。

在月球上

登月计划总共执行了六次（阿波罗11、12、14、15、16、17号），每次三名宇航员，其中两名登陆月球表面，一名留守指令和服务舱。飞行3天后，阿波罗飞船发射减速火箭，进入椭圆形绕月轨道。随后登月舱与指令和服务舱脱离，速度放缓，进入距离月球表面13千米的轨道。最后经过休斯敦任务控制中心的检查，宇航员才可以执行登月任务。阿波罗13号没能走到这一步。进入月球轨道之前，飞船氧气罐发生爆炸，迫使阿波罗13号在绕月飞行之后直接返回了地球。

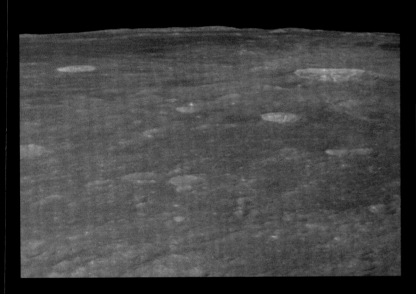

登月舱降落
阿波罗12号登月舱，又称"无畏号"，飞过布满陨石坑的荒凉地带，不久降落在风暴洋。这张照片是从绕月飞行的指令和服务舱中拍摄的。

指令和服务舱
阿波罗17号登月舱的宇航员拍下了这张指令和服务舱的照片。指令舱和对接口位于照片前面最显著的位置。在服务舱的顶部可以看到一个长方形的科学仪器舱。

回家

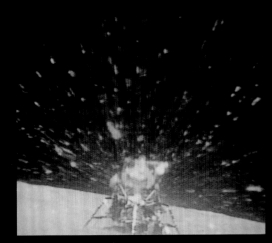

1 上升段离开月球
阿波罗16号登月舱上升段离开月球，准备与指令和服务舱对接。舱内是在月球上行走的第9和第10位宇航员——约翰·杨和查尔斯·杜克。这张照片是由遥控照相机拍摄的。

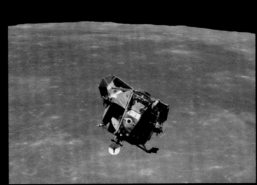

2 上升段准备重新对接
阿波罗11号的上升段搭载着宇航员尼尔·阿姆斯特朗和巴兹·奥尔德林接近指令和服务舱，另一位宇航员迈克尔·科林斯位于舱内，记录了这一瞬间。精准的操控使得两个航天器重新对接，宇航员团聚，随后上升段被丢弃。

3 溅落
经过266小时的旅程，阿波罗16号指令舱搭载着宇航员约翰·杨、肯·马丁利和查尔斯·杜克降落至太平洋。降落地点位于圣诞岛东南部约340千米处，提康德罗加号航空母舰于降落地点5千米外等候，并最终将他们接回家。

登陆月球

阿波罗号的登月地点是经过精心考虑和选择的，登月舱和两名宇航员的安全至关重要，但是计划赶不上变化，阿波罗11号宇宙飞船的鹰号登月舱实现历史性的首次成功着陆，很大程度上归功于宇航员冷静的驾驶。

选择第一个着陆点

鹰号登月舱的着陆点是静海，一个由撞击形成的巨大盆地，里面充满了玄武岩熔岩。该地点早已被选定为着陆点，因为它地势相对平坦，这对起飞和着陆都很重要。着陆时间也经过仔细判断，必须考虑月球表面温度的变化，因为1个月球日（29.5个地球日）的温度差距很大，为了在一个安全的温度范围内登陆，时机必须选择在月球的清晨或傍晚，并停留约3天。鹰号登月舱里面是两名宇航员尼尔·阿姆斯特朗和巴兹·奥尔德林。另一名宇航员迈克尔·科林斯留守指令和服务舱，每两个小时绕月一次。鹰号登月舱发射降落引擎，降低高度时，科林斯通过无线电收听情况，接近着陆点时，阿姆斯特朗发现预定着陆点散落着大石块，他立即启动手动控制，寻找一个更安全的着陆点。在只剩下20秒的燃料时，鹰号登月舱终于着陆了。

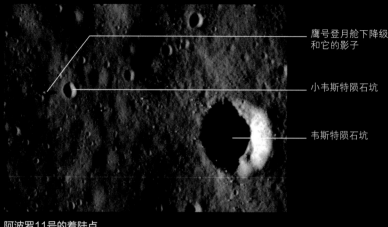

鹰号登月舱下降级和它的影子

小韦斯特陨石坑

韦斯特陨石坑

阿波罗11号的着陆点
阿波罗11号登月40年后，月球勘测轨道飞行器（LRO）拍摄了当年阿波罗11号着陆点的这张照片。当年宇航员启程返回地球时留下的鹰号登月舱的底部（照片中的白色斑点）仍然清晰可见。拍照时，月球勘测轨道飞行器在月球表面上方大约50千米处。

> " 这是个人的一小步,却是人类的一大步。 "

尼尔·阿姆斯特朗，阿波罗11号宇航员，1969年

历史性的脚步

鹰号登月舱的着陆点虽然与预定着陆点相距大约6千米，但仍在预定范围内。按照原定方案，宇航员应该睡觉休息，但最终却接到指令，准备进行首次月面行走。于是，着陆6小时21分后，宇航员们背着生命支持系统进入减压舱，最终打开了舱门。

在数百万全球电视观众的注视下，尼尔·阿姆斯特朗打开舱口盖，将梯子从登月舱外放下，成为踏上地球以外世界的第一人。在月球上说完第一句话后，他抓了一把土壤样品放进了裤子口袋。

阿姆斯特朗和奥尔德林在月球上共停留了21.5小时，其中2.5个小时在舱外度过，随后成功从月球表面回到舱内，与科林斯所驻留的哥伦比亚号会合对接，并于三天后安全返回地球。

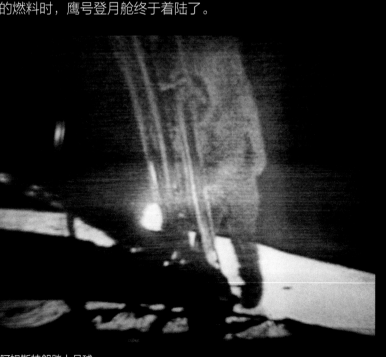

阿姆斯特朗踏上月球
1969年7月20日，阿姆斯特朗踏上月球，固定在鹰号登月舱上的一个黑白电视摄像机记录了这一时刻。大约19分钟后，奥尔德林成为站在月球上的第二人。

阿波罗号的着陆点

继阿波罗11号之后，又有五次登月行动。这六次的登月地点都是在月球正面，因为月球背面和地球之间无法直接通信。又因为两极地区过于寒冷，着陆点也相对靠近月球赤道。

月球上的目的地
所有的登月地点，除了阿波罗16号，都是在低洼、相对平坦的"海"中。而阿波罗16号选择了在高原登陆，通过分析阿波罗14号返回的图像，科学家认为这里也是安全的。

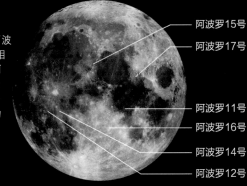

阿波罗15号
阿波罗17号
阿波罗11号
阿波罗16号
阿波罗14号
阿波罗12号

安全地带
阿波罗16号的宇航员约翰·杨跳上月球表面，边上就是猎户座登月舱，他与另一名宇航员查尔斯·杜克于1972年4月乘坐猎户座登月舱踏上月球。月球车就停在猎户座登月舱前面，该月球车载着两名宇航员在月球表面行走了26千米。

载人登月

任务	地点
阿波罗11号 1969年7月20—21日	静海
阿波罗12号 1969年11月19—21日	风暴洋
阿波罗14号 1971年2月5—6日	弗拉·毛罗环形山
阿波罗15号 1971年7月30日—8月3日	哈德雷沟纹
阿波罗16号 1972年4月21—24日	笛卡尔高地
阿波罗17号 1972年12月11—14日	陶拉斯−利特罗峡谷

重返月球

当阿波罗17号的宇航员尤金·塞尔南于1972年踏上归程后，人们一直认为其他宇航员还会效仿前人继续进行月球之旅。不料，第12个踏上月球的塞尔南却成为迄今为止最后一个登月人。技术上讲，宇航局仍然有能力将宇航员送入月球并返回，但是现在最大的障碍来自成本预算。2004年，美国总统乔治·布什宣布，美国人将在2020年重返月球，并开始着手准备猎户座与牵牛星登月舱（下图），但是2010年用于该计划的资金又被取消了。

新式登月舱
为重返月球设计的新式登月舱与阿波罗号类似。猎户座登月舱（左）最多可将6名宇航员送入月球轨道，而可抵达月球表面的牵牛星登月舱（右）可容纳4名宇航员。

徒步探索

在月球上,阿波罗号的宇航员进行探索的时间是有限的。阿波罗11号的宇航员月球行走的时间只有2.5个小时,到了阿波罗14号,时间延长至近9.5个小时,阿波罗17号,也就是最后一次任务,宇航员行走了22个小时。前三次(阿波罗11号、12号和14号)探索月球的距离受徒步的限制,分别距着陆点60米、450米、1800米。后来的任务就改由月球车执行了(见70~71页)。

离开登月舱的安全环境之后,宇航员的生命就完全依赖于身上穿的宇航服

> **休息一下,把地图拿出来,看看能不能找到我们的确切位置。**
>
> 埃德加·米切尔,阿波罗14号宇航员,1971年

了。宇航服虽然看起来粗笨,但可以使宇航员不暴露在真空状态下,使其免受来自太阳的X射线和紫外线的侵害,以及来自宇宙的有害辐射。宇航服还非常结实,月球上的极端温度导致表面岩石成锯齿状,即使宇航员蹭到这些岩石,宇航服也不会被撕裂或磨损。绑在宇航员背上的便携式生命保障系统略显笨重,导致宇航员进出登月舱时较为困难,但该系统可以使宇航员保持凉爽和通风,并提供长达9个小时的氧气,以保证宇航员活动需要。灵活性也很重要,宇航服

月球上的鞋印
通过这些约16毫米深的鞋印可以看出,月球表层土壤呈粉末状,且含砂。这些鞋印是阿波罗14号宇航员艾伦·谢泼德和埃德加·米切尔于1971年2月留下的。

月面行走
阿波罗14号的宇航员埃德加·米切尔在月球表面查看地图。他手中的地图是根据无人驾驶月球轨道探测器(1966—1967年)所拍摄的照片绘制的,这张地图对于宇航员估算距离至关重要。

月面实验装置
在阿波罗12号及其之后的任务中，宇航员离开月球后，会留下一些实验装置继续工作。这些装置使用钚-238热电发生器（照片前景）发电，为设备运行并将数据发送至地球提供足够的电力。

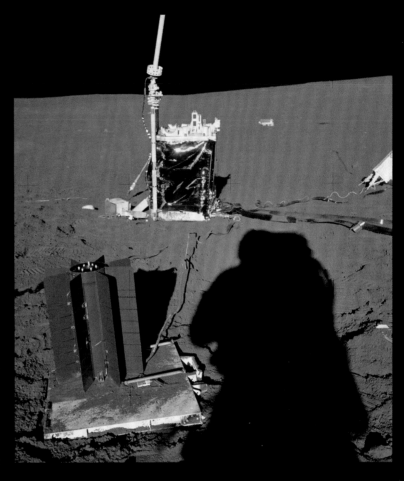

的橡胶关节处就像波纹管，可以拉伸，手套也是定制的，以贴合航天员的手。拇指和指尖处很薄，以使宇航员保持最大限度的触感。至于月面行走，因本身处于月球，引力只有地球的1/6，还是比较容易的，在月球上爬山也比地球上容易六倍。

离开宇宙飞船后的舱外活动，主要有两个目的：一个是收集岩石、土壤和岩芯样品。另一个是在月球表面安装实验装置，用于任务结束后记录数据。仪器必须放置在一个距离登月舱足够远的地方，以免受到宇航员离开月球时火箭发射的影响。

阿波罗14号宇航员艾伦·谢泼德和埃德加·米切尔，在登陆后的前4个小时在月面安装了实验装置，第二个艰巨的任务就是攀爬到锥形火山口边缘，该火山口距登月舱约1400米。他们后面拖着一个轮式装备车，里面装载了月球样本，成为阿波罗计划中距离最长的月球漫步。

搬运设备
阿波罗12号的宇航员艾伦·比恩正在安装设备，用于记录月震、太阳风强度以及月球磁场。他行走时溅起了月球表面的尘土，有些还沾到了他的宇航服上。

设备车
阿波罗14号任务第一次使用了登月舱设备运输车，绰号"黄包车"。宇航员艾伦·谢泼德使用图中的这辆两轮车，运送携带实验设备和工具，并将样品运回登月舱。

月球漫步

在最后三次探月任务阿波罗15号、16号和17号中，宇航员都使用了月球漫游车，简称月球车。它长约3米、宽2米、高1米，大小与大众甲壳虫汽车相当。飞行途中可以折叠起来，存放在登月舱的一侧，抵达月球后，再用滑轮将其放至月球表面。有了它，宇航员可以轻松地探索比他们步行大10倍的面积。

月球车采用铝合金管材，不但坚固、稳健还非常轻便。它有四个丝网状减震车轮，胎面花纹采用钛金属，由两个36伏大型电池供电。月球车自重208千克，可搭载两名宇航员以及他们携带的生命支持系统、通信设备、科研设备和照相器材，这些设备的重量大致是其自身重量的三倍。当然，还可以再装载27千克重的月球样品。满载这些东西后，月球车可以跃过30厘米高的岩石，上下25°的斜坡，横摇和纵摇角度达到45°。转弯半径只有3米，具有很高的机动性。设计行驶总里程90千米，设计最高速度为18.5千米/时。

低增益天线 该天线不需要定位，即可以将语音消息传输至位于休斯敦的控制室。

高增益天线 只有当月球车处于静止状态时才会打开，用于发射彩色电视信号。

手控 T形控制器可控制月球车朝各个方向移动，向后拉是刹车。

车轮 每个铝合金轮毂都由镀锌钢丝轮胎包裹。胎面是钛合金V形花纹结构。

工具箱 座椅后面的工具箱中装有采集样本所需的工具。

轻便的月面运输工具
月球漫游车，又称月球车，非常轻便可靠。宇航员们坐在上面固定得很牢靠，但上下坡时还是会捏把汗。目前只研制了四台，其中有三台送上了月球，现在还在上面。

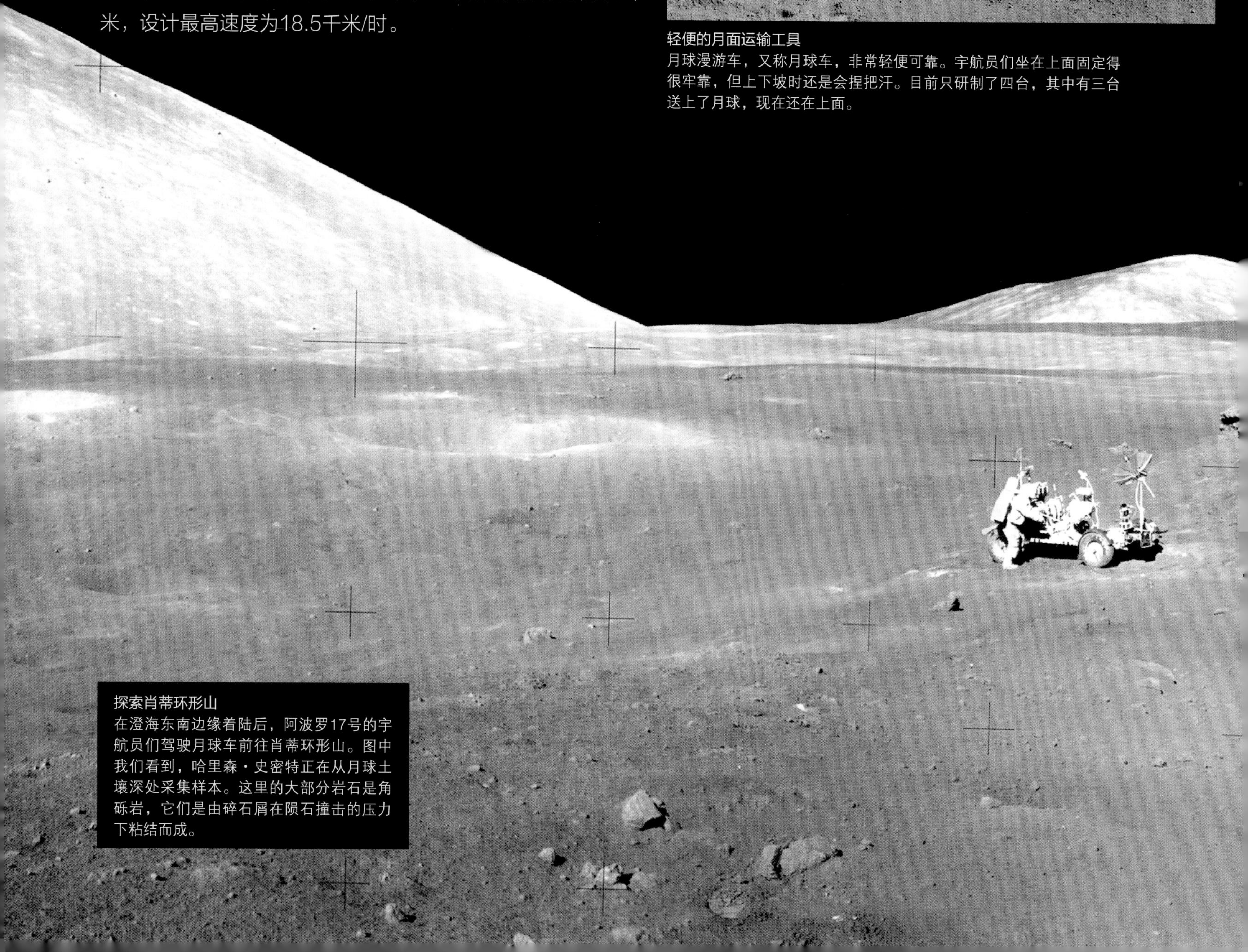

探索肖蒂环形山
在澄海东南边缘着陆后，阿波罗17号的宇航员们驾驶月球车前往肖蒂环形山。图中我们看到，哈里森·史密特正在从月球土壤深处采集样本。这里的大部分岩石是角砾岩，它们是由碎石屑在陨石撞击的压力下粘结而成。

按照要求，宇航员们不得离开登月舱超过10千米。因为如果月球车无法正常运转，这样能够确保他们在氧气耗尽之前返回。最远的一次月球行走纪录是在1972年12月阿波罗17号任务期间创下的，当时走了7.6千米。

月球车的T形转向控制器位于两名宇航员座位之间，两个人都可以驾驶，并且每个车轮都是独立供电，如果一个车轮发生故障，可以很容易地将其挂空挡停用。仪表盘上的导航系统显示有速度、坡度、功率、温度、总行驶里程、与登月舱的距离以及行进方向。停车时，刹车要拉满，将通信天线指向地球（地球在月球的天空中永远可见）。然后，宇航员下车拍照，收集岩石，随后移动到下一个地点。

漫游月球时主要有两个问题，第一个是来自太阳的强光，使得宇航员难以选择最佳行驶路线。1972年4月，阿波罗16号的宇航员约翰·杨和查尔斯·杜克正好驾驶月球车背向太阳行驶，他们前面所有东西都被强光直接照射，没有影子能帮助他们识别前方的障碍物，比如大石头。第二个问题是灰尘，静电导致灰尘会附着在所有的表面。月球车的车轮轮罩是保持宇航员和设备免受灰尘附着的关键。阿波罗17号宇航员尤金·塞尔南不小心弄坏了一个轮罩，尽管他用电工胶带和折叠好的地图做了修补，但灰尘仍然到处都是。

> ❝ 驾驶这辆月球车是唯一的选择。❞
查尔斯·杜克，阿波罗16号宇航员，1972年

准备进行月球探测
阿波罗17号的尤金·塞尔南检查月球车，之后他和哈里森·史密斯共同用它去探索月球。这时该月球车尚未装载地面控制电视系统，中继通信系统，高、低增益天线，工具箱和所有科研设备。

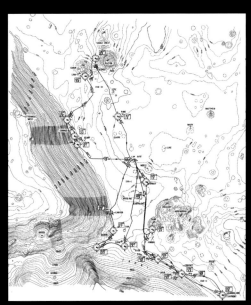

行驶路线图
这张地图记录了1971年8月阿波罗15号的宇航员大卫·斯科特和詹姆斯·欧文的行驶路线。他们三次前往哈德雷沟纹附近地区，走了共计28千米。在12个不同的位置采集了样品。

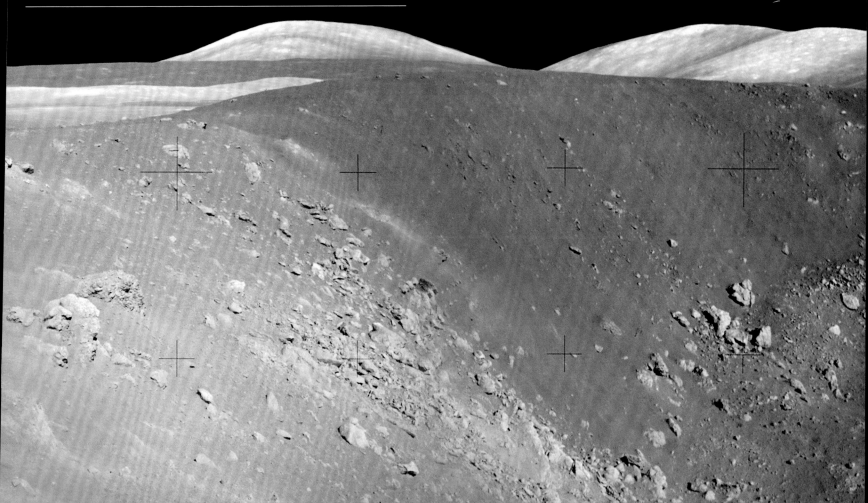

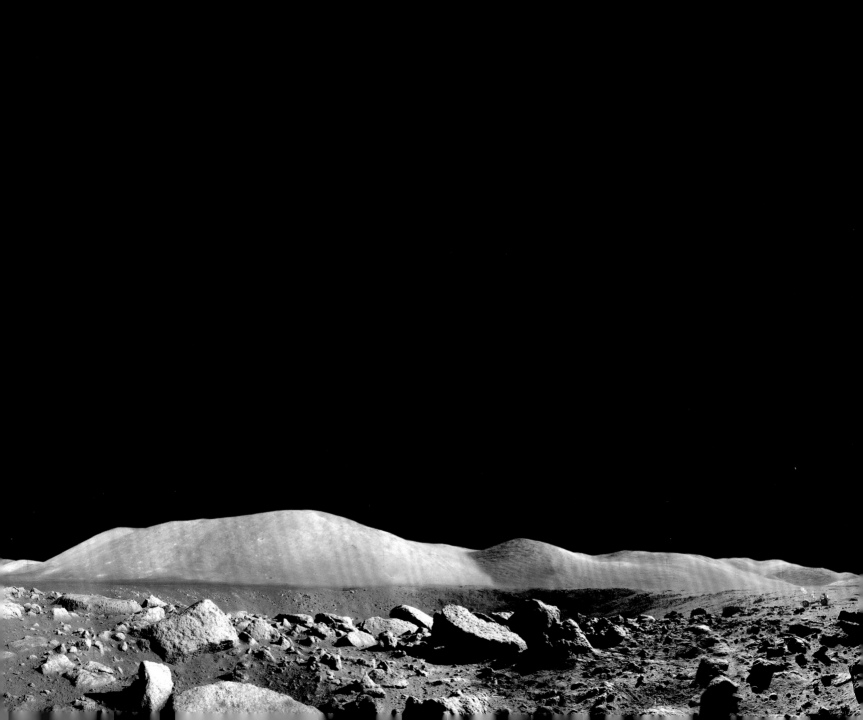

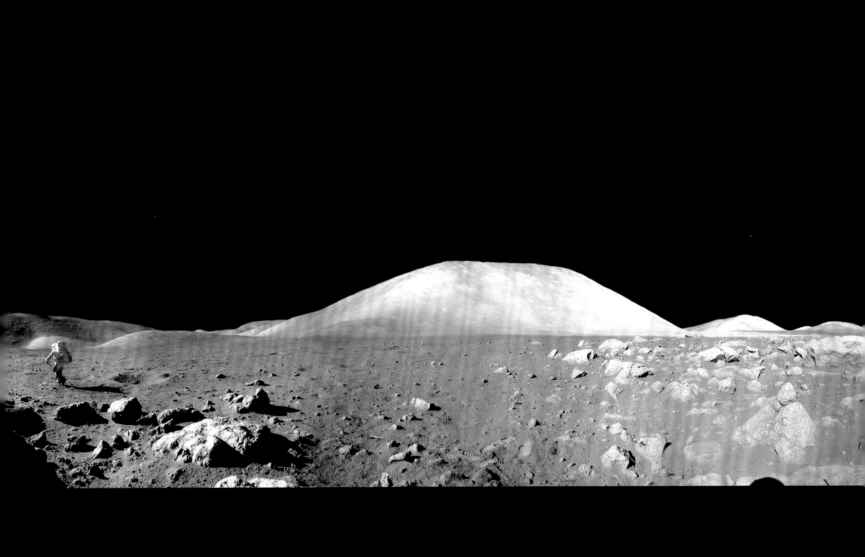

卡米洛特环形山边上的阿波罗17号
这张照片是由阿波罗17号指挥官尤
金·塞尔南拍摄的。照片中登月舱
驾驶员哈里森·史密特正朝着月球
车（中间）的方向跑去，月球车停
在卡米洛特环形山（左）的边缘。
宇航员们在环形山西南边缘的巨石
场（照片前景）中工作了大约20分
钟，收集了岩石和土壤样品。

月球不为人知的另一面

月球每绕地球公转一圈就自转一圈，所以有一面总是背向地球，这就是人们所谓的"月球背面"。1959年10月，人类首次实现月球背面成像。此后，宇航员们开始了对月球背面的探索。

首揭面纱

第一张月球背面图像由苏联的月球3号飞船绘制。当飞过月球背面时，在40分钟内，月球3号用双镜头相机拍摄了大量照片，其中一个镜头拍摄了整个背面全景，通过另一个镜头看到很多更隐蔽的景象。照片经过曝光、冲洗、定影、干燥，慢慢地使用类似于传真机的系统扫描后传回地球。天文学家们惊奇地发现月球背面的月海（也就是暗区）较少，这说明月球背面的火山活动比正面少得多。1968年12月，乘坐阿波罗8号绕月飞行的宇航员是第一批亲眼看到月球背面的人。

多坑的背面
月球背面比正面显得更加崎岖，因为火山熔岩覆盖面积更少。月球背面还有太阳系中最大的陨石坑之一，南极–艾特肯盆地。

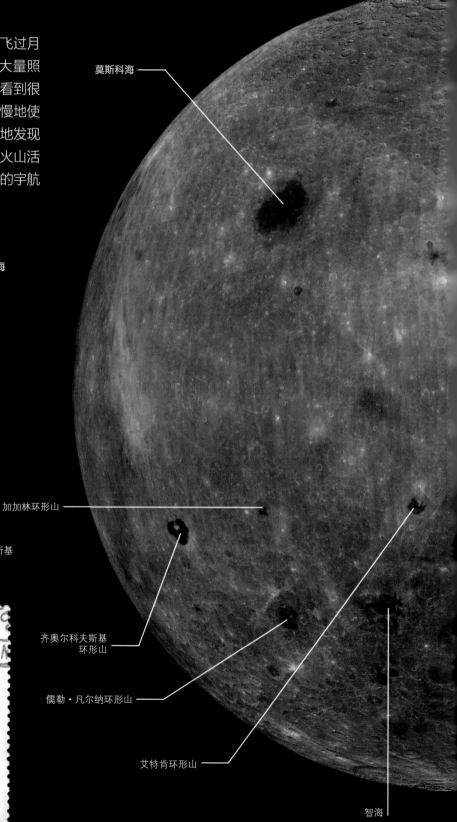

莫斯科海

加加林环形山

齐奥尔科夫斯基
环形山

儒勒·凡尔纳环形山

艾特肯环形山

智海

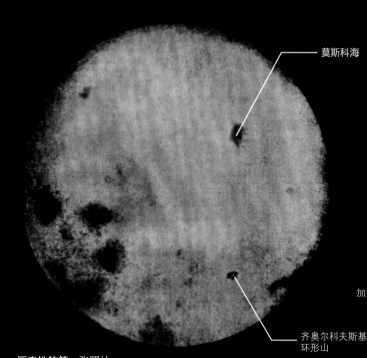

莫斯科海

齐奥尔科夫斯基
环形山

历史性的第一张照片
1959年10月7日，月球3号首次拍摄了月球背面图像。照片右3/4部分就是月球背面。最明显的特点是右上角充满玄武岩的莫斯科海、右下角黑暗的齐奥尔科夫斯基环形山及其明亮的中央峰。

纪念邮票
获取月球背面的第一幅图像后苏联进行广泛的宣传。1960年，苏联发行了这张邮票以作纪念。画面中月球3号宇宙飞船底部的相机正指向月球。

月球背面的特点

如今月壳平均厚度为50千米，背面的月壳比正面厚15千米左右。为何存在这种差异？可以在月球的历史事件中找到答案。约45亿年前，月球距离地球更近，并被锁定在与地球同步的轨道上。在接下来的2亿年中，月球逐渐冷却下来，形成岩石月壳，但是地球引力和热量的影响使朝向地球的月壳比背面的更薄，形成得更慢。直到大约39亿年前，小行星撞击月球，才使得月球两侧看起来更为相似，随后，39亿到32亿年前，月球两面表面冷却，但内部放射性衰变增大，又对其加热，月壳的增厚和变薄之间达到了一个平衡，此时月球进入火山活跃的时期。由于月壳两面厚度的差异，较多的熔岩流入并充满了月球正面深深的环形山盆地。

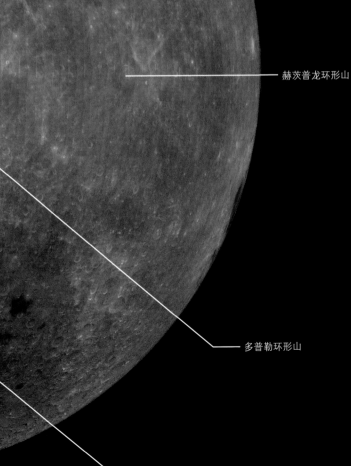

考克饶夫环形山

赫茨普龙环形山

多普勒环形山

南极–艾特肯盆地

齐奥尔科夫斯基环形山
科学家首次在月球3号拍摄的照片中确认发现了直径185千米的齐奥尔科夫斯基环形山。阿波罗任务中对其进行了拍照，这张由阿波罗15号在1971年拍摄的图像中环形山中央峰耸立其中，图中还可以看出，火山熔岩淹没了其底部的一部分，形成了一个平滑的表面。

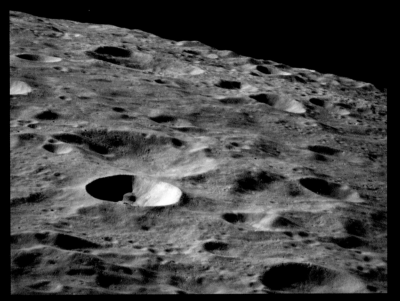

背面的陨石坑景观
1972年，阿波罗16号服务舱外部的照相机拍摄了这张月球背面照片，照片中显示了陨石坑形成后又遭流星体撞击侵蚀后的景象。

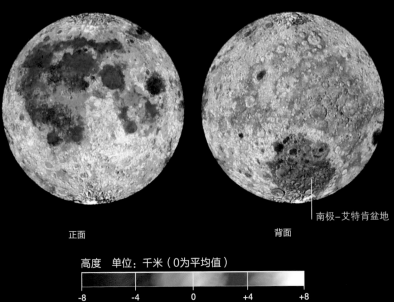

正面 　　　　　　　　背面

南极–艾特肯盆地

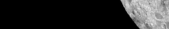

高度　单位：千米（0为平均值）

-8　　-4　　　0　　　+4　　　+8

绘制月球表面
克莱门汀号探测器在1994年的登月任务中携带了机载激光器，用于测量月球表面高度。由此生成的月面图中可以看出最为明显的环形山和盆地。

金星

地球在小行星带内的邻居，因与地球的大小、结构和成分都相似，有时人们又称它为地球的"姊妹星"。不过，在金星浓厚的云层下面火山密布，十分炎热。

轨道与结构

在太阳系中离太阳最近的天体是水星，其次便是金星。金星的公转周期为224.71天，黄赤交角为177.4°，也就是说它与其他行星的自转方向相反，如果从北极俯瞰的话是顺时针方向。金星的自转速度非常慢，自转周期比公转周期还长。金星和地球物质组成相同，大小及密度类似，由此可知，像地球一样，金星内的物质分化成层状结构。

表面温度

金星是一个酷热的世界。虽然不是最接近太阳的行星，但它是太阳系所有行星中表面温度最高的，平均温度达到464摄氏度，而且这么高的温度在金星上是相对恒定的，无论白天黑夜。少量的阳光穿过金星表面云层，加热大气和岩石。从地表释放出的热量被云层锁住，形成巨大的温室效应，加速了这一升温过程。

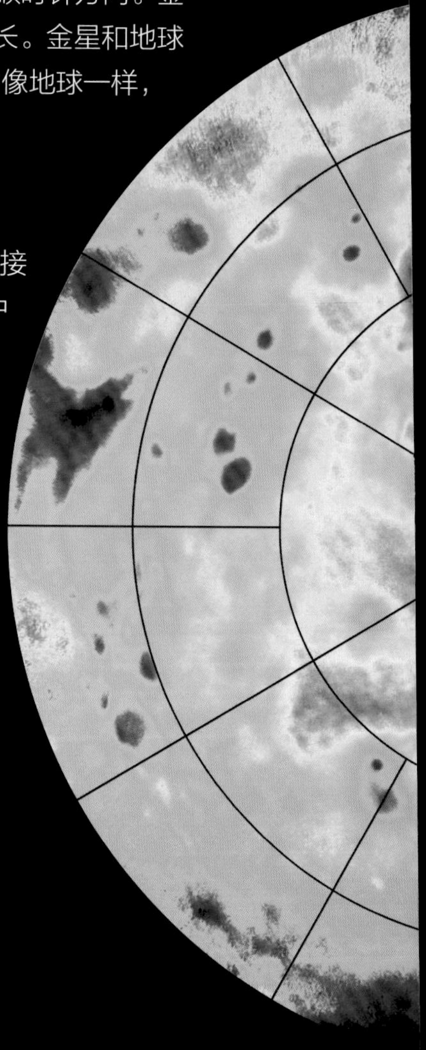

> **" '看'到金星上的火山喷发，可能只是一个时间问题。"**
>
> 弗雷德·泰勒教授，金星快车任务，2008年4月

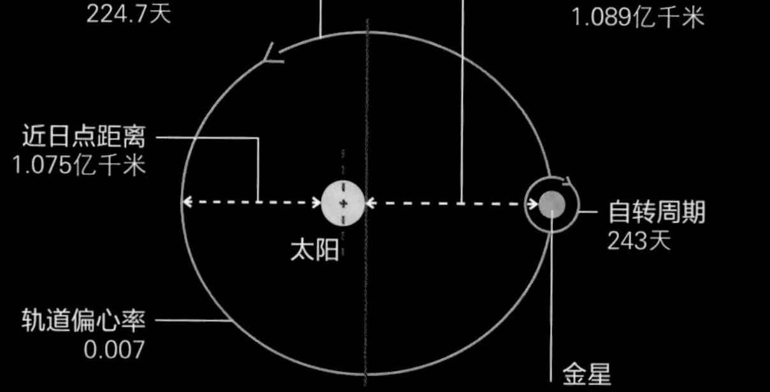

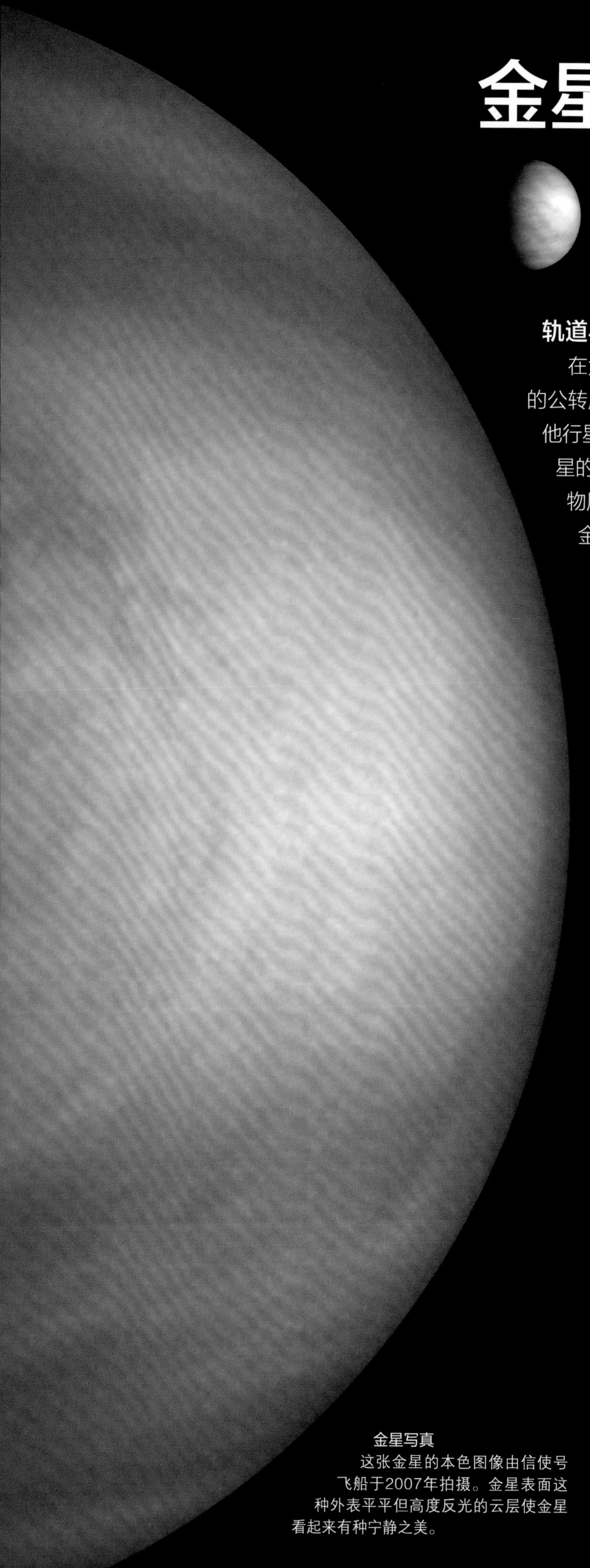

金星写真
这张金星的本色图像由信使号飞船于2007年拍摄。金星表面这种外表平平但高度反光的云层使金星看起来有种宁静之美。

公转与自转
所有行星中，金星的公转轨道最接近圆形，其远日点和近日点到太阳的距离相差不大。金星自转周期比其他任何行星都长。

公转周期
224.7天

远日点距离
1.089亿千米

近日点距离
1.075亿千米

太阳

自转周期
243天

轨道偏心率
0.007

金星

金星大气层

金星上空笼罩着一层连绵不绝的厚厚的大气层，主要成分是二氧化碳，距金星表面约80千米。在约45~70千米之间又可分成三个不同的云层，主要由二氧化硫的微小液滴和其他液体组成。上层云层反射了约80%的太阳光，这使金星成了一个阴沉沉的灰暗世界。仅凭肉眼看不到云层的明显特征，但在紫外波段可以看到云层的结构和运动，通过红外观测还可以知道这些云层的温度与高度。大气层底部随着金星自转慢速旋转，而上部的云层在几天之内就可绕金星一周。大气在两极形成涡流，但原因尚不明确，可能是气体在赤道被太阳加热后上升并向两极移动，慢慢聚集、下沉，但又因金星的自转被甩到了周围。

极涡

直径约2000千米，金星南极上空的涡旋看起来像一只巨大的眼睛。它可以迅速改变形状，出现椭圆形、圆形、沙漏形，或者类似的任何形状。2007年2月，金星快车号拍摄了48小时内的涡旋图像，它们距离金星表面约60千米，图中的黄点为南极。

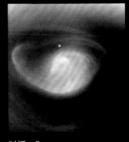 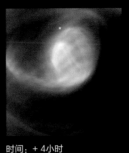 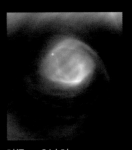 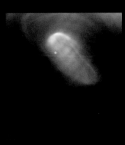

时间：0　　　　时间：+4小时　　　　时间：+24小时　　　　时间：+48小时

探索金星

由于金星距离地球最近，所以理所当然地被列为探索目标，它也是人类宇宙飞船飞掠的第一颗行星。1962年，水手2号探测发现，金星地表炎热，云层温度却很低。1974年，水手10号实现对金星近距离拍照，记录了金星大气环流模式。苏联在1961—1983年的20余年间发射了一系列金星号探测器，有的飞掠金星，有的进入其大气层，有的甚至成功着陆。美国的先驱者-金星号探测器于1978年12月抵达金星，绘制了第一张金星表面地图。第二个先驱者-金星号携带了多个探测器，释放了三个相同的探测器进入金星大气中，揭示出金星大气的三层结构。第一次对金星的全面探测是20世纪90年代由麦哲伦号实现的。2006年到2014年结束任务，金星快车号一直在对金星大气进行研究，通过红外光谱仪，研究了金星南半球的云和风；检测出来的二氧化硫气体可能来自最近的火山喷发，南半球的温差可能是火山活动导致，也可能只是由于地表物质不同。

金星快车号

欧洲空间局的金星快车号绕金星进行探测，最近点距离金星250千米，最远点距离金星66000千米，7个探测仪器全部安装在直径约1.5米长的探测器中部。

地面温度

这张图以金星南极为中心，是由金星快车号红外光谱仪拍摄的1000多张图像拼接而成，它显示金星的地面温度达到422~442摄氏度，从高到低为红色（最热）、黄色、绿色、蓝色（最冷）。较高的温度对应低海拔地区，较低的温度对应高海拔地区。

大小

金星比地球略小。它的极半径和赤道半径一样大，而地球的赤道半径略大于极半径。

地球
赤道直径：
12756千米

金星
赤道直径：
12104千米

结构

还不清楚金星的内核有多少是固体状态、有多少是熔融状态。其内部放射性热量将上层地幔熔化，形成熔岩，喷发到地表。

地壳
硅酸盐岩石

外核
熔融的铁和镍

内核
固态铁和镍

地幔
岩石

大气

金星的大气成分主要是二氧化碳，还有少量氮气，微量的水蒸气、氩气和二氧化硫。

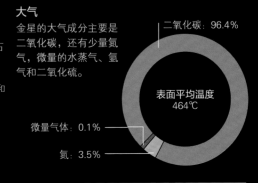

二氧化碳：96.4%

表面平均温度
464℃

微量气体：0.1%

氮：3.5%

云层之下的金星

从云层外看，金星是一个迷人的世界，可以说以罗马神话中代表爱与美的女神的名字（Venus，维纳斯）为其命名真是恰如其分。然而，无论是进入大气层的实地探测，还是雷达的远程侦察，反馈的结果都没那么美好，应该没有人愿意"身临其境"。

首张金星地表图

金星的环境不适宜航天器以及人类靠近。登陆金星的航天器不但要耐高温，还要能承受高压。因为，金星的大气压是地球的90倍。首个进入金星大气层的探测器是苏联的金星号。1967年，金星4号探测器抵达距离金星地表24千米处时，因不堪巨大的压力而解体。随后又有4个金星号探测器先后前往，其中2个成功着陆。终于在1975年，金星9号探测器首次将金星黑白图像传回地球。20世纪80年代初，金星13号和14号抵达金星表面，将第一张金星彩色图像传回地球，金星15号和16号轨道飞行器使用雷达设备绘制了金星北半球的地图。

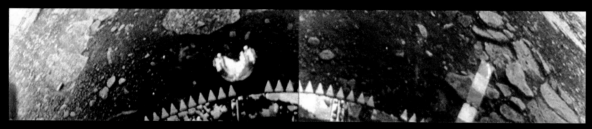

第一张金星表面彩图
这张170°全景照片中有看起来像玄武岩一样的岩石与土壤。这张照片是由金星13号于1982年3月1日拍摄的，金星13号在金星表面坚持了2小时7分钟。照片前端可以看到金星13号的一部分以及镜头盖。

洞穿云层

从金星15号和16号探测器以及先驱者-金星1号开始使用雷达绘制金星地图。1989年5月，提高了分辨率后的麦哲伦号金星探测器，对金星进行了第一次全面探测。麦哲伦号部分构造的材料和设备是旅行者号和伽利略号剩下的，但它非常成功。经极轨道绕金星飞行一圈用时不到3.5小时。麦哲伦号的路径是椭圆形的，距金星表面最近294千米、最远2100千米。1990—1994年，完成了4个绘制周期（每一周期8个月），在前3个周期中，雷达记录了金星表面的细节。金星自转周期约243天，金星自转时，麦哲伦号在其上方，因此绘制的金星图像是一系列的长窄条。每条20千米宽，17000千米长，邻近的条与条之间部分是重叠的，将所有条组合在一起，便形成了一幅金星全景图。麦哲伦号绘制了98.3%的金星表面，精度是：最小直径90米，最小高度50米。在第四个周期中，麦哲伦号采集了有关金星引力的数据，最后按计划飞入金星大气层，在被烧毁前发回了测量数据。

麦哲伦号金星探测器
如上图所示，飞抵近金星轨道时，麦哲伦号金星探测器从亚特兰蒂斯号航天飞机的货舱上被推出。一旦与亚特兰蒂斯号航天飞机分离，麦哲伦号将点燃助推火箭，前往金星。助推火箭使命完成后，就会与麦哲伦号分离。

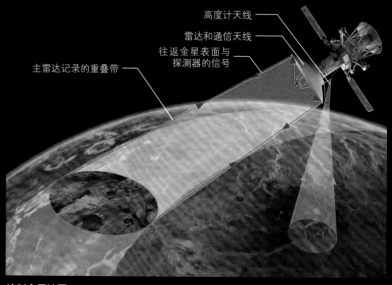

高度计天线
雷达和通信天线
往返金星表面与探测器的信号
主雷达记录的重叠带

绘制金星地图
口径3.7米的雷达天线朝下，指向麦哲伦号轨道路径的一侧，每秒发射几千次脉冲能量。当信号反射回探测器时，其强度和频率就被测量出来了。高度计垂直指向表面，以测量探测器与表面的距离。

火山世界

麦哲伦号返回的数据经计算机处理生成了金星地图，它拍摄的照片显示了金星是一颗干燥、毫无生机、火山遍布的星球。金星表面大约85%都是火山平原，上面熔岩横流。成百上千的火山星罗棋布，很多都是因连续喷发而形成的底部宽、坡度小的盾形火山。还有一些更小的火山地貌，如蛛网地形和薄饼状穹丘（下图），这些只有在金星上才能看到。金星上也有高原地区、连绵的群山和陨石坑。金星快车号已经揭示，高原岩石与金星其他地区的岩石相比形成更早，这让人联想起组成地球大陆架的花岗岩。由于花岗岩的形成需要水，花岗岩的存在证明了过去金星上可能存在水和板块构造。

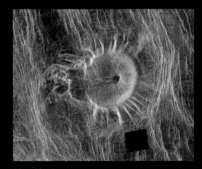

蛛网地形
这座像蜘蛛一样的火山，其火山口微微凹陷（直径35千米）。山脊和山谷从山顶向周围扩展，熔岩向西（左）流去。

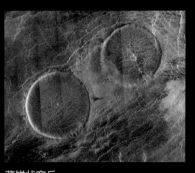

薄饼状穹丘
这一地貌特征犹如宽广平坦的屋顶，是由黏稠的熔岩喷发到地表后形成的。上图两个穹丘直径达65千米但高度不到1千米。

麦哲伦号绘制的金星地图

金星表面都在这两个"花瓣"地图上显示出来了，将这两个"花瓣"地图拼在一起就形成了金星的全景视图。该图是用麦哲伦号十几年间探测的数据拼合而成的，雷达覆盖出现空缺的数据由早期探测器采集的数据填补。高地显

北半球

南半球

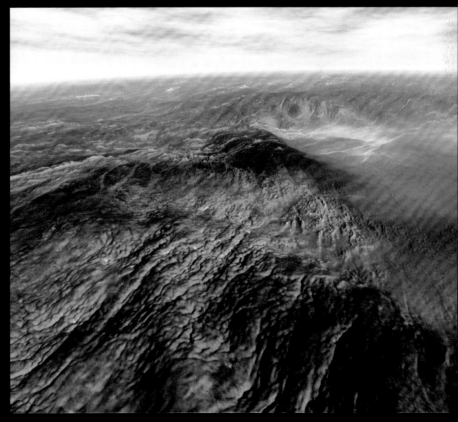

麦克斯韦山脉
这张麦克斯韦山脉图是由计算机根据麦哲伦号采集的数据生成的，如果能乘坐飞机飞越麦克斯韦山脉，看到的景象差不多就是这样的。经测量，该山脉的最高峰高11千米，图中由添加了云层和薄雾，以此显示金星的高温。

金星表面

　　金星上有巨大的火山熔岩平原，在这些平原上经常看到像沟渠一样的地形，我们称之为"谷"，谷通常宽1～3千米，是熔岩熔化或侵蚀山脉道路时形成的。火山主要集中在"高原"地区，更高的地区有三个，称为"高地"，金星最高点麦克斯韦山就坐落在伊斯塔高地。其他地貌如低谷、裂缝和深谷是金星板块构造运动中地壳受到拉伸或挤压所致。雷达显示的金星地貌图像与肉眼的观感有所不同，在雷达图像中，明亮区域最为崎岖，阴暗区域较为平坦。

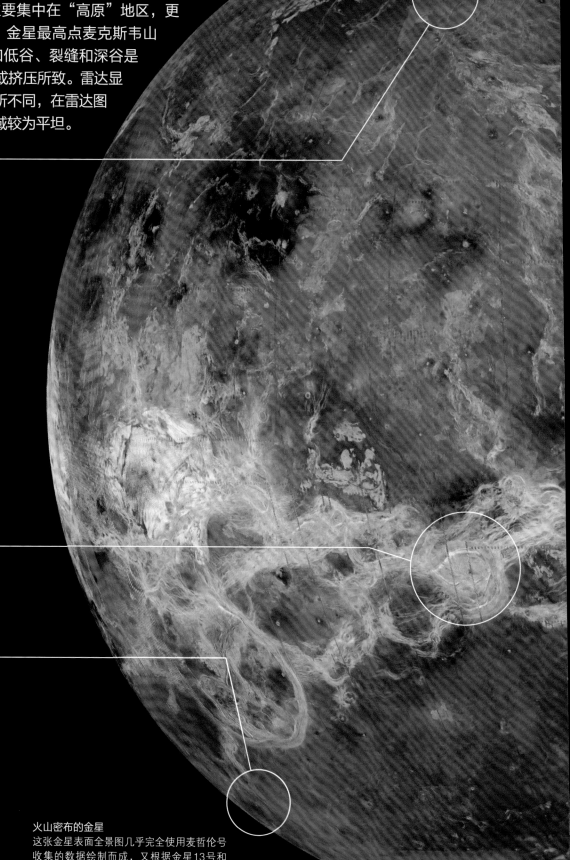

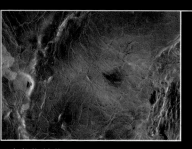

巴尔提斯峡谷
绵延约7000千米，是金星熔岩沟渠中最长的，以叙利亚语中的"行星"命名。这张照片从上到下显示的是该沟渠的一部分，约600千米长。

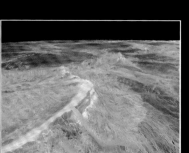

达利深谷
长2077千米的峡谷和低谷系统，图中明亮区域是蜿蜒的拉托娜·科罗纳山脉边缘，右边是达利深谷的一部分，约3千米深。

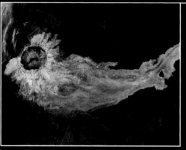

亚当斯环形山
有物质从直径87千米宽的亚当斯环形山流出来，像美人鱼的尾巴。这是曾经从环形山喷射出的熔融物质，图中亮度不一，说明它的表面凹凸不平。

火山密布的金星
这张金星表面全景图几乎完全使用麦哲伦号收集的数据绘制而成，又根据金星13号和14号探测器拍摄的图像对其进行了着色。

甘尼斯深谷
这条巨大的裂谷穿过阿尔塔区的火山，因金星地壳断裂而形成，长约3700千米——是金星上第三长的深谷。

火山山脉

金星上最大的火山是盾形火山。在北半球的阿尔法区就有五座巨大的盾形火山，它们由一个复杂的地壳断裂系统相连（其中包括玛阿特山和萨帕斯山）。金星上还有数百座冕状火山——这是一种大致呈圆形的火山结构，由岩浆拱起周围地面上的地壳岩石而形成。长期以来，人们一直认为5亿年前金星的火山处于活跃期，但也有专家认为，金星上现在也有火山活动。科学家利用金星快车号寻找热斑，出现热斑说明目前存在熔岩流，还有就是看看是否有局部的二氧化硫增多现象，因为二氧化硫增加通常是由于火山爆发所致。

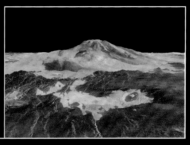

玛阿特山
金星上最大的火山，得名于一位埃及女神，熔岩流从玛阿特山流向数百千米之外。这张电脑制作的图像显示出它高出平原5000米。

萨帕斯山
这张是萨帕斯山山顶的鸟瞰图。山顶的两块较暗区域是方山。周围明亮的熔岩区域表示该地区崎岖不平，火山侧面和山顶都有熔岩流。

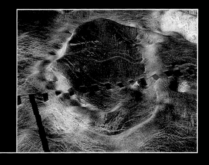

阿提特冕状结构
以一位埃塞俄比亚的生育女神的名字命名，几乎呈椭圆形，直径600千米。这种气泡状结构的形成是由于地下岩浆推起了部分熔融的地壳。图像中的小黑格是成像时所致，非地貌特征。

陨石坑

与其他带内行星一样，金星早期也遭受过小行星的撞击。水星表面仍有撞击痕迹，但金星上由于火山活动频繁，撞击痕迹已被覆盖。金星上发现的数以百计的陨石坑形成于5亿年前左右，这些陨石坑的直径有的只有几千米，但有的例如米德陨石坑，直径达270千米。金星上基本找不到小型碗状的陨石坑，因为体积较小的小行星基本上无法通过金星的大气层。溅射出来的物质被风吹过后，在陨石坑周围形成了几条尾巴。

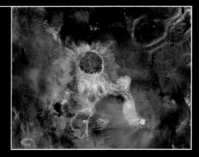

伊莎贝拉陨石坑
以15世纪西班牙女王伊莎贝拉的名字命名，是金星上第二大陨石坑，直径达175千米，有许多物质流向周围。这些物质可能是在撞击热量下熔化的岩石，也可能是撞击造成了滑坡，其中混合了热气体、岩石和熔化的岩石。

水星

太阳系中最小的行星，距离太阳最近。几乎没有大气层，自转速度也很慢，上面的"一天"较长。白天热到足以熔化铅，而晚上又冷到可以将空气液化。

自转、轨道和结构

水星有在太阳系所有行星中最大的轨道偏心率，且轨道高度倾斜，在近日点距太阳4600万千米，在远日点距太阳6980万千米，对一般行星来说，每公转一圈近日点会发生轻微变化（近日点进动），受太阳附近空间弯曲影响，水星的近日点进动更明显。水星自转周期58.6天，其自转轴几乎垂直于轨道平面，所以水星上没有季节变化。相对于其本身的大小，它的含铁内核可以说很大了，产生的磁场约为地球的1/100。天文学家不确定水星是否因为与太阳距离较近而富含铁元素，或因在年轻时期曾遭受密集的小行星撞击，而缺少岩石。

水星凌日
每100年，会发生13～14次水星凌日。这是2016年5月9日水星凌日，之后在2019年11月11日再次发生，我国不可见，欧洲、非洲、美洲和亚洲西部可见。

温度与大气

水星上的一天（从一个日出到下一个日出）约为176个地球日，这段时间内，水星已绕太阳公转两周。太阳直射时，它的表面温度高达430摄氏度，极度灼热；到了午夜，又降至-180摄氏度（这个温度仅略高于液氮的温度），极度寒冷。水星的大气非常稀薄，夜晚一侧的密度比白天那一侧大，总密度仅为地球的万亿分之一。水星的大气也很不稳定，因为水星引力很弱，不足以将其维持很长时间，而且，水星大气向太空逃逸的速度随太阳活动的变化而变化，跟水星是处于白天还是夜晚也有关。水星大气来源一般包括：从太阳风中捕获的气体，从水星地壳放射性衰变中释放出来的气体，被太阳从表面岩石中炙烤出来的气体，以及由陨石撞击出来的气体。

多坑的世界
照片中最亮的几个点是近期出现的陨石坑和喷出物射线，该照片由信使号水星探测器（见84～85页）在其第二次飞掠（2008年10月）水星时拍摄。

公转与自转

由于水星的轨道偏心率很大，所以其近日点和远日点到太阳的距离有巨大的差异。水星每公转两周同时也自转三圈。

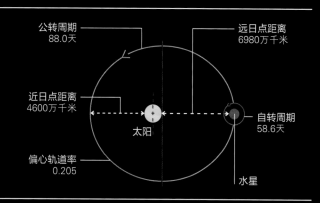

公转周期
88.0天

远日点距离
6980万千米

近日点距离
4600万千米

太阳

自转周期
58.6天

偏心轨道率
0.205

水星

大小

水星的体积约为月球的3倍，直径是地球的38%，质量是地球的5.5%。

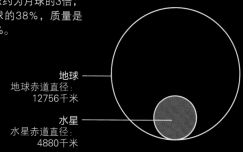

地球
地球赤道直径：
12756千米

水星
水星赤道直径：
4880千米

陨石坑

与地球的卫星——月球（见58~59页）一样，由于大约40亿年前长期遭受小行星和陨石撞击，水星表面满目疮痍。有小的碗状陨石坑，也有的大如盆地（如卡路里盆地，直径约1550千米，将近整个水星直径的1/3）。与月球一样，在某些地区，陨石坑之间有平坦的平原，这是由远古时期的火山活动和熔岩流造成的。水星表面也有山脊和悬崖，绵延数百千米。这些地貌是两个过程的结果：一是水星形成时逐渐冷却后不均匀的地壳收缩；二是水星形状从扁球（看起来像一个压扁的球）到目前的接近球形的改变，这一变化是水星自转速度变慢造成的。

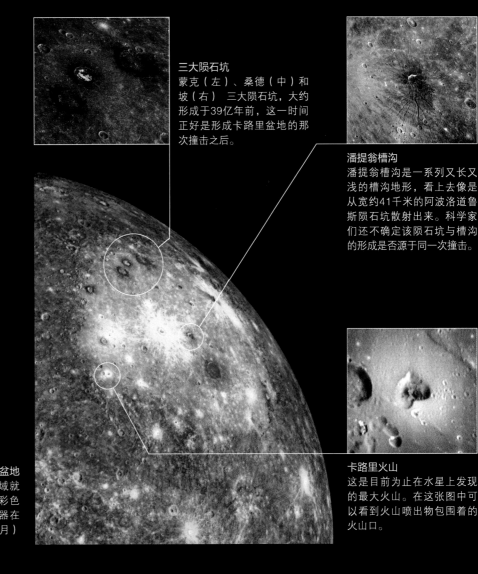

三大陨石坑
蒙克（左）、桑德（中）和坡（右） 三大陨石坑，大约形成于39亿年前，这一时间正好是形成卡路里盆地的那次撞击之后。

潘提翁槽沟
潘提翁槽沟是一系列又长又浅的槽沟地形，看上去像是从宽约41千米的阿波洛道鲁斯陨石坑散射出来。科学家们还不确定该陨石坑与槽沟的形成是否源于同一次撞击。

卡路里火山
这是目前为止在水星上发现的最大火山。在这张图中可以看到火山喷出物包围着的火山口。

卡路里盆地
照片中橙色的一大片区域就是卡路里盆地，这张假彩色图像由信使号水星探测器在其第一次飞掠（2008年1月）水星时拍摄。

结构

水星的含铁内核相对较大，占水星质量的65%~70%，地球的内核只占其质量的32.5%。

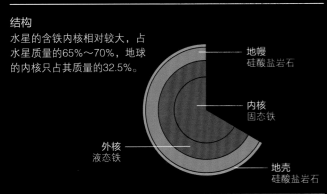

地幔
硅酸盐岩石

内核
固态铁

外核
液态铁

地壳
硅酸盐岩石

大气

水星的大气总重量只有约1000千克。

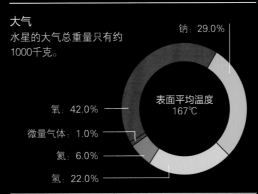

钠：29.0%

氧：42.0%

微量气体：1.0%

氦：6.0%

氢：22.0%

表面平均温度
167℃

58.6

水星自转周期为58.6天，是其公转周期的2/3。这是一个不同寻常的自转周期，因为在太阳系中大多数行星，除金星外，自转周期一般大约一天或更少。某种因素明显地减慢了金星和水星的自转速度。一个可能的解释是，水星曾经绕金星公转，它们之间的相互潮汐引力减缓了彼此的自转速度。

水星上的信使号

只有两个探测器曾经访问过水星。一个是水手10号，它于1974—1975年飞掠水星，发现水星很像地球的卫星——月球——布满陨石坑，而且看起来像被熔岩流雕刻过。另一个是信使号，在飞掠水星三次后，于2011年进入水星轨道，在结束任务后，于2015年坠落水星表面。

信使号的任务

信使号的任务是探测水星的表面、大气和磁层。进入水星轨道后，高度范围从200千米到15200千米，信使号每12小时在与水星赤道呈80°夹角的轨道上飞行一周。信使号携带的一系列仪器各司其职：广角、窄角相机拍摄水星表面；中子探测器、γ射线探测器、X射线探测器探测水星地壳的组成成分；激光测高仪绘制精确的等高线图；紫外分光仪测量大气成分。

信使号探测器

太阳照射在水星上的亮度和热度比在地球上感受的大11倍，所以信使号上装有一个很大的遮阳罩，还有两块相对较小的太阳能电池板。除了磁强计，其他所有科学仪器都指向下方。大多数仪器是固定的，只有双成像系统可以来回旋转，以便拍摄水星表面不同区域的照片。

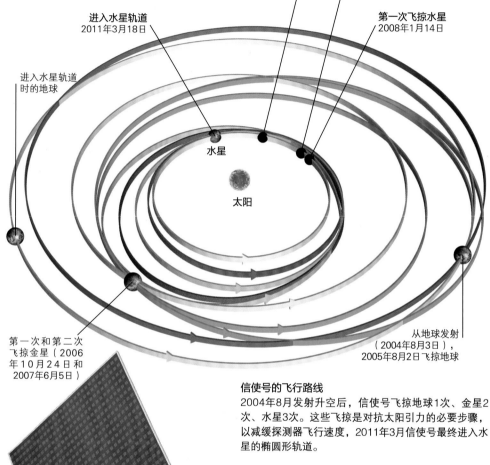

第三次飞掠水星
2009年9月29日

第二次飞掠水星
2008年10月6日

第一次飞掠水星
2008年1月14日

进入水星轨道
2011年3月18日

进入水星轨道时的地球

水星

太阳

第一次和第二次飞掠金星（2006年10月24日和2007年6月5日）

从地球发射（2004年8月3日），2005年8月2日飞掠地球

信使号的飞行路线
2004年8月发射升空后，信使号飞掠地球1次、金星2次、水星3次。这些飞掠是对抗太阳引力的必要步骤，以减缓探测器飞行速度，2011年3月信使号最终进入水星的椭圆形轨道。

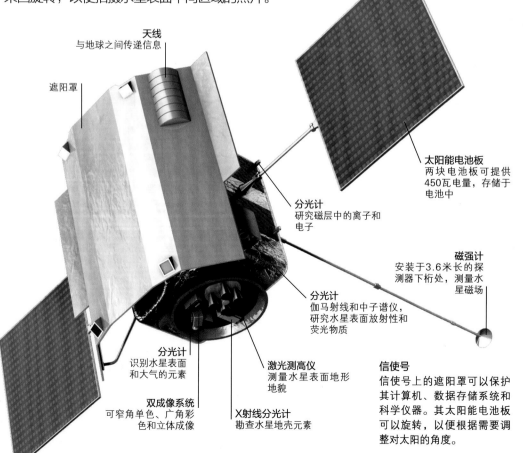

天线
与地球之间传递信息

遮阳罩

太阳能电池板
两块电池板可提供450瓦电量，存储于电池中

分光计
研究磁层中的离子和电子

磁强计
安装于3.6米长的探测器下桁处，测量水星磁场

分光计
伽马射线和中子谱仪，研究水星表面放射性和荧光物质

分光计
识别水星表面和大气的元素

双成像系统
可窄角单色、广角彩色和立体成像

激光测高仪
测量水星表面地形地貌

X射线分光计
勘查水星地壳元素

信使号
信使号上的遮阳罩可以保护其计算机、数据存储系统和科学仪器。其太阳能电池板可以旋转，以便根据需要调整对太阳的角度。

信使号简介	
发射日期	2004年8月3日
抵达水星日期	2011年3月18日
任务结束	2015年
运载火箭	德尔塔II7925-H
隶属机构	美国航空航天局
主体尺寸	1.8米×1.42米×1.27米
重量	1093千克
动力来源	双组元推进剂（肼和四氧化二氮）

尺寸

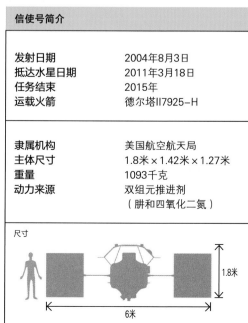

1.8米

6米

信使号观测水星

水手10号只拍摄了45%水星表面的照片，而信使号可以拍摄水星全景，包括两极地区。太阳照射水星后，信使号可以从不同角度拍摄水星表面，其广角相机有11个滤色器，比水手10号多9个。连同测高仪的数据，信使号相机可以揭示很多水星表面前所未闻的细节，可识别最小18米的范围，这个分辨率是水手10号的90倍。

在信使号从水星上200千米的高空飞掠时首次拍摄了卡路里盆地的全貌，找到了火山活动的确切证据，并且发现了很多陨石坑。

真彩色视图
第二次飞掠时，广角相机通过红蓝绿滤色器拍下了直径118千米的塔库尔陨石坑，这张是肉眼看到的样子。

假彩色视图
将信使号广角相机上所有11个滤色器拍摄的图像，无论可见光还是近红外线都结合起来，形成这张单一图像，图中增强显示了水星表面岩石微小的颜色差异。

数数陨石坑与山丘
第一次飞掠时，信使号的窄角相机拍下了这张照片，照片中可以看到在这片宽约220千米的地区中，有763个陨石坑（绿色标记）和189座山丘（黄色标记）。

新发现的陨击盆地
第二次飞掠时，窄角相机拍摄到了位于水星南半球的一个前所未知的陨击盆地，叫伦勃朗，直径约720千米。

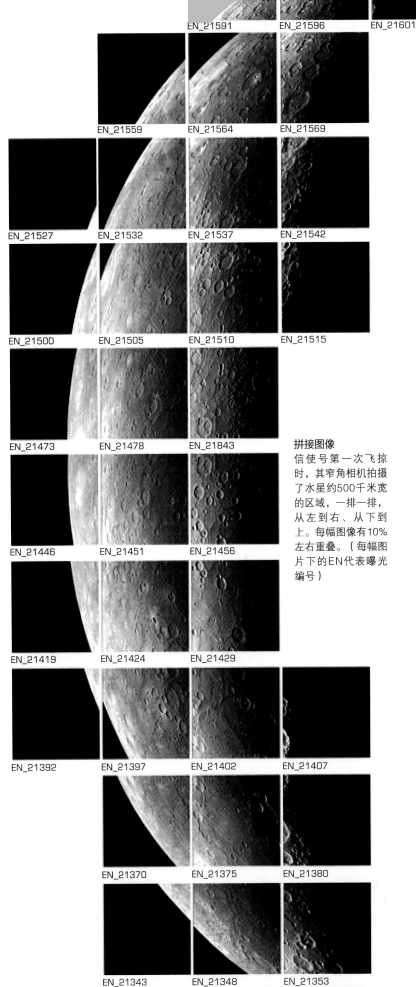

拼接图像
信使号第一次飞掠时，其窄角相机拍摄了水星约500千米宽的区域，一排一排，从左到右、从下到上。每幅图像有10%左右重叠。（每幅图片下的EN代表曝光编号）

太阳

太阳是一个巨大炽热的气体星球，为地球提供维持生命的光和热，也决定着地球的季节和气候。尽管在我们眼中它是如此伟大，但在银河系至少2000亿颗恒星中，太阳只不过是一颗比较有代表性的恒星而已。

一颗典型的恒星

太阳位于银河系（见192～193页）的盘面结构上，这里恒星之间的平均距离约8光年。与超过90%的恒星一样，太阳正处于生命的稳定阶段，其炽热密集的核心内发生着核聚变反应。这一过程将氢转化为氦，释放能量，并逐渐向表面扩散，最终进入太空，主要是以红外辐射（热）和光的形式。46亿年来，太阳产生能量的速度和表面温度都相对恒定，并将继续保持很长一段时间，直到氢耗尽。之后太阳会膨胀成一颗红巨星，随着氦的燃烧，能量不断释放，带内行星将被摧毁。当喷射出外层部分后，太阳最终将成为一颗白矮星（见238～239页）。

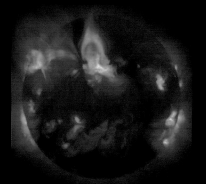

太阳X射线
这张X射线图像中，明亮区域显示出热等离子体（电离气体）在日冕（太阳外层大气层）的浓度，黑色斑块是冕洞，冕洞就是粒子流出形成太阳风的区域（见89页）。

可见光
我们看到的这张图像就是太阳的表面，或称光球层。尽管太阳是气态的，但其密度随深度增加而迅速增大，以至于日面边缘相对暗一些，但看起来还是很清晰的。太阳黑子是由太阳磁场导致的温度较低的区域。

太阳大气层
这张太阳和日球层探测器（见89页）拍摄的照片展示了太阳的紫外辐射，紫外线主要是色球层的氢等离子体产生的。色球层位于太阳大气低层，距离太阳表面约1500千米。

太阳简介

直径	139万千米
质量（地球＝1）	330000
成分	73.5%氢，24.9%氦，1.6%微量元素
能量输出	3.86×10^{26}瓦特
表面温度	5505摄氏度
核心温度	1.57×10^7摄氏度
极地自转周期	34.3个地球日
赤道自转周期	25.05个地球日
表面引力（地球＝1）	28
逃逸速度（地球＝1）	55
转轴倾角	7.25°
日地平均距离	1.496亿千米
年龄	约46亿岁
寿命	约100亿年

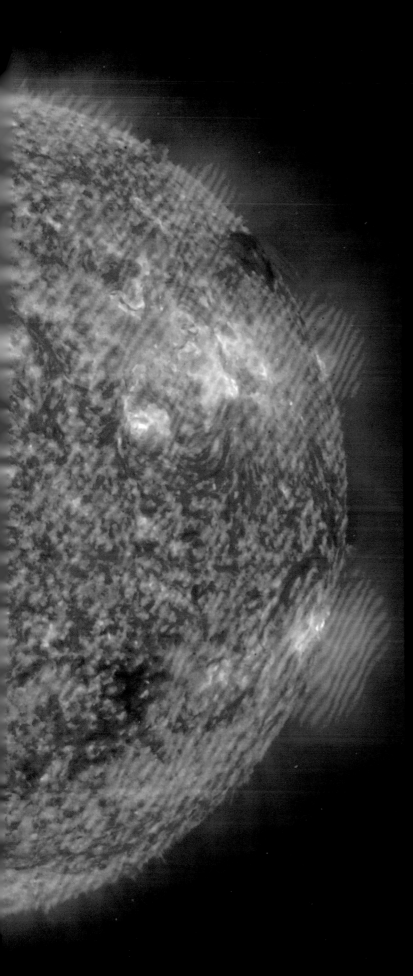

可见的表面与内部结构

太阳表面的这一层称为光球层，发出我们从地球上可以看到的可见光，厚度约500千米，密度仅是我们呼吸的空气的1/6000，平均温度为5505摄氏度。靠近太阳内部，密度、压力和温度逐渐上升。光球层往下是对流区，气流携带热量从内部循环到表面，热气泡上升1000千米到达表面，冷却大约8分钟，然后再沉入内部，让光球层看起来如沸腾一样。对流区往下是辐射区，这里相对平静，辐射从内部向外部传递。太阳核心，也称为核反应区，只占太阳体积的2%，但质量大约占60%。

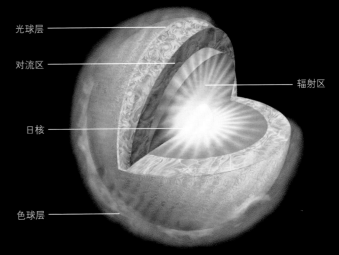

光球层

对流区

日核

色球层

辐射区

太阳的层
太阳核心温度为1570万摄氏度，密度超过15万千克每立方米，但抵达辐射区顶部时，温度降至200万摄氏度，密度降至200千克每立方米。能量从核心到光球层大约用时10万年。

太阳大气层

稀薄的太阳大气层中包括色球层和日冕，由于光球层的光芒，我们通常看不到日冕。色球层位于光球层之上，厚度约2000千米，越往外温度逐渐上升，到色球层顶部时已达约10000摄氏度，但密度下降了500万倍。太阳的最外层大气层是日冕，其密度只是光球层的好几百万分之一，厚数百万千米。可能受磁力波的作用，日冕的温度超过100万摄氏度。日冕物质以每秒数百万吨的速度流向太空。

日冕
发生日食时，月球遮住太阳的光球层，呈现出一圈光环。日冕的高电离物质受到太阳磁场影响，呈现"尖桩"结构，月球边缘粉红色、有斑点的可见区域是色球层。

太阳看似是一个宁静的金色球体，其实却是一个狂暴的世界。在太阳磁场活跃的太阳黑子区域，其上空耀斑爆发，看上去如沸腾一般，巨大的爆炸将大气物质远远抛向太空。

太阳黑子

太阳稳定地辐射热量，但其表面也就是光球层却时刻在变化着，黑暗的下陷区域称为太阳黑子，它们单个或成对成群出现，可持续几小时到两个月。太阳黑子的直径通常在1500～50000千米，数量变化周期约为11年。人们一度认为它们是穿越太阳的地内行星，但1612年，意大利科学家伽利略确认了太阳黑子其实为太阳表面特征。1863年，英国天文学家理查德·卡林顿发现，赤道附近的太阳黑子移动速度比靠近两极的要快得多，这是因为太阳的不同部分旋转速度不同。太阳黑子正是这种较差自转对太阳磁场影响的结果（见下图）。

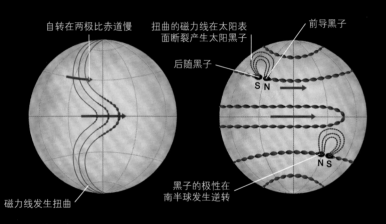

自转在两极比赤道慢

扭曲的磁力线在太阳表面断裂产生太阳黑子

前导黑子

后随黑子

S N

磁力线发生扭曲

黑子的极性在南半球发生逆转

N S

太阳黑子的形成

太阳表面之下，两极之间连接着磁力线，由于太阳在赤道比在两极旋转得快，导致磁力线卷绕并收紧，最终浮上表面后爆裂，产生太阳黑子，每经过一个太阳黑子周期，磁场将被打破，形成极性相反的磁场。

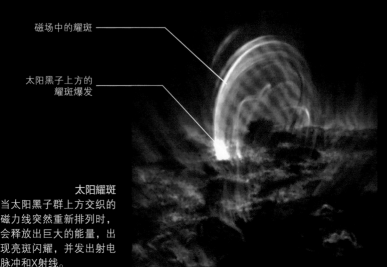

磁场中的耀斑

太阳黑子上方的耀斑爆发

太阳耀斑

当太阳黑子群上方交织的磁力线突然重新排列时，会释放出巨大的能量，出现亮斑闪耀，并发出射电脉冲和X射线。

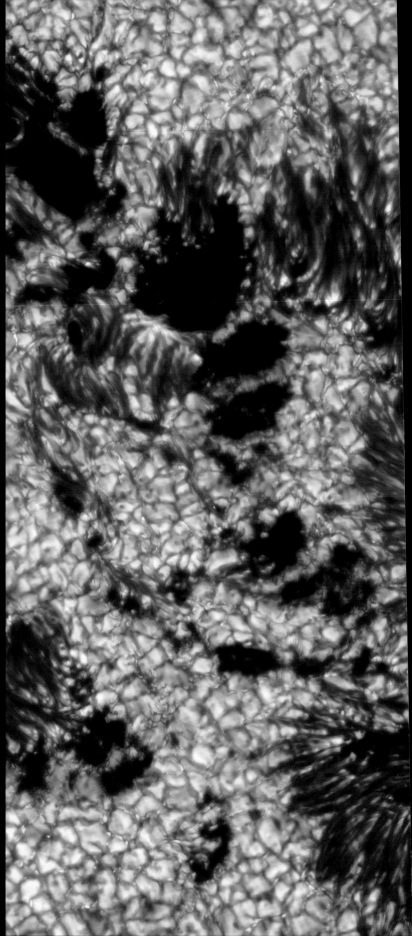

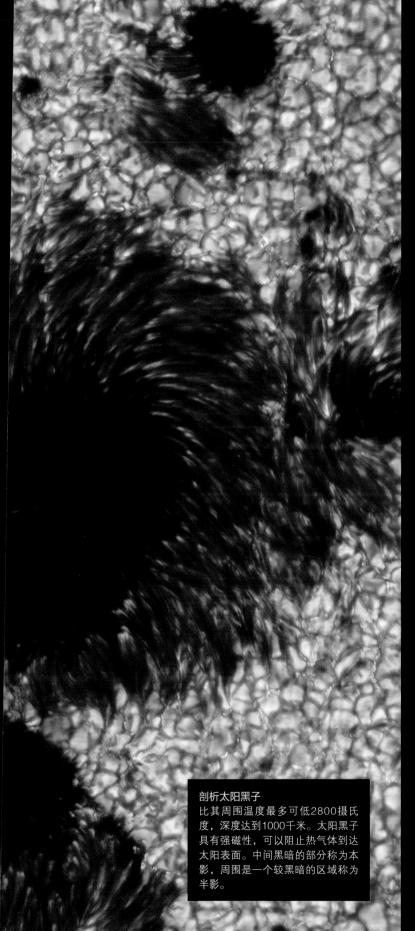

太阳活动及其对地球的影响

太阳黑子活动呈周期性变化，太阳黑子爆发大约在南北纬度40°的区域，但是随着活动的逐渐减少，黑子爆发逐步接近赤道。1645—1715年，没有关于太阳黑子的记录，这正与地球上出现连续几个非常寒冷的冬天，称为"小冰期"的时期相吻合，由此人们猜测太阳黑子会影响地球的气候。太阳的总能量输出在每一个周期内变化不大，但其X射线和紫外线的释放量有所浮动。这些高能辐射与地球大气层上层的电离层相互作用，影响地球大气中的臭氧含量和云的形成。2001年是太阳活动极大年，出现大量太阳黑子。2008年则是极小年，太阳黑子较少。

太阳风和极光
带电粒子，如电子和质子，从日冕中流出，形成太阳风。一些粒子被困在地球的磁极地区，与地球电离层的原子发生碰撞，产生绚丽多彩的闪烁光，称为极光。

研究太阳

人类利用光学望远镜观测太阳已有400多年的历史，但这种观测方式易受地球天气的影响（因为地球大气吸收X射线和紫外辐射）而且也只能在白天观测。现如今，地基望远镜上安装了分光计，可以将太阳光分解成各种色彩，揭示出很多关于太阳化学成分，以及太阳黑子和光球的物理属性等信息。不过现在，许多对太阳的研究都是通过轨道探测器进行的，它可以连续监测太阳活动，可以在不同波段对太阳成像，也可以对色球层和日冕进行探究。

剖析太阳黑子
比其周围温度最多可低2800摄氏度，深度达到1000千米。太阳黑子具有强磁性，可以阻止热气体到达太阳表面。中间黑暗的部分称为本影，周围是一个较黑暗的区域称为半影。

索贺号太阳和日球层探测器（SOHO）
1996年5月以来，由欧洲空间局和美国航空航天局共同运营管理的"索贺号"太阳和日球层探测器，一直在地球上方1500万千米处进行对日观测。

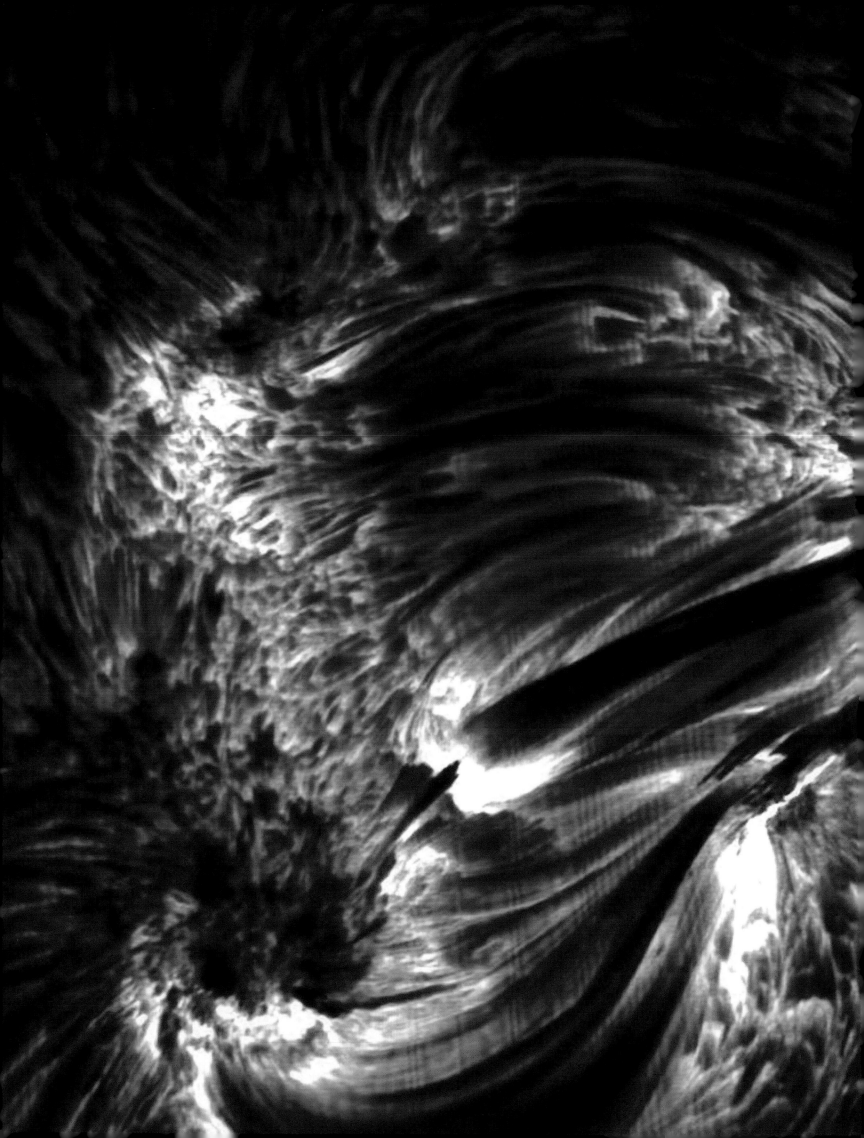

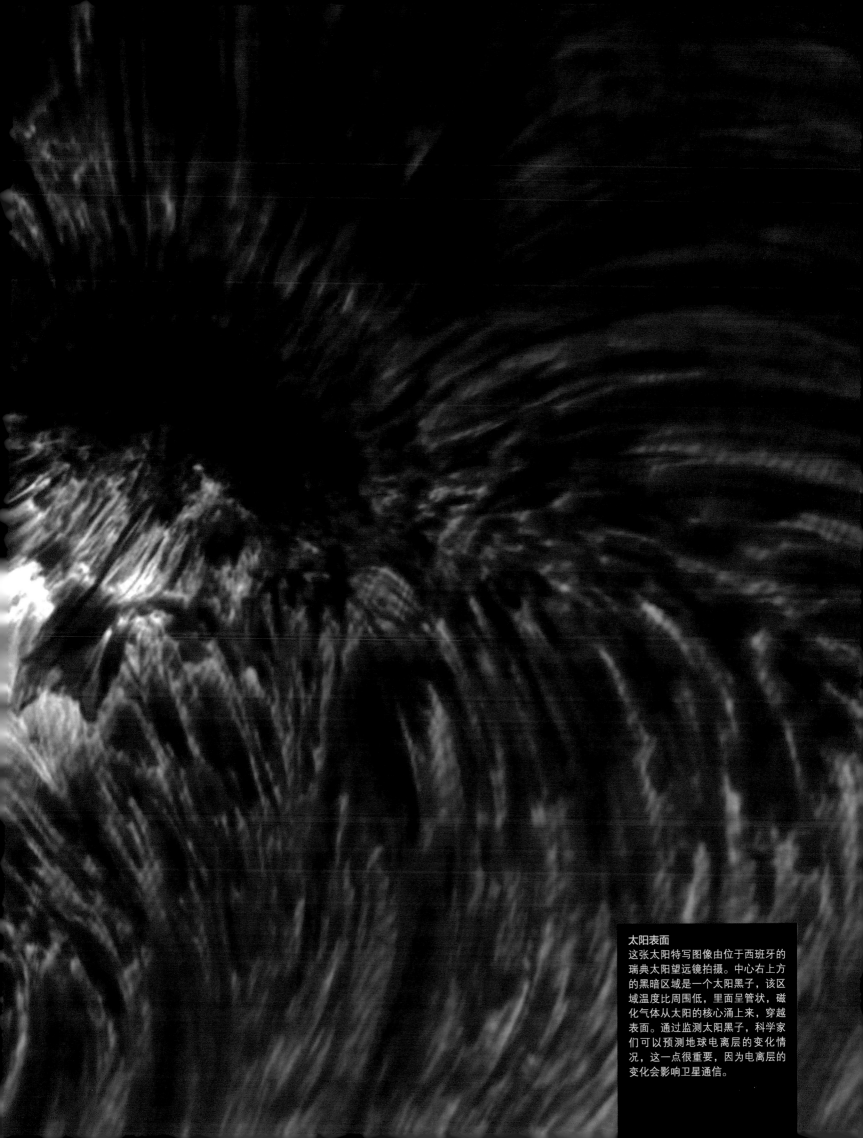

太阳表面
这张太阳特写图像由位于西班牙的瑞典太阳望远镜拍摄。中心右上方的黑暗区域是一个太阳黑子，该区域温度比周围低，里面呈管状，磁化气体从太阳的核心涌上来，穿越表面。通过监测太阳黑子，科学家们可以预测地球电离层的变化情况，这一点很重要，因为电离层的变化会影响卫星通信。

火星

在遥远的过去，火星表面曾有长长的河流，但今天这颗被称为火星的红色星球却是一个寒冷、干燥的世界，其表面被一条条深谷割裂，其上巨大的死火山星罗棋布。

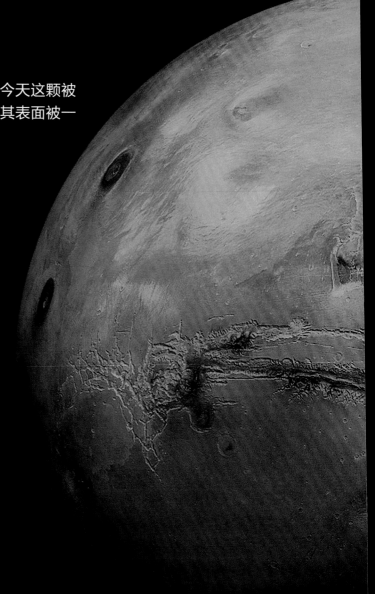

自转、轨道和结构

火星是太阳系四大岩质行星中最外侧的一颗，直径约是地球的一半，与地球一样，具有层次分明的地壳、地幔和地核。因为体积小，距离太阳更远，所以火星冷下来的速度比地球快得多，但其外核可能仍然是熔融状态。火星的轨道是椭圆形的，近日点与远日点到太阳的距离相差4260万千米，自转周期与地球相近，自转轴也与地球一样是倾斜的，形成季节变化。这种倾斜度在过去有不同变化，导致火星的气候也曾出现重大变化。

大气和天气

火星大气层稀薄，几乎完全由令人窒息的二氧化碳组成。大气压力也很低，约只有地球的0.6%。从表面看，大气看起来有点粉红色，因为铁氧化物（铁锈）粒子悬浮在其中。高海拔地区由水冰与干冰组成的极冠会随着季节消长。冬季火星大气层会变薄，温度骤降至-89摄氏度，大部分的二氧化碳在两极形成干冰（见100～101页）。火星上也会发生季节性沙尘暴，有时覆盖整个火星（见106～107页）。探测器通过不断监测还发现，火星上一天之内也有气温变化，有时夏季白天气温可达到20摄氏度。

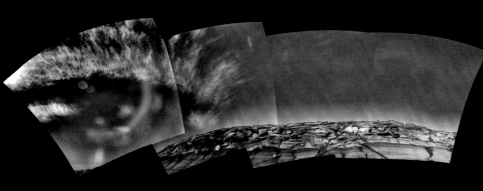

火星上的云
图为火星上空的一缕缕云，此拼接图像由美国航空航天局的机遇号火星探测车在坚忍环形山（见112～113页）内拍摄。

轨道与自转

火星的自转周期与地球相近，因此两者一天的时长也接近，由轨道偏心率可推出，火星在近日点比在远日点多接受至少45%的太阳辐射。

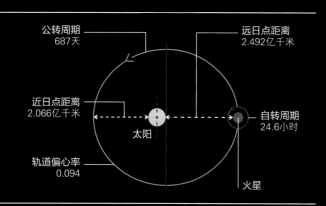

公转周期
687天

远日点距离
2.492亿千米

近日点距离
2.066亿千米

太阳

自转周期
24.6小时

轨道偏心率
0.094

火星

大小

火星是太阳系中第二小的行星，直径只有地球的一半。地球陆地面积与火星大致相同。

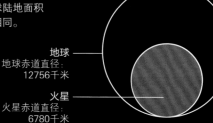

地球
地球赤道直径：
12756千米

火星
火星赤道直径：
6780千米

表面特征

火星北半球主要是低洼的火山熔岩平原。向南，地面更高，年代更久，陨石坑也更多，它们出现于约39亿年前激烈的小行星撞击时期。构造运动形成了当今火星主要的表面特征。水手谷，一个巨大的峡谷群，在火星年轻时由于地表撕裂而形成（见96～97页）。塔尔西斯区域是一个广大的火山高原，是火星历史上的火山活动形成的（见98～99页）。近一半的火星表面由熔岩覆盖，泥土中含有氧化铁，使得火星呈现出独特的颜色。

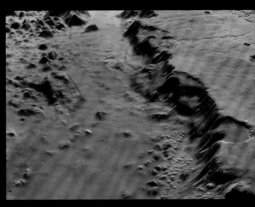

厄俄斯深谷
这张图像由火星快车号探测器拍摄（见94页），图中这个角度显示的是蜿蜒的水手谷东端部分。

火星上的水

古老的洪泛平原与干涸的河床网清楚表明，数十亿年前火星表面曾经有大量的水流，当时火星的温度比现在要高，如今火星上依然有水，只是以蒸汽和冰的形式存在。蒸汽形成雾，处于大气底层，最终凝结形成清晨的霜。冰在火星的极地冰盖也很明显，最近探测器成像显示，火星很多地方都有厚厚的冰，但只存在于地表以下。

红色星球
这张图像由海盗号火星探测器拍摄的102张图像拼接而成（见94页），以水手谷为中心，该峡谷在赤道以南由西向东延伸，跨度超过4000千米。

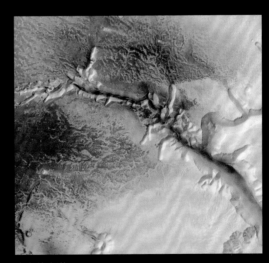

古老的水道
这张由火星快车号拍摄的图像是位于艾彻斯深谷的古老水道，艾彻斯深谷位于水手谷以北，长约100千米，宽10千米，它是火星上最大的水源地之一。

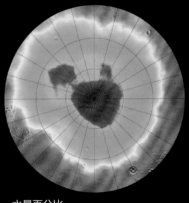

水量百分比

0 10 20 30 40 50 60

近地表面水量分布
这张图以北极为中心，根据伽马射线分光测量的数据，显示了近地表面物质的含水量情况。该图由美国航空航天局2001火星奥德赛探测器绘制（见94页）。

结构

火星核心是金属物质，外包一层硅酸盐岩石地幔，最外层是一层硅酸盐岩石外壳。数百万年前，地幔是火山熔岩的来源。

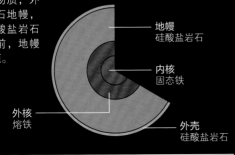

地幔
硅酸盐岩石

内核
固态铁

外核
熔铁

外壳
硅酸盐岩石

大气

火星大气中主要是二氧化碳，微量气体包括氧气、水蒸气和一氧化碳。

二氧化碳：95.3%

表面平均温度 -63℃

微量气体：0.4%

氩：1.6%

氮：2.7%

2

火星有两颗小卫星，即火卫一和火卫二（见120～121页），形状像马铃薯。两者之中较大的火卫一的长度也仅有26.8千米，因与火星最近，所以易于探测。经过2008年的8次飞掠和2010年的12次飞掠，火星快车号对火卫一的表面及地表以下进行了探测，获取了新的信息，天文学家对这些信息进行整理分析，对这两颗卫星的过去有了更多了解。

鸟瞰火星

1971年以来，火星探测器来来回回从未停止对火星的勘测。仅在2006年的几个月时间里，就有四个探测器在同一时间环绕这颗红色星球，这期间，各种轨道飞行器对火星全景进行了拍摄，拍摄画质和内容比以往任何时候都要清晰详细。

早期探测器

火星是第一颗由探测器进行环绕探测的行星，完成这个任务的是美国航空航天局的水手9号，它于1971年11月中旬抵达火星，当时火星上正受沙尘暴的袭扰，因此只能暂缓其测绘任务，情况好转后拍摄了火星全景图像，并传回地球。20世纪70年代末，美国航空航天局的海盗1号和海盗2号火星探测器拍摄了数千张火星图像。20年后，该机构的火星环球勘测者飞行器开启了第二阶段火星任务。2006年，它成功完成了历时9年的环火星探测，这期间，其携带的矿物测绘仪发现了一种通常在潮湿环境中才能形成的赤铁矿，它还追踪了火星上的许多轮季节变化。

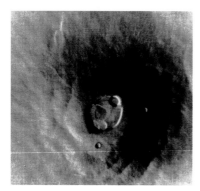

水手9号拍摄的奥林匹斯山
水手9号拍摄了很多火星表面地貌的特写图像，例如巨大的塔尔西斯火山（见98~99页），还有这张1972年1月拍摄的奥林匹斯山。

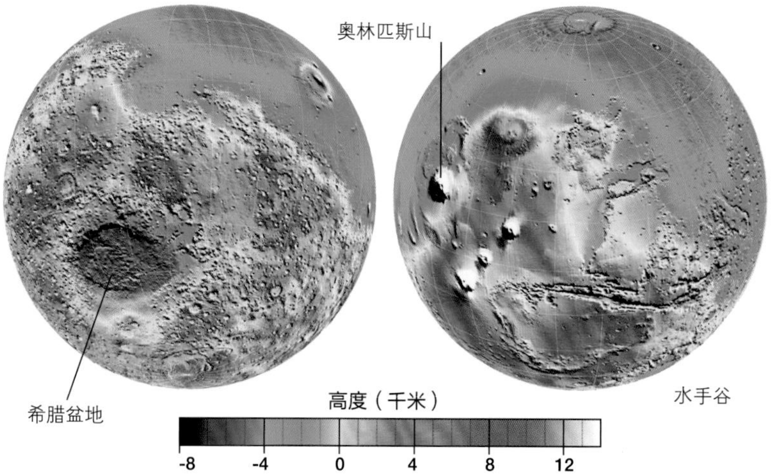

火星环球勘测者地形测量图
火星环球勘测者携带的激光测高仪对整个火星的高度进行了测量，巨大的塔尔西斯火山群（右）是最高的地区，图中显示为白色的山峰。最低的地形主要在北半球，图中可以看到，极为低洼的希腊盆地（左）。

（图中标注：奥林匹斯山、希腊盆地、水手谷）
高度（千米）
-8　-4　0　4　8　12

2001火星奥德赛

自2001年10月，美国航空航天局的2001火星奥德赛就已经在火星极轨道上运行了，该任务原计划持续两年，但至今仍对火星进行观测。该飞行器还支持了两个火星探测车——勇气号和机遇号，它们自2004年开始一直在火星表面进行探测（见110~111页），将95%以上的数据传回地球。探测车上的3个主要仪器绘制了火星表面化学元素、矿物质的数量和分布图。绘制氢元素分布图时发现，火星两极表面之下存在大量水冰。

火星快车

火星快车是欧洲空间局首个访问火星的探测器，2004年以来一直在火星极轨道运行。它携带的仪器既要对火星表面进行测绘和研究，也要对火星大气层进行测量。高分辨率立体相机（HRSC）可以提供小至2米宽的地貌图像，雷达测高仪可以分析火星表面的构成，三个分光计可以测定火星浅地层的成分、温度和大气压力。由于飞行轨道也是椭圆形，探测器还可以定期飞掠火星两颗卫星中较大的火卫一（见120~121页）。

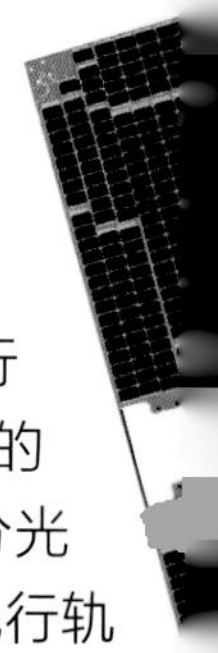

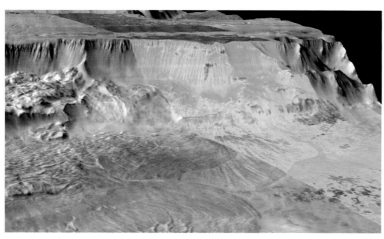

2001火星奥德赛利用热成像拍摄的米拉斯深谷
此图由两张图像组合而成，地点为水手谷（见96~97页），单色图像在日光下拍摄，阴影处的斜坡温度为−35摄氏度，向阳处山坡较亮，温度为−5摄氏度。彩色图像在夜间拍摄，岩石保持了白天的热度（红色/黄色），而尘埃的温度较低（蓝色）。

火星快车拍摄的雅尼混沌地区图像
火星快车的高分辨率立体相机拍摄了几张这种被破坏过的地形，这是其中之一，说它被破坏过还真是名副其实，因为图像中的浅色沉积物表明，这里可能由古代地下水冲积形成。一些科学家认为，这些地方可能为微生物提供了栖息地。

火星勘测轨道飞行器

2006年3月，美国航空航天局的火星勘测轨道飞行器开始绕火星进行探测。它的到来意味着在一段时间内，3个美国航空航天局的探测器、1个欧洲空间局的探测器，以及2个美国航空航天局的火星探测车同时研究火星。火星勘测轨道飞行器的任务是双重的。凭借其成像光谱仪，可以寻找与水长期相互作用形成的矿物质，这些矿物质的存在，证明火星在一个较长的时期内都存在水。另一个任务是寻找未来着陆点，凭借其高清晰度科学实验成像照相机（HiRISE）对火星进行整体绘制、区域测量和单点成像。该照相机可以依靠信号、雷达等进行导向目标追踪，解析直径1米的目标对象。

火星勘测轨道飞行器
美国航空航天局的火星勘测轨道飞行器是迄今为止送往火星最大、最先进的探测器。这张图上看不到的火星气候探测仪，可以研究大气中的水气含量、粉尘含量和温度。

高增益天线

浅地层探地雷达，又称浅层雷达
探测火星的冰盖（见100～101页）和地壳

火星彩色成像仪
一种广角相机

Electra特高频通信与导航系统
一种无线电导航系统，用于与地球保持联系

科学实验成像高清照相机
有一个伸缩式镜头，孔径50厘米

背景摄影机
与科学实验成像高清照相机同步工作

火星专用小型侦察影像频谱仪
识别与水有关的火星表面矿物质

太阳能电池板

太阳能电池板

火星勘测轨道飞行器简介	
发射日期	2005年8月12日
火星轨道接入日期	2006年3月10日
任务结束日期	正在进行中
运载火箭	Atlas V-401
隶属机构	美国航空航天局
尺寸	6.5米×13.6米
重量	2180千克
主推进	单组元（肼）推进器

尺寸

宽6.5米

长13.6米

由科学实验成像高清照相机拍摄的沙丘图像
图中黑色条纹经过着色用于颜色对比。春天的阳光使沙丘中的干冰升华为气体，之后图中黑色条纹的暗沙带从沙丘顶部显露出来，最长的有50米。

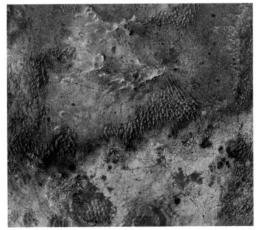

组合成像
这张图由科学实验成像高清照相机与火星专用小型侦察影像频谱仪拍摄的图像组合而成，拍摄地点为尼利槽沟，图中展示了部分出现裂缝的裸露黏土（绿色）和沙丘上的橄榄石（红色）。

水手谷

水手谷是一个庞大复杂的峡谷体系，位于火星赤道以南，差不多呈东西走向，横穿整个火星，总长超过4000千米，约占火星表面的1/4。这之内的大峡谷被称为"深谷"，每个都有自己的名字。该峡谷体系形成于数十亿年前，当时火星表面刚刚形成，但由于地壳断裂被拉开。单个深谷平均深度8千米，峡谷体系最宽处横跨700千米。它比美国亚利桑那州的大峡谷长10倍、深5倍。如果放在地球上，它可横跨整个北美洲。亚利桑那州大峡谷与水手谷有一些相似之处，但前者在很大程度上是由水侵蚀而成的，而后者源自断层作用。不过，水在水手谷的形成历史上也发挥了一定作用。过去在火星上，当液态水流经该地区时，水会从峡谷两侧流走，形成沉积物质。还有证据表明，由水形成的冰川也对这片陆地产生过影响。肆虐的狂风和山体滑坡也参与塑造了如今的水手谷地貌，这种作用仍在继续。

此地区命名为"水手谷"，以纪念水手9号探测器于1971—1972年拍摄了这个地区的首张特写。每个火星探测器都会将其设备瞄准水手谷，它已成为火星上被研究最多的地区之一（见94～95页）。通过研究水手谷，我们已经了解了火星的构造和火山历史，并通过分析其岩石和侵蚀情况，对火星上的气候也有了深入了解。

水手谷体系的最西端是诺克提斯沟网，一个集合了峡谷、槽和坑的三角形区域。成因尚不确定，但可能受周边塔尔西斯火山区（见98～99页）活动的影响较大，火山活动时地壳发生拉伸和断裂，致使处于浅层的水冰融化流失，留下了一个个空洞，造成该地区出现坍塌。

水手谷中间有许多单个峡谷，每个

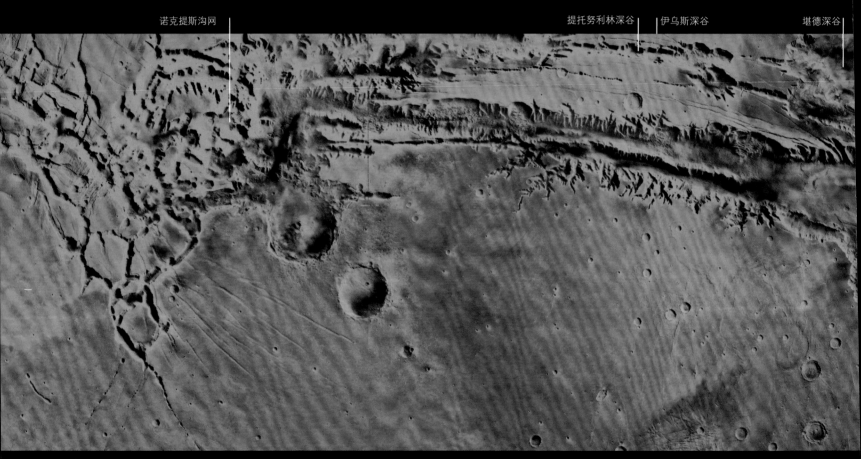

诺克提斯沟网　　　　　提托努利林深谷　伊乌斯深谷　　　　堪德深谷

水手谷
上图是整个水手谷体系的合成图像，由两个海盗号探测器于1976年拍摄，从西边的诺克提斯沟网一直绵延至东边的厄俄斯深谷，图像顶部靠近火星赤道，底部是南纬20°。

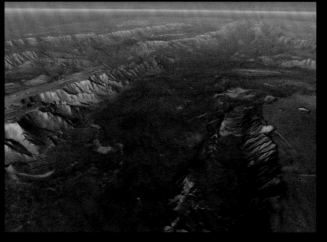

米拉斯深谷
此图为米拉斯深谷，根据2001火星奥德赛搭载的红外摄像机拍摄的图像，由计算机制作而成。

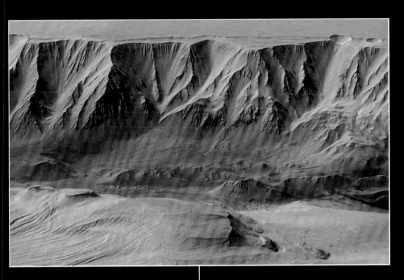

峡谷景观
图为堪德深谷，由火星快车号的高分辨率立体照相机于2006年7月6日拍摄。悬崖下明显可以看到巨大的山体滑坡所滑下来的物质，风蚀作用打磨的岩石棱角在右下角也清晰可见。

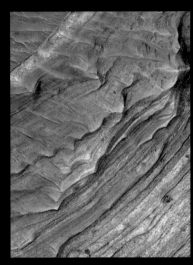

岩石层
对堪德深谷东端底部和悬崖壁上裸露的地壳岩石研究表明，岩石层层堆叠，形成波浪形边缘的部分原因是表面受到侵蚀。

米拉斯深谷   科普来特斯深谷   恒河深谷   卡普里深坑｜厄俄斯深谷

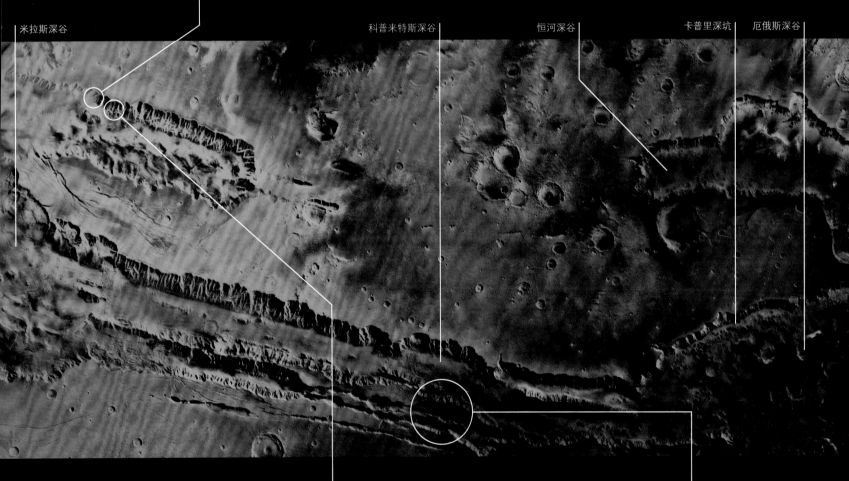

最宽可达100千米，这里的表面坍塌后被其他物质一层层地填满。

　　下陷的地块称为地堑，因地表断裂和山体滑坡而形成。如今，风裹挟着物质依然沿着谷底移动，因此堪德深谷东部的谷底充满了火山岩和沉积物。由于6000米多高的高墙阻隔，狂风在此雕刻了滑坡物质的形状。

　　水手谷东端是混沌地形，这里有河道，曾经有水流经该地区，也带走了一些物质。

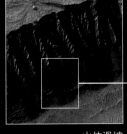

山体滑坡
这张图像由火星环球勘测者于2004年拍摄，图为堪德深谷东端的层状沉积岩，岩石边缘已破碎，并开始向下滑落。

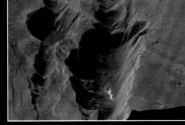

结构链
这张图是由火星快车号拍摄的科普来特斯深谷，该深谷类似一条崩塌的结构链，是下层物质坍塌所致，深度达3千米，但比主峡谷体系浅。

塔尔西斯地区

集中在水手谷（见96~97页）以西的火星赤道上，塔尔西斯地区是一个巨大的圆顶高原，宽4000千米，其最高处比北半球平原高出8000米，顶部是巨大的死火山。与其他火山地区一样，塔尔西斯地区形成于30亿多年前，那时火星相对年轻，后又经数亿年的地壳隆起，以及持久但不定时发生的火山活动共同作用而形成如今的样子。形成过程中，火山地区在火星表面的位置相对固定，因此，连续产生的熔岩流，使火山在特定的点上不断生长。这与地球上的情况相反，地球上的构造板块移动，掩盖了外涌的火山岩浆，随着构造板块位置的改变，新火山在地球上的不同地点形成。再加上火星上引力较弱，因此火星上的火山比地球上的更高，其地壳也能更好地支撑大量火山。

我们今天在塔尔西斯地区看到的巨型火山中就包括雄伟的奥林匹斯山，它是太阳系中已知的最雄伟的火山，高约22千米。比地球上最高的火山还要高三倍以上，底部宽度达600千米，侧面坡度平缓，在外观上与夏威夷盾状火山相似，但比它更宽。作为火星上最年轻的巨型火山之一，奥林匹斯山的形成来自数千次的熔岩流沉积。该地区比它稍小的三座巨型火山分别是：艾斯克雷尔斯山、帕弗尼斯山和阿尔西亚山，它们在高原上一字排开。塔尔西斯地区也有较小的托边火山（这是一种坡度较小的山体结构，大部分由火山活动形成），除此之外，还有更小一些的山丘（小型的圆顶山体）。

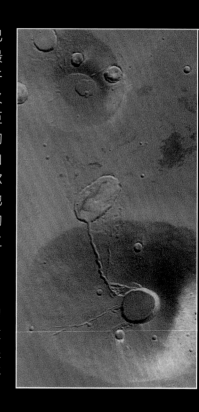

乌拉纽斯火山与什洛尼尔斯火山
这张由火星环球勘测者于2002年拍摄的照片（见94页）中显示，乌拉纽斯火山（上）和什洛尼尔斯火山（下）的侧面有古老的熔岩流和陨石坑。什洛尼尔斯火山覆盖面积与夏威夷一样大，其火山口宽度25千米，图中右下方光亮部分为沙尘，形成于2001年的火星沙尘暴（见106页）。

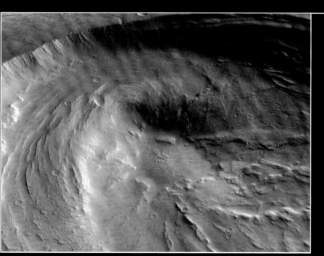

奥林匹斯山
这张彩色拼接图像由海盗1号火星探测器在奥林匹斯山正上方拍摄。火山口约80千米宽，被凝固的熔岩环绕，从火山周围陡峭的斜坡露出的边缘可以看到熔岩层。再往外，熔岩覆盖了广袤的塔尔西斯高原。

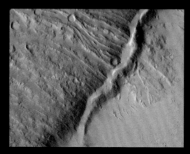

奥林匹斯山上的熔岩流
断层将奥林匹斯山的底部分成两部分，这是火星勘测轨道飞行器拍摄的图像（见95页），左侧的是古老的熔岩流沉积，右边则是后来的熔岩流沉积。

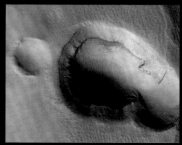

奥林匹斯山上的熔岩坑
火星勘测轨道飞行器拍摄的图像显示了奥林匹斯山的熔岩层，可以看到火山上覆盖着厚厚的尘埃和火山灰。

比布利斯火山
该图像由火星快车号拍摄（见94页），展示的是塔尔西斯火山的火山口，宽53千米，深达4.5千米，它是火山岩浆房坍塌时形成的。

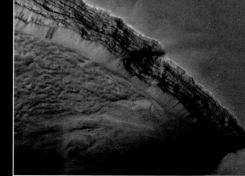

阿尔西亚山的熔岩层
该图像为阿尔西亚山的侧面坑的一部分，约4千米宽，由火星环球勘测者拍摄，可以看到一层层凝固的熔岩层，说明火山曾经多次喷发。

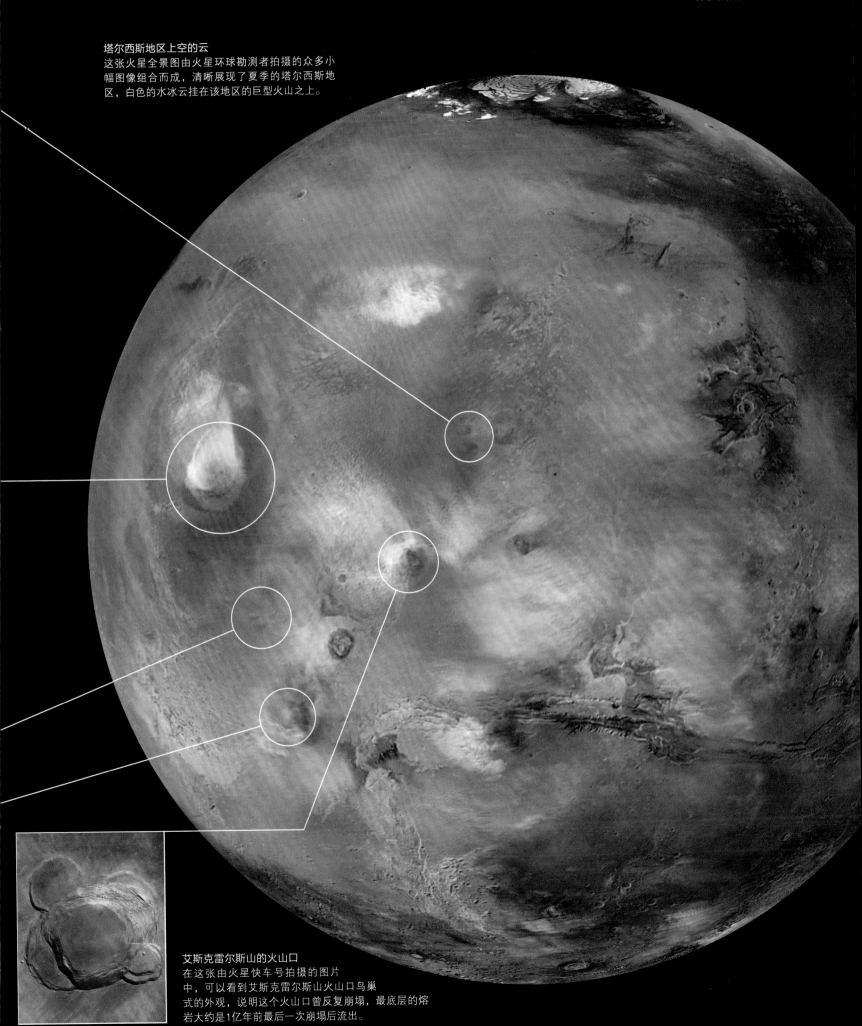

塔尔西斯地区上空的云
这张火星全景图由火星环球勘测者拍摄的众多小
幅图像组合而成，清晰展现了夏季的塔尔西斯地
区，白色的水冰云挂在该地区的巨型火山之上。

艾斯克雷尔斯山的火山口
在这张由火星快车号拍摄的图片
中，可以看到艾斯克雷尔斯山火山口鸟巢
式的外观，说明这个火山口曾反复崩塌，最底层的熔
岩大约是1亿年前最后一次崩塌后流出。

火星上的冰盖

　　大部分火星上的水被冻结后，在两极形成冰盖。北极冰盖也叫北部高原，由永久性的冰丘组成，高出周围约2千米。从上方观察时，闪亮的冰形成了一个独特的回旋图案。北半球冬季的几个月中，当极地地区处于极夜时，冰盖被干冰覆盖，范围也有所扩大。随着冬季来临，气温再次降低，达到-125℃，大气中的二氧化碳变成霜和雪，覆盖整个极地地区直至北纬65°。六个月后，夏天来临，太阳全天照射，二氧化碳变成气体，冰盖收缩。冰盖的永久部分约90%是冰，其余为沙子和灰尘。冰盖边缘

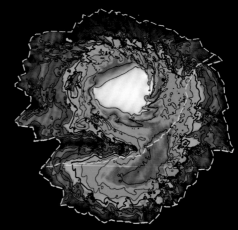

厚度（千米）

0　　　　　2

北极冰盖结构
火星勘测轨道飞行器雷达生成的地图展示了北极冰盖的层状沉积物。整个地区宽约900千米，相当于地球上格陵兰冰盖的30%。颜色表示冰层的厚度。

火星北极
该图为四张照片的合成图像，由火星勘测轨道飞行器在火星北极极昼的同一天的不同时刻拍摄。在图中可看到，白色的永久性冰盖下是面积更为广阔的岩石和沙土。

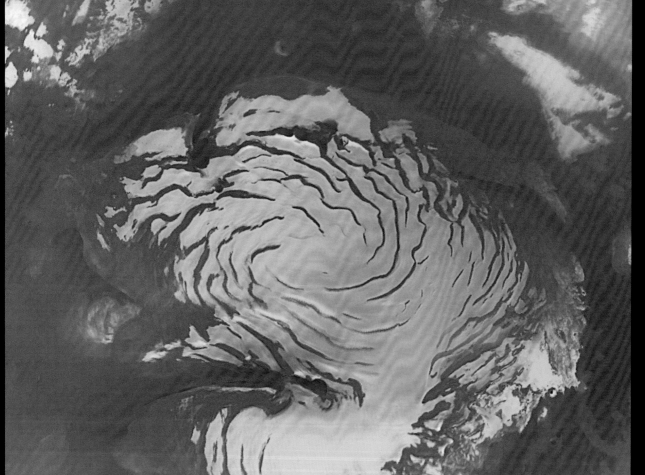

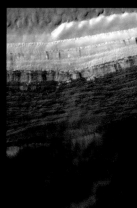

北极分层
这幅北极冰盖图像是根据火星快车号（见94页）上装载的高分辨率相机获取的数据绘制的。白色的区域是水冰，红色区域是岩石和沙子。图中的悬崖高约2千米，可能是一个火山口的边缘。如果是这样的话，图中最暗的物质可能是火山灰。

悬崖上的雪崩
这张假彩色图像由火星勘测轨道飞行器拍摄，图中物质从北极冰盖700米高的斜坡上滑下来，包括细粒度的冰、尘埃以及一些较大的石块。通过扬起的灰尘可以看出掉落的碎片痕迹，击中缓坡后继续滑下山崖。

是一个陡峭的斜坡，从这可窥探冰盖的内部层状结构。火星勘测轨道飞行器上的雷达（见95页）已经拍到了这些冰盖边缘的图像，冰层数量表明冰盖已有400万年的历史。

　　与北极冰盖一样，南极冰盖也是永久性的冰丘，厚厚的水冰上又覆盖一层厚达8米的干冰，除此之外，还有二氧化碳霜冻和积雪也会季节性地覆盖在上面。南极冰盖也被称为南部高原，宽度至少420千米，在其边缘，陡峭山坡上的冰一直延伸至周围平原，再往前就是数百平方千米的永久冻土。永久冻土是水冰与火星土壤相混合冻结而形成的，硬如岩石。

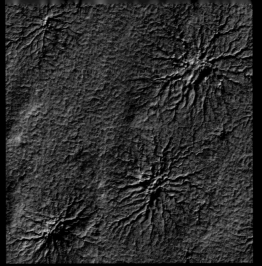

冰刻沟渠

火星勘测轨道飞行器于2009年8月拍摄了这张火星南极附近像蜘蛛一样的沟渠。夏季阳光照射，融化了干冰，使之成为气体，气体在冰下聚集，寻求通往表面的路径时，将地表雕刻成这些蜘蛛状。尽管季节性霜冻会消失，但沟渠的形状保留了下来。每个沟渠大约1.5米深，一只"蜘蛛"约400米宽。

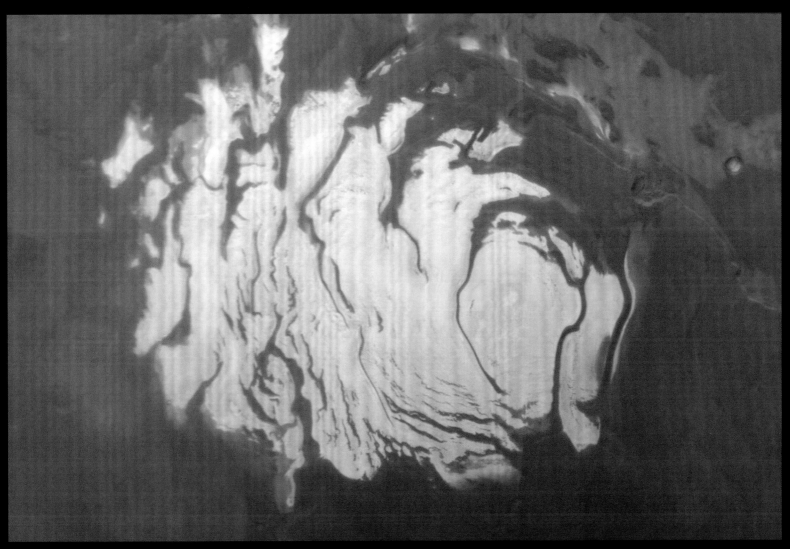

南极冰盖

图为盛夏的阳光照亮了南极冰盖，由火星环球勘测者拍摄。4月，火星南极冰盖面积最小，随着季节变化，该地区逐渐被霜冻覆盖。到12月冬天来临时，整个地区被霜冻笼罩，直到来年春天，太阳重新照射过来，那时霜冻退去，又是一个轮回。

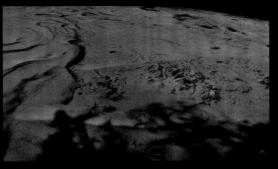

南极图像

图为自然颜色下的南极冰盖，由火星环球勘测者拍摄。该探测器每117分钟绕火星一周，平均高度为378千米，利用激光高度计确定极地地形高度。火星环球勘测者在火星轨道飞行了9年，其中有四年半都在对火星进行测绘。

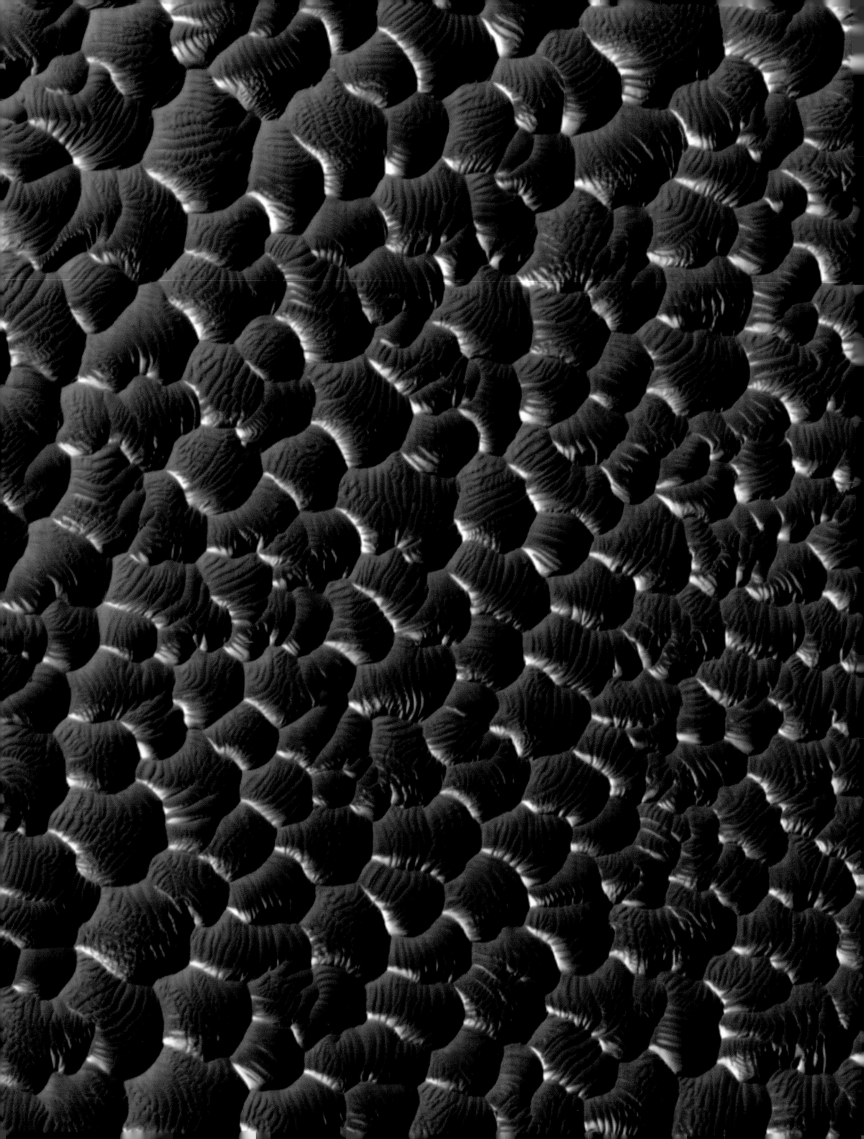

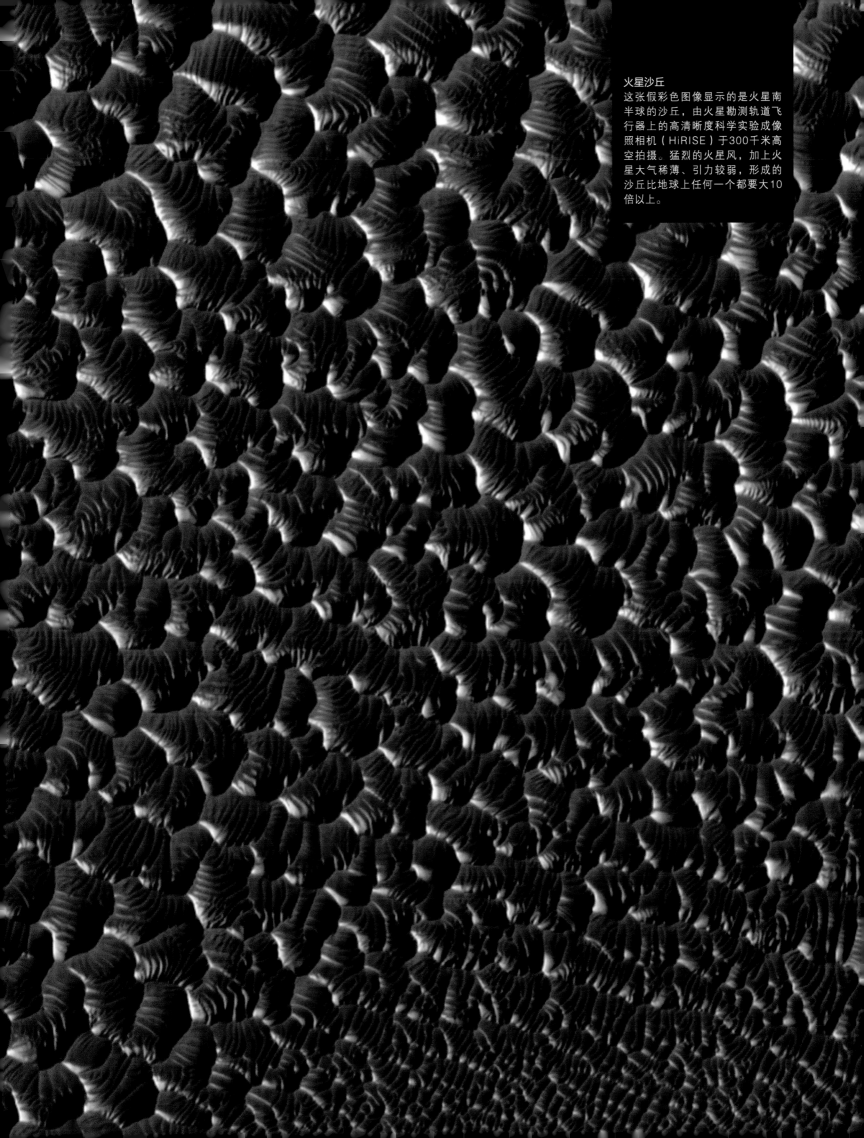

火星沙丘

这张假彩色图像显示的是火星南半球的沙丘，由火星勘测轨道飞行器上的高清晰度科学实验成像照相机（HiRISE）于300千米高空拍摄。猛烈的火星风，加上火星大气稀薄、引力较弱，形成的沙丘比地球上任何一个都要大10倍以上。

火星沙丘

火星上也有不少沙丘，1971—1972年，水手9号探测器进行在轨探测时有了这个惊喜的发现。随后在70年代末海盗号又发现了更多的沙丘，但由于早期探测器（见94页）相机拍摄的图像分辨率不高，只能确定两种类型的沙丘——新月形沙丘（箭头形）和线性沙丘。火星环球勘测者拍摄的更高分辨率图像显示出还有其他类型的沙丘。如今的探测器，特别是火星勘测轨道飞行器，揭示出火星沙丘另有一些惊人的细节，例如沟壑、波痕等其他特征（见95页）。

许多火星沙丘看起来与地球上的沙丘无异，都是由风的作用形成的。这些

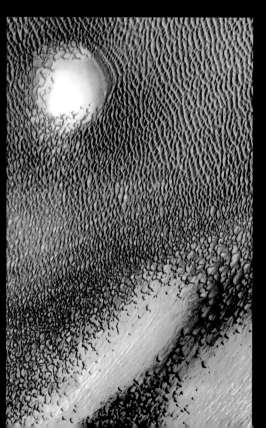

极地沙丘

2001火星奥德赛（见94页）拍摄的假彩色图像显示，这片沙丘距离火星北极冰盖约300千米。橙色的沙丘波峰之间相距约500米。白色和蓝色的区域覆盖的是冰霜。左上方的亮点是一座小山。

线性沙丘

这张假彩色照片是火星勘测轨道飞行器拍摄的诺亚高地陨石坑内的线性沙丘，这个较暗的沙丘东北面斜坡上有一个偏红的灰尘带。沙丘之间的坑底散落着巨石。

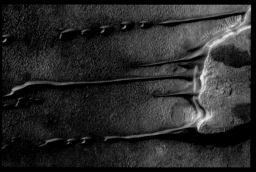

线性沙丘和新月形沙丘

这张火星勘测轨道飞行器拍摄的照片显示，沙子被吹在平顶山（山顶由于风的作用而成为平面）背风一面，顺着风吹的方向形成一条条长长的线性沙丘，远离平顶山后，线性沙丘被吹断，又形成新月形沙丘。

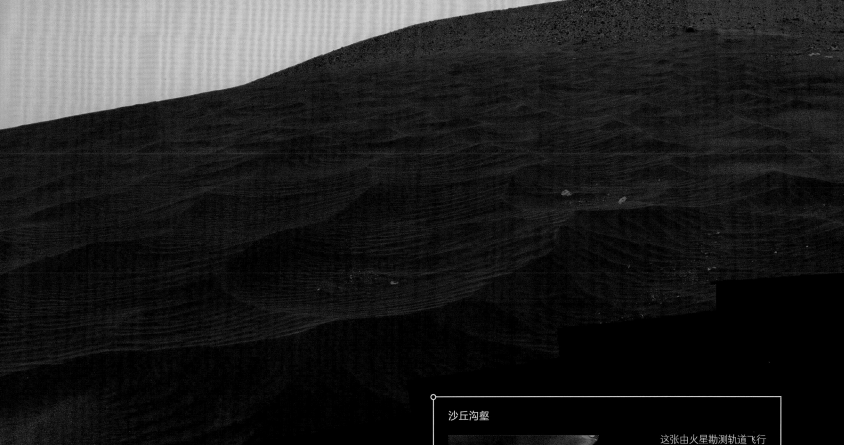

古谢夫环形山沙丘
勇气号火星探测车于2006年初到访了古谢夫环形山（见116～117页）内的沙丘，将其命名为"埃尔多拉多（黄金国度）"。这片沙丘由细沙粒组成，沙粒较圆，直径有几百微米。

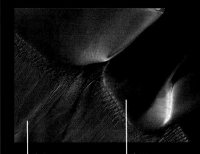

沙丘沟壑

这张由火星勘测轨道飞行器拍摄的直径约4千米的区域显示了，几条沟壑从罗素环形山内一个沙丘上延伸下来，现在还不能确定其成因。一种理论认为，霜冻在沙丘处于阴影或夜晚时沉淀，在阳光的照射下，变成了气体，引发崩塌，从而形成了沙丘沟壑。

沟壑面
沟壑戛然而止没有沉积的迹象。

光滑面
沙丘的这一侧没有沟壑。

沙丘经过风沙积累，根据风的作用和方向形成不同的形状。中间的障碍物，如悬崖，可以进一步影响风沙积累，以及沙丘形成的形状。地球上的沙丘不断变化，但火星上的沙丘，相比之下，似乎是静态的。这可能是由于火星沙丘形成于火星大气密度较高的遥远过去，或者可能仅仅是因为现在火星大气密度较低，沙丘成长极为缓慢。

在陨石坑的中心往往能发现小范围的沙丘。水手9号探测器就于1972年第一个发现了普罗克特陨石坑中的沙丘。2009年，火星勘测轨道飞行器拍摄的这一区域和其他陨石坑中的沙丘图像表明，这些沙丘有更短小的沙脊。通过分析探测器数据，并经过勇气号和机遇号火星探测车的仔细检查（见110～111页）认为，火星沙丘是由火山岩中的玄武岩砂组成的。

火星上有一种沙丘类型较为常见，但在地球上并不常见，这就是线性沙丘——由于风一直吹向一个方向而形成的一种长长的直线形沙丘。此类沙丘可以形成于障碍物背风一侧。沙子汇集于障碍物，形成一条平行于风流动方向的长线形沙丘，由于与障碍物有一段距离，长线可以断开，受来自另一个方向的风的影响，形成新月形沙丘。

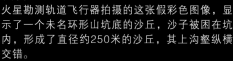

坑底沙丘
火星勘测轨道飞行器拍摄的这张假彩色图像，显示了一个未名环形山坑底的沙丘，沙子被困在坑内，形成了直径约250米的沙丘，其上沟壑纵横交错。

猎兔犬环形山
即使是最小的陨石坑中也有沙丘。沙子被风塑造成了不同的纹样。这个角度可以看到直径35米宽的猎兔犬环形山中心位置的沙子波纹，该照片由机遇号火星探测车在驶向巨大的维多利亚环形山（见114～115页）时所拍摄。

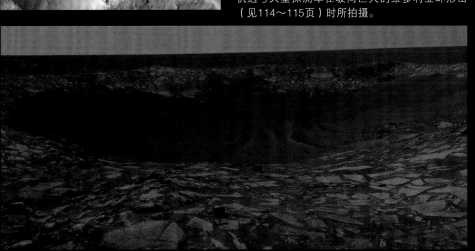

火星上的沙尘暴

沙尘暴是火星上一种常见的天气特征，一年四季都有可能发生，有时也是季节性的，有时发生在特定区域，有时也可能吞噬整个火星。到了南半球春夏两季，它发源于南极地区，穿过整个火星，行进中还会引发新的风暴，最终沙尘覆盖整个火星。火星环球勘测者（见94页）于2001年6月监测火星，试图见证一场火星沙尘暴。在轨运行中，它记录下了一场区域性沙尘暴在几周内席卷全球的过程。

火星南极地区，夏天阳光将干冰融化并蒸发形成大风，大风携带沙尘渐渐形成沙尘暴，席卷整个火星。局部沙尘暴也是可预测的。随着北极地区冬季转向夏季，阳光日渐充足，导致沙尘暴可以在北极冰盖附近持续一天之久。探测器也目睹了火星表面上持续较短的沙尘暴，类似地球上看到的那种，但覆盖的面积要大10倍。

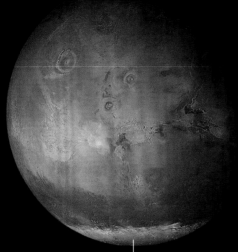

晴朗天空下的火星
（2001年6月10日）

南极冰盖
春融开始，可见大风和沙尘暴。

进入朦胧
2001年火星沙尘暴肆虐，甚至将最高峰奥林匹斯山全部吞没。（见98页）

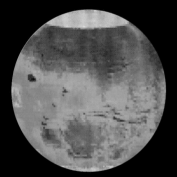  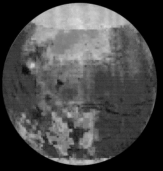

2001年7月1日　　　　2001年7月3日　　　　2001年7月8日

火星上的沙尘暴
2001年火星发生全球性沙尘暴，火星环球勘测者上的热辐射分光计对火星大气的温度和粉尘含量进行了测量，上图基于收集的数据绘制，数据显示了沙尘暴的演变过程，其鼎盛时期，日平均气温下降了3摄氏度。

能见度

高　　　　　　　　　　　　　　低

2001年的沙尘暴
这场沙尘暴的起源是希腊平原内的尘云，希腊平原是一个陨击盆地，位于火星另一侧的这个纬度。

火星上的全球性沙尘暴
2001年7月31日，沙尘完全覆盖了整个火星，里面还有区域性沙尘暴。仅几周前，火星环球勘测者还拍摄了一个相对无尘的火星，只有区域性沙尘天气，且主要集中在南极冰盖地区，但6月21日，其中一个沙尘暴向北蔓延，然后向东。5天后，它越过赤道。在接下来的一周，整个星球被沙尘笼罩；在它下面，是被风吹起的区域性沙尘暴。

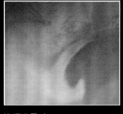 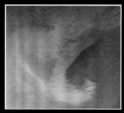 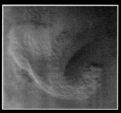 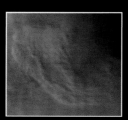

协调世界时06:51:59　　协调世界时08:49:34　　协调世界时10:47:11　　协调世界时12:44:52

拍摄沙尘
这些图像，按照世界标准时间，每隔2小时拍摄一次，揭示了一个短暂的夏季沙尘暴在北极冰盖附近发展的过程。冰盖位于左上方，沙尘暴朝着右上方移动，沙尘暴前端形成了一片卷曲的云，白色的云主要是水冰；浅棕色的则含有沙尘。

在沙尘中进行探索

火星上的沙尘暴对所有在火星上工作的探测器都有影响，使在轨探测器无法绘制地面图像，火星表面由太阳能供电的探测车（见110～111页），其能量来源也将受阻，随着尘埃落定，沙尘将覆盖住探测车的太阳能电池板，使其电力减少，以致影响其整体性能。

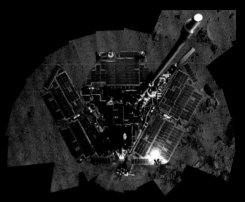

清洁的太阳能电池板

上图为2005年8月27日，勇气号火星探测车利用自身携带的全景相机拍摄的拼接图像，显示其登陆火星18个月后，太阳能板在阳光下闪闪发光。

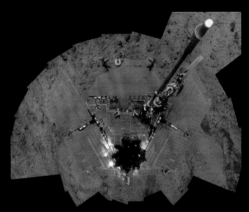

被沙尘覆盖的太阳能电池板

2007年10月29日拍摄的这张图像几乎看不出是勇气号火星探测车了，电池板几乎完全被沙尘覆盖，乍一看与火星表面无异。

2001年7月31日，笼罩火星全球的沙尘暴

尘卷风

这些旋转的尘埃柱，高可达10千米。日间地面温度较高，气体被加热后上升，随后较冷的气流下降，这样冷热气体共同作用形成尘埃柱。水平阵风使尘埃柱在移动中发生旋转，留下一条痕迹，被称为尘卷风的轨迹。

南极冰盖

南极冰盖上的干冰融化，导致2001年火星全球沙尘暴肆虐。

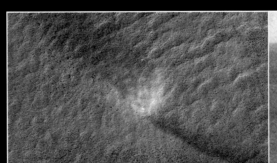

在轨探测器拍摄的尘卷风

勇气号火星探测车在地面拍摄的尘卷风

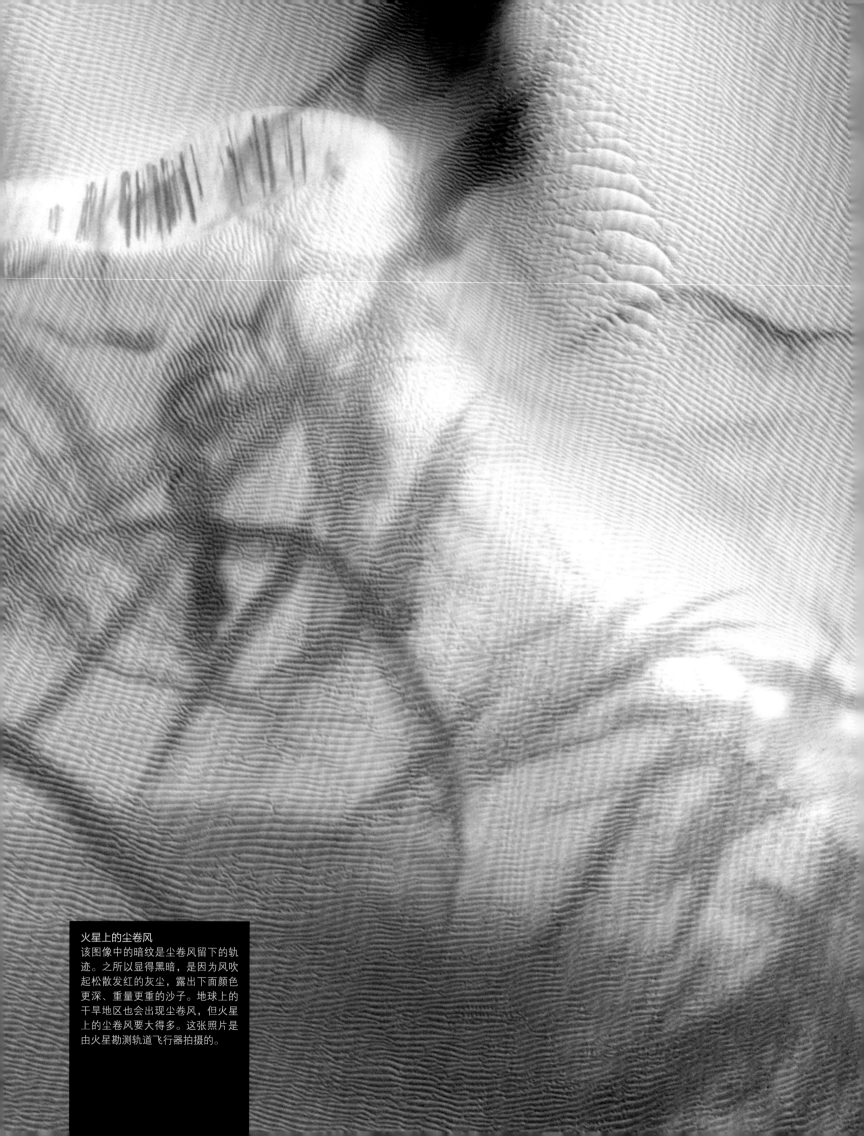

火星上的尘卷风
该图像中的暗纹是尘卷风留下的轨迹。之所以显得黑暗，是因为风吹起松散发红的灰尘，露出下面颜色更深、重量更重的沙子。地球上的干旱地区也会出现尘卷风，但火星上的尘卷风要大得多。这张照片是由火星勘测轨道飞行器拍摄的。

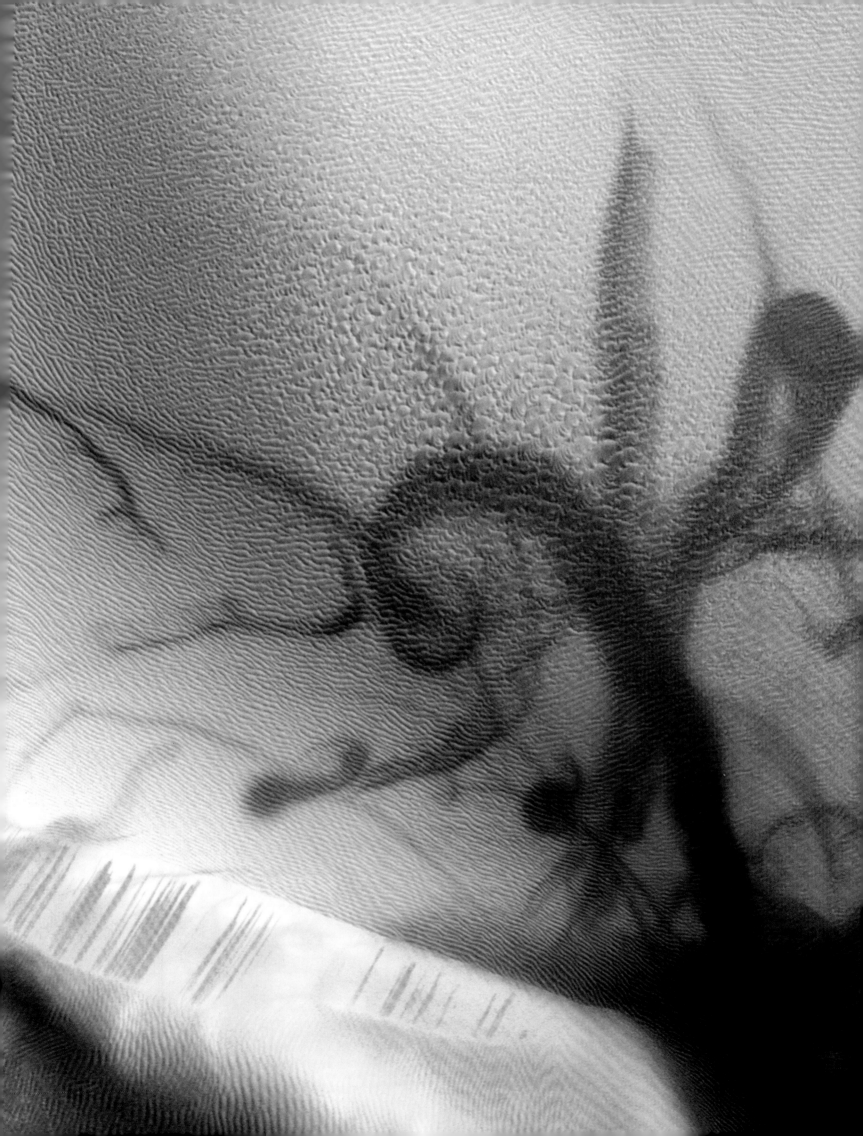

探测火星

截至2019年，已有8辆火星探测车（皆来自美国航空航天局）在火星成功着陆，其中3辆设计为停留在着陆地点进行探测，其余则可以行进移动对火星进行探测。好奇号火星车和洞察号着陆器，已分别于2012年8月和2018年11月在火星着陆，如今依然在火星上进行着探测任务。

火星探测车

第一辆火星探测车是旅居者号，大小相当于一台家用微波炉，于1997年7月与火星探路者着陆器一同抵达火星，勘查了其着陆点附近16片区域。相比之下，更大的火星车勇气号和机遇号就先进多了，它们就像是两个机器人地质学家，在火星表面行进，不时地停下来进行科学勘测。

旅居者号火星车的通信等功能需要依靠火星探路者实现，而勇气号和机遇号可以携带一切所需设备。车体覆盖一层设备甲板，安装了各种天线。甲板两侧是用铰链连接的太阳能电池板。车体前面是一根桅杆，桅杆顶部装有全景相机和导航相机，以及一台热发射分光计。探测车前后各装一部避障相机，在火星车向前或向后行进时，对路上的障碍物进行报警。探测车行进过程中，铰接臂藏于甲板之下，铰接臂末端装有用于检测岩石和土壤的仪器，包括研究岩石的工具。

成功登陆火星的着陆器和火星探测车		
名字	服役时间	类型
海盗1号火星探测器（美国）	1976年7月20日至1982年11月13日	着陆器
海盗2号火星探测器（美国）	1976年9月3日至1980年4月11日	着陆器
旅居者号火星车/火星探路者（美国）	1997年7月4日至1997年9月27日	探测车/着陆器
勇气号火星探测车（美国）	2004年1月4日至2011年5月25日	探测车
机遇号火星探测车（美国）	2004年1月25日至2019年2月13日	探测车
凤凰号火星探测器（美国）	2008年5月25日至2008年11月10日	着陆器
好奇号火星探测器（美国）	2012年8月6日至今	探测车
洞察号火星探测器（美国）	2018年11月27日至今	着陆器

火星探测车简介	
发射日期	勇气号：2003年6月10日 机遇号：2003年7月7日
登陆火星日期	勇气号：2004年1月4日 机遇号：2004年1月25日
计划停留时间	90个火星日
运载火箭	德尔塔II 7925火箭
隶属机构	美国航空航天局
高度	1.5米
长度	1.6米
宽度	2.3米
重量	174千克
电源	太阳能板和可充电锂电池

尺寸

1.5米

1.6米

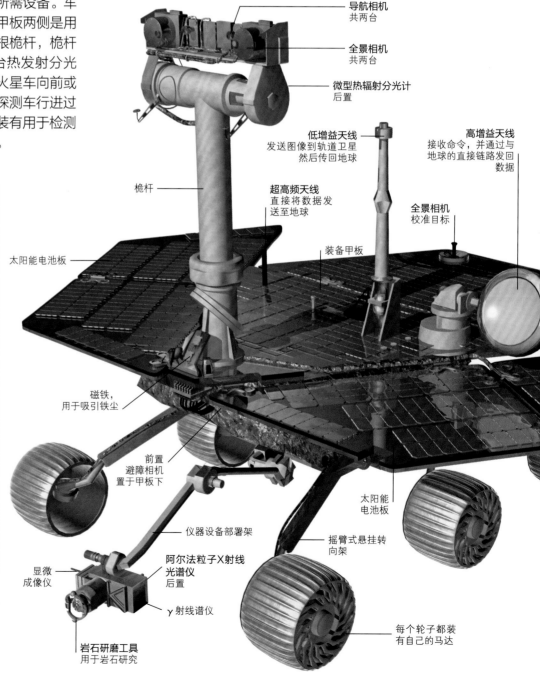

导航相机
共两台

全景相机
共两台

微型热辐射分光计
后置

低增益天线
发送图像到轨道卫星
然后传回地球

高增益天线
接收命令，并通过与
地球的直接链路发回
数据

桅杆

超高频天线
直接将数据发
送至地球

全景相机
校准目标

装备甲板

太阳能电池板

磁铁，
用于吸引铁尘

前置
避障相机
置于甲板下

太阳能
电池板

摇臂式悬挂转
向架

仪器设备部署架

显微
成像仪

阿尔法粒子X射线
光谱仪
后置

γ射线谱仪

岩石研磨工具
用于岩石研究

每个轮子都装
有自己的马达

火星探测车

火星探测车之所以这样设计，是为了使其全景和导航相机的高度与宇航员眼睛的高度保持一致，它们的摇臂式悬挂转向架确保所有6个轮子始终保持与地面接触，即使身处岩石地形也是如此。

抵达火星

每辆火星探测车都是单独发射，前往火星途中，由铰链连接其外壳，包裹在未充气的气囊中，外挂一个减速伞，减速伞附着在巡航火箭级上，整个旅程要7个月。进入火星大气层之前，巡航火箭级被抛弃。之后随着减速伞下降到火星，与火星的大气摩擦使其速度慢慢减下来。降落伞打开，速度进一步减慢，随后隔热罩被抛弃，气囊包裹的外壳从减速伞的系绳上抛出。

1 弹性着陆
接近火星表面时，气囊充气，系绳被切断，整个包裹撞击地面后被高高地反弹。

2 安全落地
反弹几次之后，整个包裹在火星表面滚动一段时间，随后停止，气囊放气。

3 气囊收回
气囊放气完毕后收回，为铰链连接的探测车外壳展开三个外"花瓣"做准备。

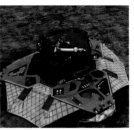

4 外壳展开
如果外壳没有在"基瓣"上着陆，探测车的电脑程序会下达指令，首先打开"花瓣"，随后调整探测车至正确位置。

选择着陆地点

科学家们花了两年时间为机遇号和勇气号选择登陆地点。该地点必须符合科学要求，不那么崎岖，不会危及登陆行为或者限制探测车行动，且需要选择低洼地，保证减速伞携带着探测车有足够的空间降低其下降速度。科学家从火星环球勘测者和2001火星奥德赛（见第94页）采集的数据中筛选了155个候选登陆地点，最终选取了两个完全符合标准的地点，一个是勇气号（见116～117页）着陆地点：地势较低且平滑的古谢夫环形山，据猜测，这里曾经可能是个湖；另一个是机遇号（见112页）着陆地点：地势较低且平坦的子午高原。科学家们发现这里暴露的矿藏是在潮湿的条件下才能形成的。

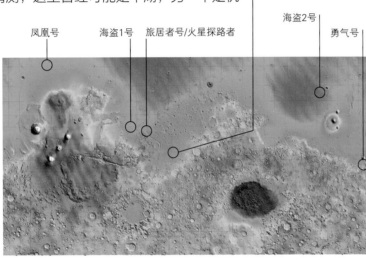

凤凰号　海盗1号　旅居者号/火星探路者　海盗2号　勇气号　机遇号

火星着陆点
海盗1号、海盗2号、旅居者号火星车/火星探路者、勇气号和机遇号都是在靠近火星赤道的地方着陆，因为这里的条件较为适宜，不那么极端，只有凤凰号的着陆点靠近北极。

任务进行中

一旦科学家明确火星探险车的登陆地点，他们就会确定火星探测车的探测距离和拟探测目标特征，装在每部探测车桅杆上的仪器包括全景相机、导航相机和热辐射分光计，从远处就可以分辨岩石类型，并选择可能停留并进行勘探的地点。火星探测车由地球上的控制室进行控制，行进过程中非常小心，平均速度为每秒1厘米，火星探测车原本设计使用寿命为90个火星日或92个地球日，但实际上远远超过这个时间范围，直到2009年5月探测车被卡在柔软的沙子中，勇气号探测车已行进7.7千米，之后成为一个静止研究平台。机遇号探测车在火星上连续工作了15年，行驶里程超过45.16千米。

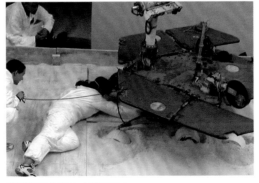

模拟探测车陷入火星沙子中
2009年间的几个月，科学家试图让勇气号可以继续行进，利用模拟实验，试图找出如何从柔软的沙子中将探测车解放出来的方法，但在2010年1月宣告失败。

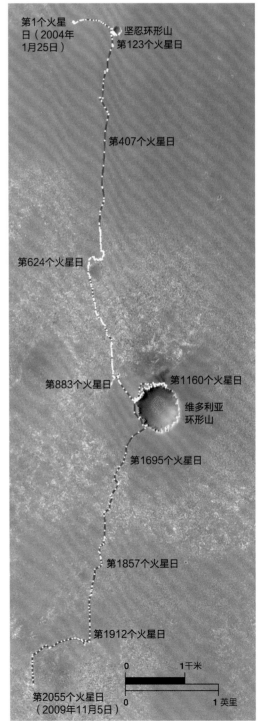

第1个火星日（2004年1月25日）
坚忍环形山
第123个火星日
第407个火星日
第624个火星日
第883个火星日
第1160个火星日
维多利亚环形山
第1695个火星日
第1857个火星日
第1912个火星日
第2055个火星日（2009年11月5日）

0　　1千米
0　　1英里

探测车路线图
截至2009年11月5日，机遇号火星探测车的行进路线，其主要停靠的两站为坚忍环形山（见112～113页）和维多利亚环形山（见114～115页）。

坚忍环形山

站在2004年1月25日机遇号的着陆点向东看子午高原，在约800米处，可以看到一个足球场大小的陨石坑。科学家研究了火星环球勘测者拍摄的照片，将其取名为"坚忍环形山"，决定让机遇号探索它的科学价值，同时试一试探测车是否能够安全进出此地。4月30日，机遇号抵达环形山，地球上的科学家首先进行模拟实验，模拟了火星表面和看起

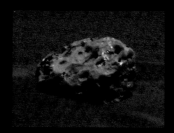

火星上的陨石

2005年1月6日，机遇号火星探测车在其隔热罩附近发现了一块篮球大小带有凹痕的岩石。分析证实，它主要由铁和镍组成，是一块陨石，被命名为"隔热罩陨石"，这是在地外行星上发现的第一块陨石，后来两辆火星探测车都发现了其他陨石。

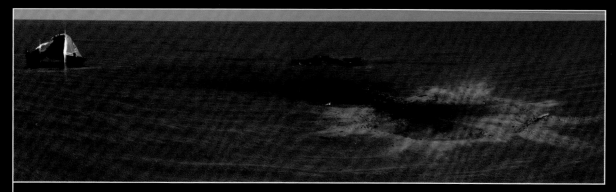

隔热罩撞击地点

机遇号站在坚忍环形山南部，拍摄了这张隔热罩撞击地点的拼接图像，隔热罩在探测车降落火星时被抛弃，一部分（左边）倒扣在地上，另外一部分隔热罩在中间，右边的大坑是隔热罩撞击火星表面所留下的。

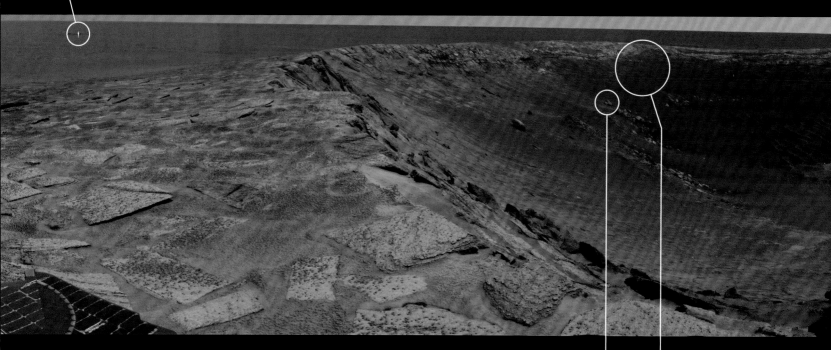

来像入口点（命名为卡拉泰佩地区）的地形，模拟斜坡坡度为25°（与卡拉泰佩地区一样），如果模拟探测车成功通过，科学家就决定让机遇号进入坚忍环形山。

机遇号于6月份驶下卡拉泰佩地区的斜坡，开启了为期180个火星日的坚忍环形山探索之旅，探测车停留在环形山斜坡表面，以避免陷入环形山边缘以下20米的沙丘中。通过机遇号在坚忍环形山的勘察，并对环形山形成时裸露的岩层进行分析，我们得知，该岩层是37亿多年前经过水的作用形成的古代沉积岩，当时火星比现在要温暖湿润。

完成在坚忍环形山的任务后，2004年12月，机遇号开始去检查其废弃的隔热罩，第一次发现了落在地外行星上的陨石。

瓦布梅（Wopmay）巨石

环形山内这块长1米的粗糙巨石让科学家非常好奇，于是派出机遇号前往调查，从形状上看它很可能曾与水接触，在这张假彩色图像上可以看到火星"蓝莓"——富含铁的凝结物或赤铁矿——嵌在了岩石上。

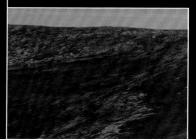

卡拉泰佩地区

机遇号进入坚忍环形山时走过的岩石带被科学家命名为"卡拉泰佩地区"，图中，卡拉泰佩地区是环形山上缘的中间区域，中心部位以上浅色岩石排成的一条斜线是环形山边缘较低的部分。

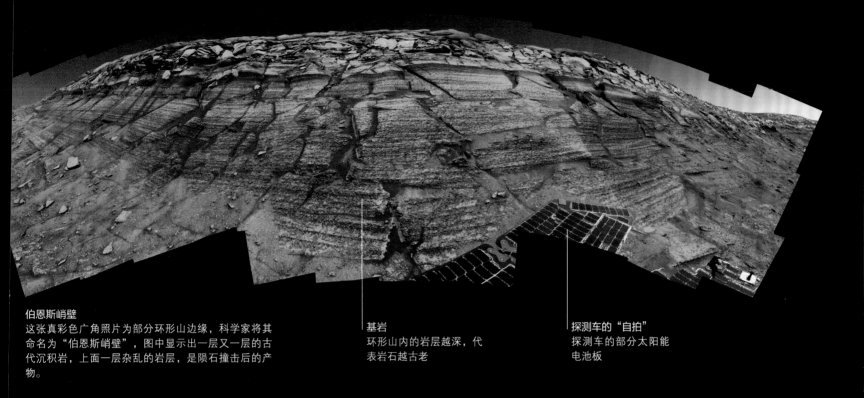

伯恩斯峭壁
这张真彩色广角照片为部分环形山边缘，科学家将其命名为"伯恩斯峭壁"，图中显示出一层又一层的古代沉积岩，上面一层杂乱的岩层，是陨石撞击后的产物。

基岩
环形山内的岩层越深，代表岩石越古老

探测车的"自拍"
探测车的部分太阳能电池板

陨石坑
机遇号的全景相机拍摄了这张坚忍环形山的真彩色照片，陨石坑约130米宽。图中左下角和右下角能看到探测车的太阳能电池板。

狭背岩石
这张假彩色图像中，环形山内一排排高于"蓝莓"约几厘米的位于边缘的岩石黑点，被称为"狭背岩石"，这些黑色岩石点可能是水渗入基岩裂隙，然后基岩风化幸存下来的矿物质残余。

钻孔
进入坚忍环形山后不久，机遇号的岩石研磨工具钻出三个成层状的岩石洞，这张图像已经过处理，以衬托出颜色的差异。图中左上方洞边上的岩石粉末比其他两处的更红，这是因为钻开的两块大理石大小的卵石富含赤铁矿。

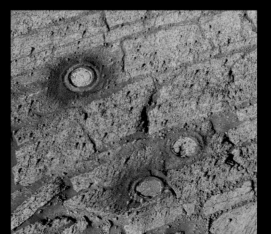

维多利亚环形山

在2004年探索完坚忍环形山（见112～113页）后，机遇号火星探测车开始向南行进。2006年9月26日，在探索其他各种环形山和沿途地貌后，来到了更大的维多利亚环形山，它距离探测车着陆点约9千米，宽800米，深70米，边缘有隆起和海湾状地形，使它形成了一个不同寻常的波浪边，科学家给其中许多地形地貌都起了名字。

机遇号用了将近2年时间探索维多利亚环形山内部及边缘，从"杜克湾"开始，顺时针绕着环形山边缘前进，考察隆起地区，并寻找进入环形山底部的路径，在绕到四分之一处时，发现隆起地区越来越陡峭，甚至可以看到基岩层，顶部还有碎石。因为没有找到合适的入口，执行任务的科学家决定让机遇号返回，还是由"杜克湾"进入。

第一站
机遇号在环形山内的第一站是用其机械臂研究暴露在外的明亮的岩层，数百万年前环形山形成之时，该岩石可能是火星表面的一部分。

最后一眼
2008年8月，机遇号离开环形山时，拍摄了这张佛得角、杜克湾的照片，照片中还有自己的车辙痕迹。此举是为了回顾将近一年前（2007年9月）机遇号开始对这个地区探索所走过的路。

裸露的基岩
科学家判断这一带环形山内坡上光滑裸露的基岩太陡，不适合机遇号行驶。这张假彩色图像中可以清楚看到岩石中的沉积层。

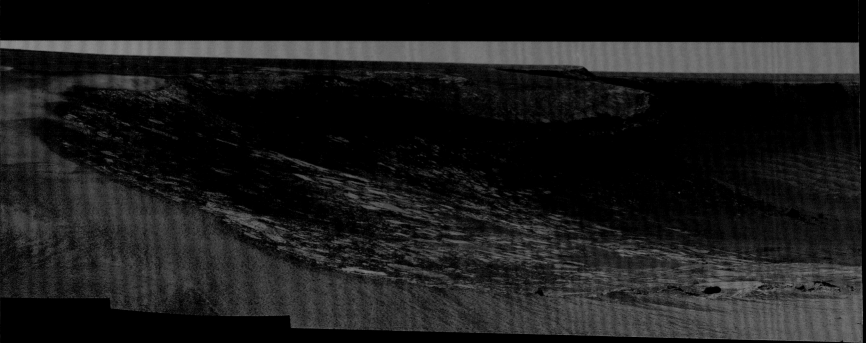

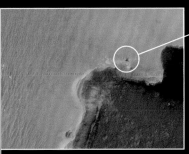

机遇号火星探测车

俯瞰
火星勘测轨道飞行器上的高分辨率成像科学实验照相仪图像（见95页）拍摄了清晰的中央沙丘和波浪状边缘，边缘物质向内塌陷后形成湾，图中边缘外的黑色条纹为由风吹过裸露出的岩石。

位于维多利亚环形山的探测车
机遇号火星探测车抵达5天后，火星勘测轨道飞行器拍摄了这座环形山。机遇号左下方为杜克湾，右下方为佛得角，机遇号下一步即将前往佛得角前端拍摄环形山内部。

圣文森特角
这张隆起地区的假彩色图像展示了裸露岩石的结构，顶部是一个破碎的碎岩层，主要是环形山形成时的喷出物，下面是无数层沉积岩。

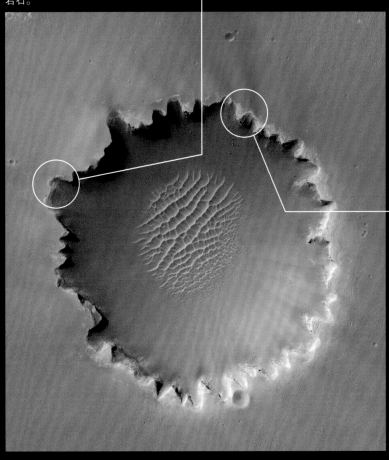

进入环形山

科学家们发现，杜克湾的斜坡低缓（15°～20°）、基岩裸露，是机遇号进入环形山的安全地带，于是决定在2007年9月13日让机遇号进入环形山。机遇号每隔几天行进几米，两周后，抵达第一个目的地：内斜面（见左图）下方的一个岩石带。

虽然机遇号的指挥控制中心担心探测车已经超出设计工作时限（90个火星日）的12倍，但还是指挥机遇号下降到环形山更深的地带，对那里古老的裸露岩石进行勘测。探测车行进至高6米、靠近杜克湾的佛得角，探测其岩石层，随后对环形山内部进行了为期近一年的探测。其探测结果证实，环形山内的岩层于37亿多年前在水中沉积而成。

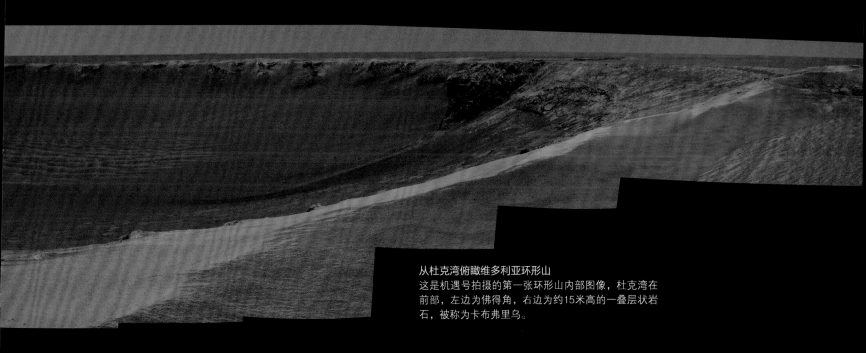

从杜克湾俯瞰维多利亚环形山
这是机遇号拍摄的第一张环形山内部图像，杜克湾在前部，左边为佛得角，右边为约15米高的一叠层状岩石，被称为卡布弗里乌。

麦库尔山

本垒板高原

火星探测车的机械手臂

古谢夫环形山

39亿年前小行星撞击火星表面所致，宽度166千米。科学家认为，洪水曾经通过一条称为马丁谷的沟渠进入环形山，形成了一个湖。为了寻找证据来支持或反驳这一理论，科学家选择古谢夫环形山作为勇气号火星探测车的着陆地点。古谢夫环形山以俄罗斯一位天文学家的名字命名，里面还有更小更年轻的环形山。

在接收到来自探测车从着陆点发回的第一张全景图像后，科学家们决定派勇气号火星探测车朝着古谢夫环形山内7个低矮的小山丘方向行进，这7个小山丘以去世的7名宇航员名字命名，集体称为哥伦比亚山（2003年，哥伦比亚号航天飞机重返地球大气层时解体，7名宇航员不幸遇难）。

前往哥伦比亚山途中，勇气号停在博纳维尔环形山边缘，该环形山宽210米，探测车在这里抛弃隔热罩，继续朝下面的火星表面前行，中途会做有规律的停顿，以对岩石进行研究，于2005年8月抵达赫斯本德山山顶，后又前往本垒板高原，这是哥伦比亚山中约80米宽的低矮高原。

2006年3月，勇气号两个前轮中的一个坏了，但即使这样，它还是行驶到了一个新目的地：麦库尔山，随后任务中止，勇气号不得不拖着坏了的轮子返回。2009年，一个后轮也停止了工作，最终被卡在了本垒板高原的沙子中。

不出所料，勇气号发现了古谢夫环形山平原上存在玄武岩，也正如希望的那样，同时确定了在更高的山上存在基岩，这是一种早期的沉积岩，通过对基岩的分析（右图）发现，其组成发生了变化，这表明古谢夫环形山内曾经有大量的水

为证据而"钻"

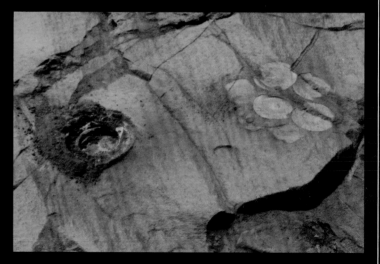

勇气号使用机械手对火星岩石和土壤进行勘查，机械手的各连接处都非常灵活，可以任意延伸、弯曲，使其携带的设备仪器可以精准地进行测量，一旦调整就位，就可以工作了。

岩石研磨工具（RAT）对火星表面进行研磨，以期暴露火星地表以下的新鲜物质（因为火星地表可能被风化，通过与大气接触发生化学变化，或有灰尘覆盖）。古谢夫环形山的一座小山上，有一块叫作"克洛维斯"

的裸露岩层（上图），岩石研磨工具的磨齿在其上面高速旋转，钻出了一个直径45毫米、深9毫米的坑（坑右边是岩石研磨工具的擦洗刷留下的几个圆圈）。

勇气号的两个分光计随后在10～12个小时内读取数据，确定裸露岩石的成分。另一台仪器——显微成像仪提供了特写图像。这样可对岩石晶粒的大小和形状进行分析，其结果表明：液态水曾与岩石相互作用，改变了其成分。

赫斯本德山

格里森山
以阿波罗1号宇航员维吉
尔·格里森名字命名

古谢夫平原

粗粒度岩层
勇气号在本垒板高原边缘发现了这些粗粒度岩层，可能
是火山爆发喷出物，也可能由陨石撞击所致。

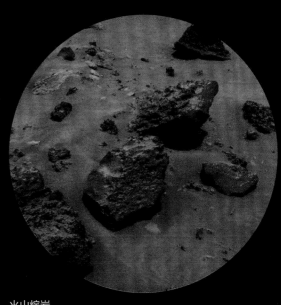

探测车着陆点
图中已放气的气囊和外壳，当时承载着勇气号抵达火星，现在被废弃在着陆地
点。着陆地点被命名为哥伦比亚纪念站。图片中间偏左的是博纳维尔环形山边
缘，约250米远。勇气号在去往哥伦比亚山的途中曾在博纳维尔环形山停留，哥伦
比亚山在中间偏右约3千米远处。

火山熔岩
玄武岩是火山熔岩曾流经古谢夫环形山的证据。勇气号在
赫斯本德山附近发现了这些岩石，起名为富士（FuYi），岩
石上有很多小孔，是熔岩凝固时包裹周围的气体形成的。

火星上的日落

80千米外，太阳沉入古谢夫环形山以下，阳光经火星大气层中的灰尘散射后呈现出了蓝色的光晕。该图片由勇气号拍摄。

火星的卫星

火星有两颗卫星，分别是火卫一和火卫二。许多天文学家认为，这两个不规则的小星体一开始并不是火星的卫星，只是被捕获的小行星而已。火卫一的轨道不断下降，大约1100万年之后，它将不再是火星的卫星。

大小、轨道和起源

火卫一和火卫二的轨道是近似圆形的同步轨道（与月球一样，火卫一、火卫二保持同一面指向火星）。火卫一大约26.8千米长，22千米宽，比火卫二略大，绕火星公转周期为7小时39分钟，轨道高度9378千米。火卫二大小约为火卫一的一半，离火星的距离是火卫一的2倍多，绕火星公转周期是火卫一的4倍。观测表明，火卫一的轨道每年降低几厘米，这意味着它将最终撞向火星——更有可能在这之前瓦解。两颗卫星在1877年由美国天文学家阿萨夫·霍尔发现，但当时对它们的了解很少。即使是现在，天文学家对它们的起源也尚不明确。有些人认为，火卫一是在火星形成之后，由碎片堆积而成。也有人认为，火卫一和火卫二是火星引力捕获的小行星。

火星上空的卫星
火卫一是火星最大的卫星，这张照片的角度是从火卫一上看火星，将色彩增强后我们可以看到位于图像中间的赫歇尔环形山，直径300千米，是火星的第七大陨石坑。这张图像于1977年9月由海盗1号探测器拍摄。

绕火星赤道运行
火卫一和火卫二在火星赤道地区上空运行，略偏离火星赤道平面。火卫二距离火星23459千米，是火卫一与火星距离的2倍多，火卫一绕火星运行4周用时相当于火卫二绕火星运行1周。

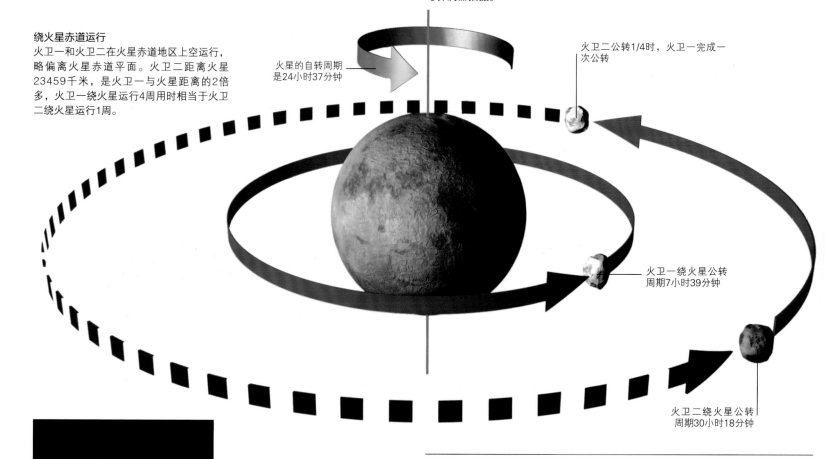

火卫二公转1/4时，火卫一完成一次公转

火星的自转周期是24小时37分钟

火卫一绕火星公转周期7小时39分钟

火卫二绕火星公转周期30小时18分钟

两颗卫星的合影
火卫一（右）和火卫二（左）首次"同框"，由火星快车（见94页）于2009年每隔一秒钟拍摄一次，这张图像是从130张图像中挑选出来的，火卫一距离探测器11800千米，火卫二是这个距离的2倍多，这些图像提供了关于火星卫星精确轨道的新信息。

> ❝ 火卫一可能是第二代……天体。它来自撞击碎片，也将重新成为碎片。❞
> 马汀·帕特佐尔德，火星快车号首席研究员，2010年

火卫一

人们对火卫一的了解比火卫二多，尤其是2010年火星快车号在距火卫一67千米处飞掠，这是有史以来最接近的一次。火卫一的引力使飞船略微偏离轨道，但比天文学家预期的小得多。由此科学家推断，火卫一虽然看起来坚固，但密度不够，中间肯定有空心。火卫一与其说是一个整石块，不如说是一座由碎岩通过引力作用结合在一起、内部布满缝隙的石堆。

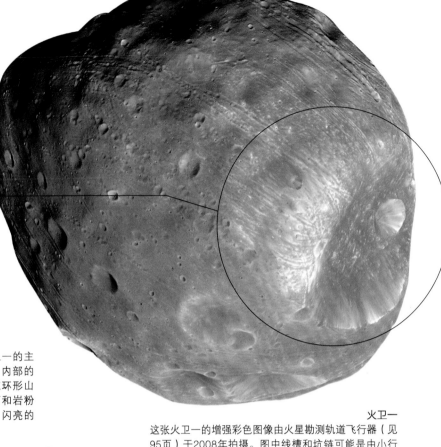

火卫一
这张火卫一的增强彩色图像由火星勘测轨道飞行器（见95页）于2008年拍摄。图中线槽和坑链可能是由小行星撞击出来的喷出物组成的。

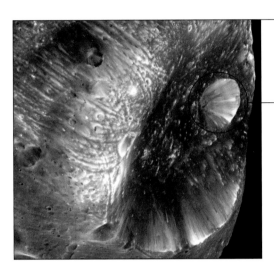

林托克环形山
比斯蒂科尼环形山年轻，宽约2千米

斯蒂科尼环形山
宽约10千米，是火卫一的主要地貌特征。环形山内部的一条条线（在林托克环形山内部也有），是岩石和岩粉滑坡后留下的痕迹。闪亮的地区是裸露的基岩。

火卫二

长约15千米，面积相当于一座大城市。和许多小行星一样，由富含碳的岩石组成，这说明它很可能本身曾经就是一颗小行星。而且，像火卫一一样，有很多环形山，表面覆盖一层淡红色风化层（松散的岩石和尘埃）。斯威夫特环形山和伏尔泰环形山是土卫二上最大的两座环形山（目前只有它们被命名），宽度都小于2千米。大部分表面比火卫一更光滑，因为许多环形山被风化抹平了。

隕石坑
这个未名陨石坑宽约1千米

火卫二
2009年由火星勘测轨道飞行器拍摄，经过色彩增强后可以看出火卫二表面形态的分布。较暗较红的地区是未被破坏的岩石和尘埃，浅色区域为暴露的基岩，由近期撞击所致。

火卫二凌日
勇气号和机遇号火星探测车（见110~111页）双双拍摄了火卫二和火卫一凌日的场景。2004年3月4日，机遇号捕捉到了火卫二凌日的画面，每张图像间隔10秒。

协调世界时 **03:03:43**

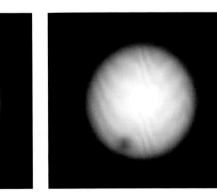

协调世界时 **03:03:53**

协调世界时 **03:04:03**

协调世界时 **03:04:13**

3

带外行星

<< 土星
距离地球14亿千米

<< 土星
距离地球14亿千米

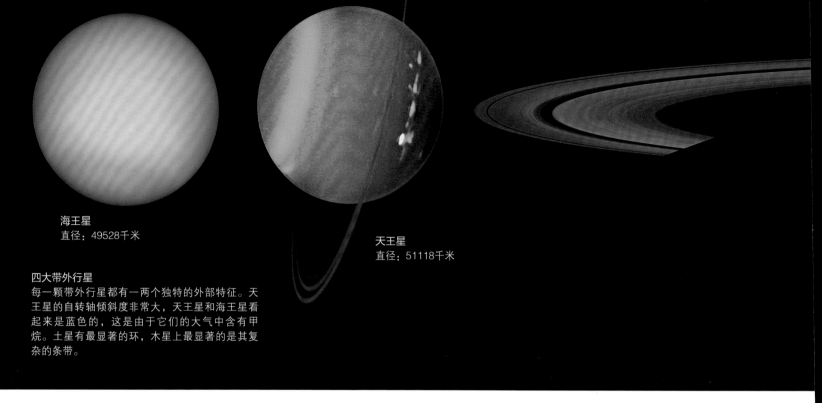

海王星
直径：49528千米

天王星
直径：51118千米

四大带外行星
每一颗带外行星都有一两个独特的外部特征。天王星的自转轴倾斜度非常大，天王星和海王星看起来是蓝色的，这是由于它们的大气中含有甲烷。土星有最显著的环，木星上最显著的是其复杂的条带。

带外行星

　　太阳系中还有四颗巨大的带外行星，由近到远分别是木星、土星、天王星、海王星。每一颗行星都有广阔的大气层、巨大的磁场、众多卫星及行星环。

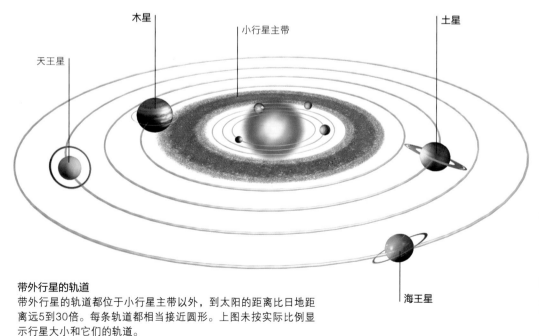

天王星

木星

小行星主带

土星

海王星

带外行星的轨道
带外行星的轨道都位于小行星主带以外，到太阳的距离比日地距离远5到30倍。每条轨道都相当接近圆形。上图未按实际比例显示行星大小和它们的轨道。

起源

　　所有带外行星形成的时间大致相同，开始时都处于旋转的星云物质的外部（见50～51页），这里的温度比内侧相对低些，包含许多冰、岩石以及金属的微小粒子。最初这些粒子通过碰撞和引力结合起来，形成由冰和岩石组成的固体天体，后来不断增大，又依靠自身引力吸引了大量气体。这些气体主要是氢和氦，包裹着由冰和岩石组成的内核，形成厚厚的大气层。

　　带外行星形成的地方大致就是今天它们所处的位置。天王星和海王星好像较之前距离太阳远了些，而木星可能离太阳近了些。天文学家认为，火星和木星的轨道之间可能还形成过一颗行星，

土星
直径：120536千米

木星
直径：142984千米

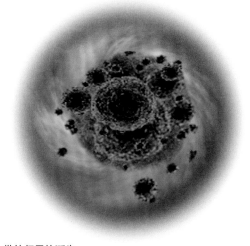

带外行星的诞生
四颗带外行星的形成都是从内核积累开始的，内核由岩石和冰组成，慢慢具有引力，开始被大量气体包围。

但木星引力扰动使这颗前行星的物质分离。这个物质的残骸就是现今的主带小行星。

巨型世界

按体积大小计算，带外行星约是地球的58倍（海王星）至1320倍（木星）。每一颗带外行星都有一层厚厚的大气层，主要由氢和氦组成，天王星和海王星的大气层中还含有甲烷。四颗带外行星的图像显示，其大气层顶部（特别是土星和木星）是不断变化的，这是强风和风暴的影响所致。

在充满气体的大气层与由岩石和冰组成的内核之间，还有一个液态或半固态中间层。木星和土星中，这层由氢和氦组成，而天王星和海王星中，主要由水、甲烷和氨冰组成。四颗行星都有显著的磁场，尤其是木星，其磁场强度是地球的14倍。

卫星和行星环

每颗带外行星都有许多卫星。体积稍大的卫星的形成时间与其母行星相同，由围绕在母行星周围的物质组成，就像这些母行星是由围绕在太阳周围的物质组成的一样。许多大卫星生来就是一个复杂、迷人的世界；还有许多小卫星是太阳系形成过程中未被使用的物质被带外行星捕获后形成，这些由岩石和冰组成的小卫星大多不规则。

四颗带外行星周围都有薄薄的行星环系统。不同行星的行星环的组成各不相同，同一行星的环与环之间也不同，有的由尘埃组成，有的则是由巨块（由冰或岩石组成）和冰组成。这些行星环，有的自行星形成时就已经存在，有的则可能是由撞击或因行星的引力分解而成的卫星残骸。

土星的环
所有的带外行星都有行星环，其中土星的环最多最显著。这张图像是根据卡西尼号土星探测器传回来的数据绘制而成的。这些数据以无线电信号的方式，穿越土星环来到地球。

小行星

小行星在英文中既可以叫"asteroids"，也可以叫"minor planets"（字面意思是"小型的行星"），由岩石和金属组成，有独立的绕太阳公转的轨道，绝大多数集中于"主带"，其中最大的谷神星于1801年发现，于2006年被重新归类为矮行星。

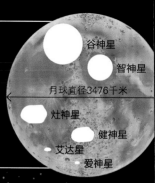

小行星的大小
所有小行星的总质量相当于月球质量的4%，这其中谷神星就占了近30%。主带有直径超过100千米的小行星约200颗，直径大于10千米的20万颗，直径大于1千米的2亿颗。直径超过290千米的小行星其形状接近球形，而较小的小行星形状是不规则的。

月球直径3476千米

谷神星
智神星
灶神星
健神星
艾达星
爱神星

丝川小行星
轨道周期：1.52年

加斯普拉小行星
轨道周期：3.29年

火星

地球

水星

太阳

金星

爱神星
轨道周期：1.

托塔蒂斯小行星
轨道周期：4.03年

谷神星
轨道周期：4.60年

主带

小行星的类型

许多小行星之前的母体很大，被加热熔化后，分成岩石地幔和金属内核。较小的小行星母体没有经过这个过程，所以组成成分自始至终没有变化。母体被撞击后会形成三种类型的小行星。一种是黑色碳质小行星，占所有小行星的75%，由岩石组成，富含碳，就像地球的地幔。另一种是灰色硅质小行星，占17%，由硅酸盐和陨铁石混合而成。第三种小行星的成分是金属，与地球内核的成分一致。当一颗小行星闯入地球的大气层时，摩擦产生的热量致使表面脱离，其残骸即陨石坠落在地面。对于小行星和陨石的研究，有助于天文学家了解行星的内部构成。

特洛伊小行星
一对特洛伊小行星与木星的轨道和轨道周期相同

轨道周期：

小行星分布
该图显示了2010年1月1日的小行星分布。它们与其他行星同一个方向围绕太阳运行。两群特洛伊小行星与木星有相同的轨道和轨道周期。

> **小行星是行星爆炸后残留的碎片。**
>
> 海因里希·威廉·奥伯斯，天文学家，1803年

主带

大多数小行星占据火星和木星之间的环形区域，这一区域称为主带，距太阳约3.15亿到4.8亿千米。大多数小行星起初在带外，早期与行星和卫星发生撞击而被摧毁，也就变成了今天看到的这些散落的碎片。一些主带小行星受木星强大的引力作用，被推拉出主带到行星际的轨道上，导致主带上有几个缺口，我们称其为"柯克伍德空隙"，换句话说，由于木星引力，这块区域没有小行星。

主带的形成

人们曾经认为主带的小行星是一颗行星发生内部爆炸后形成的碎片，或遭到彗星毁灭性撞击后的残余。天文学家现在认为，它们是太阳系形成初期，行星形成中断的结果。现在主带占据的这个区域有足够的岩石和金属物质，原本可以形成一颗比地球重4倍的行星。该行星形成初期稳步发展，物质聚集在一起形成大的天体，也就是原行星。然而，年轻的木星的快速增大打乱了这个过程：它的引力搅乱了原行星的成长，将它们规则的近圆形轨道改变为椭圆形，导致它们高速碰撞，裂解成较小的碎片。

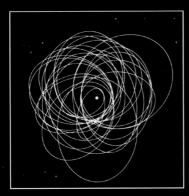

木星形成之前的小行星轨道
木星形成之前，小行星的轨道接近圆形。它们低速碰撞后，相互粘在一起，有的跟火星一样大。

木星形成之后的小行星轨道
受木星引力影响，小行星的轨道变成椭圆形。碰撞速度提高到每小时1.8万千米，小行星被撞击成碎片，而不是粘在一起。

小行星撞击

小行星轨道并非圆形，并且有一系列的轨道倾角，因此它们的轨道交叉，冲突时有发生。其结果是，目前主带的总质量只有形成之初的1/1000，随着时间的推移，较大的小行星减少，较小的小行星数目上升。一个较大的小行星母体破碎后，其碎片往往与母体有类似的轨道，形成小行星家族。引力也会将小行星拉到可能导致与行星撞击的轨道上。

撞击结果
当一个小行星被另一个撞击时，其结果取决于撞击小行星的大小。小的小行星比大的常见得多，所以陨击是最常见的现象。

陨击
非常小的小行星撞击较大的小行星，会在大的小行星表面产生陨石坑。

砾石堆
小行星遭到较大物体撞击后破碎，而引力又将其碎片拉回形成一个砾石堆小行星。

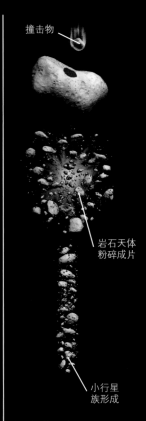

小行星族
随着更大撞击物的撞击，碎片脱离母体后组成小行星族。

近地小行星

虽然大多数小行星停留在主带，但是木星的引力可以迫使一些小行星的轨道变得更偏向椭圆形，以至于把小行星推入带内。直径超过150米的小行星接近地球，达到地月距离20倍以内时，我们就称它为潜在危险天体（PHOs）。天文学家们正在不间断地扫描天空以监测这些天体，这一计划就是"空间防卫计划"。一些国家甚至正在研究一种方法，让火箭携带爆炸装置升空，旨在使潜在危险天体偏离与地球碰撞的轨道。

撞击地球
直径超过1千米的小行星穿过地球大气层时，就像子弹穿纸。以约每小时7.2万千米的速度撞击地面，会形成15～20千米宽的陨石坑。

小行星探测任务

处在太空时代，我们对小行星已经有了很多了解。探测器在前往带外巨行星，路过主带小行星时，拍摄了一些小行星照片。20世纪90年代，人类开始发射专门的小行星探测器前往特定小行星。探测器第一次登陆小行星是在2001年。

飞掠"加斯普拉"与"艾达"

在穿越主带到木星时，伽利略木星探测器（见131页）飞掠了两颗小行星，分别是加斯普拉与艾达。这两颗小行星在被无数个小天体"喷砂式"撞击后，虽留下不少陨石坑，但还算光滑。加斯普拉自转一周需7个小时，其密度是水的2.7倍，这表明它是坚固的岩石；艾达自转速度更快，自转一周只需4.6个小时，密度也低得多。伽利略号发现艾达有一颗小卫星，直径仅有1.4千米。艾达是发现的第一颗带有卫星的小行星。

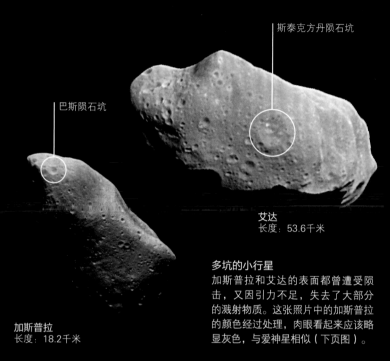

斯泰克方丹陨石坑

巴斯陨石坑

艾达
长度：53.6千米

多坑的小行星
加斯普拉和艾达的表面都曾遭受撞击，又因引力不足，失去了大部分的溅射物质。这张照片中的加斯普拉的颜色经过处理，肉眼看起来应该略显灰色，与爱神星相似（下页图）。

加斯普拉
长度：18.2千米

小行星探测任务			
小行星	探测器	抵达日期	任务类型
加斯普拉	伽利略号	1991年10月	飞掠
爱神星	会合-舒梅克号	2001年2月	在轨飞行并登陆
丝川小行星	隼鸟号	2005年11月	会合并登陆
灶神星	黎明号	2011年7月*	在轨飞行
图塔蒂斯	嫦娥二号	2012年12月	飞掠
龙宫小行星	隼鸟二号	2019年2月	会合并登录

*译者注：2015年3月，抵达谷神星轨道。

登陆爱神星

迄今为止，登陆小行星最成功的任务就属会合-舒梅克号了。它于1996年2月发射，之后飞掠小行星玛蒂尔德，终于在离开地球4年后，进入爱神星轨道，高度约340千米。经过5个月的在轨探测，轨道降低至50千米高度内，探测器上携带的相机得以拍摄更清晰的图像。7个月后，探测器继续下降，并在距地5千米内拍摄了59张高清图像。2001年2月12日，探测器以每小时6千米的速度着陆，原计划只是绕爱神星轨道飞行，探测器的硬着陆算是此次任务的意外收获了。随后的16天里，探测器上的机载仪器又使用伽马射线对爱神星表面岩石的构成进行了测量。

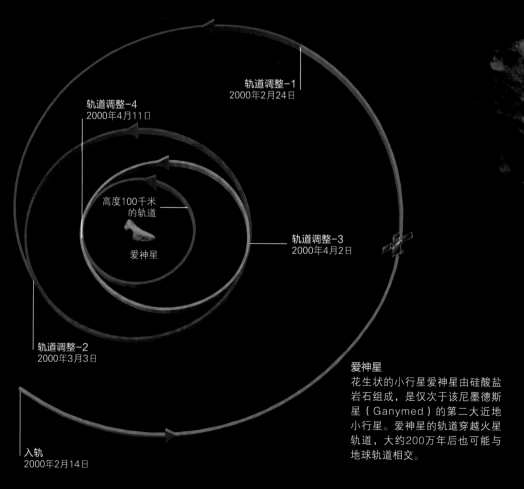

轨道调整-1
2000年2月24日

轨道调整-4
2000年4月11日

高度100千米
的轨道

爱神星

轨道调整-3
2000年4月2日

轨道调整-2
2000年3月3日

绕爱神星飞行
2000年2月和3月，会合-舒梅克号探测器进行了位置修正，从最初的轨道调整到更近的200千米轨道。4月2日和11日再次进行了位置调整，将轨道高度降低到100千米。4月22日和30日（未显示）将轨道高度进一步降低到50千米。

入轨
2000年2月14日

爱神星
花生状的小行星爱神星由硅酸盐岩石组成，是仅次于该尼墨德斯星（Ganymed）的第二大近地小行星。爱神星的轨道穿越火星轨道，大约200万年后也可能与地球轨道相交。

登陆丝川小行星

丝川小行星发现于1998年，它是颗形状不规则的小行星，由硅酸盐岩组成。2003年5月，日本宇宙航空研究开发机构发射了隼鸟号探测器。2005年9月，探测器与这颗只有约540米的小行星会合，同步稳定在小行星上空20千米处，开展了一系列观测。隼鸟号探测器记录了丝川星的形状、自转、地形、颜色、构成和密度，随后下降并着陆。它向丝川星发射了金属球，以采集表面溅起的岩石样本，然后又回到了地球。返回舱于2010年在澳大利亚着陆。

从地球上观测小行星

从地球上看，大多数小行星像天空中的星点，它们太小又太远，看不到。要获取小行星三维模型，主要通过地基光学和雷达探测实现。对于近地小行星，雷达也可以绘制小行星面向地球这面粗略的图像。图塔蒂斯小行星每四年绕太阳一周，其低倾角轨道也会穿过地球轨道。这意味着，它每四年也会近距离飞掠地球。1992年12月，图塔蒂斯小行星在距离地球不到400万千米处飞掠，当它飞过美国加利福尼亚州莫哈韦沙漠中的戈德斯通测控站时，该站的70米口径雷达每天对其拍照一次。通过它反射回来的无线电脉冲，测出了这颗小行星与地面的距离和相对速度。

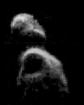

1992年12月8日

1992年12月9日

1992年12月10日　　1992年12月13日

图塔蒂斯小行星
这些图像显示了图塔蒂斯小行星奇异的形状。长度约4.5千米，它有可能是由两个撞击碎片合并而成。

隼鸟号探测器采集样本
这张图片为隼鸟号探测器的"艺术照"，它朝丝川小行星表面发射金属球，这一开创性的使命是第一次尝试把小行星样本带回地球。

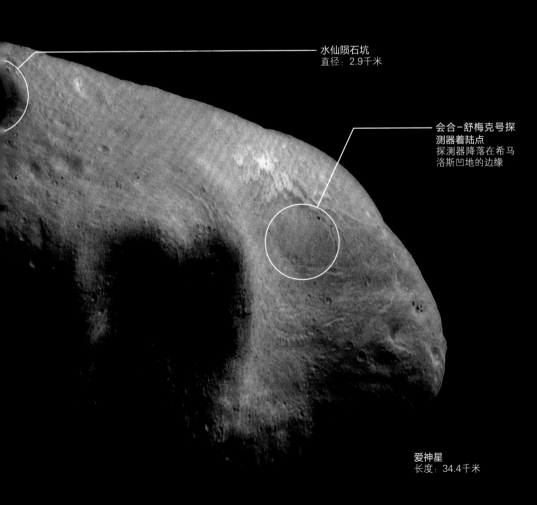

水仙陨石坑
直径：2.9千米

会合-舒梅克号探测器着陆点
探测器降落在希马洛斯凹地的边缘

爱神星
长度：34.4千米

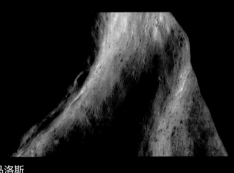

希马洛斯
爱神星已被很多撞击"雕琢"过，表面最大的特征就是凹地，被称为希马洛斯或者"马鞍状地区"。上图中明亮的山脊反射着阳光。

布满岩石的表面
此图是会合-舒梅克号探测器下降时在距离爱神星表面250米处拍摄的，最大的岩石直径有1米。爱神星的引力只是地球的1/2000，所以表面少有岩石。

木星

西方人以最重要的罗马主神（Jupiter，朱庇特，也就是希腊神话中的宙斯）为其命名。太阳系中，木星的大小和质量仅次于太阳，约是其他七大行星质量总和的2.5倍，除此之外，它还有一个卫星大家族。木星的大气层顶部具有鲜明的彩色带。

轨道

由太阳从内向外的第五颗行星，与太阳距离是日地距离的5倍，轨道呈椭圆形，近日点与远日点处与太阳距离相差7610万千米。木星公转一周不到12年，像所有其他行星一样，木星公转的同时也发生自转，自转一周不到10小时。由于自转快而呈现扁球状（赤道附近明显凸起，赤道比两极宽6.5%）。轨道倾角只有3.1°，这意味着，木星上没有四季，因为木星公转时其南北半球不会明显朝向或远离太阳。

木星系统

木星周围是一层薄薄的环系统，它有四个较为显著的部分。主环很平，宽度约7000千米，厚不到30千米，其内边缘稀疏，有甜甜圈状的光环，一直扩展到木星大气层上部。其外边缘绵延很广，分成两部分薄纱光环。最靠近木星的卫星的轨道在主环内。最远的卫星是S/2003 J2，距离木星2850万千米。

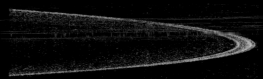

主环
新视野号于2007年拍摄了这张图片，阳光照耀着碎片。主环中的碎片有的大如巨石。

结构与大气

木星是由氢、氦和少量的其他元素组成的，这些物质在大气层中以气体形式存在，但在大气层之下，其物理状态会发生改变。木星大气层顶端的条纹是由热与冷气体的大规模交互运动导致的。由于木星快速的自转，氢化合物冷凝形成不同颜色的云。

太阳风偏转 | **木星的自转轴** | **磁力线方向** | **等离子体** | **磁场轴** | **磁层外边缘** | **磁赤道面** | **辐射带** | **磁层周围的扰动**

磁层
木星内层金属氢的流动产生了磁场，这个磁场十分广阔，像气泡一样包围着木星，这就是木星的磁层，其尾部可延伸到土星轨道。太阳风粒子与其相互作用，有的形成等离子层，有的形成辐射带。

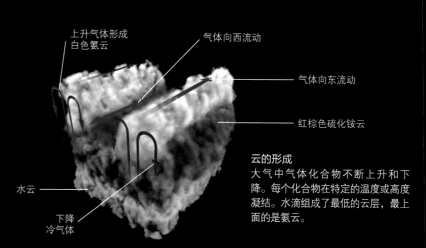

上升气体形成白色氨云 | 气体向西流动 | 气体向东流动 | 红棕色硫化铵云 | 水云 | 下降冷气体

云的形成
大气中气体化合物不断上升和下降。每个化合物在特定的温度或高度凝结。水滴组成了最低的云层，最上面的是氨云。

轨道与自转

从木星轨道的偏心率可看出其近日点与远日点到太阳的距离有很大的差距。木星的自转周期是所有太阳系行星中最短的。

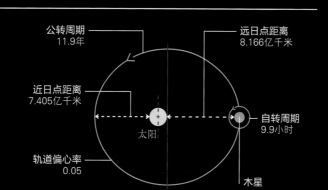

公转周期
11.9年

远日点距离
8.166亿千米

近日点距离
7.405亿千米

太阳

自转周期
9.9小时

木星

轨道偏心率
0.05

大小

木星的直径是地球的11倍之多，质量是地球的318倍，但密度较低。1个木星内大约可以装1300个地球。

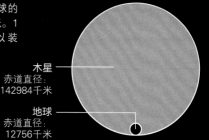

木星
赤道直径：
142984千米

地球
赤道直径：
12756千米

探索木星

截至2019年，先后有6个探测器将木星作为主要探索目标，其中4个都是飞掠，最近两个进行了绕木星探测。首批到达木星的探测器是先驱者10号和11号，抵达时间分别为1973年和1974年。随后是1979年抵达的旅行者1号和2号，与先驱者相比，旅行者号对木星系统进行了更深入的研究，除常规探测外，还发现了木卫一上的活火山。

伽利略号木星探测器经过6年的旅行之后于1995年12月抵达木星。作为第一个绕木星飞行的探测器，它对木星系统进行了首次长期观测。它包括一个绕木星飞行并可以飞掠几颗木星卫星的主飞行器和一个进入木星大气层的大气探测器。总共有16个仪器对木星及其磁层和卫星进行了研究。它最显著的成就是，其提供的证据表明，木卫二表面下存在液态海洋。2003年任务结束时，伽利略木星探测器向地球共传回大约4000张图像。

2016年7月，朱诺号木星探测器进入木星轨道，对木星起源、内部结构、大气及磁场等数据进行探测。

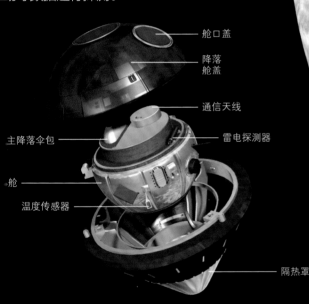

舱口盖
降落舱盖
通信天线
主降落伞包
雷电探测器
舱
温度传感器
隔热罩

伽利略号木星探测器的大气探测器
当进入木星大气层时，隔热罩保护着探测器上的降落舱，三分钟后防护罩脱落，降落伞打开，探测器开始探测工作，发回58分钟的数据信号后失去联系，此时它已降落了200千米。

动荡的世界
正如我们看到的，木星的大气层色彩丰富。虽然其带纹和大红斑是持久性现象，但实际上它的大气层极其不稳定，整个行星的表面一直处在一个不断变化的状态。

结构
由于木星的压力、温度和密度随深度增加而增加，木星上的物质逐渐由气态转变成液态。推断内层为液态金属。木星内核的质量是地球质量的15倍左右。

大气
氢和氦
内层
液态金属氢
内核
岩石、金属、氢化合物
外层
液态氢和氦

大气层
氢和氦在大气中占主导地位。甲烷和其他氢化合物赋予木星大气层顶端以颜色。

氢：89.6%
云顶温度为
−108℃
甲烷和其他微量
气体：0.3%
氦：10.1%

79

目前已确认的木星卫星有79颗，这些卫星大多数都是以罗马神话中朱庇特神（希腊神话中的宙斯）的后裔和情人的名字命名。最大的是木卫三，它也是太阳系中最大的卫星。距离木星最近的多颗卫星，其轨道都位于木星的环系统内；距其最遥远的卫星，其距离是地月距离的74倍以上。

大红斑

木星的快速旋转，其内部的热量以及来自太阳的热量，还有木星上的风等等因素结合起来产生了木星大气层顶部的湍流区域。这些区域包括巨大的风暴，也就是我们看到的木星表面的椭圆形云状结构。有些是短暂的，但有些可持续几十年。其中最大、持续时间最长的风暴莫过于大红斑了。它硕大无朋，体积大约是地球的两倍，是太阳系中已知最大的风暴。人们已断断续续地对它观测了300多年。

小红斑

大红斑

小红斑

小红斑
2005年年末，第二大风暴变成了红色，人们戏称它为"小红斑"。它的大小是其更著名的邻居"大红斑"的一半。1998年和2000年，它由三个白色椭圆形风暴合并而成，时间最久的可以追溯到90年以前。

大红斑的变化

随着时间的推移，大红斑的形状、大小和颜色都会发生改变，正如右图哈勃空间望远镜拍摄的图像所显示的那样。中心红色部分是来自大气层深处的物质受紫外线照射后发生了化学改变。在大红斑西北片区域，湍流的产生是由于西向射流将北向射流挤向东部。

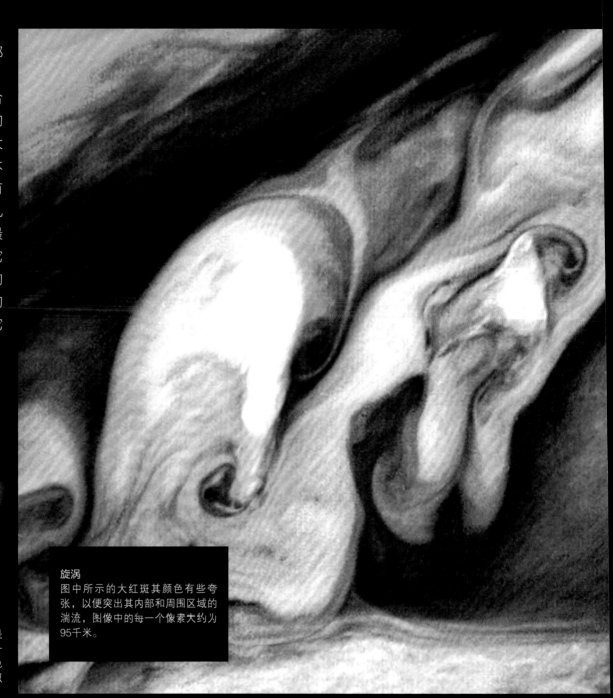

旋涡
图中所示的大红斑其颜色有些夸张，以便突出其内部和周围区域的湍流，图像中的每一个像素大约为95千米。

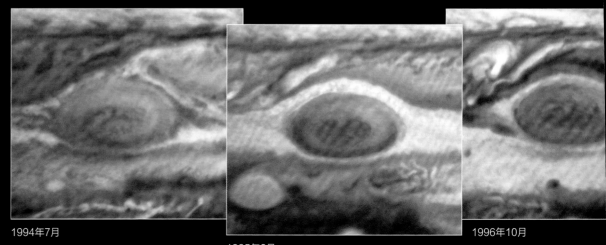

1994年7月

1995年2月

1996年10月

木星上的风暴常常伴随有闪电，比地球上的亮几百倍。这张自然彩色图像显示出多次闪电来自风暴的不同部分。闪电起源于木星的水云层。

风暴之眼

大红斑是一个高压区，它作为一个整体，每6天逆时针自转一周。其外部区域风速可达约每小时434千米，但中心区域相对平静，风速仅有每小时16千米。与周围区域相比，中心区域云层相对较厚。大红斑中心和周围邻近区域的云层高度不同，相差约30千米。2010年地面观测结果表明，大红斑的中心区域比其他地方温度稍高，并以顺时针方向旋转。

大红斑的高度
这张假彩色图像由伽利略木星探测器拍摄，显示了不同的云层高度。深蓝色为最低的云，环绕在大红斑周围。更高的云是浅蓝色，又高又薄的是粉红色，又高又厚的云是白色。

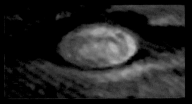

氨冰

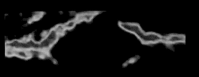

云层厚度

伽利略号木星探测器拍摄的图像
伽利略号木星探测器上携带的仪器记录了不同的红外波段的数据。上图（假彩色）图像使用不同颜色表征氨冰的存在情况（蓝色表示没有，黄色表示最多），下图通过探测木星热量穿透云层的波长来表征云层厚度（红色处最薄，蓝色处最厚）。

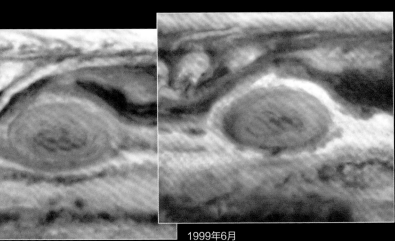

1997年4月

1999年6月

闪电

木卫一经过木星
木卫一，木星四颗伽利略卫星中最靠近木星的一颗，在木星赤道地区上空运行。其表面火山喷发不断，这是由潮汐热引起的——木卫一围绕木星运行，木星的引力拖拽改变了它的地貌。该图像由卡西尼－惠更斯号土星探测器在前往土星时拍摄。

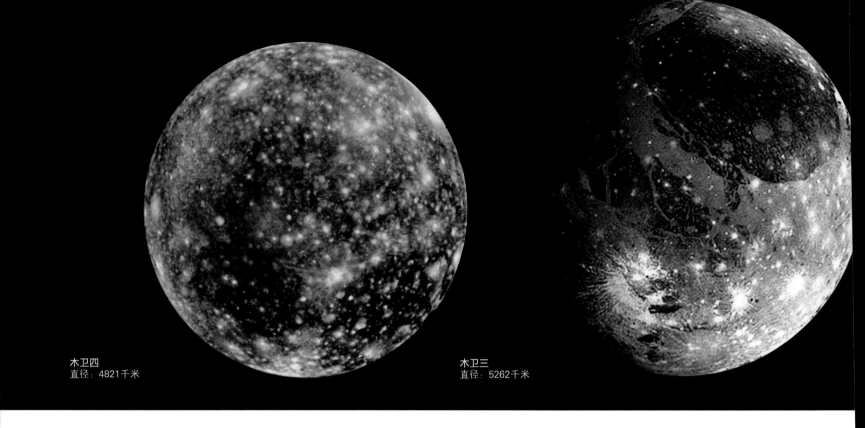

木卫四
直径：4821千米

木卫三
直径：5262千米

木星的卫星

目前已确认的木星卫星有79颗，它们大多数都很小，且距离木星非常遥远，但有4颗伽利略卫星，形成时间与木星相同，运行轨道距离木星很近，且本身体积也很大，其中包括太阳系中最大的卫星木卫三、火山活动最活跃的木卫一。

四颗伽利略卫星

木星的四大卫星，离木星由近及远依次为Io、Europa、Ganymede、Callisto，即木卫一、木卫二、木卫三和木卫四。它们有个共同的名字——伽利略卫星。1610年1月，意大利科学家伽利略在帕多瓦观测到这些卫星，因此而得名。虽然伽利略可能不是第一个观测到这些卫星的人，但他被公认为是它们的发现者，因为他发表了他的观测结果，使得这些卫星被科技界乃至更广泛的人群所认知。四颗卫星与木星的距离都比月亮距离地球更遥远，特别是最外层的木卫四，有月地距离五倍之远。

内部和外部卫星群

有四颗小卫星在木星环系统内运行，比伽利略卫星离木星更近，称为内层卫星，它们是木卫十六、木卫十五、木卫五和木卫十四，比木卫四更远的还有很多外部卫星，这其中最近的就是木卫十八，比木卫四距木星的距离远4倍，还有最远的S／2003 J2，远15倍。除了距离木星最近的7颗，其他卫星都是顺时针运行，公转一周大约需要1.5~2.5年。外层卫星都相对较小，且形状不规则，很多长度都小于5千米，从它们的大小、形状和逆行的运动状态可以判断，它们最初是小行星。

当伽利略号木星探测器遇见伽利略卫星

四颗伽利略卫星是太阳系中继地球的卫星月球之后，首次发现的行星卫星，距今已被人类观测了400多年。人类首次近距离观测这些卫星还要追溯到1979年，当时两艘旅行者号探测器飞掠了卫星，但对它们的详细探究是1995—2003年的伽利

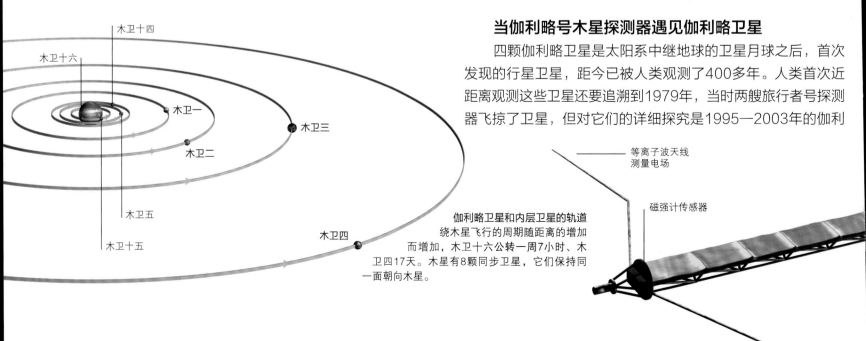

木卫十四

木卫十六

木卫一

木卫三

木卫二

木卫五

木卫四

木卫十五

等离子波天线
测量电场

磁强计传感器

伽利略卫星和内层卫星的轨道绕木星飞行的周期随距离的增加而增加，木卫十六公转一周7小时、木卫四17天。木星有8颗同步卫星，它们保持同一面朝向木星。

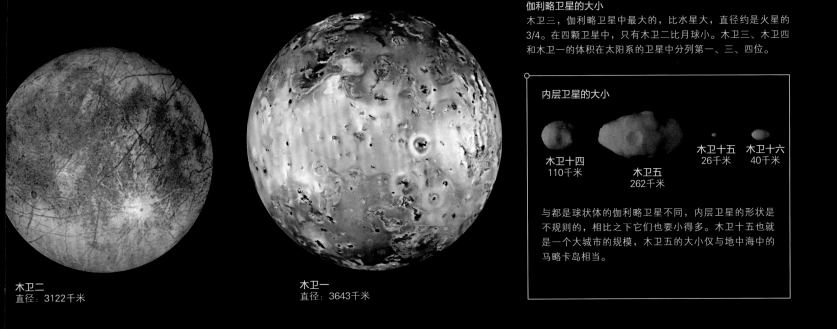

内层卫星的大小

木卫十四
110千米

木卫五
262千米

木卫十五
26千米

木卫十六
40千米

与都是球状体的伽利略卫星不同，内层卫星的形状是不规则的，相比之下它们也要小得多。木卫十五也就是一个大城市的规模，木卫五的大小仅与地中海中的马略卡岛相当。

木卫二
直径：3122千米

木卫一
直径：3643千米

略号木星探测器完成的。在伽利略号木星探测器对木星进行观测的八年里，其主探测器绕木星飞行了35圈，飞行过程中，还几次飞掠了伽利略卫星。探测器携带的四个设备，包括一个可以提供高清晰度图像的照相机，它拍摄并收集了大量有关木星卫星表面物质的类型、质地和大小的照片和信息，还记录了卫星表面温度，所收集的数据通过其低增益天线发送回地球。

木卫二是伽利略任务研究的重点，探测器对其进行了11次飞掠。伽利略号木星探测器曾在距其表面200千米的上空飞行，这是距离该卫星最近的一次飞行。木卫一是伽利略号木星探测器进行研究的最后一颗卫星，当探测器任务完结，没有多少燃料剩余的时候，便进入准备与木星相撞的轨道，这样做是为了避免与木卫二相撞，以免对其地下海洋造成潜在的污染。

伽利略号木星探测器简介

发射任务	
发射日期	1989年10月18日
抵达木星日期	1995年12月7日
任务结束	2003年9月21日
运载火箭	STS –34 亚特兰蒂斯号航天飞机

伽利略号	
隶属机构	美国航空航天局
长度	15.5米
高度	5.3米
重量	2715千克
电源	放射性同位素热电发电机

尺寸

高5.3米

长15.5米

伽利略号木星探测器
由主飞行器和一个大气层探测器组成，大气层探测器可以下降至木星大气层对其进行探测，主飞行器上的仪器可以在飞行时做环境测量。

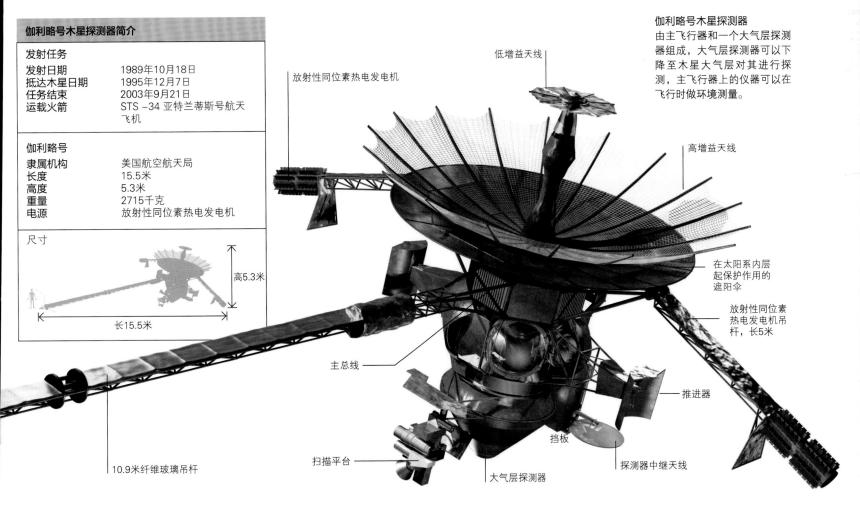

低增益天线

放射性同位素热电发电机

高增益天线

在太阳系内层起保护作用的遮阳伞

放射性同位素热电发电机吊杆，长5米

主总线

推进器

挡板

10.9米纤维玻璃吊杆

扫描平台

探测器中继天线

大气层探测器

木卫一

　　木卫一（Io）是木星的第三大卫星，也是太阳系中火山活动最活跃的地方，这是一个多彩的世界，上面遍布火山臼和活火山，熔岩横流，烟柱高耸。它比地球的卫星月球大一点，只需42小时30分钟就能绕木星一圈。受木星强大引力拉扯，木卫一表面会形成两个潮汐隆起，随着它沿椭圆形轨道运行，起伏约100米。木卫一的这种扭曲所引起的摩擦，使其地下物质被加热到熔融状态，从薄薄的硅酸盐地壳中爆发，流到表面。　木卫一上已经确认了有超过100多处山脉、山峰、山脊和高原。在西方，它们的名称都与罗马神话中朱庇特的情人伊娥（Io）有关，抑或与火神、太阳神、雷神和火山神的故事有关。

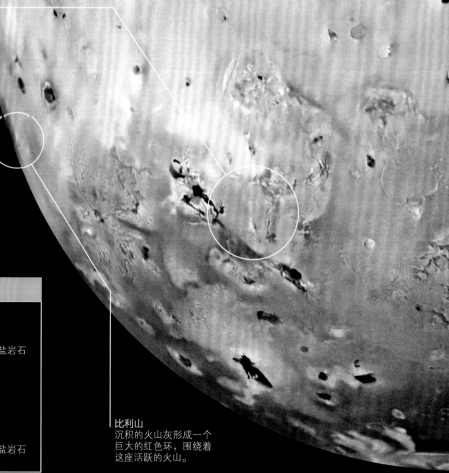

木卫一与木星
这张照片由卡西尼号土星探测器拍摄，图像中可以看到木卫一背对木星这一半球的大部分，这一面在轨道上运行时总是背对着木星，其轨道半径略大于地月距离。

多里安山脉
木卫一上大约一半的山脉是抬升的高原。多里安山脉约9千米高，90千米长，57千米宽。山体崎岖不平，但没有陡峭或突出的山峰。

木卫一简介

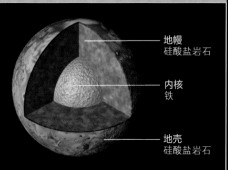

距离木星
421600千米

公转周期
1.77个地球日

自转周期
1.77个地球日

直径
3643千米

地幔
硅酸盐岩石

内核
铁

地壳
硅酸盐岩石

比利山
沉积的火山灰形成一个巨大的红色环，围绕着这座活跃的火山。

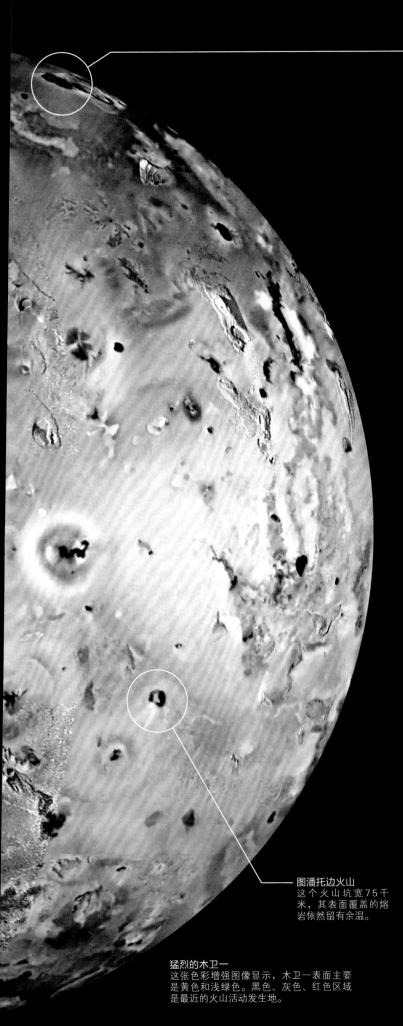

特瓦史塔火山坑链是一连串活跃的火山坑，面积是地球上最大火山口的7倍。上图中，在2007年，一根巨大的热柱从火山口喷出，高达290千米。

特瓦史塔火山坑链
特瓦史塔火山坑链是一连串活跃的火山坑，面积是地球上最大火山口的7倍。上图中，在2007年，一根巨大的热柱从火山口喷出，高达290千米。

熔岩流
这幅图像由伽利略号木星探测器于2000年2月拍摄，图片左侧新爆发的橙色熔岩清晰可见，其右侧的暗灰色区域于1999年12月爆发，如今已冷却。

火山活动

木卫一上多火山活动，这是由旅行者1号在1979年发现的，近20年后，伽利略号木星探测器更广泛的研究发现，自旅行者号的访问以后，大面积地区已被火山喷发物再次覆盖。之后两个飞掠木星的探测器——卡西尼号和新视野号全都目睹了木卫一上的火山喷发、熔岩冷却和火山烟柱。目前已经确定的火山口达400多个。

木卫一的熔岩是熔化的硅酸盐岩石，混合着硫黄和二氧化硫。加热的二氧化硫通过木卫一地壳中的裂缝喷射出来，遇到火山烟柱中的寒冷气体和结霜尘粒立即冷却，烟柱中的物质落回到木卫一表面，形成圆形或椭圆形的霜。

监测火山
这张红外图像由伽利略号木星探测器于2001年拍摄，图中展示了木卫一周围热喷发点。白色、红色和黄色表示较热的区域，蓝色是较冷的区域。热点中有4个是以前未知的火山。木卫一的右半边正处于白天，较为温暖。

木卫一的钠云

木卫一上火山喷出的气体在其上空形成了云。黄色的光来自云中的钠元素，虽然只是微量的，但钠元素极能散射阳光，所以看起来很亮。

靠近木卫一东边阴影边缘的光是被普罗米修斯火山喷发的100千米高的烟柱散射的太阳光。

图潘托边火山
这个火山坑宽75千米，其表面覆盖的熔岩依然留有余温。

猛烈的木卫一
这张色彩增强图像显示，木卫一表面主要是黄色和浅绿色。黑色、灰色、红色区域是最近的火山活动发生地。

木卫二

　　木卫二比月球略小，是木星的第四大卫星，自转与公转周期相同，需要3.5天。木卫二的最外层是冰壳，冰壳下面是液态水，充满了整个木卫二。再往下是一个岩石层和一个含铁的内核。木卫二的冰层反射光，使其成为太阳系中较明亮的一颗卫星。木卫二也是最平滑的一颗卫星，其表面起伏不过几百米。但它也有鲜明的特点，包括广阔的冰原、斑驳的地形和黑暗的线性结构。西方人以欧罗巴（Europa）为其命名，这个名字来源于凯尔特神话和罗马神话，在罗马神话中，Europa是一个被朱庇特诱骗的女孩。

木星与木卫二
这张图中木星云层前面一个小亮圆点就是木卫二（大红斑的左下方）。该图像是由卡西尼号于2000年12月在飞往土星途中拍摄的。

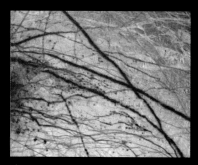

冰原
在伽利略土星探测器传回的这张假彩色图像中我们可以看出，木卫二的表面特征——深红色线状结构，穿过蓝色的冰冷平原。红色表明木卫二内部存在冰状物质。

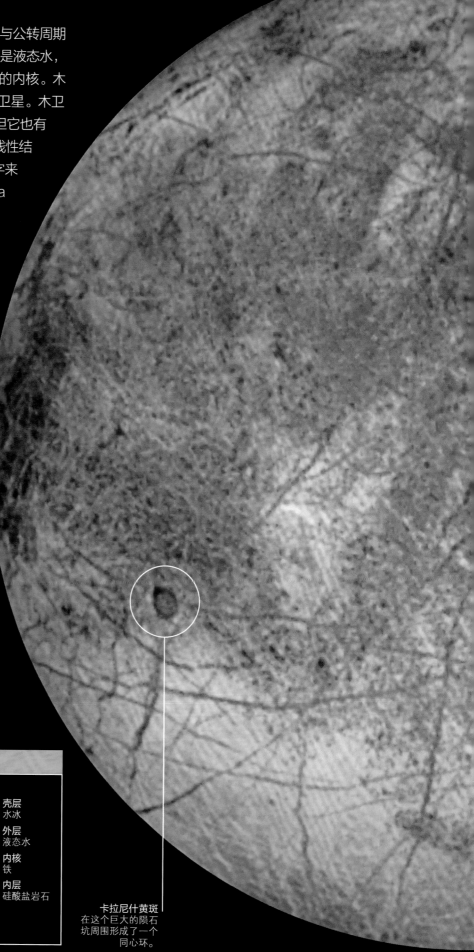

卡拉尼什黄斑
在这个巨大的陨石坑周围形成了一个同心环。

木卫二简介

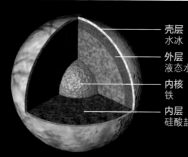

距离木星 670900千米	**壳层** 水冰
公转周期 3.55个地球日	**外层** 液态水
自转周期 3.55个地球日	**内核** 铁
直径 3122千米	**内层** 硅酸盐岩石

迈诺斯线状结构
这种典型的长斑纹形成于冰壳破裂后暖冰喷出。长度约2170千米。

混沌表面

据测木卫二的表面只有5000万年的历史，上面几乎没有陨石坑，这表明它比较年轻，牛代较为遥远的陨石坑已不那么明显，因为它的表面也一直在不断更新。木卫二的冰壳已经大面积破碎，大块的冰漂移到了新的位置。表面也有些开裂，里面充满了冰。由于暖冰和水将表面推高，有些地方就形成了山脊。木卫二表面这些被破坏的区域形成了独具特色的混沌表面，比如康内马拉混沌表面，在其表面和其他地区都发现了红色的斑点和浅坑，这些斑点用拉丁语中的"雀斑"这个词命名。

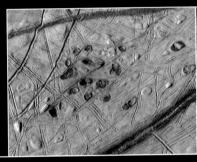

康内马拉"雀斑"
这张照片由伽利略号在两个不同轨道上拍摄的"雀斑"图像结合而成，每个斑点直径大致为10千米，是木卫二冰壳中温暖、泛红的冰向上涌动、喷出后形成的。

康内马拉冰壳
康内马拉混沌地区大约35千米长、27千米宽，在这张由伽利略号拍摄的颜色增强图像中，白色和蓝色区域表示冰粒子从浦伊尔陨石坑喷出，随后落回。

液态海洋

木卫二表面的平均气温为-170摄氏度，但表面几十千米以下的温度就足够将水化为液态。木卫二上的海水量是地球的两倍。水通过潮汐热保持液态。木卫二绕木星运行，木星的引力将其卫星的内部拉向不同的方向，这种扭曲导致木卫二内部摩擦生热，从而使得其海洋水呈液态。天文学家对木卫二上存在水非常感兴趣，因为与地球上的海洋一样，它可以支持海洋中微生物的存活。最近的研究表明，木卫二的海洋中含有微生物所需的足够的氧气。

浦伊尔陨石坑
这个圆形的陨石坑直径45千米，周围是明亮的喷射物质。

冰冷的木卫二
木卫二的这一面是在轨运行时的背面，称为后随半球，这张伽利略号探测器拍摄的图像未经处理。

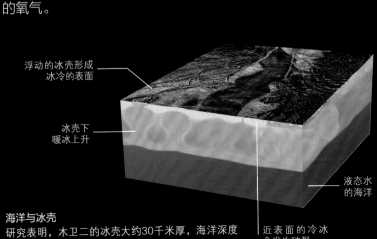

浮动的冰壳形成冰冷的表面

冰壳下暖冰上升

液态水的海洋

近表面的冷冰会发生破裂

海洋与冰壳
研究表明，木卫二的冰壳大约30千米厚，海洋深度达到100千米。冰壳底部相对温暖的冰缓慢上升到表面拱起或断裂。

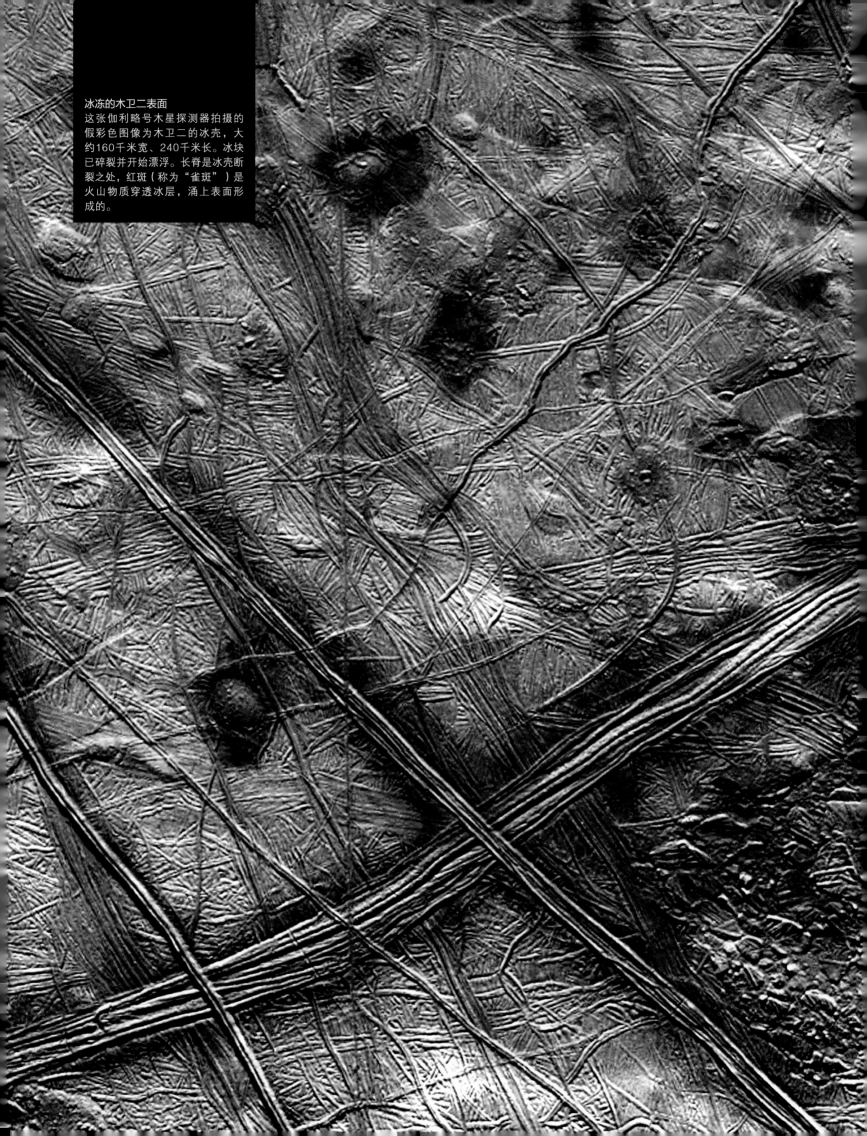

冰冻的木卫二表面
这张伽利略号木星探测器拍摄的
假彩色图像为木卫二的冰壳，大
约160千米宽、240千米长。冰块
已碎裂并开始漂浮。长脊是冰壳断
裂之处，红斑（称为"雀斑"）是
火山物质穿透冰层，涌上表面形
成的。

木卫三

　　木卫三（Ganymede），一个由岩石和水冰组成的巨大球体，是太阳系中最大的卫星，其英文名字来源于希腊神话中为众神斟酒的一个青年男子。木卫三内部有一个含铁的内核，周围被岩石包围。岩石上面是温度不太低、质地也不太坚硬的冰，进一步也会化成海水，海水上漂浮的是冰壳。冰壳表面下的海水深度达到150～200千米，这是内部岩石释放热量将冰融化的结果。表面明区和暗区分明，暗区比明区年代更久远。两极地区覆盖有冰霜。

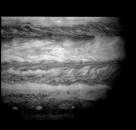

木卫三与木星
木卫三的直径比月球大一半左右，这张图像由卡西尼号提供，从中我们可以看出木卫三与木星比直是"小巫见大巫"。按与木星从近到远的距离排序，在木星的所有卫星中排第7，公转周期约为7天。

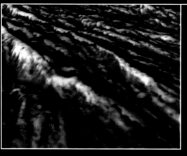

乌鲁克沟
木卫三表面明区内的槽区被称为沟。乌鲁克沟是其中最长的，长度达到2200千米。根据伽利略号木星探测器拍摄的图像，从这个角度看，山脊顶部的冰清晰可见。

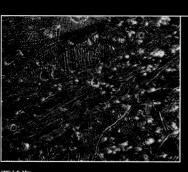

西帕沟
从这张伽利略号木星探测器拍摄的图像中可以看出，一条相对平滑的沟槽地形（左下到右上）横跨在表面，明亮的斑点为陨石坑，是奥西里斯陨石坑（未在该图

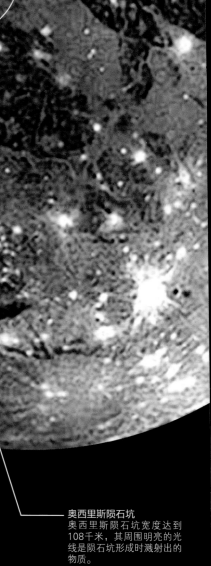

最大的卫星
伽利略号木星探测器拍摄的这张自然彩色图像显示，木卫三表面黑暗与明亮的区域对比十分明显，在整个表面都有陨石坑，但主要集中在暗区。图中较亮的陨石坑相对年轻。

奥西里斯陨石坑
奥西里斯陨石坑宽度达到108千米，其周围明亮的光线是陨石坑形成时溅射出的物质。

暗区和明区

古老的暗区由沟槽和陨石坑组成，这些地方均以发现木星卫星的天文学家名字命名。长长的凹陷地带是沟槽，人们认为它是木卫三地壳固化之时地质应力所致。在这之后小行星撞击木卫三后形成了一些较大的陨石坑。一些古老的陨石坑看起来与其他陨石坑不同，它们已被透亮的冰填充"抹平"了。

更为明亮和年轻的明区往往会横切暗区，它们包括近乎平行的山脊和沟槽，都形成于早期木卫三表面板块拉伸之时，以古代神话中的地名命名。最长的沟槽是密西亚沟，足有5066千米长。

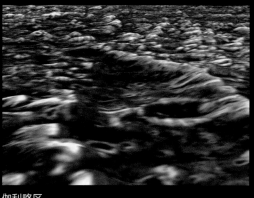

伽利略区
伽利略区是暗区中面积最大的区域，直径超过3000千米，覆盖了北半球的大部分地区。使用伽利略号木星探测器拍摄的图像，经过计算机处理，可以看到木卫三表面的沟槽和陨石坑。

阿哈克代斯陨石坑
直径108千米，木卫三上直径大于100千米且已命名的陨石坑有27个，这是其中之一。

木卫三的后随半球
从这张木卫三的后随半球（与其绕行轨道方向相反的一面）色彩增强图像中可以看到其寒冷的极地冰冠。图中的紫色部分可能由于霜粒子散射紫外线所致。

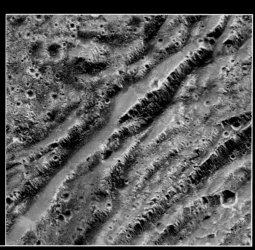

尼科尔森区
从伽利略号木星探测器拍摄的这张图像中我们可以看到，位于黑暗的尼科尔森区和较为明亮的哈帕基亚沟交界处的沟槽地形，一列列山脊宛若一本本书倾斜堆集在一起。在地球上，地壳发生断裂，断层受到拉伸或旋转时也会形成这种地貌特征。

罗-亨特陨石坑
直径49千米，位于明区的伽利略地区和尼科尔森地区交界处。

木卫三简介	
距离木星 107万千米	**外壳** 冰
公转周期 7.15个地球日	**内层** 岩石
自转周期 7.15个地球日	**内核** 熔铁
直径 5262千米	**外层** 液态水和冰

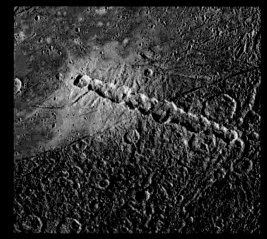

恩基坑链
恩基坑链由13个陨石坑组成，由一颗彗星的碎片接二连三地快速撞击木卫三形成的。从伽利略号木星探测器拍摄的这张图像中可以看出，坑链正好横切明区与暗区交界。交界线为那一条窄窄的槽。在明亮的区域（左上方）可以看到陨石坑中溅射的物质。

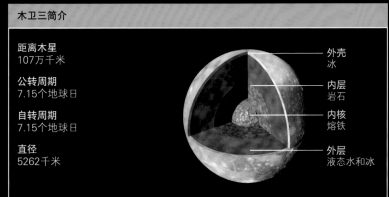

木卫四

　　木卫四（Callisto）以罗马神话中一位被朱庇特诱骗的仙女的名字命名，它是伽利略卫星中第二大的卫星，位于伽利略卫星最外层。木卫四由岩石和冰组成，大小与水星类似。表面没有构造运动或火山活动的显著痕迹，这一点与其他伽利略卫星有所不同，但却是陨石坑最多的一个，表面伤痕累累，这缘于早期小行星的撞击。最大型的陨石坑是多环结构陨石坑，其中最大的是瓦尔哈拉陨石坑，直径达3000千米，明亮的辐射状陨石坑也清晰可见。

木卫四与木星

木卫四绕木星公转一圈不到17天。2000年，前往土星的卡西尼号在飞掠木星时拍下了这张木卫四与木星的合影，在图中木星带状大气层外的木卫二也清晰可见。

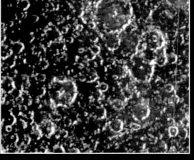

瓦尔哈拉地区的对面

这张图片展现的是瓦尔哈拉地区对面的情况，从中可以看到木卫四表面遍布的陨石坑，但看不出形成瓦尔哈拉陨石坑的冲击波造成的影响。

木卫四简介

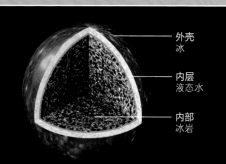

距离木星
188万千米

公转周期
16.69个地球日

自转周期
16.69个地球日

直径
4821千米

外壳
冰

内层
液态水

内部
冰岩

不变的木卫四

在这张2001年由伽利略号木星探测器拍摄的图像中可以看出，木卫四的表面看上去陨石坑分布均匀，但是有暗区与明区之分，明区富含水冰，而暗区的水冰较少。

多贺坑
一个浅碟形盆地，直径59.5千米，之所以形成这种地形，是因为小行星撞击的这块区域地下表层比较软。

仙宫地区
多贺坑是仙宫地区内发现的众多陨石坑之一，仙宫地区直径1400千米，是木卫四上第二大多环结构陨石坑。从伽利略号木星探测器距离仙宫内部80千米的位置看，那些小的冰疙瘩使该地区看起来很明亮。

瓦尔哈拉地区

瓦尔哈拉陨石坑是太阳系中最大的撞击结构之一，与木卫四的其他表面特征一样，它的名字取自神话中北欧之神奥丁接待英灵的巨大殿堂。形成这个多环结构盆地的冲击波本应该在木卫四表面扩散（像水星和地球的卫星经受相似的冲击一样，冲击波会在陨石坑的对面形成沟槽和丘陵地形），但瓦尔哈拉陨石坑的对面并没有显示出任何影响。通过计算机模拟演示我们推断，是液态水层将冲击波分散了。伽利略号木星探测器收集的这方面的证据和测量结果表明，木卫四有一层地下液态水层。

木卫四上的巨大冲击结构
巨大的瓦尔哈拉地区在木卫四的这一面占据主要位置，为了更好地显示其表面特征的变化，对图片颜色作了增强处理。

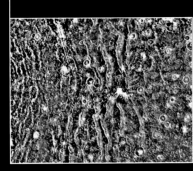

同心环
在旅行者1号近距离拍摄的这张照片中可以看到，瓦尔哈拉陨石坑周围明显有大量同心环，明亮的中心区域在这张特写照片的左侧，并未显示在这张图中。

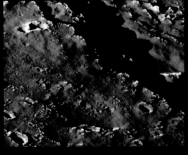

悬崖
在这张图中我们可以看到，瓦尔哈拉地区一座耸立的悬崖的影子映在图像中，几个小山脊与它平行，还有许多陨石坑点缀其中。

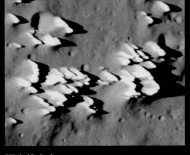

锯齿状小山
伽利略号木星探测器拍摄到了这些明亮的山峰，它们主要由冰和尘埃组成，大约有80～100米高。仙宫南部和瓦尔哈拉西侧的这种不寻常的地形，可能是由一次巨大撞击抛射出的物质形成的。

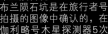

布兰陨石坑
布兰陨石坑是在旅行者号拍摄的图像中确认的，在伽利略号木星探测器5次近距离飞掠木卫四中有一次就将它作为探测目标。

土星

淡黄色的土星的赤道外面环绕着一圈壮丽的土星环，这是土星区别于太阳系其他行星的一大特点。土星是太阳系中的第二大行星，有一个卫星大家族。从2004年到2017年，卡西尼号土星探测器对其进行了详尽的观测。

轨道

土星以罗马诸神之一、朱庇特之父命名，是与太阳距离第六近的行星，是木星与太阳距离的近两倍，太阳辐照度只有地球的约1%，公转周期近29.5年。土星公转的同时也在自转，自转周期仅有10.5小时。黄赤交角26.7°，这意味着它的两极交替指向和远离太阳。这样的倾斜度、微弱的阳光照射、内部热源，这几种因素综合作用，产生了土星上的季节变换。

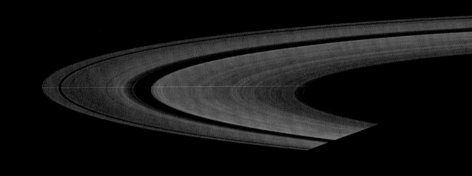

变化的行星环

随着土星绕太阳运行，我们看土星环的角度在不断地变化，因为土星每公转一周其南北极都指向太阳一次，所以我们会俯视、仰视或侧视土星环。这些哈勃空间望远镜拍摄的图像（右）显示了当南半球朝向太阳的面积逐渐增大，也就是当土星这部分由春天转到夏天时，我们看到的土星环如何变化。2009年又可以侧视土星环，2017年北半球完全朝向太阳。

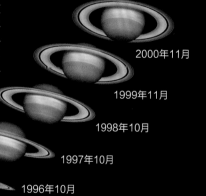

2000年11月

1999年11月

1998年10月

1997年10月

1996年10月

环形世界

这张自然色彩的土星图像由卡西尼号携带的广角相机拍摄的30张照片组合而成，上层大气层中可以看到风暴，在图中土星环左上方的是一颗卫星。

轨道与自转

土星与太阳的距离约是日地距离的9.5倍，其椭圆形轨道跨度比较大，近日点与远日点到太阳距离相差1.619亿千米。在近日点时，土星的南极朝向太阳。

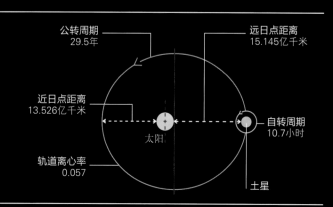

公转周期
29.5年

远日点距离
15.145亿千米

近日点距离
13.526亿千米

自转周期
10.7小时

太阳

土星

轨道离心率
0.057

大小

土星的直径约是地球的9.5倍。形状明显扁圆，赤道比两极宽10%。

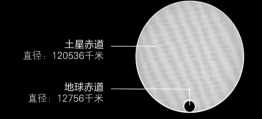

土星赤道
直径：120536千米

地球赤道
直径：12756千米

结构

我们看土星时，看到的正是它的外部大气层，该可见层主要由氢和少量的氦组成，形成了与赤道平行的颜色柔和的色带。土星上的物质状态随深度、温度、密度和压力的增加而发生改变。由氢和氦组成的外层气态层慢慢过渡到内层大气层，那里面氢和氦呈液态，原子中的电子被剥离，氢和氦犹如熔融金属。这种金属内层的电流形成了土星磁场。液态氢的液滴如雨滴般穿过较轻的氢，在此过程中不断地通过摩擦而产生热。土星内核由岩石和冰组成。

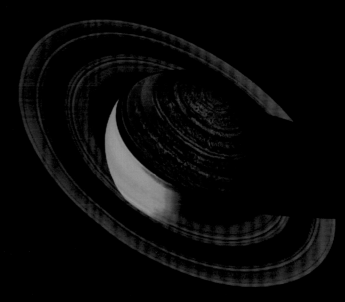

红外图像中的夜晚和白天
这张假彩色图像中，土星被太阳光照射的一面呈现绿色，不受太阳光照射的一面呈红色，说明从内部逸出热量。黑暗的区域表示云层阻止热量上升到表面。

观测与探索

经过1979年的先驱者11号，1980—1981年的旅行者1号和2号的三次飞掠，人类第一次有机会详细地观测土星及土星环，以及它的一些卫星。不过，对于土星的真正了解还要归功于2004年进入土星轨道的卡西尼－惠更斯号土星探测器。2009年年初，哈勃空间望远镜抓住了一次难得的机会，观测到了土星环边，此景象每14.7年才能看到一次，使得我们可以同时分析土星两极和周围的极光。用于观测地球的钱德拉X射线天文台，也偶尔会转向土星，地基光学仪器也被用来发现土星新的卫星。

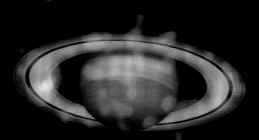

蓝光
钱德拉X射线天文台观测到了土星环在X射线下发出蓝光。蓝光可能是太阳光发出的X射线照射到了土星环水冰中的氧，使氧发生辐射发出的。

结构

土星主要由氢和氦这两种最轻的元素组成。气态大气层下密度慢慢变大，变为液态，像液态金属。

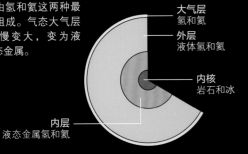

大气层
氢和氦

外层
液体氢和氦

内核
岩石和冰

内层
液态金属氢和氦

大气层

大气层中主要是氢和氦，除此之外，还有微量气体，形成云层后，使得大气层呈现不同颜色。

氢：96.3%

云顶温度为
−139摄氏度

甲烷和其他微量气体：
0.5%

氦：3.2%

95

土星的质量是地球的95倍，里面可以装下764个地球。地球的密度较大，而土星主要是气体和液体。土星是太阳系中密度最小的行星，若将其置于水中，它会漂浮起来。由于自转速度较快，物质向外被甩开，所以土星呈扁圆形，赤道隆起，是太阳系中最扁的行星。

土星凌日
卡西尼–惠更斯号土星探测器拍摄
了这张土星凌日的照片，是由3小
时内拍摄的165张照片拼接而成
的，图中可以看到以前未知的两个
模糊的土星环。在明亮的主环的左
边可以看到地球。最外层的土星环
是E环，由土卫二南极地区抛射的
物质形成。

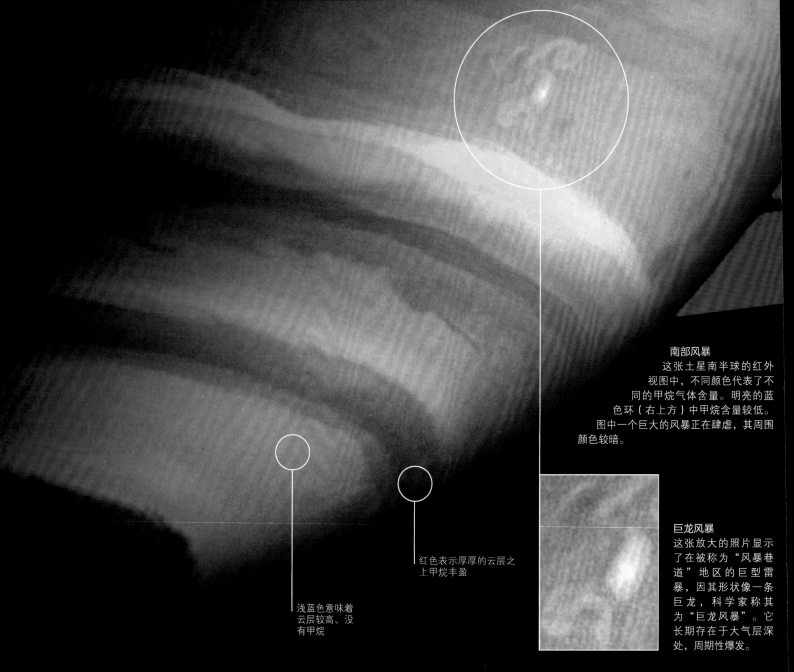

南部风暴
这张土星南半球的红外视图中，不同颜色代表了不同的甲烷气体含量。明亮的蓝色环（右上方）中甲烷含量较低。图中一个巨大的风暴正在肆虐，其周围颜色较暗。

巨龙风暴
这张放大的照片显示了在被称为"风暴巷道"地区的巨型雷暴，因其形状像一条巨龙，科学家称其为"巨龙风暴"。它长期存在于大气层深处，周期性爆发。

红色表示厚厚的云层之上甲烷丰盈

浅蓝色意味着云层较高、没有甲烷

最低的云层，大气压较高

土星大气层

在土星大气层上层雾的笼罩下，土星看起来极为静谧、平和，实际上，这里有怒号的狂风，也有狂暴的闪电。在赤道上空，土星大气层呈带状，在两极则卷起涡旋。太阳风与大气层相互作用在土星上空形成壮观的极光。

狂暴的大气层

土星自转速度非常快，加之其内部逸散的热量在低层大气中运动，产生高速的西风（风向与土星自转的方向相同）。上层大气中的气体形成带状物环绕土星，云层与风暴在这些带状物中初具雏形。我们看到的浅色的云可能是上层大气中的风暴，而深处那些看不到的，也可以通过无线电波测出来。土星南半球纬度低于30°的地区，被称为"风暴巷道"，仅从2004年到2010年，就有9个巨型风暴形成于此。有一个"巨龙风暴"，持续数周发出断断续续的强无线电波。科学家认为，风暴运动可以产生电，这点与地球一样，只是土星上的规模比地球上要大得多。2008年，有一个风暴持续了七个半月，其闪电的威力是地球上的10000倍。

云层高度
这张红外视图显示了三个不同的大气云层。红色表示土星上发现的最低的云层；绿色表示通常能看到反射太阳光的云层；再往上10千米以内是雾状云层（蓝色）。最左端是南极。

最高的云层，大气压较低

中间云层，大气压适中

极地地区

环绕土星的大气带在土星两极形成涡旋。两极地区的涡旋与地球上的飓风类似，北极的涡旋由旅行者号探测器发现，当卡西尼号20多年后再度飞掠时，它还在那里，该涡旋是个六边形，环绕着极点，中间是空的，在大气中延伸至少75千米。2006年，科学家对其进行了为期12天的跟踪拍摄，图像显示该涡旋像被锁定在了极点一样，不曾移动。

土星南极涡旋像一只巨大的眼睛。涡旋中心直径大约1500千米，没有云层，但周围云层密布。云层有两个旋臂，从中心环状区域向外延伸。环状区域周围风速达每小时550千米，延伸区域充斥着风暴。卡西尼号之后随着季节的变化对两极的涡旋进行观测。监测日照量增加对北极涡旋的影响，并调查土星上哪部分热源在驱动着这些巨大的极地风暴。

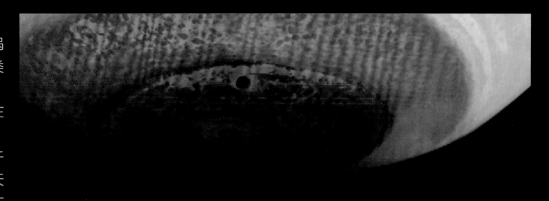

南极
在卡西尼号拍摄的这张红外图像中，土星南极中间的红色圆圈表示其内部热量造成的暖流，最中间的地方是极地涡旋的旋眼，海蓝色区域代表上层大气中明亮的雾和云，黑斑是低层大气中较厚的云。

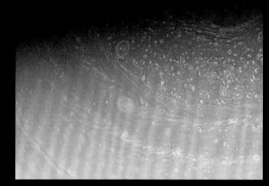

北极
在这张卡西尼号拍摄的照片的右上角（位于北纬78°）依稀可见土星北极六边形云层的一小部分，但看不到北极点，白色的圆圈和斑点是该地区发生的风暴，有数百个之多。

极光

在地球两极上空常常闪耀着壮观的彩色极光，通过卡西尼号探测器和哈勃空间望远镜也可以在土星两极上空看到这种椭圆形的极光。极光是太阳风粒子与上层大气中的气体相互作用，以光和射电波形式产生的一种能量释放。地球上的极光主要源于氧气和氮气，而土星上的极光源于氢气，在云层之上可达1600米，可持续数小时或数天，主要发出紫外线或红外线；而地球极光通常持续不过几分钟，但在可见光波段可见。

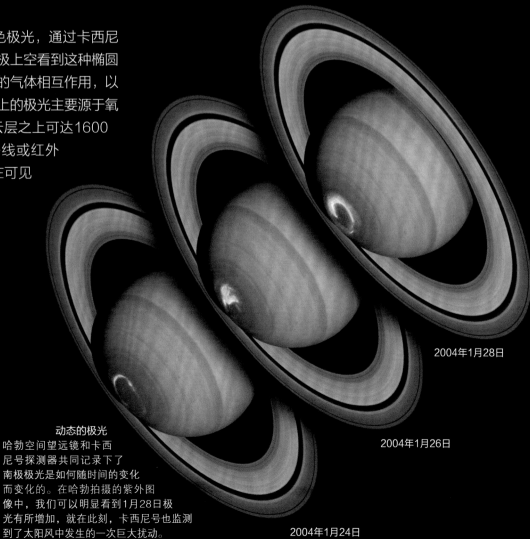

2004年1月28日

2004年1月26日

2004年1月24日

北极极光
这张北极地区图像，由卡西尼号的可见光和红外绘图光谱仪拍摄的两张图像组合而成，极光和下面的大气层用不同红外波长区分出来，极光闪着蓝色的光芒，形成一个明亮的圆环，环内也有极光产生，下面的大气层则呈现为红色。

动态的极光
哈勃空间望远镜和卡西尼号探测器共同记录下了南极极光是如何随时间的变化而变化的。在哈勃拍摄的紫外图像中，我们可以明显看到1月28日极光有所增加，就在此刻，卡西尼号也监测到了太阳风中发生的一次巨大扰动。

太阳系中四颗巨行星均有环系统，土星环是其中最大、最复杂的，也最令人震撼。400年前人类首次发现土星环，最初认为它是一个单一的固体环。现在我们知道，它是由无数个碎片组成的，整个环系统比我们以前想象的要广阔得多。

大小和结构

土星的环系统由许多独立的环和大量环缝组成，目前发现的环有7个，根据发现的顺序依次用字母命名，环缝用天文学家的名字命名。土星环的宽度和厚度不尽相同。B环最宽，厚约10米。

独立的环由混有杂质的水冰组成，大小形状不等，小到细小的颗粒，大到几米长的巨块。水冰反射太阳光，使土星环看起来闪闪发光。D环距离土星最近，但最容易被观测到的还是C环、B环和A环三个主环。这些环以外就是F环、G环和比较散的E环了，2009年，在土星及已知土星环以外很远的地方发现了一个巨大的土星环，形似甜甜圈，斯皮策空间望远镜探测到了其温度较低的尘埃发射出的红外线，以前未探测到它，是因为它的粒子分布太过稀疏。

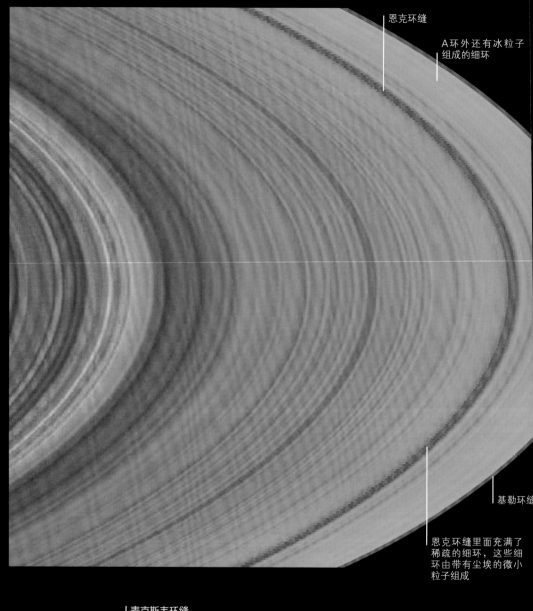

土星环的组成
从紫外图像中，可以看出土星环的相对含冰量。鲜红的B环和浅红色的卡西尼环缝（均在左侧）比绿松石色的A环（中间和右侧）含冰量要少。

恩克环缝

A环外还有冰粒子组成的细环

基勒环缝

恩克环缝里面充满了稀疏的细环，这些细环由带有尘埃的微小粒子组成

从D环到F环
这张土星环的自然色彩图像由卡西尼号拍摄的45张图像组合而成。从左到右离土星越来越远。G环和E环在距土星480000千米外（图中未显示），环缝之间也不完全是空的，含有很多细环。

科隆博环缝

麦克斯韦环缝

D环 →   ← C环 →   B

动态的土星环系统

土星环是一个活跃的、不断变化的环系统，在这个系统中的土星的卫星将粒子限制在环内，维持环缝的结构。土星的一颗较小的卫星土卫十六可以改变狭窄的F环的形状，拉扯其内侧边缘。轨道在F环外的土卫十七也在塑造着F环的外侧边缘。A环和B环内的团块不停碰撞。它们的直径只有40米，虽然肉眼不能观测到，但是其分布图已被绘制出来。基勒环缝附近大颗粒之间的碰撞导致环缝出现像手指一样的特征，呈辐射状分布在土星环上，犹如车轮上的辐条，其出现取决于太阳与土星环的角度。

卡西尼号发现了A环的两个新特征。2006年探测到在螺旋桨形区域中央运行的超小卫星，这些卫星大小跟足球场差不多。2009年，卡西尼号又发现土卫三十五，轨道位于42千米宽的基勒环缝里，其对环内物质的引力导致土星环边缘呈波浪状。

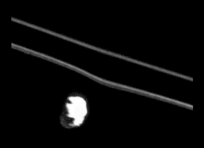

土卫十六扰动F环
距离土星超过50万千米时，卡西尼号拍下了这张土卫十六扰动F环的图像，F环靠近土卫十六的部位发生了扭曲。

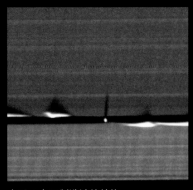

土卫三十五制造波纹结构
土卫三十五（中）在基勒环缝中运行时，把A环的边缘"雕刻"成起伏约1千米高的波纹状（如图中明亮的斑点），土卫三十五和产生的波纹阴影都投射到A环上。

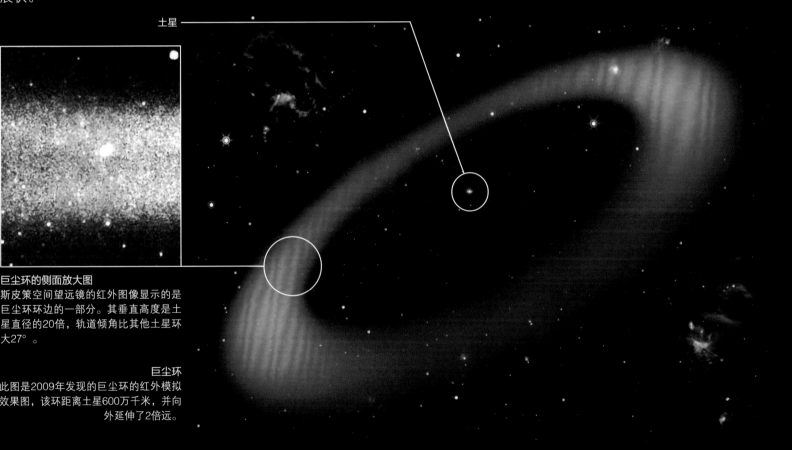

土星

巨尘环的侧面放大图
斯皮策空间望远镜的红外图像显示的是巨尘环环边的一部分。其垂直高度是土星直径的20倍，轨道倾角比其他土星环大27°。

巨尘环
此图是2009年发现的巨尘环的红外模拟效果图，该环距离土星600万千米，并向外延伸了2倍远。

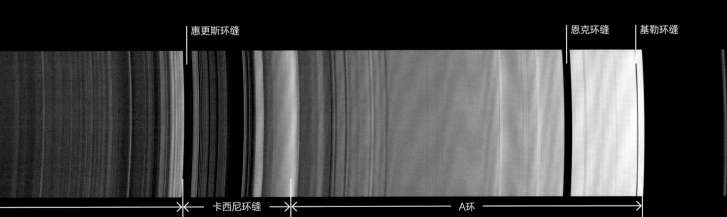

惠更斯环缝　　　　　　　　　　　　　　恩克环缝　　基勒环缝

卡西尼环缝　　　　　　　　A环　　　　　　　　　　F环

卡西尼-惠更斯号

卡西尼-惠更斯号土星探测器是探索太阳系的最大、最复杂的探测器之一，它于2004年7月1日进入了土星轨道，开启了对土星系统所有组成（包括土星、土星环、土星的卫星）的探索之旅。

卡西尼-惠更斯号土星探测器简介

发射任务	
发射日期	1997年10月15日
抵达土星日期	2004年7月1日
任务结束日期	2017年5月
运载火箭	土卫六IVB/半人马座火箭

卡西尼号	
隶属机构	美国航空航天局
宽	4米
高	6.7米
重量	5712千克
动力来源	放射性同位素热电发生器

惠更斯号	
隶属机构	欧洲空间局、意大利空间局
直径	2.7米
重量	320千克
动力来源	硫酸锂电池

尺寸

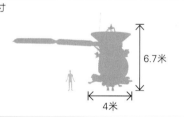

6.7米
4米

卡西尼-惠更斯号
卡西尼-惠更斯号大体呈圆柱状，周身_____了探测仪器。惠更斯探测器位于一个_____面，最上面的是负责与地面联络的天线_____从信号发出到我们在地球上接收到，大_____需一个半小时。

磁强计

雷达

可见光和红外光谱仪

可见光望远镜

窄角相机望远镜

紫外成像光谱仪

广角相机望远镜

红外光谱仪

磁场和粒子控制板

惠更斯空间探测器

肼类火箭推进剂燃料箱

放射性同位素热电发生器

主火箭发动机

肼类火箭推进器

探测器

发射之初，卡西尼-惠更斯号土星探测器由卡西尼号轨道飞行器和惠更斯空间探测器两部分组成，飞抵土星后，惠更斯空间探测器降落在土星最大的卫星——土卫六表面，开始对土卫六的大气层和表面进行探测。卡西尼号轨道飞行器是第一个绕土星飞行的探测器，它对土星系统进行了长期和深入的探测。卡西尼号在轨飞行时可以进行自我定位，使得其携带的12个探测仪可以对土星、土星环和土星的卫星进行探测，原本设定它的使用寿命为4年，但实际工作到2017年9月。期间累计绕行土星293圈、飞掠土卫六127次。

工作中的卡西尼号
卡西尼号携带的探测仪器包括适合于各个波段的伸缩式相机和光谱仪，它们拍下了很多出色的照片。除此之外，还有其他一些仪器探测研究了土星周围的尘埃与磁场、土星环颗粒的大小、土卫六的大气层等。

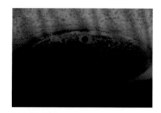

近红外图像
在可见光与红外光谱仪输出的这张图片中，可以看到土星南极不同高度的云层。

红外图像
这张土星环温度图根据红外光谱仪收集的数据绘制而成。

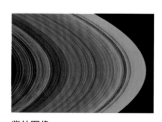

紫外图像
紫外成像光谱仪收集来自土星环的光，以揭示其含冰量。

可见光图像
2005年靠近土卫一时，卡西尼号用窄角相机拍摄了这张土卫一的可见光图像。

土星之旅

卡西尼-惠更斯号土星探测器的发射日期由地球和土星的位置决定。由于探测器太重，无法直达土星，因此科学家使其取道金星、地球和木星，利用引力弹弓效应对其加速。

2004年6月，在快要接近土星时，卡西尼-惠更斯号土星探测器飞掠了土卫九，经过线路调整，一个月后抵达土星。探测器从土星环面下方接近土星，穿过了F环和G环的环缝，主引擎点燃后探测器减速，直至被土星引力捕获进入轨道，开始了它的探索之旅。

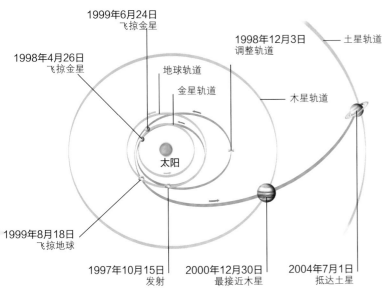

飞行路线

卡西尼-惠更斯号共飞掠金星两次、地球和木星各一次。在飞掠上述行星时，探测器利用引力弹弓效应为自己加速。

飞掠土卫六

卡西尼-惠更斯号土星探测器第一次在土星轨道飞行时靠近了土卫六，2004年12月第二次飞掠时调整位置后，向土卫六发射了惠更斯号。此后，卡西尼号多次利用土卫六改变飞行方向和速度。改变卡西尼号轨道的倾角，可以使它飞出土星环面，以一种全新的视角观察土星、土星环以及土星卫星。

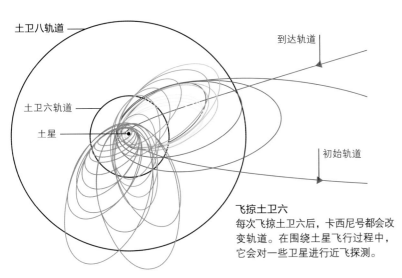

飞掠土卫六

每次飞掠土卫六后，卡西尼号都会改变轨道。在围绕土星飞行过程中，它会对一些卫星进行近飞探测。

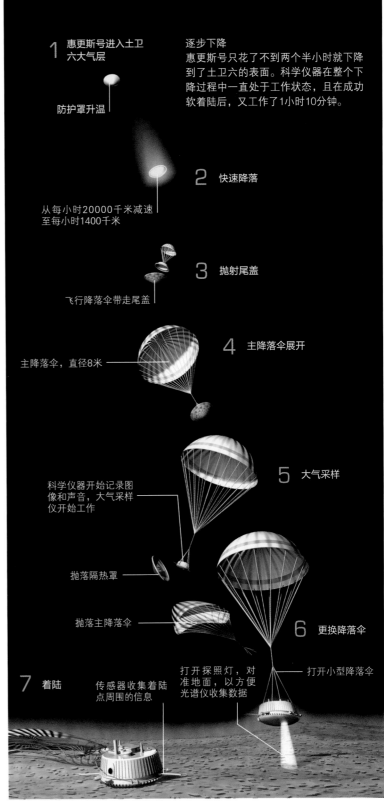

惠更斯号登陆土卫六

2004年12月25日与卡西尼号分离后，惠更斯号向土卫六行进，20天后，其前防护罩朝向土卫六表面，开始下降。下降过程中，防护罩和外壳的其余防护装置拉低了惠更斯号的下降速度，同时也保护了着陆舱和其携带的仪器，当下降到距离地面约160千米时，预先设定的下降程序开启，两个防护罩被弹开，降落伞打开，进一步降低下降速度，最终于2005年1月14日着陆。

1 惠更斯号进入土卫六大气层

防护罩升温

逐步下降

惠更斯号只花了不到两个半小时就下降到了土卫六的表面。科学仪器在整个下降过程中一直处于工作状态，且在成功软着陆后，又工作了1小时10分钟。

2 快速降落

从每小时20000千米减速至每小时1400千米

3 抛射尾盖

飞行降落伞带走尾盖

4 主降落伞展开

主降落伞，直径8米

5 大气采样

科学仪器开始记录图像和声音，大气采样仪开始工作

抛落隔热罩

抛落主降落伞

6 更换降落伞

打开小型降落伞

7 着陆

传感器收集着陆点周围的信息

打开探照灯，对准地面，以方便光谱仪收集数据

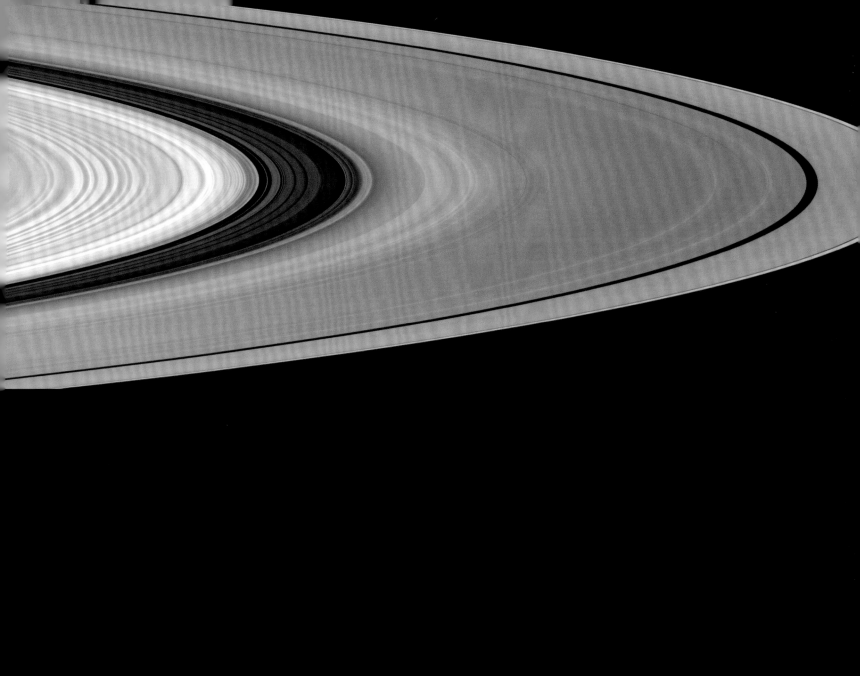

土星的卫星

目前已确认的土星卫星有80余颗，无论大小还是与土星的距离，它们之间都有很大差异，有的在土星环内，而有的相距甚远，大多数卫星体积不大且不规则，但不论大或小，它们的英文名称均来自不同神话中的巨人的名字。

发现

1655年，人类首次发现土星的卫星，它就是土卫六，其大小与水星类似。随后30年里，又陆续发现了4颗大型的土星卫星，它们的直径为1000～1500千米。直到20世纪之前，科学家又发现了土星的4颗小卫星，到20世纪下半叶，又发现了9颗，不过，现在已确认的卫星大部分是进入21世纪之后发现的，这其中少数由卡西尼号发现，由于望远镜技术和观测技术的改进，有20多颗卫星是由天文学家在地球上发现的。土星的绝大多数卫星都非常小，直径不足10千米。到2019年，已确认的土星卫星有82颗。随着更多的小卫星被发现，这个数字还有可能上升。位于土星环内且对附近的土星环产生影响的超小卫星，也可被赋予"卫星"地位，比如2009年发现的一颗超小卫星。

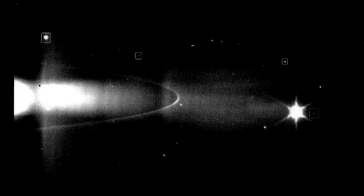

发现土星第60颗卫星
卡西尼号的广角相机对准了土星环，以捕捉可能发现的新卫星。图中红色框里的卫星S/2007S4，后来被命名为土卫四十九，是在这张2007年拍摄的图像中被发现的，其右边是土卫一。图中绿色框里的卫星是先前发现的。

内层卫星和外层卫星

土星有七大主要卫星（见下页图），其余都是不规则的小卫星，它们由岩石和冰构成，分为内层和外层两个部分。内层卫星轨道相对接近土星，除了土卫七，都在土卫六的轨道里面的土星环中运行。最里面的一颗卫星是土卫十八，直径26千米，绕土星公转周期13.7小时，位于恩克环缝内。土卫十六与土卫十七是牧羊犬卫星，分列在F环两侧。F环外是土卫十一和

土卫十，这两颗卫星在同一轨道上公转，相距约50千米，轮流靠近土星。外层卫星远远超出了土卫六，最近的也要属土卫二十四了，它与土星的距离是土卫六与土星距离的9倍，外层卫星中最远的是土卫四十二，距土星2510千米，是土卫六的20倍。这些超小卫星，大部分直径不超过6千米，直径230千米的土卫九是其中最大的。通过分析卫星性质和其逆行轨道得知，它们是由土星引力捕获的天体。

环内的卫星
卡西尼号广角相机拍摄的这张图像中可以看到土星的7颗卫星，除了主要卫星中最小的土卫一外，它们都是小的内部卫星。

土卫十五

土卫十八

土卫十　　土卫一　　土卫十二　　土卫十七　　土卫十六

主要卫星

土星的主要卫星都是圆的，而且比其他卫星要大得多，从大到小依次为土卫六、土卫五、土卫八、土卫四、土卫三、土卫二、土卫一。

有5颗主要卫星位于环内系统，土卫一距离土星最近，公转周期22.6小时，只有土卫六和更远一点的土卫八在土星环以外。土卫六距离土星120万千米，公转周期15.9天。土卫八与土星的距离是土卫六的近三倍，公转周期79天，它也是主要卫星中公转轨道面与土星赤道平面夹角最大的卫星。土星的七大卫星都是同步旋转，与地球的卫星一样，保持同一面朝向土星。

土星所有的主要卫星都已由探测器成像：开始是旅行者1号和2号，最近的由卡西尼号拍摄。这些冰冷的世界都由岩石和冰组成，表面多坑，有些卫星表面由于板块构造已被重新铺平。土卫六与这些卫星，甚至与太阳系的其他卫星不同，它是唯一一颗有浓厚大气层的卫星，其表面被大气层覆盖，通过惠更斯号土星探测器，我们可以看到，土卫六表面非常吸引人，非常年轻，且有甲烷循环，这让人联想到地球上的水循环。土卫六也是太阳系中除地球以外唯一一颗表面有液态湖泊的天体。

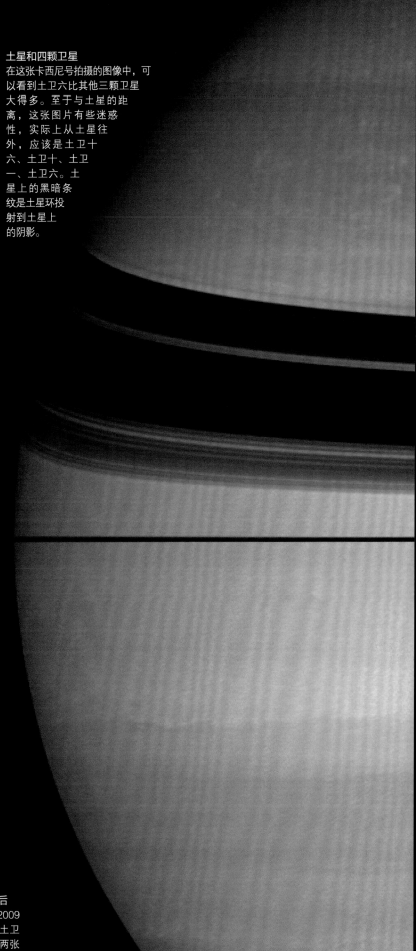

土星和四颗卫星
在这张卡西尼号拍摄的图像中，可以看到土卫六比其他三颗卫星大得多。至于与土星的距离，这张图片有些迷惑性，实际上从土星往外，应该是土卫十六、土卫十、土卫一、土卫六。土星上的黑暗条纹是土星环投射到土星上的阴影。

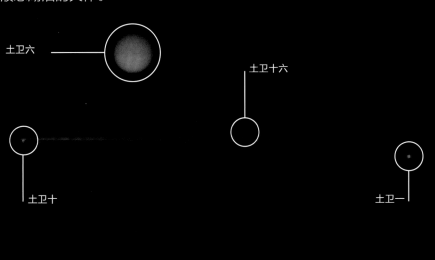

土卫六

土卫十六

土卫十

土卫一

土卫四与土星环
土卫四是土星的第四大卫星，图中可以看到，其边缘部分被土星环（侧向）遮挡，这颗冰冷的卫星的明区与暗区，包括峭壁上的亮纹都清晰可见。

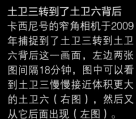

土卫三转到了土卫六背后
卡西尼号的窄角相机于2009年捕捉到了土卫三转到土卫六背后这一画面，左边两张图间隔18分钟，图中可以看到土卫三慢慢接近体积更大的土卫六（右图），然后又从它后面出现（左图）。

土卫二

土卫二直径约512千米，轨道位于稀薄的E环内，是太阳系最亮的天体之一，因为其表面水冰反射了超过90%的太阳光。土卫二比它的近邻土卫一稍大些，曾一度被认为与土卫一类似，表面年代久远且多坑，但最近的卡西尼号飞掠显示，土卫二的大片地区已被重新覆盖，这证实它是一个地质活跃的世界，南极附近有几条狭长裂缝，像老虎的斑纹，冰粒、水蒸气和有机化合物穿过表面喷出，喷发产生了短暂的大气层，并为E环提供了物质来源。

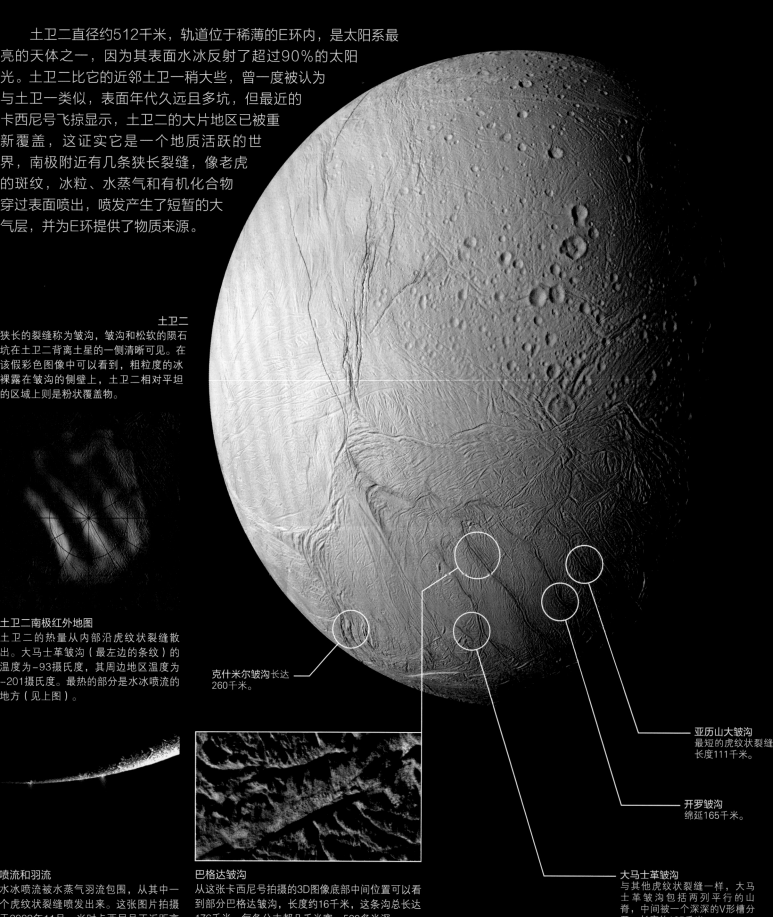

土卫二
狭长的裂缝称为皱沟，皱沟和松软的陨石坑在土卫二背离土星的一侧清晰可见。在该假彩色图像中可以看到，粗粒度的冰裸露在皱沟的侧壁上，土卫二相对平坦的区域上则是粉状覆盖物。

土卫二南极红外地图
土卫二的热量从内部沿虎纹状裂缝散出。大马士革皱沟（最左边的条纹）的温度为-93摄氏度，其周边地区温度为-201摄氏度。最热的部分是水冰喷流的地方（见上图）。

喷流和羽流
水冰喷流被水蒸气羽流包围，从其中一个虎纹状裂缝喷发出来。这张图片拍摄于2009年11月，当时卡西尼号正近距离飞掠土卫二，并通过该喷流。

巴格达皱沟
从这张卡西尼号拍摄的3D图像底部中间位置可以看到部分巴格达皱沟，长度约16千米，这条沟总长达176千米，每条分支都几千米宽、500多米深。

克什米尔皱沟长达260千米。

亚历山大皱沟
最短的虎纹状裂缝长度111千米。

开罗皱沟
绵延165千米。

大马士革皱沟
与其他虎纹状裂缝一样，大马士革皱沟包括两列平行的山脊，中间被一个深深的V形槽分开，长度约125千米。

土卫一

土卫一是土星主要卫星中最靠近土星的一颗卫星，位于土星环内，该颗卫星扫清了土星环内A环和B环之间的碎片，从而形成了卡西尼环缝。它由水冰和岩石组成，平均直径397千米，但土卫一不是完全球形结构，有一个维度比另两个维度多出30千米。土卫一表面冰冷，温度达-209摄氏度，且多陨石坑。特别是最雄伟的赫歇尔环形山，它是土卫一表面上最显眼的特征，宽139千米、高约10千米。这座环形山的名字来源于在1789年首位发现土卫一的英国天文学家威廉·赫歇尔。

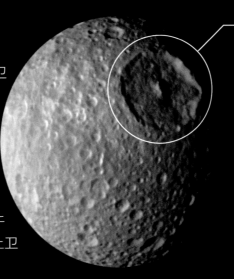

赫歇尔环形山
山峰位于陨石坑中心，高度达6千米。

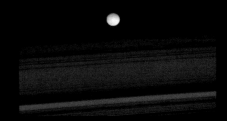

土星环外看土卫一
这张图片中，赫歇尔环形山在土卫一前导半球（左），指向土卫一轨道运动的方向。可以看到它有一点扁。

土卫三

直径1072千米，是土星的第五大卫星，轨道位于土星环内，公转周期45小时，与两颗较小的特洛伊卫星土卫十三和土卫十四共用轨道。奥德赛陨石坑，土卫三上最大的陨石坑，直径445千米，其边缘与中央山峰基本坍塌，这表明陨石坑形成之时，土卫三部分处于熔融状态。伊萨卡深谷可能与奥德赛陨石坑同一时期形成，都由撞击所致，也可能是由土卫三内部冰冻及表面裂开所致。

土卫三的特洛伊卫星

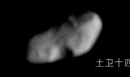

土卫十四　　　　　土卫十三

土卫十三和土卫十四被称为土卫三的特洛伊卫星，因为它们在轨道的位置，一个引领，一个随后，与木星的特洛伊小行星类似，土卫十三在土卫三前方60°位置，土卫十四在后方60°位置，两颗卫星的形状都不规则，均有30千米长，于1980年由地基观测发现。

伊萨卡深谷
是一个深峡谷系统，长1219千米、宽100千米

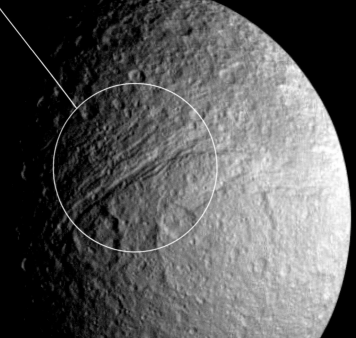

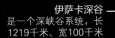

土卫三
这颗巨大的球体主要由水冰和一些岩石组成。伊萨卡深谷占据图中这一面的主要位置，大致在南北两极之间延伸。

 安提诺乌斯陨石坑
宽约138千米

土卫三的表面细节
从这张卡西尼号拍摄的假彩色近距离特写图像中可以看到土卫三表面的各种物质。右侧两座环形山的轮廓已因山体滑坡发生了变化，滑坡物质流入了环形山底部。

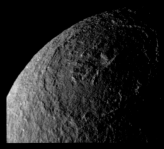

奥德赛陨石坑
这个巨大的陨石坑位于土卫三前导半球，环形的山崖形成了陨石坑的边缘，而中部有山脉，在内部的盆地内有近期形成的陨石坑。

土卫四

土星主要卫星中的第四大卫星，轨道位于E环内，公转周期2.7天。在轨道上有两颗小得多的卫星与之相伴随，一颗是土卫十二，位于土卫四前方60°，另一颗是土卫三十四，位于土卫四后方60°。土卫四直径1120千米，由岩石和冰组成，表面布满陨石坑。卡西尼号拍摄的这张图片中，最显眼的是数条明亮的线，它们是峡谷的崖壁。

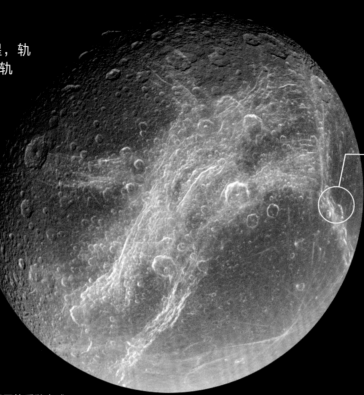

帕杜阿深谷
这张特写照片显示出帕杜阿深谷内直径60千米的陨石坑内的地形。坑的边缘从左下角一直延伸到右上角，图片右下角是位于陨石坑中心位置的山峰。

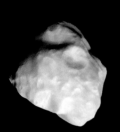

土卫十二
土卫十二的大小为36千米×30千米，由岩石和冰组成，与土卫四共轨，公转周期均为2.7天，在土卫四前方运行。

土卫四的后随半球
长长的白色条纹状图案布满土卫四的后随半球（与土卫四公转方向背离的一侧），被称为"深谷"，同时还有许多散乱的白线，这些是明亮的崖壁，在土卫四的表面曲曲折折地分布着。

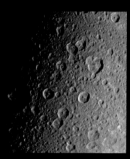

土卫四面对土星的一面
图片中的这些陨石坑位于土卫四北半球与土星永久相对的一面。它们有明亮的悬崖壁，较大的陨石坑中有中央山峰。

土卫五

土卫五是土星的第二大卫星，也是土星环以外第一颗卫星，这是一个岩石和冰的世界，直径1528千米，公转周期4.5天。其表面有大量陨石坑，没有明显光滑或重构的地区，这表明从地质上说，它的年代比较久远。卡西尼号于2005年飞掠了该卫星，美国航空航天局在2008年3月6日宣布土卫五可能拥有一个稀薄的环带，这也是人类首次在卫星上发现环带系统。

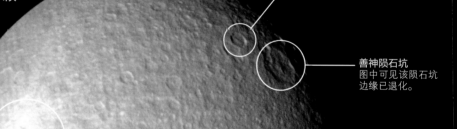

玉帝陨石坑
这个陨石坑相对年轻，直径80千米。

善神陨石坑
图中可见该陨石坑边缘已退化。

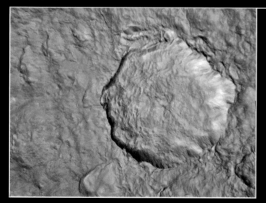

年轻的陨石坑
这张照片是卡西尼号拍摄的图像制成的立体影像，照片中可以看到一个直径只有48千米的年轻陨石坑，其锋利的边缘、亮度以及里面几个小陨石坑，表明它形成不久。

多坑的表面
这张卡西尼号拍摄的图像为土卫五的前导半球，即土卫五朝向轨道路径的一侧。年轻的陨石坑形成时，有明亮的冰物质被抛射出。

土卫七

土卫七表面冰冷，是土星的内层卫星中距土星最遥远的，轨道位于土星环以外，公转周期21.3天。土卫七的外观较为奇特，最长达到370千米，是太阳系最大的不规则天体之一。表面布满陨石坑，但看起来又与周边卫星不同。这些奇特的现象与土卫七异常低的密度有关。土卫七表面有很多小孔，且它本身的引力很弱，表面物质已被冲击开并溅射出去了，而没有留到土卫七上。

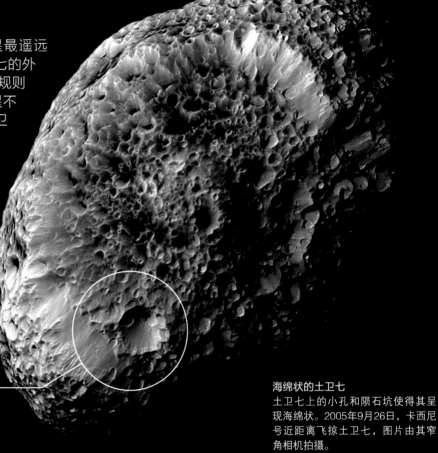

海绵状的土卫七
土卫七上的小孔和陨石坑使得其呈现海绵状。2005年9月26日，卡西尼号近距离飞掠土卫七，图片由其窄角相机拍摄。

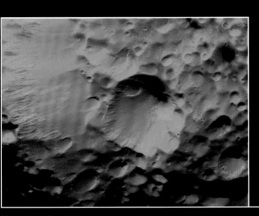

梅里陨石坑
这张假彩色图像是梅里陨石坑（以加强对比土卫七本身的色彩差异），从中我们可以看到，很多陨石坑的底部有黑色的物质。

土卫八

乍一看，土卫八似乎没有什么与众不同的地方。这是一颗寒冷的星球，到处是冰和岩石，直径1436千米，是土星几个主要卫星中距土星最远的一颗，公转周期79.3天。土卫八的两个半球对比强烈，令人不可思议，前导半球漆黑如炭，后随半球却明亮如新。卡西尼号为此也做了一些探索，一种解释是，来自外部卫星的灰尘附着在前导半球上，加速了土卫八表面冰的蒸发。还有一种说法是，来自土星的巨大暗色尘环，运行方向正好与土卫八相反，迎着土卫八前导半球而来，将其表面覆盖住。

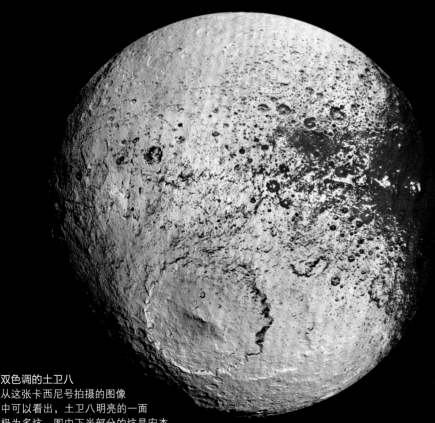

双色调的土卫八
从这张卡西尼号拍摄的图像中可以看出，土卫八明亮的一面极为多坑。图中下半部分的坑是安杰利尔陨石坑，直径504千米。

土卫八明亮的后随半球

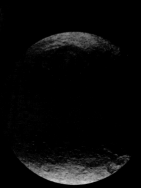

土卫八黑暗的前导半球

两个半球交界之地
此卡西尼号拍摄的图像显示，土卫八黑暗与明亮两个半球交界处，明亮冰冷的地方被黑色物质覆盖。

土卫六

土卫六比水星大一些，是土星最大的卫星，也是太阳系第二大的卫星。这颗寒冷的星球由岩石和冰组成，外面包裹着一层密实的大气层。1655年人类首次发现土卫六，1980年旅行者1号拍下了它的首张特写照片，2004年卡西尼－惠更斯号土星探测器向我们展示了土卫六大气层下面的世界。它还多次飞掠土卫六、发射惠更斯号探测器到土卫六表面。

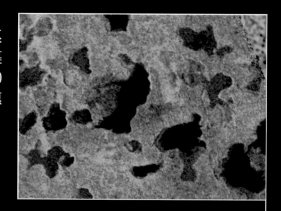

北极地区的湖泊
这张图像由卡西尼号上的雷达生成，在图中可以看出，土卫六的北极附近存在大量液体，把这些湖泊的颜色调为蓝色，以便辨识。就像地球上的湖泊一样，有海湾、入海口和零星的岛屿。

土星环之外看土卫六
从土星环侧向看土卫六，卡西尼号拍摄的这张照片已着色，差不多是它在人眼中的本色。还可以看到土星环上方那颗较小的卫星土卫十一（中）。

巴扎鲁托亮斑
小而亮的表面特征被称为亮斑，巴扎鲁托亮斑是一个陨石坑。

阿兹特兰
土卫六表面上特别明亮或黑暗的地方均以神话中的地名命名，比如阿兹特兰。

采吉希
这一大片明亮区域的名字来源于美洲土著纳瓦霍人的圣地。

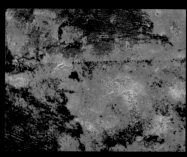

土卫六表面的雷达图
不同颜色表示不同高度，紫色表示低海拔，红色表示高海拔。紫色区域被沙丘覆盖，是一个名为"贝勒特"的黑暗赤道区域的一部分。

土卫六的云层之下
这张照片由卡西尼号探测器两次飞掠土卫六拍摄的照片组合而成，我们可以看到在土卫六的表面右下方有很多山脉。明亮的云带是甲烷气体，被风吹过山顶，冷却后形成云。

大气层

土卫六的大气层像块毯子一样将土卫六紧紧包裹着，大气中含有98%的氮，厚度达到几百千米，密度是地球大气层的4倍。上层大气中烟雾般的黄色薄雾使得土卫六呈现出独特的焦糖色；再往外是一层真正的薄雾。土卫六不仅体积巨大，其大气层的浓度和密度也是大得惊人。之所以被气体环绕，是因为它表面极为冰冷，温度约为-178摄氏度，冷气体分子移动速度缓慢，无法逃脱土卫六的引力。

土卫六云层的形成和移动与地球上的相似，只是速度慢得多。大气向东移动，与土卫六自转方向一致，云层的分布取决于大气全球循环以及季节变化。云层中含有甲烷和乙烷，凝结后会形成暴雨，但这种情况并不常见。雨和风的作用使得土卫六表面和地球一样，也有河道和沙丘。由于大气层中含有氮气，且表面有液体，土卫六就像寒冷版的早期地球。

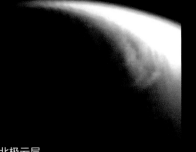

北极云层
卡西尼号发现了一个巨大的云系，通过大气环流产生，覆盖了土卫六的北极，云层降下液态甲烷雨，流入湖泊。

极地大气层
这张图片显示了土卫六的大气层在北极地区的结构，包括许多层分离的薄雾，以及在稳定层之间移动的雾浪。

高空薄雾
太阳光穿过土卫六的大气层被散射，图中可以看到高空薄雾的轮廓，有十多层。这是夜间土卫六的部分紫外图像，但可以看出薄雾的真实颜色。

大气层之下

只有少量阳光能够穿透土卫六的浓雾和云层，所以土卫六是一个昏暗的世界。卡西尼号携带仪器飞掠土卫六，对其进行了观测，惠更斯号探测器更是进行了实地探测（2005年1月，惠更斯号探测器登陆土卫六表面，见157页），它们返回的数据显示，土卫六大气层下方有高山、湖泊、沙丘，还有与冰火山作用（低温喷发）有关的地貌特征。土卫六表面陨石坑数量不多，说明土卫六的地表较为年轻。

20世纪80年代，科学家通过观测认为，有某种东西在为土卫六的大气层供应甲烷，如一大片海洋或小一点的湖泊和海洋。2006年有了肯定答案，卡西尼号发现土卫六的北极附近存在湖泊，比北美五大湖的任何一个都大，由甲烷和乙烷等液态烃类物质组成。在图像中还能看到，似乎有某种液体流过而形成的河道，有一些河道一直延伸到湖泊，有些则逐渐消失了。

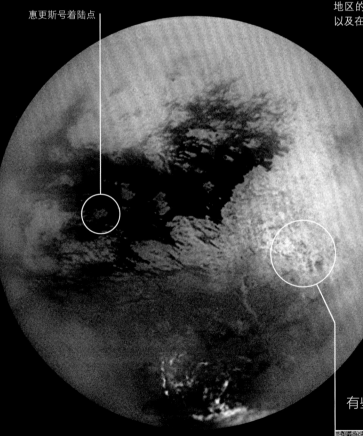

惠更斯号着陆点

土卫六表面全景
此图像由卡西尼号第一次近距离飞掠土卫六拍摄的图片组合而成，是第一张土卫六表面全景图。图中心位置的特征看得最清楚，因为卡西尼号正对着这个区域，越靠边缘越模糊。

"世外桃源"上的河道
一组蜿蜒的水道穿越一片与澳大利亚面积大小相当的明亮区域，这片区域称为"世外桃源"，河道宽5千米，比周边地区表面的纹理更粗，可能是干涸的河床，因为有些与土卫六北部干涸的湖泊类似。

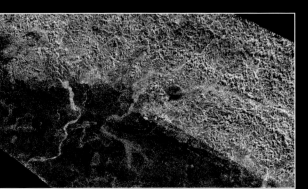

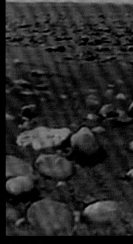

土卫六表面
这是惠更斯号拍摄的第一张土卫六表面照片。照片中可以看到一块块光滑的圆形岩石，很像地球上被水流冲刷而形成的那种岩石。

天王星

天王星是蓝色的，表面看不出有什么特征，外围有环系统
和一个卫星家族。虽然它的外观看起来不起眼，但它的"躺
式"公转和漫长的四季，足以使它与众不同。

轨道

天王星与太阳的距离是其邻居土星的两倍，公转周期为84年，自转
轴倾角98°，几乎横躺着围绕太阳公转，这也使处于其赤道位置的卫
星和行星环，看上去像是从头到脚围绕着它。天王星公转一周，
南北两极将分别经历42年持续不断的阳光和42年漫长的黑
夜，这使它产生持久的季节性反差。

结构

天王星的大气中富含氢气，其中的甲烷晶体
吸收太阳光中的红色波段，使其呈现蓝色。一层
薄雾下面是带状结构和风云活动的迹象，如明
亮的甲烷云。随着大气层的降低，密度和温度
增加，天王星内部物质的物理状态发生改
变。表面云层的下方是更厚的云层，再下方
可能是一个含有液态水的海洋，最中间则是
一个致密的内核。

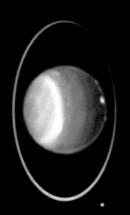

倾斜的行星
凯克望远镜 II 拍摄的红外图
像揭示了天王星北半球的云
层。白色云层是最高的，深蓝
色表示最低的云层。行星环呈
红色。

天王星的薄雾
这张假彩色图像展示了天王星的大
气层。边缘的深粉色代表了高空薄
雾；白色和灰色代表较厚的浓雾；
蓝色和深蓝代表澄清的大气。

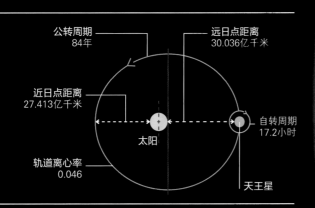

轨道与自转
由于与太阳相
隔太远，天王
星上的阳光照
射率仅为地球
的0.25%，由于
自转轴极度倾
斜，天王星顺
时针自转。

公转周期
84年

远日点距离
30.036亿千米

近日点距离
27.413亿千米

自转周期
17.2小时

太阳

轨道离心率
0.046

天王星

大小
天王星是太阳系第三大行星，直径约
为地球的4倍，质量是地球的14.5倍。

天王星赤道直径：
51118千米

地球赤道直径：
12756千米

探测

1781年3月，英国天文学家威廉·赫歇尔发现天王星，成为近代发现的第一颗行星，在接下来的200年中，天文学家又相继发现了它的五颗主要卫星，但直到1986年，旅行者2号的探测才使得人们对天王星及其卫星有了更深入的了解。自那以后，人们利用哈勃空间望远镜和经过改进的地基望远镜，对天王星进行观测，使得我们对它的认识不断增加。

旅行者2号是唯一造访过天王星的探测器，它首先飞掠木星和土星，然后访问了天王星，随后飞掠海王星。连续飞掠四颗巨行星，堪称"伟大的旅行"。1986年1月24日，旅行者2号近距离飞掠天王星，当时距离天王星81500千米，传回的图像给了我们第一次近距离观察这个遥远世界的机会。它还对天王星的大气温度、磁场和行星环进行了探测，并发现了11颗卫星。

在旅行者2号发射15天后旅行者1号发射升空，但采取了一条更快地前往木星和土星的轨道路径，这两个探测器每天都将数据传回地球。2012年8月旅行者1号越过太阳影响力的边缘——日球层顶（见188~189页），进入星际空间，2018年12月10日，旅行者2号也进入星际空间。

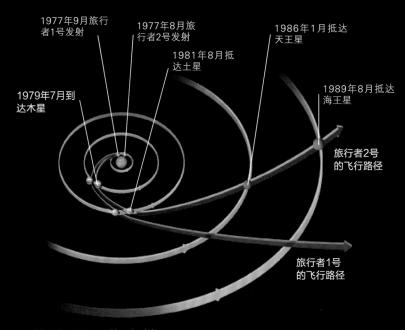

旅行者1号和2号的飞行路径
旅行者2号原计划只前往木星和土星，后被扩展到了天王星和海王星。行星联珠使得它可以利用引力作为推动力，从一颗行星飞到下一颗行星。

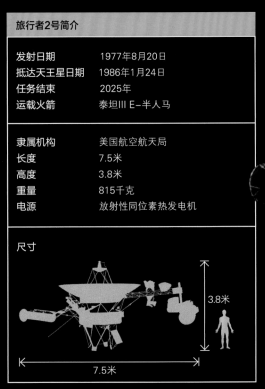

旅行者2号简介	
发射日期	1977年8月20日
抵达天王星日期	1986年1月24日
任务结束	2025年
运载火箭	泰坦Ⅲ E–半人马
隶属机构	美国航空航天局
长度	7.5米
高度	3.8米
重量	815千克
电源	放射性同位素热发电机

尺寸

3.8米

7.5米

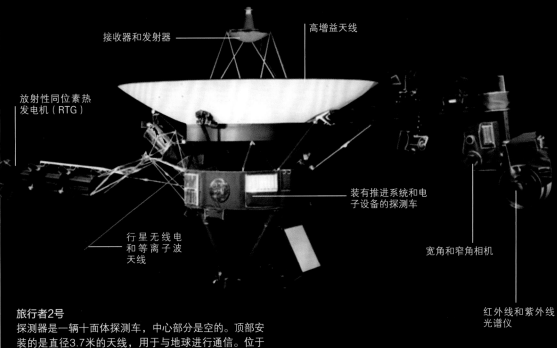

旅行者2号
探测器是一辆十面体探测车，中心部分是空的。顶部安装的是直径3.7米的天线，用于与地球进行通信。位于探测车一侧的镀金磁盘存储了来自地球的声音和图像，目的在于向可能发现探测车的地外生命展示我们的世界。

接收器和发射器

高增益天线

放射性同位素热发电机（RTG）

行星无线电和等离子波天线

装有推进系统和电子设备的探测车

宽角和窄角相机

红外线和紫外线光谱仪

结构

天王星的大气层底下，其内部物质的物理状态是连续变化的，先是液态，再深入是密度较高的内核，质量是地核的一半。

大气
氢气、氦气和其他气体

内核
岩石，可能还含有冰

液体内层
水、甲烷和氨

大气

大气主要含有氢和氦，少量的甲烷和其他氢化物，包括乙烷和乙炔。

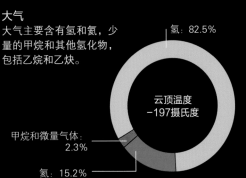

氢：82.5%

云顶温度
−197摄氏度

甲烷和微量气体：2.3%

氦：15.2%

27

目前已知天王星共有27颗卫星。1787年，威廉·赫歇尔发现了天王星的第一颗卫星。天卫四和天卫三大小几乎相同，直径均超过了1500千米，是天王星两颗最大的卫星。有22颗卫星非常小，其中有一些与其他卫星运行方向相反，也就是沿着逆行轨道绕天王星公转。

天王星的环和卫星

目前已知天王星有27颗卫星，大多数直径只有几十千米，但也有少部分比较大。离天王星较近的卫星运行在12个很窄但间隔很大的环中。在地球上就可以看到天王星的环和某些卫星，但旅行者2号和哈勃空间望远镜使得天文学家有了更近的视角。

天王星的环

1977年，天王星的第一个环被确定，当时天文学家正在观测天王星掩星现象。当时一颗暗星慢慢靠近天王星，开始一闪一闪地发光，原来是因为有一个天王星的环阻挡了星光。经过天王星复现后再次发生闪烁，天文学家由此证实了该环的存在。后来旅行者2号和哈勃空间望远镜又发现了其他的环。2003年，哈勃空间望远镜拍下了一对离天王星较远的环，比当时已知的环都远得多，这两个外环由尘埃组成，这些尘埃不断地螺旋式卷入天王星。大约在同一时间拍摄的图像中还发现了两颗新的卫星，天卫二十六和天卫二十七。天卫二十六与外环共用轨道，其尘埃对外环进行补充。

天王星的内环由尘埃和灰暗的碎片组成，碎片大小从几厘米到几米不等。两颗小卫星分立最亮的 ε 环两侧：天卫六在 ε 环的内侧边缘运行，天卫七在 ε 环外侧运行。总之，这两颗卫星如牧羊犬一样，将环粒子限制在环内。

天王星与地球绕日公转时，我们看到的环也随之变化，每42年可以从侧向看到一次天王星的环（最近的一次机会是在2007年），这时那些最暗淡的环呈一条细线状，显得最亮。

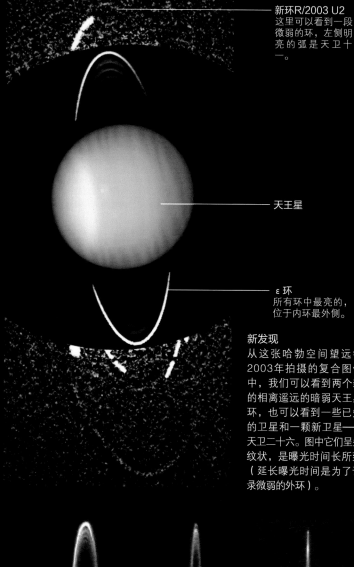

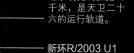

天卫二十六
这条明亮的弧宽19千米，是天卫二十六的运行轨道。

新环R/2003 U1
最外侧环，是 ε 环直径的两倍。

新环R/2003 U2
这里可以看到一段微弱的环，左侧明亮的弧是天卫十一。

天王星

ε 环
所有环中最亮的，位于内环最外侧。

新发现
从这张哈勃空间望远镜2003年拍摄的复合图像中，我们可以看到两个新的相离遥远的暗弱天王星环，也可以看到一些已知的卫星和一颗新卫星——天卫二十六。图中它们呈条纹状，是曝光时间长所致（延长曝光时间是为了记录微弱的外环）。

从地球上看天王星环
下图为地球上的凯克望远镜 II 拍摄的一系列红外图像，从中我们可以看出，天王星及其环沿着轨道运动时，外观是如何变化的。各图中左侧为天王星的南极。

旅行者2号曝光环细节
环内有由细尘埃颗粒组成的环形条纹，我们在旅行者2号拍摄的图像中也可以看到一道道短但明亮的条纹，这是相机在96秒曝光后拍到的星迹。

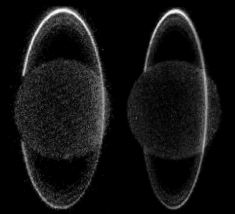
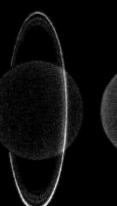
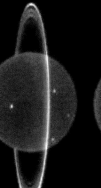
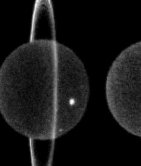

天王星的卫星

目前已知的天王星的27颗卫星中只有5颗大致是球形的，其余都比较小且不规则，这些小卫星大多数比五大卫星更接近天王星，另外还有9颗距离更遥远。最里面是天卫六，公转周期仅8小时，而最遥远的天卫二十四，公转周期是7.7年。旅行者2号发现了11颗卫星，哈勃空间望远镜也发现了2颗，虽然五大卫星——天卫五、天卫一、天卫二、天卫三和天卫四都是通过地基望远镜发现的，但是对于它们的了解，还是通过旅行者2号才得以实现。它们都是被冰覆盖的岩石体，表面布满陨石坑和裂缝，名字都来源于英国剧作家威廉·莎士比亚和英国诗人亚历山大·蒲柏的作品。

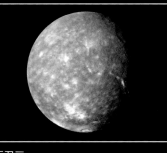

天王星与卫星
从这张地基近红外视图中，我们可以看到天王星及由7颗卫星围绕的环。天卫十五和天卫十二都只是隐约可见。太阳光被天王星大气层中的甲烷吸收，这也是天王星显得异常暗的原因。

天卫三
天王星最大的卫星，但直径比月球的一半还略小一点，表面被冰覆盖，布满陨石坑和裂缝，右侧有一个墨西拿（Messina）大峡谷。

天卫二
呈现暗色的天卫二表面布满陨石坑，唯一一大特征就是位于顶部发亮的文达（Wunda）环形山，这张图像上也可以看到，它位于赤道附近。天卫二的公转周期仅为4天。

背景星

天卫十二

天卫十五

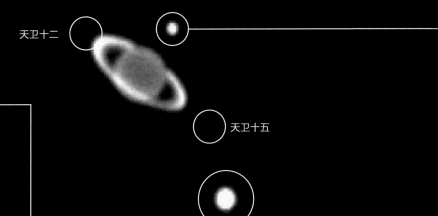

天卫一
表面有断层，地壳扩张时形成，密密麻麻地分布着许多小型陨石坑，左下角有一个相对较大的陨石坑，直径50千米，周围有明亮的溅射物。

天卫五
看起来有点古怪。不同时期、不同类型的岩层在天卫五表面交错。图中右下角可以看到一个明亮的、肩章形状的因弗内斯（Inverness）冕状地形。

天卫二十一
估计直径达到18千米，天卫二十一（图中右侧被圈出）是最小的天王星卫星之一。2001年8月由地基望远镜发现，追踪观测了几个月后，确认其为天王星的卫星。

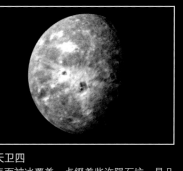

天卫四
表面被冰覆盖，点缀着些许陨石坑，是几个主要卫星中距天王星最远的，图中中间位置往下可以看到哈姆雷特（Hamlet）陨石坑黑暗的底部。

海王星

太阳系中最外层的行星，也是太阳系中最冷的地方之一，与太阳的距离是日地距离的30倍，云顶温度更是达到极度寒冷的−201摄氏度。只有旅行者2号探测器飞抵过海王星，并向我们展示了这个星球及其行星环和卫星的样子。

轨道

海王星绕日轨道最长，公转周期长达164.8年，1846年首次发现，迄今探测器只进行了一圈探测。海王星的自转轴倾角28.3°，比地球的略大，与地球一样，公转时南北半球交替面向太阳。虽然所处位置偏远，光照强度只是地球上的1/900，但海王星上也有季节变化，且由于公转轨道较长，其季节变化也十分缓慢，每一个季节持续约40年。

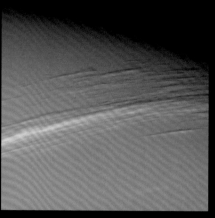

明亮的条纹状云层

旅行者2号记录了这些在海王星北半球的白色云层，由甲烷冰组成，是气体上升并冷却后形成的。由于这张照片中阳光从下方照射，所以云层产生了阴影。

结构与大气

观察海王星，我们会发现它的外层大气富含氢气，再下面是液体水、氨和甲烷，深层中央包裹着一个岩质内核。海王星平淡无奇的外观，以及接收到的有限的太阳辐射，似乎都表明这是一个温和平静的星球，然而，它的大气层并不太平，那里有着太阳系最强烈的风暴和最高的风速。似乎是一个未知的内部热源驱动着海王星天气的变化，该热源辐射量是其接受的来自太阳能量的2倍。

大气层内部，平行于赤道形成环带。在可见的蓝色气层之上白色云层沿纬线延伸。向西的赤道风速达到每小时2160千米。1989年，旅行者2号发现了一个巨大的风暴，将其命名为大暗斑。1994年，当哈勃空间望远镜再次观测海王星时，大暗斑已经消失。迄今为止，大暗斑仍然是在海王星上看到的最有趣的特征之一。

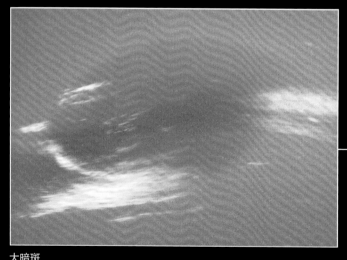

大暗斑

旅行者2号发现的这个巨大的反气旋风暴，几乎与地球一样大。它位于蓝色的甲烷层下方，大气层裹挟着它环海王星运动，并不时改变形状。白色的高空云也经常改变形状。

轨道与自转

海王星的轨道是太阳系行星中第二接近圆形的（金星的轨道更圆）。因此，其远日点和近日点到太阳的距离相差不大。

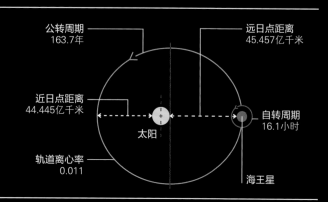

公转周期
163.7年

远日点距离
45.457亿千米

近日点距离
44.445亿千米

太阳

自转周期
16.1小时

轨道离心率
0.011

海王星

大小

海王星是四大巨行星中最小的，直径是地球的近4倍，它的邻居天王星比它稍微大一点。

海王星赤道直径：
49528千米

地球赤道直径：
12756千米

海王星环的发现

海王星的环系统既稀薄又稀疏，其命名都与研究海王星的天文学家有关，距海王星由近及远分别是：伽勒环、勒威耶环、拉塞尔环、阿拉戈环和亚当斯环。第六个有点模糊且未命名的环位于亚当斯环内，与海卫六共用轨道。这些海王星环由尘埃和一些小的未知成分的暗色粒子组成。

1977年发现第一个天王星环后，天文学家们就预测海王星也有环，这一发现在当时证实了四个巨行星中有三个存在环系统。

整个20世纪80年代，天文学家一直在观测海王星经过各种恒星前的样子。由于海王星的遮挡，恒星发出一闪一闪的光，几次重新出现这种现象后，表明可能存在海王星环，但很多观测结果并不一致，直到旅行者2号造访海王星，情况才变得明朗。它发现了五个主要环和50千米宽的亚当斯外环（这个环包含五个颗粒密集区域）。

旅行者2号拍摄的海王星环
图像中最亮的海王星环是亚当斯环（左）和勒威耶环，它们之间是虽然暗弱但范围最宽的拉塞尔环。伽勒环与海王星（右）最近。

蓝色星球
哈勃空间望远镜拍摄了这张海王星真彩色图片。海王星以罗马神话中海之神的名字命名，上层大气中的甲烷气体吸收了太阳光中的红色波段，使得海王星呈现蓝色。

结构
海王星的外层是大气层。越往下，压力、密度和温度就越大，里面的物质慢慢成为液态。

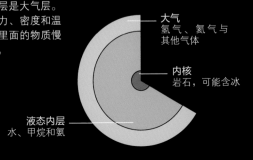

大气 氢气、氦气与其他气体
内核 岩石，可能含冰
液态内层 水、甲烷和氨

大气层
海王星的大气层主要由氢和氦组成，并含有1.5%的甲烷和少量其他气体，如氢氰化物和乙烷。

氢：79.5%
云顶温度 −201摄氏度
甲烷和微量气体：2.0%
氦：18.5%

164.8

海王星的公转周期164.8年。自发现之日起到2011年7月，海王星已完成一次公转。随着海王星的运行，它的引力会影响轨道之外柯伊伯带的其他天体。其结果是，这些天体会被锁定，与海王星发生轨道共振。海王星与冥王星成2:3共振，即冥王星绕太阳2周，海王星绕太阳3周。

海王星的卫星

目前已知有14颗卫星环绕着海王星运行，但它们到海王星的距离差别很大，大多数很小，形状也不规则，只有海卫一体积较大且呈球形，表面特征比较丰富。1989年，旅行者2号飞掠海王星时，这些寒冷遥远的世界才第一次呈现在我们面前。

卫星家族

1846年10月，海王星的第一颗也是最大的卫星——海卫一被发现。100年后，在海卫一轨道外发现第二颗卫星——海卫二。1989年，旅行者2号又发现6颗，都离海王星不远。四颗最内侧卫星，海卫三、海卫四、海卫五和海卫六，都位于海王星环系统内。

2002—2004年，通过地基观测，发现了5颗比海卫一更遥远的卫星。其中海卫十是莫纳克亚天文台2003年8月从昴星团望远镜拍摄的照片中发现的，公转周期不到25年。同年还确定了另外一颗卫星——海卫十三，距离海王星4800万千米，是太阳系行星中距主星最遥远的一颗卫星，公转周期25.7年。

除了海卫一，其他海王星卫星都很小。海王星的第二大卫星是直径440千米的海卫八，还有4颗直径都只有约40千米的卫星，海卫十是其中之一。这些卫星的名字都与希腊和罗马神话中的海神有关。

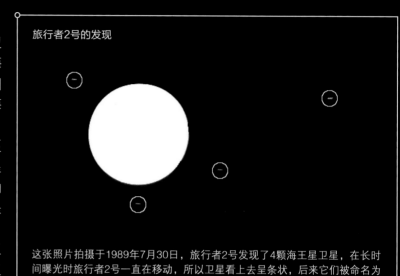

旅行者2号的发现

这张照片拍摄于1989年7月30日，旅行者2号发现了4颗海王星卫星，在长时间曝光时旅行者2号一直在移动，所以卫星看上去呈条状，后来它们被命名为海卫八、海卫七、海卫五和海卫六。

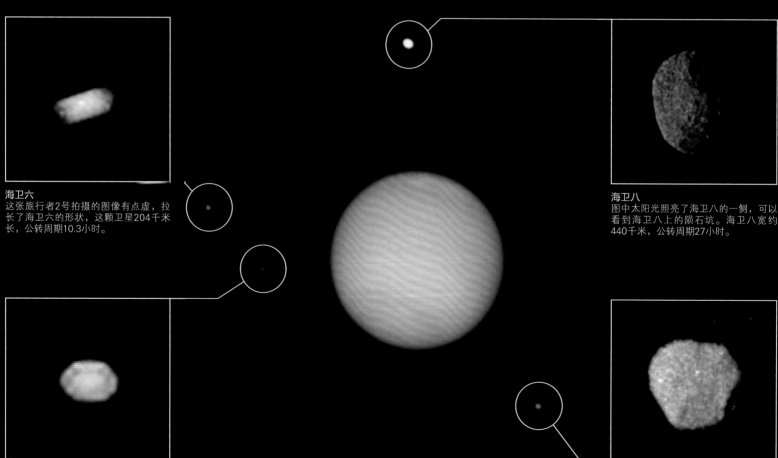

海卫六
这张旅行者2号拍摄的图像有点虚，拉长了海卫六的形状，这颗卫星204千米长，公转周期10.3小时。

海卫八
图中太阳光照亮了海卫八的一侧，可以看到海卫八上的陨石坑。海卫八宽约440千米，公转周期27小时。

海卫五
海卫五长180千米，它逐渐向海王星靠近，可能会撞击海王星，也可能被海王星引力撕裂，成为环物质。

海王星与它的4颗卫星
这里看到的4颗卫星就是上图中看到的4个条状物，这张照片由哈勃空间望远镜于2005年4月拍摄。

海卫七
旅行者2号的图像展示了不规则的海卫七，它是距离海王星从里往外数的第五颗卫星，长216千米，公转周期13小时。

海卫一

海王星唯一的主要卫星，由岩石和冰组成，直径2707千米，约为月球的3/4。海卫一的轨道近似圆形，其公转与自转周期相同，都是近6天，这种同步旋转再加上海卫一的轨道倾角，使得海卫一的两极地区轮流面向太阳。

从海王星北极上空俯瞰，海卫一是太阳系中唯一呈顺时针方向公转的大型卫星。这种不寻常的特征表明，海卫一可能不是一开始就围绕海王星运行的，事实上，它是数百万年前被海王星引力捕获的柯伊伯带天体。

海卫一的英文名字取自希腊神话中的海神之子，其表面特征的名字都与水有关，例如，神秘海怪的名字、河神或者水神的名字。

海卫一表面的冰

海卫一是旅行者2号在带外行星旅行中最后一个详细探测的世界。探测器记录到其表面温度-235摄氏度，是太阳系中最冷的地方之一，其表面与外壳主要是氮冰，形成的冰幔包裹着由岩石和金属组成的内核。

旅行者2号拍摄了大约40%的海卫一表面，我们从中可以看出，海卫一是一颗相对平坦的年轻卫星，很少有陨石坑。由于冰火山作用，地形有所改变。冰火山是由于太阳照射升温，地表下的冰像火山爆发一样喷射到表面。旅行者2号发现了光滑的火山冰平原，由冰冷的"熔岩流"形成的火山冰丘和凹坑，以及像间歇喷泉般可喷至8千米高的"火山柱"。"火山柱"的形成是由于地表的氮冰升温变为气体，穿过表面裂纹喷发出来。

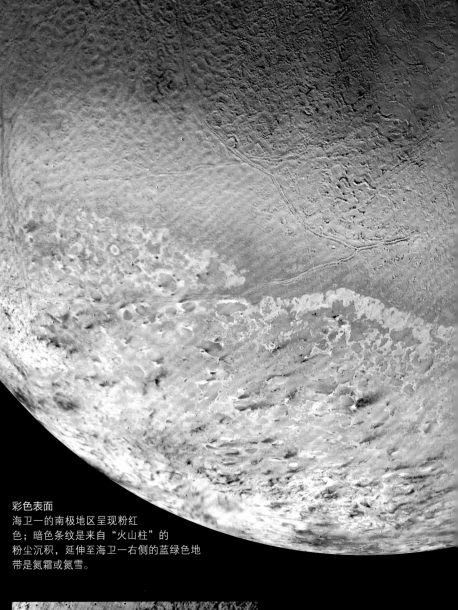

彩色表面
海卫一的南极地区呈现粉红色；暗色条纹是来自"火山柱"的粉尘沉积，延伸至海卫一右侧的蓝绿色地带是氮霜或氮雪。

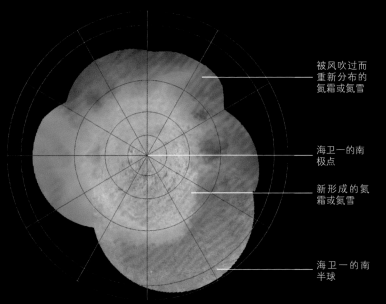

被风吹过而重新分布的氮霜或氮雪

海卫一的南极点

新形成的氮霜或氮雪

海卫一的南半球

南半球的氮霜和氮雪
海卫一的南极被冻结的氮和甲烷覆盖。从冰盖上延伸出来是新形成的氮霜或氮雪，其中有些氮霜或氮雪已被风吹向北边，形成呈射线状特征，有几百千米长。

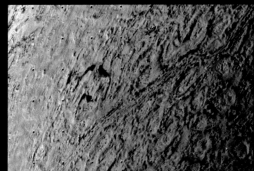

哈密瓜地表
海卫一这个区域绰号哈密瓜，因为与哈密瓜表皮相似，有凹槽、有脊、有光滑的圆形凹陷，直径约35千米。

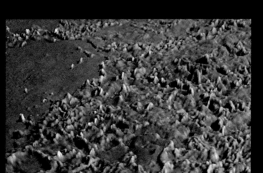
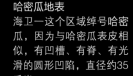

冰的底辟构造
此图中地表的宽度为160千米，为了看清图中的底部构造，垂直方向拉伸了25倍。可以看到的这些突起的冰泡高宽均约有数

海王星与海卫五

这张图像由旅行者2号拍摄的几张照片组合而成，在图中可以看到海王星一颗较小的内部卫星——海卫五——在海王星前面移过。天文学家认为它是由几个海王星原始卫星的残留慢慢向内螺旋式移动中形成的。它可能最终会撞向海王星，也可能解体，形成一个行星环。

太阳系的外部区域

海王星以外的太阳系外部区域寒冷且黑暗，在那里还有超过一万亿个的小型冰冷天体，柯伊伯带天体和矮行星就在这片区域，更远处还有数量惊人的彗星，它们组成了巨大的球状奥尔特云。

柯伊伯带

柯伊伯带是天体密集的扁平带状区域，内边缘距离太阳约30AU，外边缘与内边缘之间差不多20AU。第一个柯伊伯带天体——1992 QB1——发现于1992年。大多数天体是冰和岩石的混合体，并且是非球形的，直径通常小于1000千米，公转周期都在250年以上。

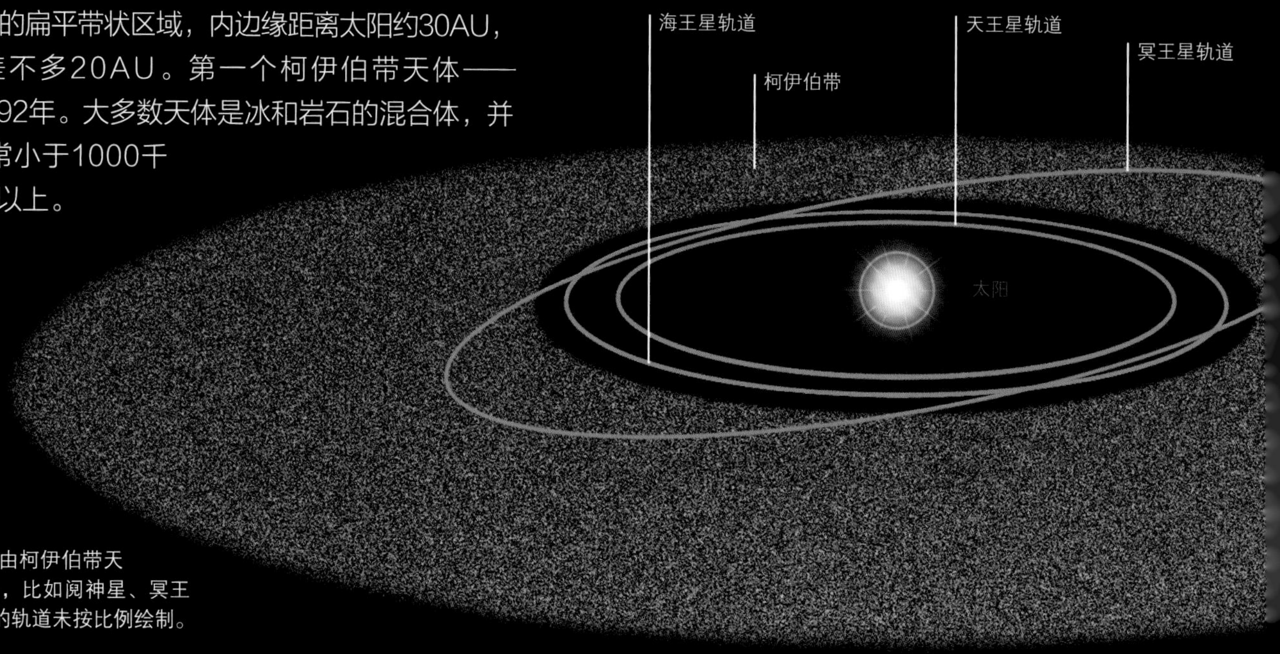

柯伊伯带的位置
柯伊伯带位于海王星轨道之外，由柯伊伯带天体组成，其中包括少量的矮行星，比如阋神星、冥王星、鸟神星和妊神星。这张图中的轨道未按比例绘制。

海王星轨道　天王星轨道　冥王星轨道
柯伊伯带
太阳

奥尔特云

在盘状的太阳系外面包裹着的是奥尔特云，这一片广袤的区域是彗星的栖身之地，其外缘距离地球约1.6光年。彗星是太阳系形成初期，由行星形成后的残余物质组成。彗星的总质量加起来相当于地球的几倍。

彗星绕太阳的路径与行星的不同。它们的轨道扁长，轨道面倾角与行星的也不一样，各种角度都有。附近经过的恒星会干扰彗星使它们脱离轨道，把它们带到奥尔特云以外，或者推入太阳系内部。那些靠近太阳的彗星会形成巨大的彗头和彗尾。

奥尔特云彗星
球状的奥尔特云包裹着太阳系的行星，其中有超过1万亿颗彗星，沿着各自的轨道围绕中心的太阳运行，运行轨道较短的彗星在内奥尔特云，较长的则在外奥尔特云。

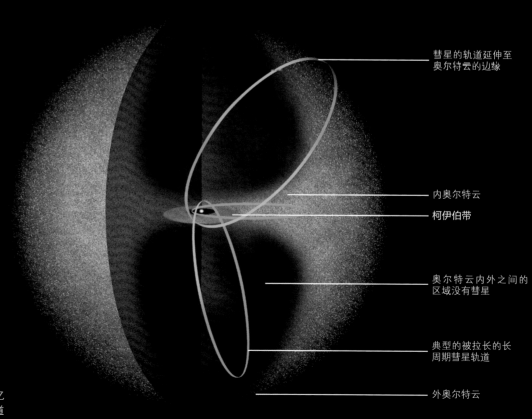

彗星的轨道延伸至奥尔特云的边缘

内奥尔特云
柯伊伯带

奥尔特云内外之间的区域没有彗星

典型的被拉长的长周期彗星轨道

外奥尔特云

矮行星

矮行星是柯伊伯带中最大的一类天体，它们近圆球形，围绕太阳运行，没有清空所在轨道上的其他天体。最大的矮行星是阋神星，由冰和岩石组成，发现于2005年，公转周期为550.9年。比阋神星稍小的冥王星，发现于1930年，是第一个发现的海王星以外的天体，当时认为它是太阳系中体积最小、最遥远的行星，直到2006年8月，按照新划分的天体分类标准，被重新划归为矮行星。

有些天文爱好者一直视冥王星为行星中的"异类"。与其他巨大的、以氢为主的带外行星不同，直径2274千米的冥王星，约由70%的岩石和30%的冰组成，表面温度-230摄氏度，公转轨道也与其他行星不同，轨道倾角17.2°，轨道是很扁的椭圆形，公转周期247.7年，但其中有20年比海王星更接近太阳。

目前已发现了一些矮行星，但这还不是全部，预计今后还会发现更多的矮行星，那些在柯伊伯带内的矮行星也被称为类冥天体。这个概念是在2008年提出的，以将其他地方的矮行星与之区分开来。

冥王星
从这张哈勃空间望远镜的图像中可以看到，冥王星和它的三颗卫星。最大的卫星叫冥卫一，位于图中冥王星中心的右下方。冥卫一右边是冥卫二（上）和冥卫三（下）。

阋神星
这张图像中间的天体是阋神星，它有一颗卫星——阋卫（左下），绕阋神星公转周期16天，它可能是阋神星与其他柯伊伯带天体碰撞后形成的。

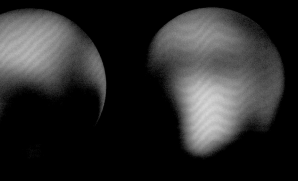
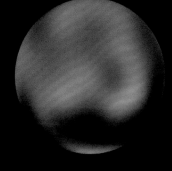

90°   **180°**   **270°**

冥王星的不同面孔
在这张哈勃空间望远镜2010年拍摄的自然彩色图像中，可以看到冥王星的整个表面。图中呈现的蜜色可能是由于甲烷被太阳的紫外线照射后分解，从而形成了富含碳的残留物所致。

新视野号

海王星以外的世界鲜为人知。新视野号是第一个探测距离太阳这么遥远天体的探测器。2006年1月发射升空后，于2007年飞掠木星，于2015年7月14日抵达冥王星上空12472千米处。地面控制室通过在澳大利亚、西班牙和美国的雷达接收其发回的数据。

探测器飞抵冥王星时，其携带的照相机将第一张图像传回地球，其他仪器也会提供冥王星的颜色和组成等详细信息，生成热像图，并分析其大气成分、结构和温度。新视野号还对冥王星最大的卫星——冥卫一的大气进行了探测。

我们只能详细地看到冥王星的一面。科学家使用哈勃空间望远镜观测这颗矮行星，以决定研究哪个半球。完成在冥王星的使命后，新视野号进入柯伊伯带，在飞掠了其中的"天涯海角"小行星后飞出太阳系。

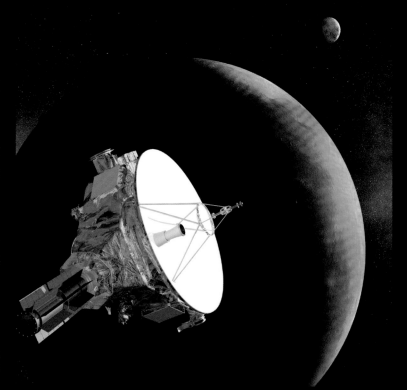

新视野号飞抵冥王星
从这张效果图中可以看到，新视野号飞抵冥王星，远处是冥卫一，新视野号抵达时，它距离地球49亿千米，探测器传输的数据需要4.5个小时才能到达地球。

彗星

彗星由尘埃和冰组成，是绕太阳运行的小天体，其轨道是极扁的椭圆形。当彗星抵达太阳系内层接近太阳时，温度升高，产生发光的彗发和彗尾（由气体和尘埃组成）。在地球上，一般每10年左右就能用肉眼观察到一颗明亮的彗星。

剖析彗星

彗星的彗核形状不规则，外层包裹着尘埃微粒，是个"脏雪球"，直径通常从几百米到几十千米不等。说它"脏"是因为它含有硅酸盐岩石颗粒，这与形成类地行星地壳和地幔的物质相同。说它是个"雪球"是因为它主要由水冰组成，但也有大约1/20是其他物质，比如二氧化碳、一氧化碳、甲烷和氨。这些彗星的"雪球"形成于早期太阳系的原行星盘外，当时许多物质聚集在一起，形成巨行星的内核，其余的就被新形成的行星抛落到不同的轨道上了。这些46亿年之后的幸存者仍然在太阳系游弋。

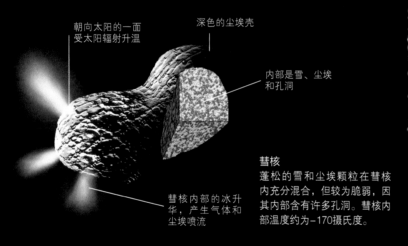

朝向太阳的一面受太阳辐射升温

深色的尘埃壳

内部是雪、尘埃和孔洞

彗核内部的冰升华，产生气体和尘埃喷流

彗核
蓬松的雪和尘埃颗粒在彗核内充分混合，但较为脆弱，因其内部含有许多孔洞。彗核内部温度约为−170摄氏度。

彗发与彗尾

当彗星位于木星之外时，温度很低，处于休眠状态。当它接近太阳时，太阳辐射穿透彗核外面的尘埃层，彗核中的冰开始升华，即冰从固态变成气态。逃逸的气体压力渐增，冲破了松散的表面尘埃层，形成了围绕彗核的球形云，称为"彗发"。在太阳风对气体和细小尘埃颗粒的"吹拂下"，就在背离太阳的方向上形成了两条彗尾。彗星距离太阳越近，彗尾越长。较大的尘埃粒子脱落后，它们或是慢慢附着在彗核上，或是落在后面，最终在其轨道附近形成了尘埃带，当地球的轨道与这个尘埃带相交时，尘埃与地球的上层大气发生作用，产生流星现象。

海尔−波普彗星
彗核直径60千米，这颗巨大的彗星用肉眼可见，时间长达18个月。1997年4月通过太阳的时候最壮观。海尔−波普彗星上一次造访地球是4200年前，受木星引力的影响，2000多年后它就会再次回归。

彗星轨道

迄今为止，天文学家已经记录了不到20年的短周期彗星约200颗，长周期彗星约2000颗。长周期彗星的轨道面比较随机，短周期彗星的轨道面通常会与行星的轨道面相同。一般认为，太阳系包含至少一万亿颗彗星，其中大部分远离太阳运行，且未被发现。它们在其轨道的远端可能拐到附近的恒星轨道。这些彗星形成了一个巨大的球形空间，也就是所谓的"奥尔特云"（见178~179页）。

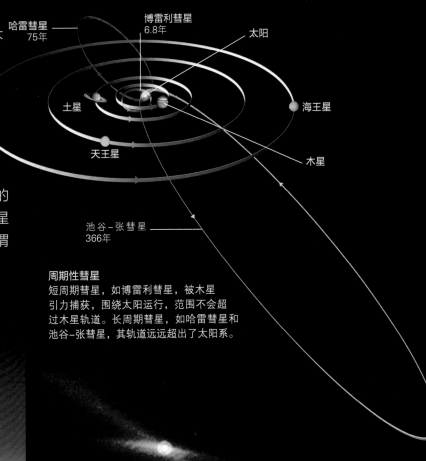

哈雷彗星 75年

博雷利彗星 6.8年

太阳

土星

天王星

海王星

木星

池谷-张彗星 366年

周期性彗星
短周期彗星，如博雷利彗星，被木星引力捕获，围绕太阳运行，范围不会超过木星轨道。长周期彗星，如哈雷彗星和池谷-张彗星，其轨道远远超出了太阳系。

麦克诺特彗星
2006年，这颗巨大的彗星伴着明亮的尘埃彗尾在天空划过，是40年来在南半球看到的最亮的一颗，分析它的轨迹可推断，它正朝银盘飞去，不会再返回地球。

恩克彗星
这是一颗短周期彗星，很少出现肉眼可见的彗尾。从这张斯皮策空间望远镜拍摄的红外图像中可以看到，由于很接近太阳，粒子从彗核中脱离，从而形成了金牛座流星雨。

彗核的衰变

彗星进入太阳系内部产生彗发和彗尾，就意味着其彗核质量在大幅减少，也就是说彗星正在衰变。乔托行星际探测器发现，哈雷彗星的彗核的平均半径为5.4千米，轨道周期75年，每次经过太阳时，这颗彗星表面就损失2米的厚度，按照这一速度，哈雷彗星20万年后就会消失，脱落的碎片将围绕太阳，形成一大片尘埃云。

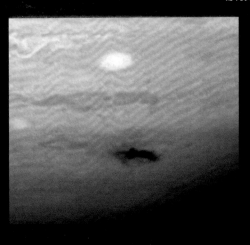

舒梅克-列维9号彗星粉碎成21块碎片

舒梅克-列维9号彗星
天文学家发现这颗彗星绕木星运行。1992年，当它通过木星4万千米高的云层时，突然爆炸解体，1994年7月，碎片击中木星，使得木星云层布满尘埃，数月后才散去。

最近的撞击
2009年7月，哈勃空间望远镜拍摄了这张图像，从中我们可以看到一个棕色的斑点（下中），它是一颗彗星或小行星与木星撞击的结果，1994年舒梅克-列维9号彗星碎片留下的斑点与其类似。

彗星与其气体彗尾

这张图像是2006年彗星C / 2006 M4（SWAN）穿越太阳系，最接近太阳时的样子。与大多数彗星一样，它在进入太阳系内部时，出现了一条离子化气体的彗尾，彗尾与太阳风的方向一致，在地球的夜空中，彗尾的长度大约是满月直径的两倍。

彗星探测任务

1986年以前，天文学家还不清楚彗核到底是什么样子。1986年2月，欧洲空间局把乔托号行星际探测器送上太空，让它在哈雷彗星接近太阳时进行拍照。此后，人们进一步开展了对其他彗核的更复杂的探测任务。

造访哈雷

哈雷彗星的彗核很小，地基望远镜观测不到，只能通过空间探测器进行观测。欧洲空间局发射的乔托号行星际探测器是第一个对彗核进行探测的飞行器。哈雷彗星飞抵距离太阳最近的点五周后，也就是1986年3月13日，乔托号在距离哈雷彗核向阳面600千米的地方飞掠。哈雷彗星绕太阳飞行，但与地球和探测器的运行方向相反，所以哈雷和乔托号相向而行的总速度达到了危险的每小时245000千米。乔托号借机对哈雷彗星的尘埃、气体和彗核周围的等离子体进行探测。在经历了与彗星尘埃的交锋之后，于1992年7月前往下一个目标格里格-斯克叶勒鲁普彗星。

第一印象

乔托号提供了第一张彗核的照片，但这张照片所显示的范围很有限，因为当时哈雷彗星只有一半能被太阳照射，这其中又只有一半冲着乔托号。不过，我们还是能够从中一窥这颗彗核表面的细节，彗核表面基本光滑，偶尔能看到丘陵和山谷，还可以看到一小部分活跃地区喷出来的明亮的气体和尘埃。在飞掠的一瞬间，乔托号探测到它每秒损失3吨物质。这颗彗星表面呈暗色，形似一个马铃薯，长度达15.3千米，自转周期大约为3天。

前往彗星的任务			
彗星	探测器	抵达日期	飞掠距离
哈雷彗星	乔托号行星际探测器	1986年3月	600千米
博雷利彗星	深空1号	2001年9月	2200千米
怀尔德2号彗星	星尘号	2004年1月	240千米
坦普尔1号彗星	深度撞击空间探测器	2005年7月	撞击
67P/ C-G	罗塞塔号探测器	2014年8月	绕飞并登陆

撞击彗星

2004年1月，美国航空航天局的星尘号飞掠怀尔德2号彗星的彗发内部，用气凝胶收集器收集其中的尘埃，这些颗粒随后被送回地球。经分析确认，这颗彗星年代较为久远，令科学家惊讶的是，它是由几种物质混合而成的，除了猜测到的大量的冰（这是在海王星轨道之外的地区形成的），这颗彗星还含有岩质成分，是在接近太阳的极高温的情况下形成的，这不仅有助于揭示彗星的形成和属性，还为我们研究行星的起源带来了启示。仅仅过了一年之后，美国航空航天局的"深度撞击空间探测器"飞掠坦普尔1号彗星，并对其表面进行了拍摄，随即向彗星表面发射了一个自导冲击器，期望能够形成一个撞击坑，并将这一过程记录下来，以揭示彗核表层之下的物质，但很可惜，没有成功（下图）。

哈雷彗星的彗核
15.3千米

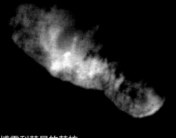

博雷利彗星的彗核
8.0千米

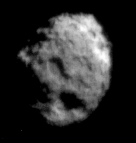

怀尔德2号彗星的彗核
5.5千米

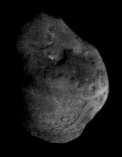

坦普尔1号彗星的彗核
7.6千米

撞击坦普尔1号彗星
此图显示了坦普尔1号彗星被撞击后的情形。不幸的是，撞击激起了大量尘埃和雪块，形成了一片像滑石粉一样的巨大模糊云层，导致正在往后撤的探测器什么也看不见。

登陆彗星

欧空局的"罗塞塔号探测器"于2004年3月2日升空，前往67P彗星（丘留莫夫-格拉西缅科彗星），首次进行绕彗核探测。它于2014年8月6日，在距离太阳6亿千米的地方与彗星会合，彗星沿着自己的轨道行进时，它作为彗核的卫星运行，对彗核表面进行详细的探测，2016年9月，在67P彗星上硬着陆，结束了此次探测任务。

2014年11月12日，菲莱号着陆器脱离罗塞塔号，在彗核表面着陆，发回了67P的近距离照片和大气数据。但它仅工作了不到三天，便因太阳能电力短缺进入休眠状态，虽然后来一度恢复了几十秒的联系，但终究回天乏力，彻底失联。

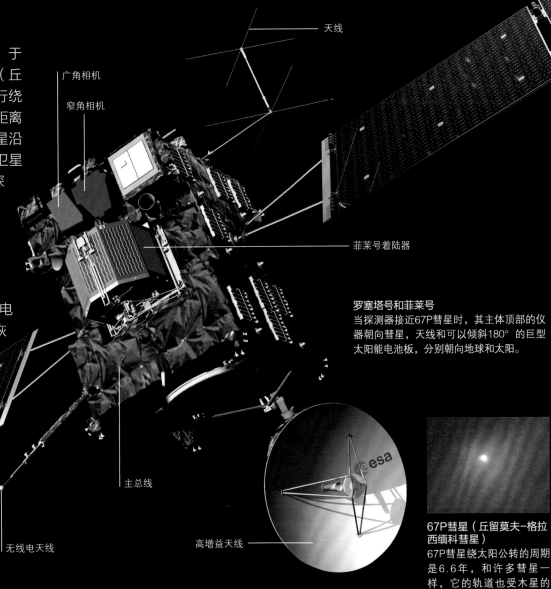

天线

广角相机

窄角相机

菲莱号着陆器

罗塞塔号和菲莱号
当探测器接近67P彗星时，其主体顶部的仪器朝向彗星，天线和可以倾斜180°的巨型太阳能电池板，分别朝向地球和太阳。

主总线

太阳能电池板

无线电天线

高增益天线

67P彗星（丘留莫夫-格拉西缅科彗星）
67P彗星绕太阳公转的周期是6.6年，和许多彗星一样，它的轨道也受木星的影响。它的彗核直径约4千米。

罗塞塔号	
发射任务	
发射日期	2004年3月2日
抵达67P/ C-G时间	2014年8月
任务结束时间	2016年9月
运载火箭	阿丽亚娜-5G
罗塞塔号	
隶属机构	欧空局
长度	32米
高度	2.8米
重量	3000千克
电源	太阳能电池板
菲莱号	
隶属机构	欧空局
尺寸	1米×0.8米
重量	100千克
电源	太阳能电池板
尺寸	

2.8米

太阳能电池板长达32米

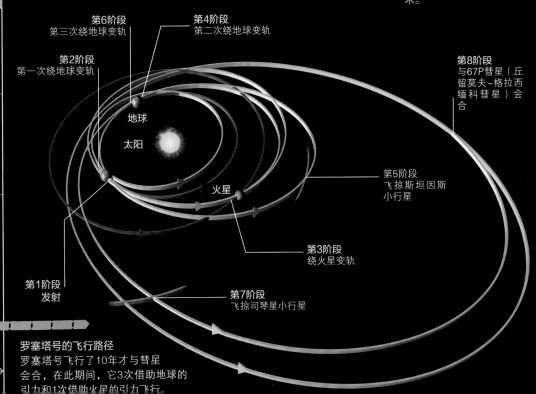

第6阶段
第三次绕地球变轨

第4阶段
第二次绕地球变轨

第2阶段
第一次绕地球变轨

第8阶段
与67P彗星（丘留莫夫-格拉西缅科彗星）会合

地球

太阳

火星

第5阶段
飞掠斯坦因斯小行星

第1阶段
发射

第3阶段
绕火星变轨

第7阶段
飞掠司琴星小行星

罗塞塔号的飞行路径
罗塞塔号飞行了10年才与彗星会合，在此期间，它3次借助地球的引力和1次借助火星的引力飞行。

样品采集

天文学家通常使用望远镜和自动探测车，从远处对太阳系天体进行研究。实际上，他们也可以对闯入地球的物质，或者对探测器从太空带回来的一小部分天体样本进行研究。

陨石

来自太空，坠落在地球表面的岩石叫作陨石，它们大多数源自小行星，但也有一些是数十亿年前爆炸后，被抛向太空的月球或火星碎片。每年约有3000颗重1千克以上的陨石坠落在地球上，它们大多数属于石陨石，成分与地球的岩质地幔类似；也有较为少见的铁陨石，构成与地核类似；还有一种是石铁陨石，更为罕见，它们源于小行星，这些小行星不是很大，不足以将岩石和铁熔化分层成地幔和地核。

月球陨石
1982年发现于南极洲，该样品被命名为艾伦山A81005，月球陨石与月球上收集的岩石类似。

火星陨石
艾伦山84001来自火星，1984年发现于南极。火星陨石含有类似火星大气层中的气体。

切割、抛光后的表面

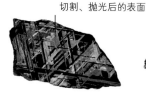

基丙（Gibeon）铁陨石
此样本是19世纪30年代，在纳米比亚小镇——基丙附近发现的。

巴维尔（Barwelt）石陨石
1965年，人们看到许多陨石坠落于英格兰的巴维尔小镇，并收集了一些。

埃斯克尔（Esquel）石铁陨石
1951年，在阿根廷的埃斯克尔发现的这块陨石，里面嵌有金色的橄榄石晶体。

采集陨石

根据不同的采集方法，分为观测坠落后采集和发现式采集。观测坠落后采集，是指岩石进入地球大气层后产生火球，人们看到并计算其落地位置，随后回收该陨石。发现式采集，是指机缘巧合发现或有计划地搜索采集陨石。科学家使用相机对天空中的陨石火球进行扫描拍摄，或在像南极洲这样的地区进行地面搜索（因为岩石在冰天雪地里很容易被发现）。迄今为止，全世界大约有1150颗陨石是通过坠落后采集的，至少32000颗陨石是通过发现式采集的，30多颗来自火星，60多颗来自月球。

沙漠中的陨石
人们一般在沙漠地区搜寻陨石，在这些地方，岩石在广阔的沙漠中比较显眼。图中的陨石重达2吨，发现于沙特阿拉伯的鲁卜哈利沙漠（Empty Quarter），科学家们正在对其进行研究。

月球岩石

　　美国的阿波罗号宇航员和苏联的月球号探测器都曾经把月球表面的岩石样品带回过地球。1969—1972年，6次阿波罗登月，从6个不同的地点带回约2200个岩石样本，总重量383千克，带回的样品包括岩石、卵石、沙粒和尘埃，还有一个从月表以下采集的长约16.5米的样品。岩石样品中包括角砾岩（是小行星撞击月球时，将表面岩石和泥土熔化粘结在一起而形成的一种岩石），以及年轻的玄武岩（熔岩穿破月壳渗透出来而形成的一种火山岩石）。除了阿波罗号采集的样品，1970—1976年，苏联的月球16号、20号和24号探测器也从3个不同的地点采集了总重量达300克的岩石样品。科学家们通过对所有这些采集样品的研究，已经了解了很多有关月球形成的情况及其早期历史。

角砾岩样品
这块25厘米长的角砾岩，取自金牛–利特罗峡谷，是宇航员乘坐月球车采集的，由阿波罗17号带回地球。

采集月球样品
阿波罗号的宇航员用钳子夹起石头，用锤子将石头敲击成碎块，用勺状物采集土壤，用底质柱状取样器采取地下样品。图中，哈里森·施密特在阿波罗17号着陆点——金牛–利特罗峡谷正在用耙子耙月球表面。

捕获彗星尘埃

　　第一个采集彗星颗粒样品的任务是由星尘号完成的。2004年1月2日，星尘号探测器与怀尔德2号彗星相遇，当时星尘号以每小时22000千米的速度飞掠彗星，并从彗星的内彗发中收集了尘埃。位于探测器外部的样品收集器负责收集尘埃，尘埃撞上其中的低密度多孔硅气凝胶后被减速、捕获。起初的收集目标定为至少500个粒子，但实际上收集到的数量要多得多。收集器安全收进样品返回舱后，探测器马上启程返回地球。2006年1月15日，星尘号样品返回舱安全返回地球。

太阳风粒子

　　2004年，起源号探测器收集了太阳风粒子，这是阿波罗登月计划以来，美国航空航天局的第一次样品返回任务。起源号向太阳飞行，收集太阳风粒子，并将其带回地球，完成了为期三年的任务。太阳风粒子被收集进250个六边形晶片中，每个晶片的直径是10厘米，由硅、金刚石和蓝宝石等材料制成，分别存放于返回舱的5个托盘中，等待探测器将其发射返回地球。原本降落伞应该打开，以降低返回舱速度，然后由直升机伸出长杆钩住返回舱，并将其安全送至地面。这是一个大胆的尝试，不幸的是，降落伞没有打开，返回舱坠毁了。

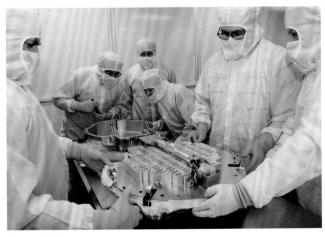

取回尘埃样品
星尘号的样品返回舱在位于美国休斯敦的美国航空航天局约翰逊空间中心被打开，里面的样品收集器如一个网球拍大小，从外边看像一个制冰盘，收集器内部的气凝胶收集了彗星尘埃。

返回地球
2004年9月8日，装有太阳风粒子的返回舱坠入美国犹他州的沙漠中，上图中，看似返回舱被埋入沙漠，实际上它已经解体了，上面的250个晶片碎成15000片，但经清理发现，碎片上还带有一些太阳风粒子。

再回首

探索完四颗带外行星，旅行者1号和旅行者2号探测器继续朝着远离太阳的方向前行，在前往星际空间之前，旅行者1号最后回望了一下整个太阳系。

回首往事

1977年，旅行者1号和旅行者2号离开地球，从那时起，它们离地球愈来愈远。1990年2月14日，距离地球65亿千米，旅行者1号将相机对准了在其身后的太阳系行星，拍摄了60张照片，使我们第一次看到了在太阳系外，纵览整个太阳系的景象（见下页）。在这个位置，太阳看起来只是地球上看到的1/40，行星的影像也很模糊。2012年8月，旅行者1号以每小时61200千米的速度飞出日球层（受太阳影响的部分宇宙空间）顶，并迅速接近星际空间，与此同时，旅行者2号还在日球层飞行。日球层本身也在星际空间中移动，目前正穿越本星际云。本星际云约30光年宽，主要是稀薄的氢气和氦气。

弓形激波
星际气体与日球层碰撞后，速度放缓，形成一束一束的激波。

日球层鞘
日球层外部，在此处，太阳风遇到星际气体，速度放缓。

终端激波
太阳风与星际气体相遇后，速度放缓，形成一束一束的激波。

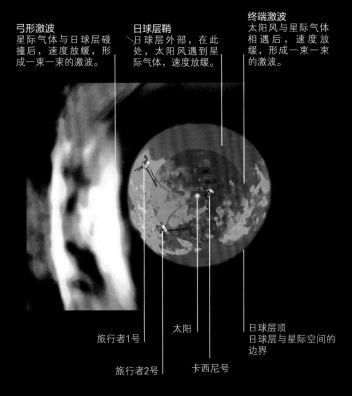

旅行者1号

太阳

旅行者2号

卡西尼号

日球层顶
日球层与星际空间的边界

日球层
日球层是泡沫状的空间，受太阳风和太阳磁场控制，半径约为225亿千米。当日球层穿过星际空间时，它会产生一种类似于船在水中行驶产生的弓形激波。

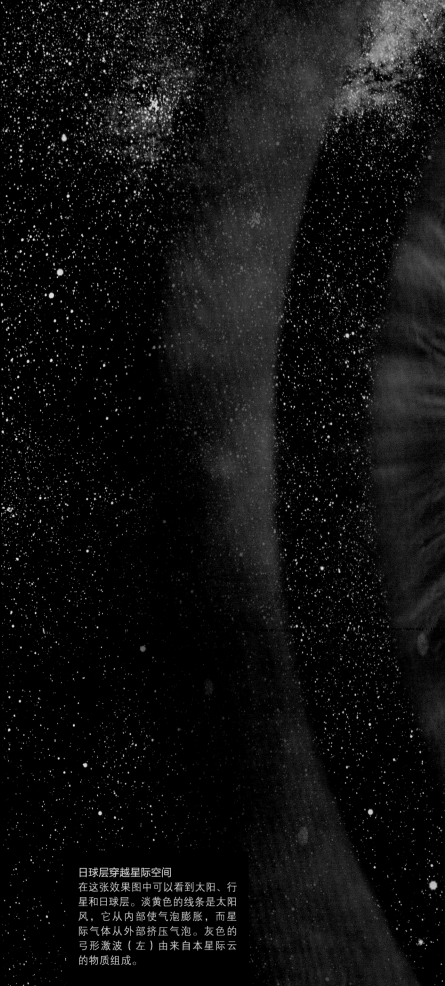

日球层穿越星际空间
在这张效果图中可以看到太阳、行星和日球层。淡黄色的线条是太阳风，它从内部使气泡膨胀，而星际气体从外部挤压气泡。灰色的弓形激波（左）由来自本星际云的物质组成。

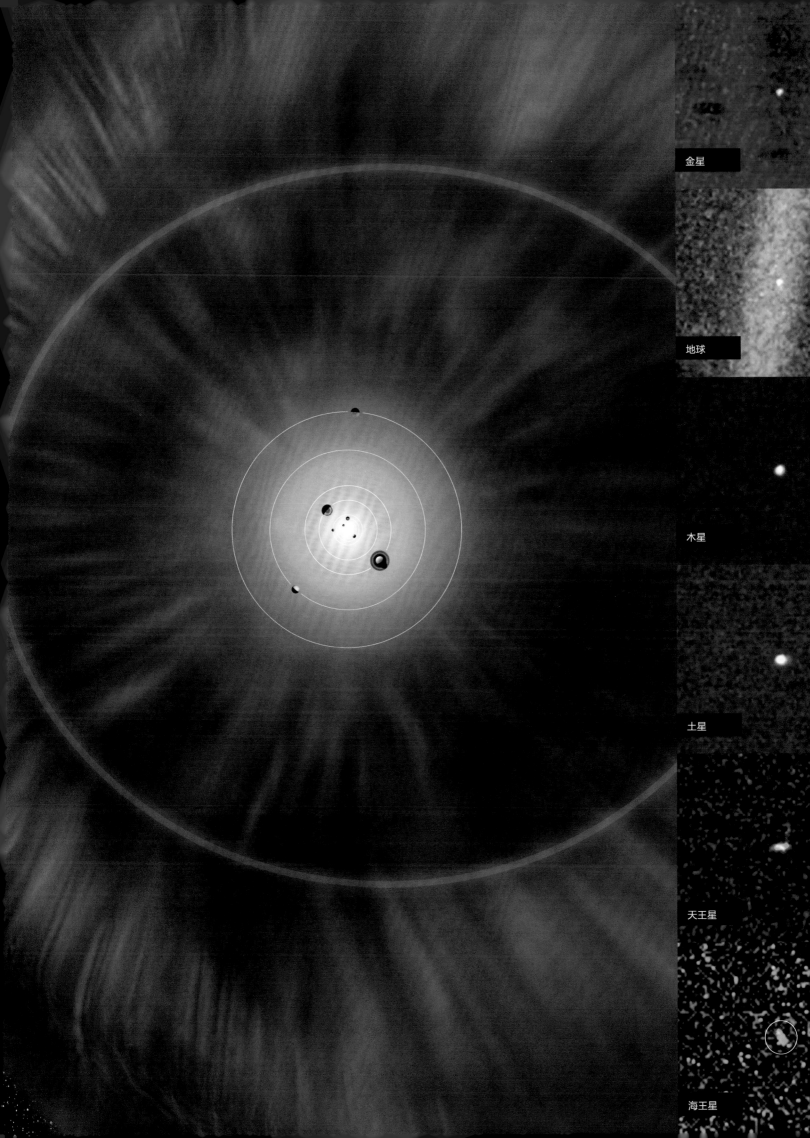

金星

地球

木星

土星

天王星

海王星

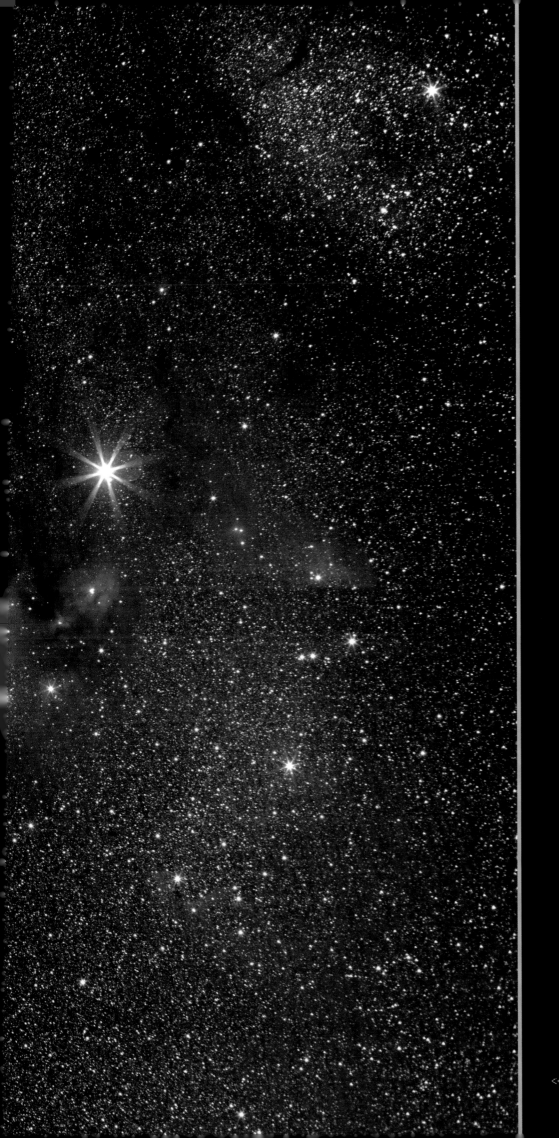

4

充满恒星的星系

<< 银河系中心距离地球26000光年

银河系

太阳系虽大，但也只是巨大棒旋星系内的一个微小的斑点，这个像风车一样旋转的巨大星系就是银河系，它有130多亿年的历史，直径达10万光年，估计其中差不多有2000亿颗恒星。

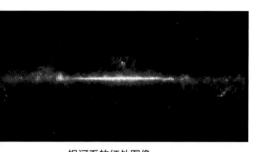

银河系的红外图像
这是由日本的光亮号（Akari）卫星拍摄的银河系红外图像，在其中可以看到随着新的恒星的诞生，有炽热的尘埃释放出来。

恒星带

银河系，在英语中称Milky Way（奶路），这正是人们在地球上观察到的银河系的样子（现代英语中"星系"正是来源于希腊语中的"乳汁"）。若以银河系的中心盘面为基准，向上或向下看，只能在空间中看到零星分布的一些恒星，较为稀疏；但如果纵观整个盘面，就可以看到很多恒星。大多数恒星离我们太过遥远，裸眼是看不到的。但它们聚成巨大的星云，会在天空中呈现出一条很明显的苍白蜿蜒的条带。古希腊和古罗马的天文学家把这条带比喻成一条牛奶河。在拉丁语中，它被称为"天河路"；在希腊语中，它被称为"乳汁之环"。太阳系就位于这片宽广但又相对较薄的恒星盘中。

夜观天空
这张长曝光图像，拍摄的是人马座周围区域，图中可以看到发亮的星云和泛着粉红色光的恒星形成区，它们位于银河系中心。这张照片取景于美国亚利桑那州的山上，照片中的暗色部分是距离地球相对较近的尘埃云的影子。

螺旋状的银河系

银河系是一个巨大的螺旋结构，直径约10万光年。核心区域长约27000光年，宽15000光年，厚度达6000光年，周围相对较扁平的银盘厚度有1000光年。主盘上下，球状星团（见220页）在一个延伸的晕上运行，并零星伴有单个"失控"的恒星，这是由于"失控"恒星与其他恒星近距离接触后，被挤出了正常轨道，或是宇宙中的爆炸事件造成的。银河系中不同地区的恒星呈现出明显的差异。那些位于中心的恒星亮度相对微弱，主要为红色和黄色；那些在盘面外围的，颜色和亮度不一，最明亮的蓝白色恒星位于旋臂上。

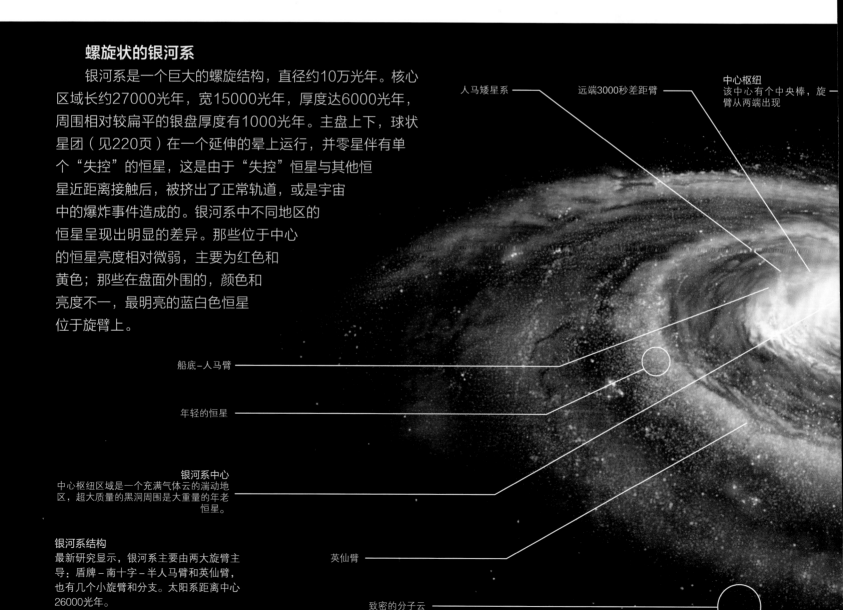

人马矮星系

远端3000秒差距臂

中心枢纽
该中心有个中央棒，旋臂从两端出现

船底–人马臂

年轻的恒星

银河系中心
中心枢纽区域是一个充满气体云的湍动地区，超大质量的黑洞周围是大重量的年老恒星。

银河系结构
最新研究显示，银河系主要由两大旋臂主导：盾牌–南十字–半人马臂和英仙臂，也有几个小旋臂和分支。太阳系距离中心26000光年。

英仙臂

致密的分子云

第一幅银河系结构图

17世纪后期，天文学家意识到，每一颗恒星都是一个"太阳"，因此可以想见银河系的范围是非常宽广的。直到1785年，才有人大胆地尝试绘制银河系结构图。英国天文学家威廉·赫歇尔和他的妹妹卡洛琳假设所有恒星的光度是一样的（这样一来，就把恒星的视亮度与它到地球的距离联系了起来），然后沿近700条不同的视线方向测量他们可以看到的最暗的恒星，以估计银河系的范围。

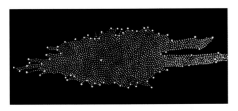

赫歇尔兄妹绘制的银河系结构图
基于以上粗糙的假设，赫歇尔兄妹做了一次勇敢的尝试，他们绘制的银河系是一个扁平的不规则云状物，太阳位于中心附近。

银河系的秘密

虽然我们已经对银河系研究了几个世纪，但现在仍有令我们惊奇的发现。自20世纪90年代以来，天文学家发现了距离银盘很近但大部分被银道面的恒星云遮住的两个星系（人马矮星系和大犬矮星系，见267页），它们被银河系的引力严重扭曲，最终也将被吸进来。同时，对银河系自转的测量表明，其晕的质量大于其中可见物质的质量。因此，它可能含有丰富的暗物质（见318～319页），其中包括一些致密的暗天体（可能是流浪行星或黑矮星）。旋臂的形状和起源仍然是一个谜（见下文）。然而，所有问题中最让人好奇的还是银河系中心巨大的高密度区域（见260～261页）。

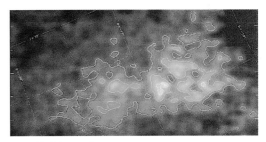

人马座矮椭圆星系
1994年，通过分析人马座星云的密度，天文学家识别出了这个星系，即图中的光斑。

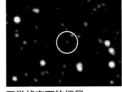 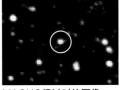

正常状态下的恒星　　　MACHO经过时的图像

银河系中的暗物质
银河系的一部分质量可能集中在晕族大质量致密天体（MACHOs）上。当它们经过恒星时，引力将恒星的光线扭曲，导致恒星看起来更亮。

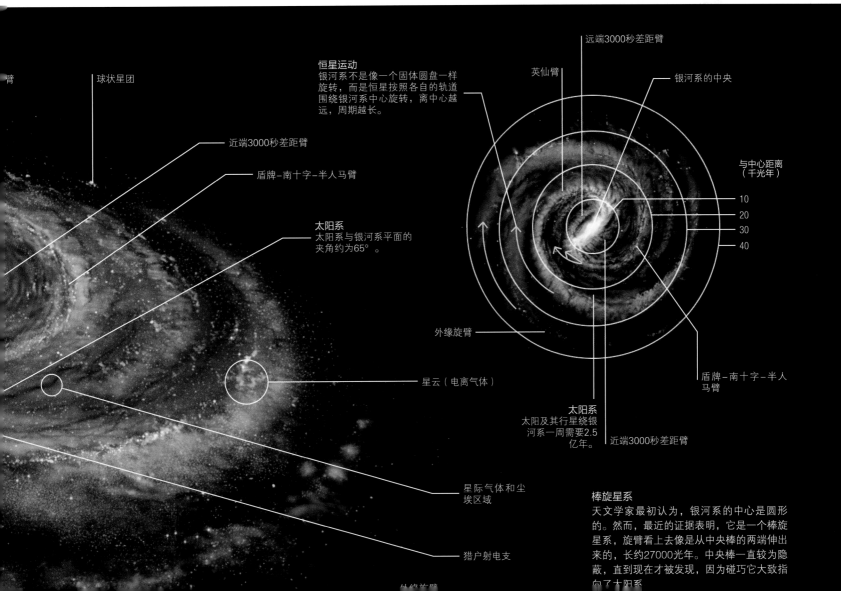

臂
球状星团
近端3000秒差距臂
盾牌–南十字–半人马臂
太阳系
太阳系与银河系平面的夹角约为65°。

恒星运动
银河系不是像一个固体圆盘一样旋转，而是恒星按照各自的轨道围绕银河系中心旋转，离中心越远，周期越长。

远端3000秒差距臂
英仙臂
银河系的中央

与中心距离（千光年）
10
20
30
40

外缘旋臂

盾牌–南十字–半人马臂

太阳系
太阳及其行星绕银河系一周需要2.5亿年。

近端3000秒差距臂

星云（电离气体）

星际气体和尘埃区域

猎户射电支

棒旋星系
天文学家最初认为，银河系的中心是圆形的。然而，最近的证据表明，它是一个棒旋星系，旋臂看上去像是从中央棒的两端伸出来的，长约27000光年。中央棒一直较为隐蔽，直到现在才被发现，因为碰巧它大致指向了太阳系。

从地面看银河系

这张图像是美国亚利桑那州死亡谷上的夜空，是由30幅图像拼成的全景图。通过拼接成一个矩形来呈现整个夜空，这时银河就变形成弧形了；明亮的银河中心在图中的右侧，位于弧形中心的是暗色的旋臂尘埃。

飞向恒星

星际尘云
尘云（如位于人马座的NGC 6559）出人意料地广泛分布于整个银河系。然而，只有在恒星或发光气体的照耀下才变得明显。

飞越奥尔特云（见178~179页），进入恒星之间的空间，很快发现这个巨洞不是它看起来的那样空。除了恒星，还有稀薄的气体和尘埃云以及其他天体，它们都是银河系的重要组成部分，讲述着银河系的故事。

星际空间

恒星之间的空间充满了混合的粒子，统称为星际介质。这种介质在整个银河系的平均密度是每立方厘米1个原子，但有些地方的密度是这个的100万倍。这种介质中气体占主导地位，其中氢约占89%，氦占9%，还有2%是更重的元素。空间中的局部条件导致氢以不同的形式存在，有分子云（成对氢原子键合成分子）、中性原子区域（氢原子相互分离）和等离子（带电氢原子）。

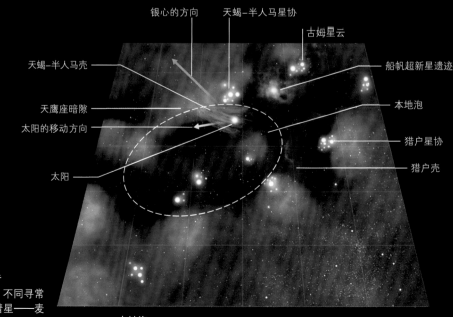

银河系中的流浪者
独特的化学成分、不同寻常的轨道，短周期彗星——麦克霍尔茨彗星（见第181页）被认为起源于某颗恒星周围，后被弹射出去，成为一个星际流浪者，最终被太阳捕获。

本地泡
太阳系位于一个相对空旷的区域内，这个区域直径300光年，被称为本地泡。此区域内的气体是非常热的，但密度只是一般星际介质的1/10。本地泡可能是在约300万年前，由超新星爆炸（见248页）产生的冲击波不断扩散形成的。

星系中的天体

银河系中绝大多数的天体组成以气体为主。恒星，作为银河系中最大质量的单个天体之一，本质上也是气体的高度聚集，其看上去像固体的表面，只不过是一片气体区域的边缘，此区域内的气体密度很高，所以看上去很不透明。星云可能看起来像发光的云，但其实它是密度非常高的星际介质，每立方厘米含有几百个粒子。高密度的形成原因可能是与恒星形成有关的引力坍缩（见下文），也可能是死亡恒星的爆炸冲击（见右下图）。星云发光是因为反射了附近恒星的光，或是自身的辐射。

大约1%的星际介质（按照质量计算）是星际尘埃，只有在一个明亮的背景映衬下才能看到。当进入新生恒星周围浓密的云层时，尘粒凝聚、粘连在一起，形成较大的天体，如岩质小行星和行星。如果温度足够低，低熔点物质（水、氨等）也可能形成固体冰，并与星际尘埃混合形成彗星（见180~181页）、冰矮天体（见178~179页）和巨大的带外行星（见124~125页）。

恒星
每颗恒星的中间都集中了高密度的原子，这里也是宇宙中唯一一发生天然核聚变的地方（见第208页）。恒星的核聚变产生可见光和其他辐射，照亮了银河系。

恒星形成区
当气体由于引力坍缩而集中，或者被恒星爆炸的冲击波推到一起时，就开始形成新的恒星，如上图中看到的ω星云。星云内，恒星发出的紫外线辐射将氢分子和原子分解成离子（带电原子），形成了HII恒星形成区（见第266页）。

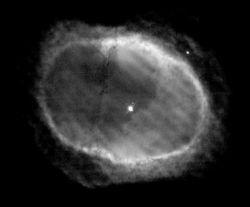

行星状星云
垂死的类太阳恒星膨胀变大，将其外层喷出，形成美丽复杂的行星状星云，例如双环星云/南环星云。它们的气体发光长达几千年，之后渐渐消失，融入星际介质中。

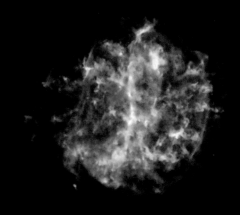

超新星遗迹
巨大的恒星以壮观的爆炸结束自己的生命，爆炸向宇宙中释放了很多较重的元素。超新星冲击波，如G292.0+1.8（上图）可以持续数百万年，雕琢着星际介质，最终慢慢消失（见248页）。

定位恒星

为了将恒星和其他天体的真实属性量化，天文学家需要知道它们究竟距离地球有多远。星际距离十分遥远，因此这项任务比想象的要困难得多。幸运的是，现在有几种不同的测量方式可以选择。

视差效应

第一次算出地球是绕着太阳运行的时候，天文学家就希望在天空中可以找到证据。以更遥远的背景为参照，从两个不同的角度看，附近的天体似乎在改变自己的位置，这是所谓的视差，因此相隔六个月，从地球上看（地球从太阳一侧运行到另一侧），恒星本身就应该改变位置。如果恒星位置没有改变，则说明它们距我们非常遥远。直到1838年，测量视差才取得成功，德国天文学家弗里德里希·贝塞尔用这一方法测量出了附近的恒星——天鹅座61与地球的距离，约11.4光年。

地面上的视差测量是天文学家能够识别不同类型恒星的重要手段，但由于实施精确观测较为困难，所以只适用于离我们不太远的恒星。1989年，欧洲空间局发射的依巴谷天文卫星（见下页），使得这种观测有了重大突破，它将该技术的适用性扩展到了距地球1000光年的范围。

用视差方法测量距离
在轨视差卫星，比如依巴谷天文卫星，可以从地球轨道的两侧，以天空为背景，测量单个恒星的位置。知道地球的轨道直径和周年视差的大小变化，可以简单地计算出恒星与地球的真实距离。

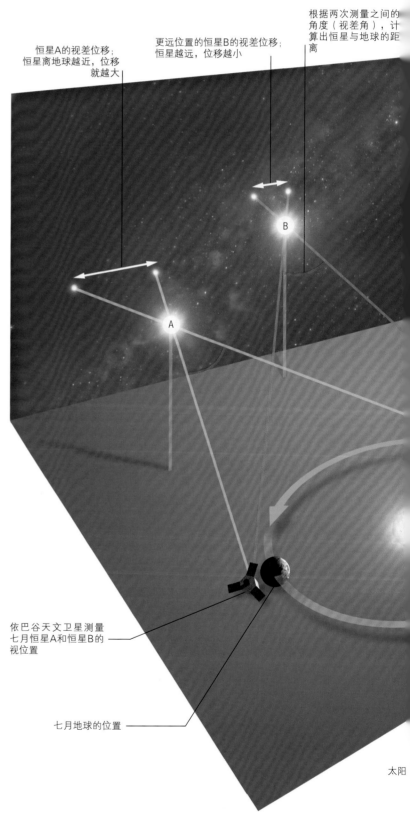

恒星A的视差位移；恒星离地球越近，位移就越大

更远位置的恒星B的视差位移；恒星越远，位移越小

根据两次测量之间的角度（视差角），计算出恒星与地球的距离

A

B

依巴谷天文卫星测量七月恒星A和恒星B的视位置

七月地球的位置

太阳

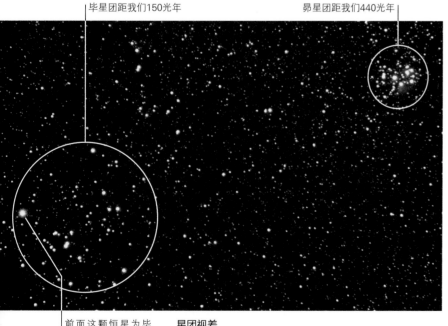

毕星团距我们150光年

昴星团距我们440光年

前面这颗恒星为毕宿五，距我们只有65光年

星团视差
可以用一个巧妙的方法测量星团（如毕星团和昴星团）与地球的距离。星团中的恒星朝着同一方向移动，但视差使它们看起来像从一个点往外发散开来，散度大小取决于与地球的距离，所以测量散度可以得到它们与地球的距离。

一光年有多远?

宇宙中的天体之间相距甚远,我们熟悉的测量单位,例如像千米、英里,甚至测量太阳系的天文单位都相形见绌。这时,天文学家使用更大的距离单位,最常见的是光年,即一年中光走过的距离,相当于9.5万亿千米。另一个广泛使用的单位是秒差距(1秒差距=3.26光年),即一个天体周年视差为一角秒(三千六百分之一度)时所对应的距离。

距离示意图

这张示意图以光年为单位,说明了地球和太阳之间、太阳系的半径、太阳到最近的恒星的相对距离。由于距离太大,所以无法按照实际比例大小展示。

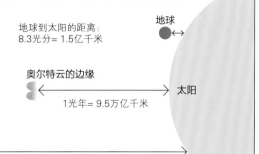

地球到太阳的距离:
8.3光分= 1.5亿千米

地球

奥尔特云的边缘

太阳

1光年= 9.5万亿千米

最近的恒星——比邻星

4.2光年= 40万亿千米

星系的测距

视差方法比较精确,虽然只能应用在附近相对较小的空间区域。但是,视差方法测距还能帮助我们揭示恒星的很多其他有用信息。例如,已发现某些脉动变星的光变周期与其平均亮度有关,利用这一点,不用测量视差就能计算它们的距离。这些恒星中最著名的是造父变星(见第276页),以及其他类型的变星(以发现时它们所在的星座命名),包括天琴RR型变星和盾牌座 δ 型变星,利用这些恒星的变化,可以计算出它们的真实亮度。天文学家们通过把这个亮度与在地球上看到的亮度进行比较,就可以算出它们与地球的距离。

巡天卫星

1989年,欧洲空间局发射了依巴谷天文卫星,并试运营三年多,这颗高精度视差收集卫星测量了超过10万颗恒星的视差,精度达到约400万分之一度,较低精度也有250万分之一度。地球大气会造成图像模糊,但依巴谷天文卫星可以不受影响,把视差的应用范围扩大到距离太阳1000光年。而其继任者——盖亚天文卫星,测量精度是依巴谷卫星的100倍,可以编目10亿颗恒星,并将视差法的应用范围扩大到整个银河系。

盖亚天文卫星

欧洲空间局于2013年发射,该卫星可以通过两个广角固定望远镜将拍摄的图像进行比较,从而进行测量。任务之一是测量银河系和本星系群的恒星视差。2018年4月,欧空局发布了第二批数据,其中包含13.3亿颗恒星的视差和自行数据。

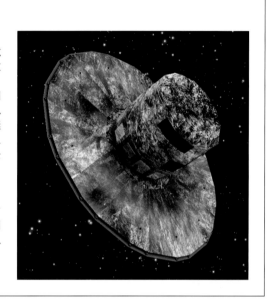

恒星运动

并非恒星在天空中的所有运动都会产生视差。每颗恒星在宇宙中都按照自己的轨道运行,有些运动得足够快,使我们可以观察到它们的年度位置变化。所有恒星的运行路径都可以被分解成两个部分:自行(横向运动,改变其在天空中的位置)和视向运动(朝向或远离地球的运动)。自行只能通过精确测量恒星的位置变化得到,视向运动可以通过计算多普勒频移(星光的波长和颜色变化)得到(见233页)。自行会使测量视差的方法复杂化,但是如果将其与视向速度相结合,来揭示恒星真正的路径,就可以为天文学家提供有价值的信息。例如,可以帮助回溯在疏散星团中分散的恒星的共同起源点,也可以由此了解由于超新星爆炸这样的暴力事件,而被高速抛出的"逃亡"恒星。此外,自行甚至可以揭示由于银河系的自转所造成的大尺度运动。

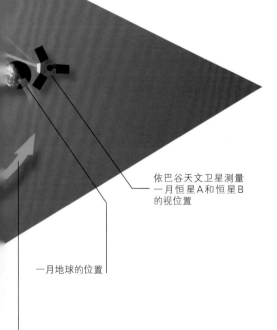

依巴谷天文卫星测量一月恒星A和恒星B的视位置

一月地球的位置

地球公转方向

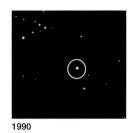
1985

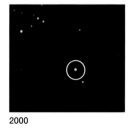
1990

2000

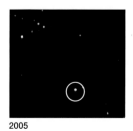
2005

跟踪巴纳德星

1916年,美国天文学家巴纳德发现了这颗不起眼的红矮星(见201页),目前位于蛇夫座,距离地球5.96光年,在天空中自行速度最大,只需175年就可以移动一个满月的距离。

近距恒星

即使是最近的恒星，距离地球也有数光年远，与太阳系中的行星比起来要远数万倍。
但它们仍然比天空中绝大多数的恒星近，因此也是人们最容易做详细研究的对象之一。

太阳附近空间

大约30多个恒星系统位于距太阳15光年的范围内，排布在银河系中一个横截面上。这个随机形成的结构包含14个双星或多星系统，里面有暗弱的褐矮星，也有比太阳还亮的白星。尽管距离并不遥远，但这些恒星中只有9个足够明亮，可以让我们用肉眼在地球上看到；其他绝大多数可以用肉眼看到的恒星都非常遥远，但其本身非常明亮。地球附近没有真正发光的巨星，最近的是橙巨星——北河三，位于双子座，距离地球33光年，和红巨星——大角星（天空中第四亮星），位于牧夫座，距离地球37光年。

近距恒星的测绘图
这张图显示了距太阳直线距离12.5光年的空间内，恒星种类繁多，有数量庞大的红矮星，也有明亮的白色的类太阳恒星，还有微小的白矮星。

右图图例
- ⬤ 红矮星
- ⬤ 黄色主序星
- ⬤ 白色主序星
- ⬤ 白矮星

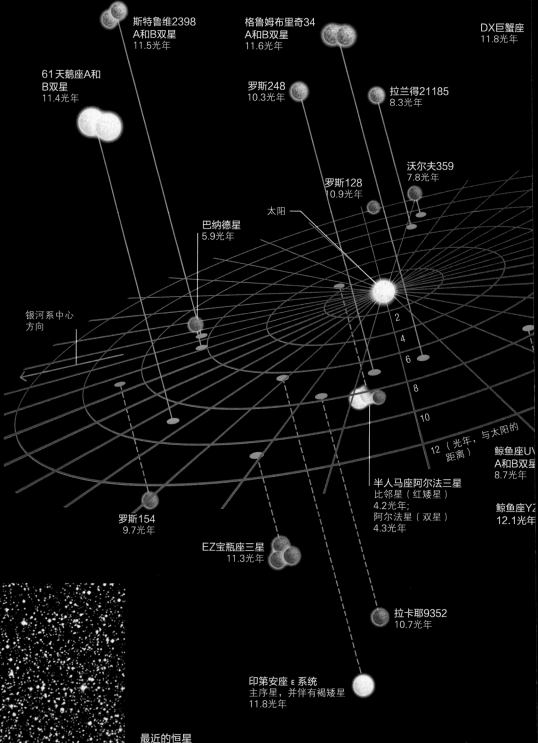

斯特鲁维2398
A和B双星
11.5光年

格鲁姆布里奇34
A和B双星
11.6光年

DX巨蟹座
11.8光年

61天鹅座A和
B双星
11.4光年

罗斯248
10.3光年

拉兰得21185
8.3光年

沃尔夫359
7.8光年

罗斯128
10.9光年

巴纳德星
5.9光年

太阳

银河系中心
方向

2
4
6
8
10
12（光年，与太阳的距离）

鲸鱼座UV
A和B双星
8.7光年

半人马座阿尔法三星
比邻星（红矮星）
4.2光年；
阿尔法星（双星）
4.3光年

鲸鱼座YZ
12.1光年

罗斯154
9.7光年

EZ宝瓶座三星
11.3光年

拉卡耶9352
10.7光年

印第安座 ε 系统
主序星，并伴有褐矮星
11.8光年

最近的恒星
离太阳最近的恒星系统由三颗恒星组成。位于中央位置的一对类太阳恒星，从地球上看像是一颗，十分璀璨，叫作半人马座阿尔法星。还有一颗是离地球最近的恒星（除太阳外）比邻星，这是一颗红矮星，离地球只有4.2光年远。左图中中央位置的那颗红星就是比邻星，这张图由位于澳大利亚的英国施密特望远镜拍摄。

耀眼的邻星

太阳附近空间最明亮的恒星是大犬座的天狼星和小犬座的南河三，它们都是亮度均匀的白星，因距离地球很近（分别为8.6光年和11.4光年），所以显得格外明亮。天狼星的质量是太阳的2倍，光度是太阳的25倍；南河三的质量是太阳的1.5倍，光度几乎是太阳的8倍。巧合的是，这两颗恒星都是双星系统，每个系统中的第二颗恒星虽小，但是是炽热的恒星遗迹，称为白矮星（见239页）。

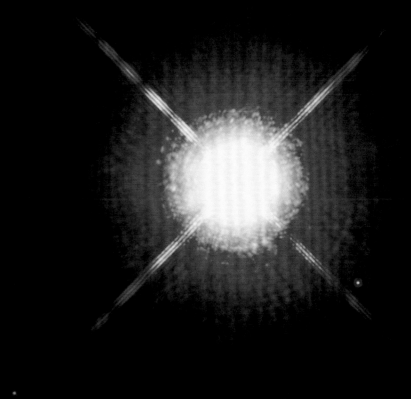

天狼星A和B双星系统
图中远处最右边的白矮星天狼星B，尽管看起来明显比更亮的伴星天狼星A小得多，但质量达到了后者的一半。1.2亿年前，天狼星B是一颗红巨星，比天狼星A还亮。这个双星系统公转周期不到50年。

红矮星

太阳系空间周围的绝大多数恒星都是红矮星。这些恒星的质量通常不到太阳的一半，光度只有太阳的不到10%，有的比这还小很多。红矮星释放能量的速度比像太阳这样的恒星要慢得多，表面温度也较低（不高于3200摄氏度），因此它们发出的大部分是红光。除了附近紧邻的几颗，红矮星非常难探测，但我们有充分的理由相信，它足够多，甚至就在不远处。

比红矮星还小还暗弱的是褐矮星，质量不到太阳的8%。目前天文学家知道太阳系附近有四颗褐矮星。

CN狮子座变星
又称沃尔夫359，约7.8光年远，因为距离相对较近，我们可以在夜空中很容易观测其运动。上图为利用英国施密特望远镜相隔几年拍摄的两张图像。

新邻居
这张图为蒂加登星的效果图。它被发现于2003年，是一颗暗淡的红矮星，距我们12.5光年，位于白羊座，光度是太阳的1/11000，是人们在寻找暗弱小行星时发现的。

类太阳恒星

在一些地方，有些恒星与太阳有着惊人的相似之处。半人马座阿尔法星中最亮的A星，与太阳非常类似，质量只比太阳大10%。而半人马座阿尔法B星，质量比太阳小10%，体积小一些，表面温度也较低，发出明显的橙黄色光。附近其他恒星，例如天苑四、天鹅座61的双星、印第安座 ε A星和天仓五，也只是质量略小于太阳而已。

天苑四
比太阳稍暗，表面温度也比太阳略低，但比太阳年轻得多，不到10亿岁。由两个小行星带、一个巨大的外尘环以及至少一颗巨行星环绕，见右侧效果图。

南河三A和B双星 4光年

鲁坦星 12.4光年

蒂加登星 12.5光年

天苑四 10.5光年

天狼星A和B双星 8.6光年

天仓五 11.9光年

GJ 1061 12.0光年

恒星的特征

恒星是最复杂的天体，因为它们属性迥异，并且有着复杂的演化周期。它们还非常
遥远，其形成与消亡的时间尺度大得无法想象，所以如果想把它们都搞明白，还真需要
一些巧妙的探测方法。

什么是恒星？

恒星本质上是一团团的气体，在自身的引力作用下聚集，直到中心区域变得非常致密、炽热，高温气体变成不透明的气体云。在恒星内部，条件很极端，原子核被迫聚合在一起，产生核聚变。核聚变将氢转化为氦，产生大量的能量（见208～209页），这种能量从内到外释放，最后从透明的恒星表面逃逸。

颜色、温度与大小

通过使用视差等方法计算恒星距离（见198～199页），天文学家得知，恒星自身的固有亮度或者说光度差异巨大。但不同的颜色代表什么？恒星的颜色反映其表面温度，从温度相对较低的红色到炽热的蓝色不等，而温度又由其单位面积表面上释放的能量决定。所释放能量的多寡又取决于恒星的整体能量输出（亮度）和它的大小，恒星越大，其表面积越大，释放的能量也就越多。因此，知道颜色和亮度，可知恒星大小。暗弱的蓝白星肯定比暗红星小，这样才能维持表面的高温；相反，相比于同样明亮的蓝星，红星一定更大，使亮度与表面温度的关系相协调。

恒星发出的
辐射就是光

引力产生向内
的拉力

恒星核

内部压力向外
释放

恒星结构
恒星内部的每一层都被困在一个微妙的平衡之中，即向内和向外的力量，称为流体静力平衡。恒星内部的热气体所产生的向外的压力，与外层重量和万有引力作用所产生的向内的拉力形成了一种微妙的平衡。

恒星大小
流体静力平衡使得恒星处于平衡状态（左），这意味着越亮的星，不仅体积更大，而且表面温度也比致密的暗星更高。不过，明亮又膨大的红巨星（见228页）和炽热又超致密的白矮星（见239页）除外。

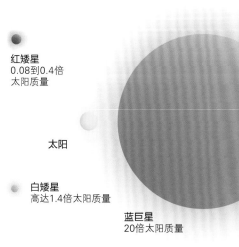

红矮星
0.08到0.4倍
太阳质量

太阳

白矮星
高达1.4倍太阳质量

蓝巨星
20倍太阳质量

黄巨星
高达8倍太阳质量

化学成分与颜色

19世纪后期，天文学家开始分析恒星光谱。他们发现，恒星的颜色也表明其化学成分的根本差异（见233页）。恒星光谱中暗色的吸收线是特定原子在大气中吸收能量的结果，因此不同的颜色往往又代表不同的大气组成。人们将恒星按光谱分类（见下图），按照O、B、A、F、G、K、M的顺序，后跟一个数字（0～9）来表示更细的划分。

恒星的光谱分类

类型	颜色	特征谱线	平均温度（摄氏度）	代表星
O	蓝色	He+, He, H, O²⁺, N²⁺, C²⁺, Si³⁺	45000	天社一
B	蓝白色	He, H, C⁺, O⁺, N⁺ Fe²⁺, Mg²⁺	30000	参宿七
A	白色	H, 电离金属	12000	天狼星
F	淡黄白色	H, Ca⁺, Ti⁺, Fe⁺	8000	南河三
G	黄色	H, Ca⁺, Ti⁺, Mg, H, 一些分子谱带	6500	太阳
K	橙色	Ca⁺, H, 分子谱带	5000	毕宿五
M	红色	TiO, Ca, 分子谱带	3500	参宿四

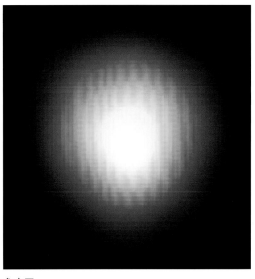

参宿四
红超巨星参宿四位于猎户座，光谱型M2，具有温度较低的弥散大气层，大气层中富含水分子和一氧化碳分子等，这使得参宿四有一个复杂的光谱，其中有又宽又暗的吸收带。

恒星全图

每颗恒星的寿命都极长，我们只能观察到它们生命中的某一阶段的情况。不过，人们已对单颗恒星的属性有所了解，要全方位了解恒星的演化，可以通过比较大量已知的单个恒星的数据得到。1910年左右，丹麦科学家埃纳尔·赫茨普龙和美国天文学家亨利·诺里斯·罗素，各自产生了一个根据恒星光度和光谱类型绘制恒星全图的想法，由此"赫罗图"产生了，又称"H-R图"，它是天文学界中最重要的成就之一，揭示了一个简单但重要的规律：绝大多数的恒星位于被称为"主序"的对角线上，两端分别是无数暗弱的红矮星与稀少但明亮的蓝巨星，暗淡的蓝白色星（白矮星）和灿烂的橙红色星（红巨星）较为罕见，超高光度星、多色超巨星更为稀少。

赫罗图
该图显示了恒星类型的分布，并标出了一些知名恒星，它们大部分位于主序沿线。图中明亮的红巨星显得比昏暗的红矮星数量多，这是因为红巨星从地面上看更显眼。

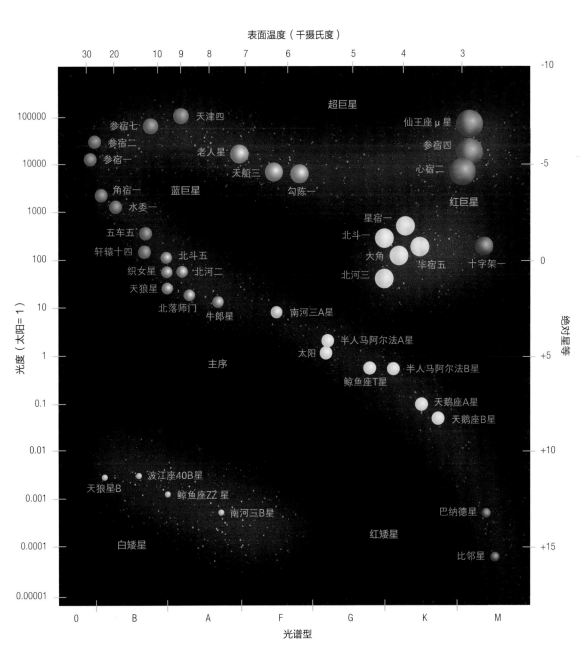

恒星的质量和光度

如赫罗（H-R）图上所示（见203页），恒星的光度和表面温度之间有一个简单的关系，大多数恒星都遵循这一规律，但是究竟是什么原因导致不同的恒星亮度不同？1924年，为了估计多星系统内的恒星质量，并比较它们的其他特性，英国天文学家亚瑟·斯坦利·爱丁顿对双星体系进行了研究（见221页）。他的研究表明，主序恒星的光度和质量之间有明确的联系，恒星越重就越亮。爱丁顿认为，大质量恒星的内部温度高、密度大，使它们能够更有效地产生能量（见208~209页）。

恒星图谱

20世纪30年代末，人们对恒星的认识渐增，一张全面描述恒星演化过程的图表诞生了（见208~209页）。基于这样的认识，再加上爱丁顿的发现与流体静力平衡模型的建立（见第202页），天文学家研究出了更多的恒星类型的属性。恒星演化的速度很慢，大多数恒星的特性在几百年内基本保持不变，但对大量不同类型的恒星的观察提供了丰富的数据。再加上光谱观测可以跟踪不断变化的恒星大气的化学成分，和已知的恒星内核聚变反应的理论模型，天文学家由此可以推出恒星从一个状态发展到另一个状态的演化路径。

天津四和织女星

天津四和织女星两颗亮星在地面上看起来十分相似。但事实上，织女星距我们很近，只有25光年，质量是太阳的约2倍，光度是太阳的37倍，而天津四距我们1400光年，质量是太阳的20倍，光度是太阳的约55000倍。

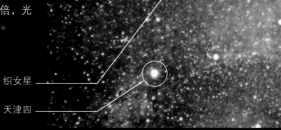

织女星

天津四

> "每一条新光谱都是通往一个美妙新世界的大门……仿佛遥远的恒星开口说话"
>
> 安妮·坎农，美国天文学家，恒星光谱学的先驱

恒星的演变轨迹

大多数恒星起源于主序。质量最大的演变成超巨星，最终爆炸。质量再小一点的恒星，如太阳，要经过一个红巨星阶段，形成一个行星状星云。最轻的恒星演化非常缓慢，以至于它们中最古老的恒星至今仍在主序中，因此天文学家还不能观测到它们的最后阶段。

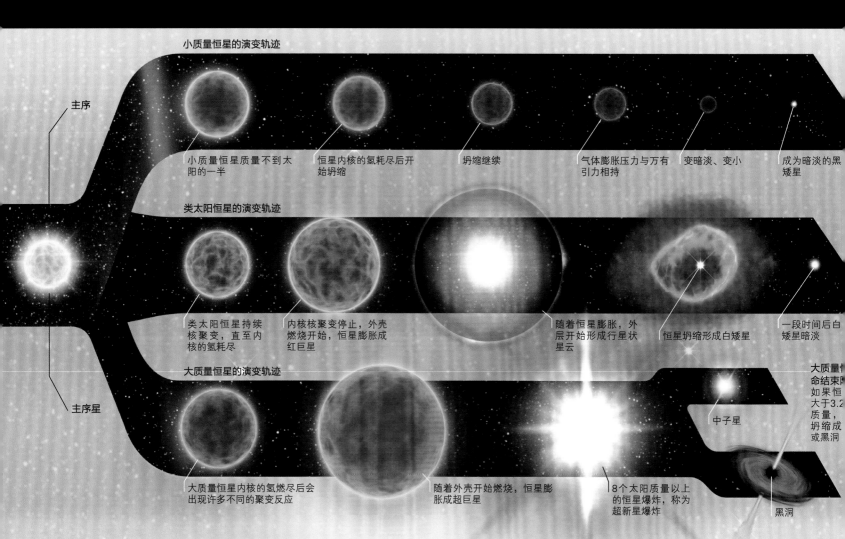

小质量恒星的演变轨迹

主序

小质量恒星质量不到太阳的一半

恒星内核的氢耗尽后开始坍缩

坍缩继续

气体膨胀压力与万有引力相持

变暗淡、变小

成为暗淡的黑矮星

类太阳恒星的演变轨迹

类太阳恒星持续核聚变，直至内核的氢耗尽

内核核聚变停止，外壳燃烧开始，恒星膨胀成红巨星

随着恒星膨胀，外层开始形成行星状星云

恒星坍缩形成白矮星

一段时间后白矮星暗淡

大质量恒星的演变轨迹

主序星

大质量恒星内核的氢燃尽后会出现许多不同的聚变反应

随着外壳开始燃烧，恒星膨胀成超巨星

8个太阳质量以上的恒星爆炸，称为超新星爆炸

中子星

黑洞

大质量恒星生命结束时，如果恒星质量大于3.2倍太阳质量，则坍缩成中子星或黑洞

恒星演化

根据目前已知的恒星演化模式，天文学家可以在H-R图（见203页）上描述不同类型恒星的发展轨迹。由于内部还不平衡，一个典型的新生原恒星可能很明亮，但表面温度较低，当它稳定下来后，会变得越来越热，最终根据质量大小在不同节点加入主序星的行列（见前页）。恒星这一生中的大多数时间都会在主序里，直到其内核的氢耗尽。内部的变化将导致其退出主序，此时，不同质量的恒星将遵循不同的路径。例如，一颗类太阳恒星发光后冷却，直到变成一颗红巨星，然后褪掉外层，形成行星状星云，最后变成白矮星。真正的大质量恒星膨胀成超巨星，最终以超新星爆炸的形式消亡。

恒星的一生
星团中所有的恒星都在同一时间形成。疏散星团如宝盒星团NGC 4755，距我们7500光年，其中不同质量的恒星携带了不同的寿命信息。在这个年轻的星团中，大部分较亮的星是大质量恒星和蓝白色的特大质量星，其中最大的已经演化成红巨星。类太阳星将继续在主序发光数十亿年。

演化路径
H-R图上的路径显示了两个不同类型的恒星典型的演化轨迹，较小的类太阳恒星的演化相对较为缓慢（图中以黄色显示），而较大质量的蓝白色星（质量大于8倍太阳质量），演化过程更为显著（图中以蓝色显示）。

特殊的恒星

H-R图和恒星演化模式可以解释绝大多数恒星的性质，但也有一些罕见的例外。它们大多数是那些看起来比理论上年长或年轻的恒星，例如位于密集的球状星团内所谓"蓝离散星"的恒星（见176～177页）。之所以出现这样的怪事是因为恒星质量发生了改变，大量的物质添加到恒星上，或者从恒星上剥离，从而导致意想不到的恒星属性改变。质量转移的现象在双星系统中是最常见的，但在星团中也会发生（见220～221页）。

蓝离散星
这些大质量的蓝色恒星看上去很年轻，但只发现于古老的球状星团中，如NGC 6397（如图所示），星团内的恒星早在数十亿年前已经停止演化了。蓝离散星被认为是小质量恒星碰撞与合并的产物。

银河系的恒星云
此图截取自近红外2微米全天巡
视拍摄的图片。图中可以看到
银河系中心附近的巨大星云，
中间伴有多条星际尘埃的暗
带，每一个光点都源自一颗恒
星，其中超过90%的恒星都位
于主序。散落其间的发光的粉
红色玫瑰花结是产星星云。

银河系的恒星云
此图截取自近红外2微米全天巡
视拍摄的图片。图中可以看到
银河系中心附近的巨大星云，
中间伴有多条星际尘埃的暗
带，每一个光点都源自一颗恒
星，其中超过90%的恒星都位
于主序。散落其间的发光的粉
红色玫瑰花结是产星星云。

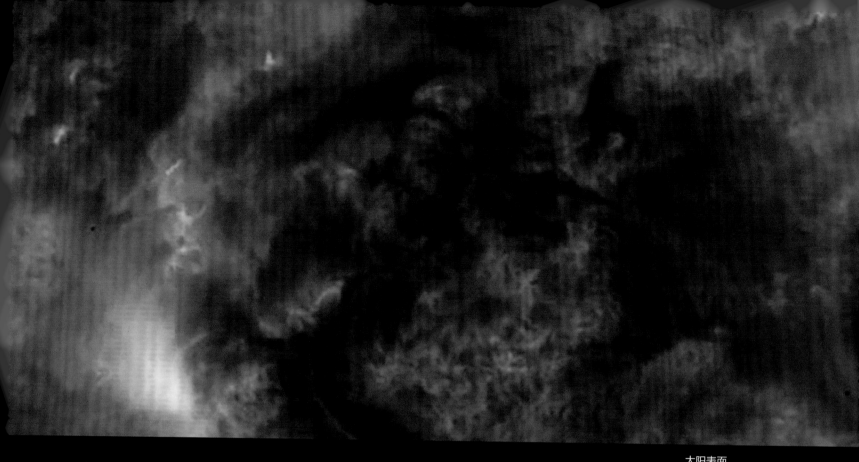

恒星的燃料来源

太阳表面
类太阳恒星表面的辐射实际上是从恒星内核到表面的一个漫长的过程，大约需要几千年的时间，这一过程中，有大量的能量消耗，猛烈的伽马射线和X射线在很大程度上减弱成为低能量的紫外线、可见光和红外辐射。

每颗恒星的核心都是一座行星大小的核电站，能够通过自然界中一些最微小的粒子——原子核的相互作用而产生巨大能量，这一过程不仅产生了光和热，也制造了宇宙中的重元素。

恒星如何发光

恒星是如何产生如此大的能量的？这一谜团困惑了天文学家近一个世纪。19世纪中期之前，大多数人认为太阳发光的过程类似于地球上出现的普通化学燃烧。如果是这样，太阳的燃料会迅速耗尽，但是有地质证据表明，太阳系已存在数十亿年之久。1920年，英国天文学家亚瑟·斯坦利·爱丁顿提出，太阳的能量来源于宇宙中最轻的元素——氢的核聚变。

直到1938年，德国天文学家汉斯·贝特和俄罗斯天文学家乔治·伽莫夫才研究出类太阳恒星最常见的核聚变反应的本质——质子-质子链反应，他们计算出，在1500万摄氏度高温和巨大压力下，氢原子的原子核（亚原子粒子——质子）结合在一起，产生下一个元素——氦的原子核。这一过程需要经过几个步骤，持续数十亿年，最后产生的氦核比产生它的粒子的总质量略轻，质量的损失一是由于释放了亚原子粒子，但更多的是释放的高能伽马射线。

恒星核聚变
这张图总结了类太阳恒星中质子-质子融合的过程，在质子-质子链反应的整个过程中共需要6个质子。在聚变成氦的最后阶段，2个质子转换成中子，2个被最终释放。聚变释放的亚原子粒子包括正电子和中微子，并伴有能量爆发。

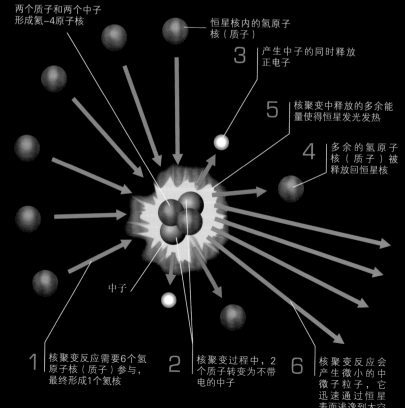

两个质子和两个中子形成氦-4原子核

恒星核内的氢原子核（质子）

3 产生中子的同时释放正电子

5 核聚变中释放的多余能量使得恒星发光发热

4 多余的氢原子核（质子）被释放回恒星核

中子

1 核聚变反应需要6个氢原子核（质子）参与，最终形成1个氦核

2 核聚变过程中，2个质子转变为不带电的中子

6 核聚变反应会产生微小的中微子粒子，它迅速通过恒星表面逃逸到太空

产生重元素

恒星的大半生都通过氢转为氦这一聚变过程释放能量，发光发热。不过，在其生命即将走到尽头的时候，氢元素耗尽，内核坍缩，条件变得更加极端。氦核开始融合，形成氧、碳和氮的原子核。类太阳恒星的聚变只能到此为止了（见228～229页），但大质量星内可以继续聚变反应，融合碳、氮、氧，以产生更重的元素，比如铁元素（见第230～231页）。然而，这些重元素聚变产生的能量比轻元素要少得多，而铁的聚变实际上需要吸收能量，因此没有一颗正常恒星可以产生宇宙中最重的元素，贵金属和放射性元素的原子是在超新星爆炸中形成的（见248页）。

大质量恒星的聚变

类太阳恒星的质子-质子聚变是一个缓慢的过程（见下页）。其结果是，这些恒星可以在数十亿年的时间里不断发光。更大质量、更热的恒星形成之初，内核虽小，但含碳量高，使其进入聚变效率更高的模式，称为碳氮氧（CNO）循环。这个过程中，碳原子核作为催化剂，单个质子与它们结合，并形成氮和氧的原子核，最后又分离，释放出原始的碳原子核和一个新的氦核。CNO循环聚变将氢转化为氦，比质子-质子链快得多，所以这一过程占主导地位的恒星（通常是那些质量大于1.5倍太阳质量的恒星）产生能量也快得多，发得光也明亮些，但其燃料也会迅速耗尽（见230～231页）。

38.5亿亿

类太阳恒星的能量输出以10亿瓦计算，一颗主序上的类太阳恒星一秒钟输出的能量，比地球上所有发电站75万年的发电量总和还要多。

欣德深红星
这颗红巨星变星，也被称为天兔座R星，位于天兔座，距离地球约800光年，如此强烈的红色来自其大气层的大量碳云，因为它吸收了来自表面的蓝色光。

短暂的辉煌
老人星，天空中的第二亮恒星，是一颗特大质量星，距离地球约300光年，光度约是太阳的15000倍。其能量来源于CNO循环的超高效反应。

恒星的诞生

恒星诞生于星云，这是一种由星际空间的气体和尘埃结合成的云雾状天体。一小块气体团坍缩并开始升温，形成具有超高密度和温度的球体并开始发光。恒星形成的这一过程可能需要几百万年，但从天文时间尺度的角度讲，这个速度算是出奇地快了。

原恒星的出现

恒星形成之前，冰冷黑暗的气体云会受到触发事件影响，如附近的超新星爆炸、与经过的恒星相碰撞或穿过星系中一个更为拥挤的空间区域，因之产生的压力波或潮汐力推拉气体云，将其压缩直到变得致密，最终形成一个足以影响周围空间的显著引力中心。

一旦原始气体云的密度受这些力影响变得不均匀，引力将越来越多的物质拉向这个正在生成的物质团表面，将大部分物质向其中心集中，形成原恒星云。随着物质的密度越来越大，越来越集中，原本星云内的随机运动变成围绕一个旋转轴的更快匀速转动。星云内的粒子相互碰撞升温，特别是在中心位置，最终原恒星开始发出暗弱的红外辐射。

超新星冲击波
这张图像由斯皮策空间望远镜拍摄，上半部分的发光环是超新星爆炸产生的扩散冲击波。下半部分，随着冲击波撞向附近的气体云，一大波恒星正在形成。

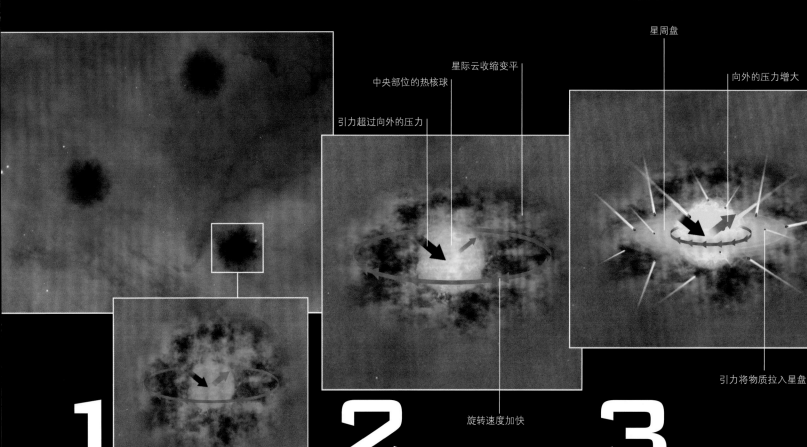

中央部位的热核球

星际云收缩变平

引力超过向外的压力

星周盘

向外的压力增大

旋转速度加快

引力将物质拉入星盘

1
分子云中的密集区域
充满气体和尘埃的星际云中，物质随机漂移，粒子之间的碰撞产生一个向外的压力，与向内的引力达到平衡，从而使得星际云保持稳定的状态，直到遭遇外部事件，如超新星爆炸冲击波，使向内的力大于向外分离的力。

2
开始坍缩
由于向内的力克服了向外的力，质量从一个较大区域的云团开始向博克球状体（小的暗星云）集中，这导致物质的旋转更为迅速，原始气体中的随机运动趋向于统一，形成一个扁平的星盘，中央部位是一个热核球。

3
原恒星
最终，中心区域的温度和压力变得非常大，以至于减缓了自身的坍缩速度，稳定下来后形成快速旋转并略微发光的原恒星。来自周围球状体的物质继续向其中心坠落，进入星盘，补充恒星外层的物质。

博克球状体

单个原恒星需要从大星云中争夺可用的物质，在将其周围掠夺一空后，渐渐从星云中浮现出来，呈现为一个充满尘埃的离散暗星云，称为"博克球状体"，直径约1光年。每个博克球状体中，向中心坍缩的过程继续进行，形成了一个扁平旋转的星盘，中心部位有一个热核球，年轻的恒星就位于中心。通常情况下，恒星的引力不足以把所有的物质都吸引住，大量物质以喷射的方式被甩出。两个或两个以上的中心坍缩形成双星或者多星系统的现象也很常见（见第221页）。

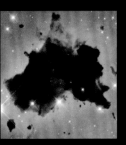

博克球状体
气体和尘埃的暗星云，如位于半人马座的萨克雷球状体（图中映衬在另一个更亮的星云下），看不清其中恒星的形成。

聚变开始

起初，恒星通过引力收缩产生的能量发光，最后，内核的温度升高，到达一定温度后，一些简单的、低能量形式的核聚变（见208页）开始。首先是氘（氢的重同位素，聚变条件要求相对低些）聚变，以形成下一个最轻的元素——氦。直到最后，当核内的温度足够高，密度足够大时，真正的氢聚变才开始。聚变产生后，会在恒星内部发生巨大变化，并产生猛烈的辐射和星风，照亮周围的星云，将它雕刻成梦幻般的形状。一段时间的波动后，恒星最终平息下来，加入主序的氢燃烧恒星之列（见203页），并在那里度过大半生。

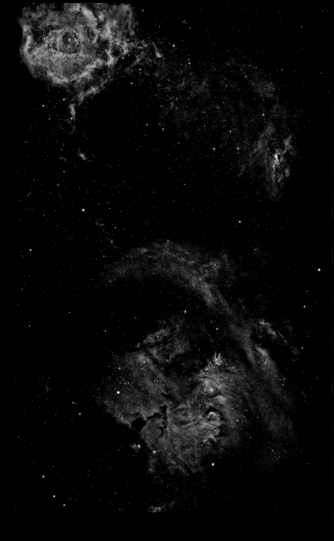

恒星形成区
此图片显示了位于麒麟座的两个正在产生恒星的星云。上面的是玫瑰星云，NGC2244星团的新生恒星镶嵌其中。下面是NGC2264雪花星团。

物质继续坠入星盘

星风沿轴旋转向外流动

星风此时从各个方向向外流动

恒星周围区域的气体和尘埃被掏空

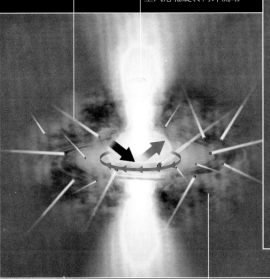

星盘中，行星开始形成

恒星周围的气体和尘埃云此时越来越小，密度也变小了

星云中的气体被年轻恒星激发

4

偶极外向流

最终，恒星旋转速度变得很快，以至于落到其表面的新物质立刻被甩掉了。剩余的物质沿旋转轴形成了两条紧密的射流，从星盘上下两侧逃逸。通常只有在与周围更多的气体发生碰撞才可以看到它们。

5

进入主序前

恒星开始发光并产生向外辐射压力，周围的气体被吹走，星云遗迹形成行星。同时，恒星内核继续坍缩，直到氘聚变，最后氢聚变开始。经过一段时间的动荡，恒星终于平息下来。

6

年轻恒星组成的星团

在星团中形成的恒星或者博克球状体往往会成对或成群出现，并互相环绕。最热、最年轻的恒星发出的猛烈的紫外辐射，可以激发原始星云遗迹里的气体发光，而来自辐射和星风的压力会侵蚀和压缩星云的边缘。

猎户大星云

　　有时简称为大星云，是夜空中可见的最大最亮的恒星形成区，这个巨大炽热的气体玫瑰花结直径约为24光年，它只是更大的"猎户座分子云复合体"的中心区域，这个大分子云团横跨了大部分的猎户座，直径达数百光年。裸眼看去，猎户大星云具有一种独特的绿色色调，长时间曝光图像中还可以看到有点发粉的红色和蓝色。红色由星云中的氢被来自中心恒星的高能量辐射激发所致，绿色是氧气被激发所致，而蓝色是反射光。

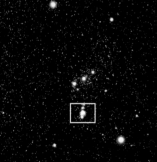

裸眼看猎户大星云
裸眼看来，猎户大星云是猎户腰刀上出现的中间有点模糊的"恒星"。猎户座的名字来自于希腊神话中的一位猎人。

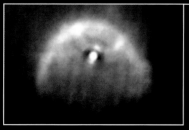

初生的恒星系统
这张哈勃空间望远镜拍摄的猎户大星云的特写图像，可以看到许多"原行星盘"，这些是年轻恒星周围的行星形成物质。初生的恒星系统在吸积周围的气体时形成了冲击波。

猎户大星云的红外图像
这张猎户大星云的近红外图像由欧洲南方天文台（欧南台）的天文可见光及红外巡天望远镜（VISTA）拍摄，该望远镜位于智利。图像揭示了镶嵌在星云中一群前所未见的恒星，其中最年轻的恒星透过由气体和尘埃形成的茧状星云，发出微弱的红光。

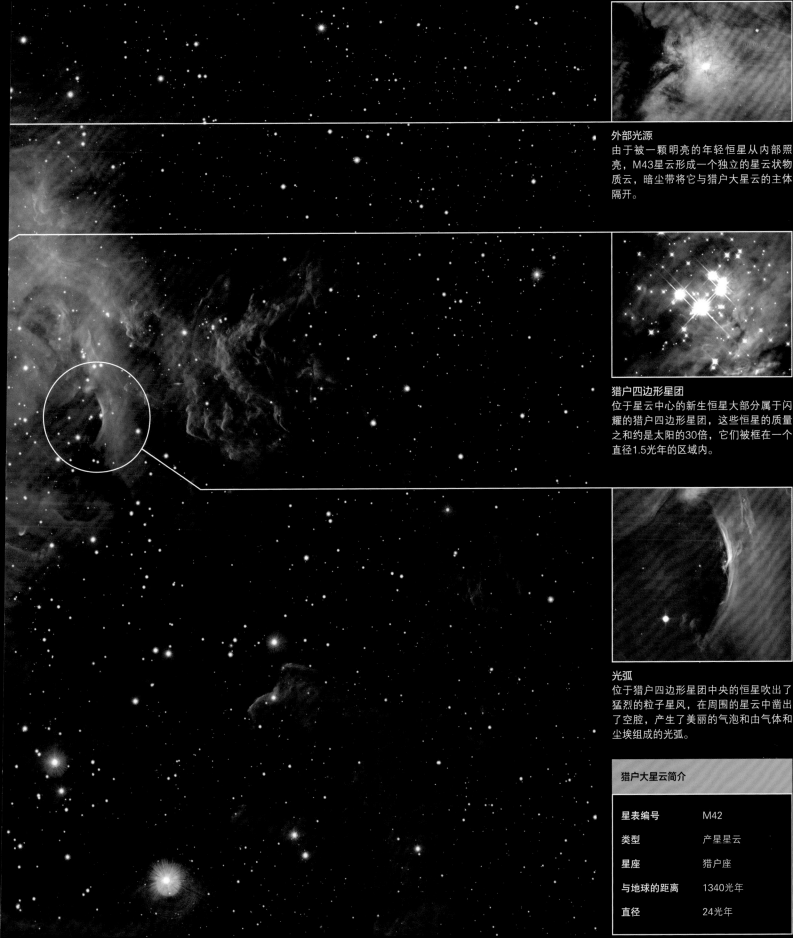

外部光源

由于被一颗明亮的年轻恒星从内部照亮，M43星云形成一个独立的星云状物质云，暗尘带将它与猎户大星云的主体隔开。

猎户四边形星团

位于星云中心的新生恒星大部分属于闪耀的猎户四边形星团，这些恒星的质量之和约是太阳的30倍，它们被框在一个直径1.5光年的区域内。

光弧

位于猎户四边形星团中央的恒星吹出了猛烈的粒子星风，在周围的星云中凿出了空腔，产生了美丽的气泡和由气体和尘埃组成的光弧。

猎户大星云简介

星表编号	M42
类型	产星星云
星座	猎户座
与地球的距离	1340光年
直径	24光年

鹰状星云

鹰状星云是天空中最著名的恒星形成区之一，位于巨蛇座，因在黑暗背景下，星云发出的可见光的轮廓看上去像一只鹰而得名。如手指一般修长且致密的柱状结构被称为"创生之柱"，恒星即形成于此。新生恒星猛烈的辐射将其周围侵蚀并刻画成奇异的形状，初生的恒星系统从柱状结构的边缘浮现，大致呈球形，称为博克球状体。星云中心（距离地球约7000光年）是年轻的星团M16。

热云
这张红外图像由斯皮策空间望远镜拍摄，可以看到星云内一个温度很高的区域，该区域中尘埃升温，原因是被一个大质量年轻恒星的超新星爆炸冲击波所激发。

超新星壳层
通过这张假彩色红外视图可以看到，超新星遗迹的热壳（绿色）与柱状结构中温度较低的尘埃（蓝色和紫色）对比明显，1000年后，不断扩大的冲击波将撕裂柱状结构，露出里面初生的恒星。

大视场图像
这张大视场图像摄于智利拉西拉天文台，从中可以看到鹰状星云的中心区域，图像上方还可以看到明亮的星团M16。鹰状星云位于一个名为IC4705的更大星云之中。

鹰状星云简介

星表编号	M16
类型	产星星云
星座	巨蛇座
与地球的距离	7000光年
直径	70光年

X射线的意外发现

这张图显示的是，从钱德拉X射线天文台看，由哈勃空间望远镜拍摄的著名的"创生之柱"。穿过星云内密集的尘埃纱幔，我们可以看到柱状结构内部和周围充斥的年轻恒星发出的X射线。

塔状矗立结构

长约9.5光年，它是鹰状星云中另一个优美的结构。在这里形成产星星云的时间要比柱状结构中的长。

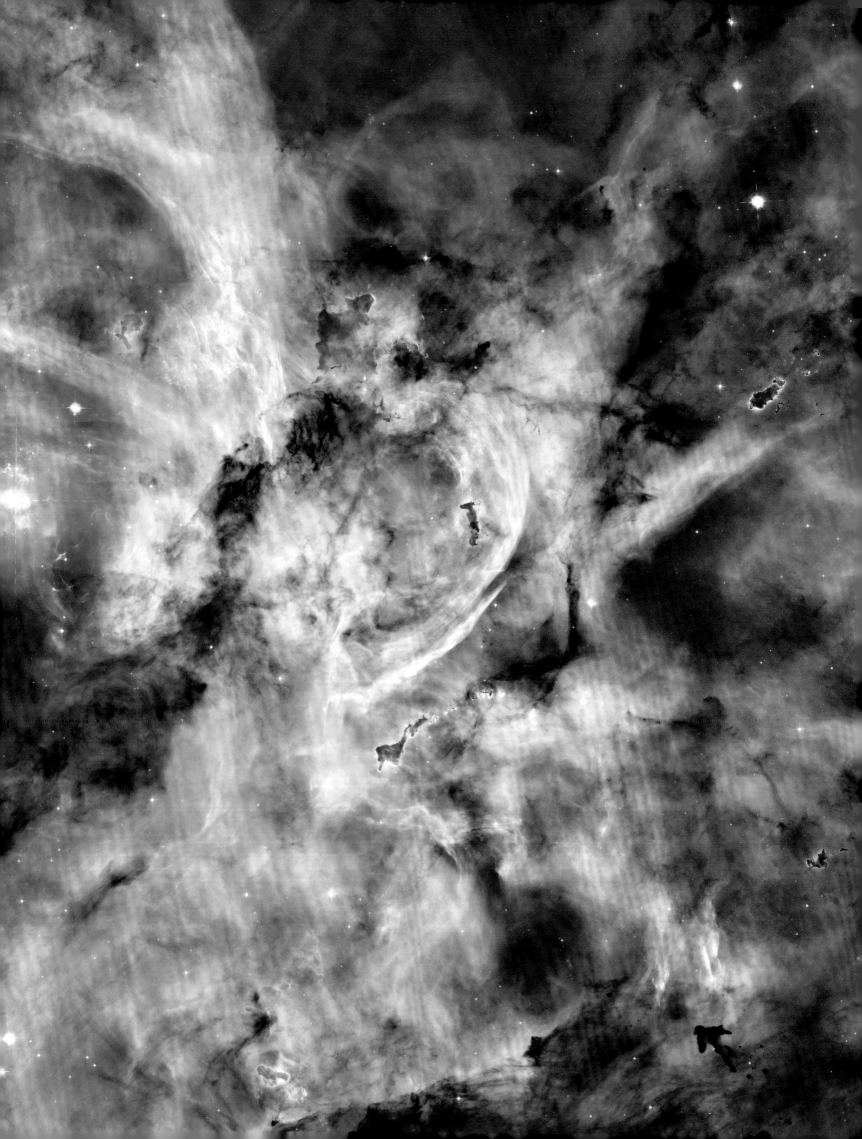

船底座的恒星诞生潮
这张照片由美国航空航天局哈勃空间望远镜拍摄的48张图片拼接而成，可以看到船底星云50光年宽的区域内的情况，这片星云距我们约7500光年，其中有很多小星云（如钥匙孔星云，中间偏左）、巨大的尘埃柱（右下）和银河系中质量最大的恒星之一——船底η星（左侧边缘）。

宇宙的红外图像

研制红外望远镜来观测宇宙是一项特殊的挑战，但通过它我们可以看到一个与在可见光下看到的完全不一样的宇宙。红外图像中的宇宙美不胜收，宛如仙境，充满气体和尘埃、初生的恒星和各种由于温度太低而发不出可见光的天体。

什么是红外线？

人们利用不同电磁波段的望远镜观测宇宙天体（见11页）。红外线是一种热辐射，或者说是一种比红色可见光波长长、频率低的射线，发射这样的射线需要的能量较少。大多数物质必须在高温条件下才能发出可见光，但高于绝对零度（-273摄氏度）的任一物体或多或少都会发出某些形式的辐射，而这些辐射大部分属于红外线。通过观测不同波长的辐射，我们可以看到那些在可见光中显得昏暗的结构，或者看穿那些原本不透明的物质。

可见光图像中的三叶星云

三叶星云

这张红外图像（下图）由斯皮策空间望远镜拍摄，可以看到这个著名的星云隐藏的很多细节，右边上方的图像是我们比较熟悉的星云可见光图像。在红外图像中我们可以看到星云周围的含尘气体、恒星诞生区（绿色）和温度更低的物质（红色）。

红外图像中的三叶星云

赫歇尔空间天文台

与普朗克卫星一同于2009年发射升空，这台红外卫星隶属于欧洲空间局，是有史以来最大的红外空间望远镜。它搭载了一系列精妙的探测器，可探测的波长范围比以前的卫星更广。

赫歇尔空间天文台简介

任务

发射日期	2009年5月14日
结束日期	2013年6月17日
运载火箭	阿里安5 ECA

赫歇尔望远镜

隶属机构	欧洲空间局（ESA）
高度	7.5米
直径	4米
发射时重量	3400千克
主镜口径	3.5米
携带仪器	外差远红外装置（HIFI）、光电探测器阵列照相机和光谱仪（PACS）、光谱和测光成像接收器（SPIRE）
电源	太阳能电池

尺寸

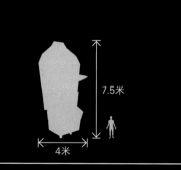

7.5米

4米

太阳能电池
安装在遮阳罩的外面，为卫星提供电力。

低温天文台

探测来自太空的微弱的红外辐射不是一件简单的事情，所碰到的问题有点特殊，因为红外线进入地球大气层时，它会被水蒸气吸收或被空气中的红外辐射淹没。就连带有一定温度的望远镜和其探测器也能够将来自太空的微弱信号淹没。因此，红外望远镜普遍使用低温液体如液氦（沸点-269摄氏度）冷却至极低的温度。地基红外望远镜一般建在海拔高且干燥的山顶上，避免与大气中的水蒸气接触。红外卫星倒是避免了水的问题，但自身寿命有限，因为经过数月或数年的运行，其冷却液会慢慢蒸发逃逸。尽管如此，红外卫星探测的红外线波长范围还是比地基望远镜要广。1983年发射了红外天文卫星（IRAS），自此，红外卫星彻底改变了我们对宇宙的认识。

美国航空航天局红外望远镜（IRTF）
建于美国夏威夷的莫纳克亚山上，海拔4200米，是首批地基红外天文台之一。与通常的大型望远镜不同，IRTF主要观测太阳系天体。

遮阳罩
保护望远镜和冷却系统，遮蔽来自太阳的热和光。

副镜
将光反射回主镜中的一个孔内。

主镜
口径3.5米，收集光线，并引导至副镜。

仪器外罩
所有三个红外探测器都安装在冷却系统之上。

低温储罐
载有2000多升的超流体氦，温度为−272摄氏度。

冷却系统
由于超流体氦温度极低，仪器温度都接近绝对零度（见上页）。

服务舱
包括电源、飞行姿态控制、数据处理和通信系统。

观测星云内部

　　产星星云是宇宙红外辐射的最重要来源之一。红外望远镜的应用已经改变了科学家对这些湍动区域的认识。黑暗的柱状结构和由含尘气体组成的球状体是恒星生命的起源地，可见光无法穿透这里，只有波长较长的红外线可以发出一丝暖光。由于近红外望远镜可以捕获热天体发射的较短波长的红外线，所以通过它可以看到隐藏在星云中的初生恒星。有了这些望远镜，人们已经发现了恒星诞生的过程和结构。例如，对原恒星成像。这时原恒星的核聚变尚未开始，但由于自身引力收缩，已经发出强烈的红外线。

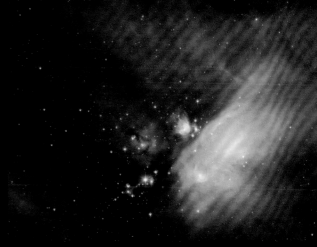

蛇夫ρ星云复合体
距离我们最近的恒星形成区之一（430光年），大部分区域在可见光波段显得很暗，但这张斯皮策空间望远镜拍摄的图像显示了绝对零度以上20摄氏度的物质发出的红外线。星云中心约有300个新生或正在形成的恒星。

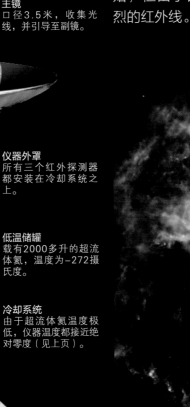

看不见的形成区
这张是赫歇尔空间天文台拍摄的恒星形成早期红外图像，图中可以看到天鹰座的复杂结构，它距离地球约1000光年，两个明亮的区域是新生的恒星，它们将周围也照亮了，而周围的暗带显示出新的恒星仍然在这一区域形成。

冰冷的宇宙

　　红外辐射探测还让我们看到了由于温度较低而无法发出可见光的其他天体。利用红外望远镜最重要的发现之一就是褐矮星，一种人们长期怀疑但一直未证实的"夭折恒星"星族，它们没有足够的质量通过核聚变发出可见光，但可发出红外线。同样具有突破性意义的事件是原行星盘的发现，原行星盘由尘埃和气体云组成，行星可能形成于此（见254～255页）。原行星盘在可见光中看不到，但位于中央的恒星发出的热量足以让它发出红外线。

褐矮星的红外图像
这张图像由哈勃空间望远镜的近红外相机和多目标光谱仪拍摄，图中可以看到一系列之前看不见的褐矮星，它们镶嵌于猎户大星云内（见212～213页）。这样的"夭折恒星"只能在它们相对年轻、有点温度的时候才能看到。

恒星系统

恒星的质量巨大，因此它们之间有足够大的引力使其形成恒星群或者恒星系统。这些系统有的是数百或数千颗恒星组成的庞大星团；有的是聚集地更为紧密的两颗或两颗以上恒星，称为双星或多星系统，其中的恒星在轨道上互相绕转。

星团

有着共同的起源，通过引力松散地结合在一起的大的星协，被称为星团。尽管它们之间的距离非常近，但星团内的恒星并不互相绕转。银河系中有两种截然不同的星团类型：一种是包含几十到几百颗相对年轻恒星的疏散星团；还有一种是包含不到百颗或高达数千颗红黄色年老恒星的球状星团。

沿着银河系的旋臂可以找到疏散星团，它们经常在其形成的星云附近。星团内的每一颗恒星或恒星群都有它自己的"运动路径"，因此，星团最终会在一亿年内分崩离析。球状星团位于银河系的晕内，星系盘面上下都可以找到。球状星团内部的引力非常强大，将其中的恒星紧紧地束缚在一起，其中最大最明亮的半人马ω球状星团，距离地球大约15000光年。

疏散星团
双重星团NGC 884（左）和NGC 869（右）是英仙座一对著名的疏散星团，每个星团中都含有几百颗明亮、年轻且呈蓝白色的恒星。它们分别距离地球6800光年和7600光年，都有约500万年的历史。

球状星团
M13，位于武仙座，是从地球上可见的最亮和最大的球状星团之一。该星团位于银河系晕内，距离地球约25000光年，包含了10万颗恒星，这些恒星被束缚在一个直径160光年的区域内。

新生星团
这张壮观的图像由哈勃空间望远镜拍摄，图中可以看到船底座的疏散星团NGC 3603。几百万年之前，炽热明亮的年轻恒星发出的猛烈辐射，使得这个星团从周围星云状物质中浮现。

中心区域集中的是质量较大但寿命较短的恒星。

多星系统

与巨大的星团不同，多星系统是两个或两个以上的恒星组成的群，它们起源于由气体和尘埃组成的同一区域或球状体，被锁定在轨道上彼此环绕。这种情况在较大的星团中也会出现。最常见的模式是简单的对星，通常称为双星系统。银河系中的大多数恒星来自多星系统，像太阳这种单枪匹马的恒星很少。

多星系统种类繁多：有些恒星群的恒星基本相同，但有些恒星群的恒星彼此之间差异巨大。同样，恒星之间的距离从数十亿千米到只有几千米，相差较大。如果两颗恒星只相距几千米，即使通过最强大的望远镜也无法看出两颗恒星是分离的。

三合星
这张高分辨率图像来自哈勃空间望远镜，从中我们可以看到Pismis 24-1实际上是一对双星，对双星进行光谱测量后显示，其中一颗恒星本身也是双星，也就是说有三颗恒星聚在一起。

疏散星团Pismis 24-1
这个明亮的疏散星团不久前形成于产星星云NGC 6357，距离地球大约8000光年，位于天蝎座。星团最亮的恒星名为Pismis 24-1，初步认定它的质量超过200个太阳。

恒星系统携带的信息

恒星系统可以揭示出大多恒星的一般行为，因为这些恒星的某些特征是相同的。同一星团或多星系统内的所有恒星与地球的距离相等，因此，观测到的恒星亮度差异就是其真实亮度的差异。天文学家也知道，这些恒星群中的恒星基本在同一时间形成，因此也可以对其演化阶段进行比较。在双星或者多星系统中，天文学家能够根据它们的轨道大小判断出单颗恒星的相对质量（见右图），如果是食双星（见下文），还可以计算出每颗恒星的实际质量。

质量相当
如果双星系统中的恒星质量相当，其围绕的质量中心位于两个恒星之间的中间位置，轨道也是相同的。

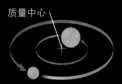

质量不相当
如果其中一颗恒星的质量比另一颗大，质量中心则偏向大质量的那颗。质量小的恒星的轨道将更长，大质量恒星的轨道会更短。

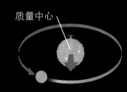

优势星
如果一颗恒星远远重于另一颗的话，质量中心就在那颗优势星内部。小质量恒星将像一颗卫星一样围绕优势星运行，而优势星会来回摇晃。

探测多星系统

绝大多数的聚星要么结合得非常紧密，要么距离地球太远，现有的望远镜无法将其区分开来。对那些显然不可区分的恒星，我们可以从两种方式入手，揭示其真正属性：一种是，从地球上看，当两颗恒星一远一近并排通过地球时，可以形成一个食双星系统（见下文），不过这种情况较为罕见，更多的时候是研究恒星光谱，当恒星朝向或远离地球移动时，多条谱线会产生蓝移或红移现象（见306页）。

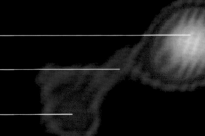

乌藁增二A受引力影响而变形 ————

双星之间的物质桥 ————

乌藁增二A的伴星
白矮星乌藁增二B ————

相接双星
个别情况下，恒星围绕得过于紧密，以至于两颗恒星实际上发生了接触，一颗恒星将物质从另一颗上带走了，如果带走的物质数量足够大，可以改变两者的演化进程。这些相接双星系统通常由具有强大引力的恒星遗迹和外层吸力较弱、膨胀的巨星组成，如上图所示，红巨星乌藁增二A和其同伴白矮星乌藁增二B。此图来自钱德拉X射线天文台。

食双星
食双星系统，就是从地球上看，两颗恒星一远一近并排通过地球。这将导致双星系统中光的总量的下降，恒星正常稳定的亮度发生一次或多次明显的下降。下降程度根据每颗恒星的亮度和大小不同而不同。

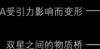

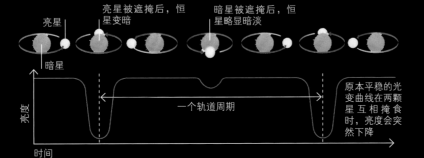

亮星被遮掩后，恒星变暗

暗星被遮掩后，恒星略显暗淡

亮星

暗星

一个轨道周期

原本平稳的光变曲线在两颗星互相掩食时，亮度会突然下降

亮度

时间

昂星团

昂星团可能是宇宙中最著名的星团了，它也是夜空中最亮和最靠近地球的星团之一。在西方，人们以希腊神话中的仙女将其命名为"七姊妹星"，世界各地的民间传说中都有它的身影。在其中至少有1000颗恒星，裸眼可见的只是很小一部分。昂星团直径大约90光年，距离地球约440光年。如今这个星团已形成1亿年了，2.5亿年后其幸存的成员将向不同的方向分散。其中最亮的星似乎被几缕尘埃环绕，尘埃反射光，形成精美的蓝色星云。

裸眼观察昂星团
晴朗的夜晚，裸眼至少可以看到昂星团的6颗蓝白恒星。它们在金牛座的牛肩膀上形成了一个小小的钩状云。

昂星团简介

星表编号	M45
类型	疏散星团
星座	金牛座
与地球的距离	440光年
直径	90光年

穿越秀
昂星团周边发光的尘埃看起来像是星团形成的遗迹，其实不然，它只是恒星正好穿越的星际介质。

X射线透视图

这张图像由伦琴X射线天文台拍摄，揭示了昴星团区域恒星的X射线强度。颜色与每颗恒星的外层大气（冕）的温度有关，从红色（相对低温）到绿色再到蓝色（高温），绿色方块表示裸眼看到的昴星团的位置。

尘网

从这张红外图像中可以看到，围绕昴星团中央区域的星际尘埃的网状结构，图中还可以看到，因发光太微弱而在可见光中未能显示的褐矮星散落在星团中。

昴宿星云

昴星团中的第五亮星是昴宿五，亮度是太阳的600倍，其周围全是昴宿星云，这是反射星云中密度最大和最亮的区域。

杜鹃座47是继半人马ω球状星团之后宇宙中第二亮的球状星团，含有至少100万颗古老恒星。核心密度很大，直径约120光年。顾名思义，它位于杜鹃座，距离地球约16700光年。通过对其致密核心的研究，我们可以了解一些以前未知的球状星团演化过程。

恒星运动
2006年，天文学家使用哈勃空间望远镜对杜鹃座47的核心进行观测，以研究15000颗恒星的运动。研究结果表明，球状星团中拥挤的恒星之间的相互作用，导致大质量星体向星团中心坠落。

南部的亮点
杜鹃座47球状星团的直径大致与满月的直径相等，裸眼看起来像模糊的中等亮度星。事实上，它最初被认为是一颗恒星，并按恒星对其命名编号。

中心位置
天文学家利用哈勃空间望远镜，花费七年多时间，拍摄了杜鹃座47中心部位的图像，追踪单颗恒星的运行轨迹。通过研究发现，球状星团中最重的星体往往在其中心聚集，在那里相互环绕，甚至合并成一颗恒星。

白矮星的证据
1994年，哈勃空间望远镜的光学系统修复后不久便拍摄了这张图像，这是第一次揭示球状星团中的白矮星。这一发现使得天文学家估算出杜鹃座47的年龄，竟达130亿年。

M30

比杜鹃座47小，但同样壮丽的M30是球状星团，直径约90光年，其内包含几十万颗恒星。与银河系约20%的球状星团一样，M30已经中经过了一个叫作核心坍缩的阶段，其间所有的大质量恒星都在星团中心安顿下来。

哈勃望远镜的大视场图像
左图中心较为明亮的天体是M30，位于摩羯座，从南北半球观测都可以看到，但由于距离我们太过遥远（约28000光年），裸眼是看不到的。

M30简介	
类型	球状星团
星座	摩羯座
与地球的距离	28000光年
直径	90光年

焕发活力的恒星
在M30中心位置看到的一些明亮的恒星是蓝离散星，这些炽热的蓝白色恒星是通过密集的恒星互相转移物质或合并形成的。与那些温度低的红色邻星相比，它们可真算得上鹤立鸡群了。

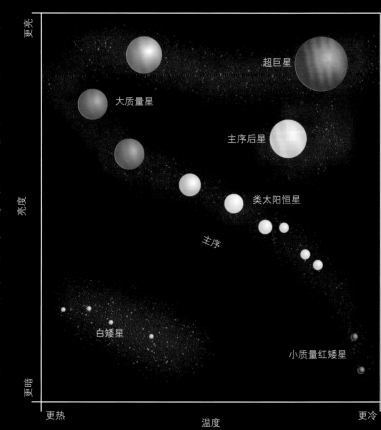

主序星

大多数恒星的亮度与表面温度都有一定关系，恒星越亮，表面温度越高，颜色就越蓝。因此，几乎所有恒星都处于从微弱的红矮星到明亮的蓝白巨星这条线上，此线就是我们熟知的主序。

主序上的生命

不稳定的早期阶段结束后，恒星开始进入主序。在恒星中，一般通过质子–质子链和碳氮氧循环（见208～209页）完成由氢到氦的核聚变，这也是恒星的主要能量来源。当恒星的辐射输出稳定时，其颜色、大小和亮度也就稳定了。大多数恒星在主序上都有相应的位置，这是由其质量决定的，恒星生命的大部分时间都会在这个位置或附近，不会有太大变化。主序星种类繁多，有暗淡的红矮星（亮度是太阳的万分之一，表面温度约2500摄氏度），也有明亮发光的蓝巨星（亮度是太阳的至少10万倍，表面温度高达2万摄氏度）。主序星的结构因流体静力平衡保持稳定（见202页），热气体向外的压力与向内的引力保持平衡，使得每一层保持在适当位置。恒星这一生中，这一平衡现象也在逐渐发生变化，内核最后越来越热，氢燃料用尽，恒星开始变亮和膨胀。主序星往往不会有短周期的波动变化，所有变化都与磁活动有关，比如受星斑影响变暗或者由于耀斑爆发而增亮。

主序

若将恒星绘制于一幅图上以显示其温度和亮度的关系，那么质量最大、最热、最亮的恒星位于该图的左上角，而最暗、最冷、质量最小的恒星应当位于右下角。大多数恒星都在这条被称为"主序"的带上度过其一生。

内部结构

　　恒星就好像是一台精密运转的机器，将能量和热量从内核传递到外层和表面，这一过程可能需要10万年之久。完成这一过程，恒星内部有两种不同的运行机制：一种叫辐射，即通过电磁波进行的热量传输，内核发出的电磁波被其他地方吸收。在一颗典型的恒星中，物质非常密集，辐射几乎立即被吸收，然后朝不同方向重新发射。辐射的微小粒子称为光子，它在恒星内部来回曲折地运动，经历无数的碰撞，慢慢向外逃逸。另一种叫对流，即受引力影响，温度高、密度小的物质向上运动，温度低、密度大的物质向下运动。这两种机制在不同部位运行，取决于恒星物质的温度、密度及其结构。在恒星可见的表面，气体变得稀疏，辐射最终逃逸。

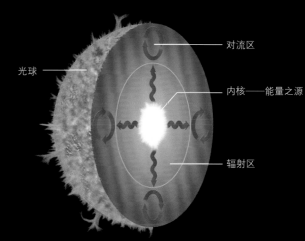

光球 ——

—— 对流区

—— 内核——能量之源

—— 辐射区

小质量星
一颗质量还不到太阳质量40%的矮星，其内部大部分是不透明的。因此，从内核通过辐射传输（见左）逃出的能量被迅速吸收，然后又通过对流到达表面。

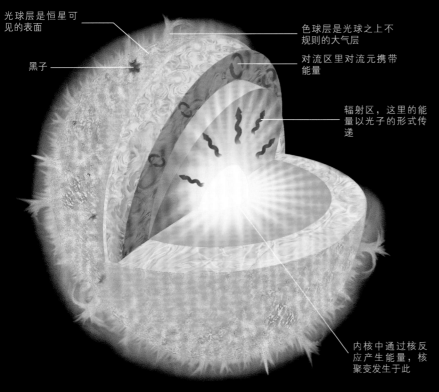

光球层是恒星可见的表面 ——

黑子 ——

色球层是光球之上不规则的大气层

对流区里对流元携带能量

辐射区，这里的能量以光子的形式传递

内核中通过核反应产生能量，核聚变发生于此

类太阳恒星
类太阳恒星的内核周围是辐射区，虽透明，但看上去像有些雾蒙蒙的。辐射在此区域内不断被反射，曲曲折折地向外运动。在不透明的对流区底部，辐射被吸收，并被上升的热气体对流元带至表面。

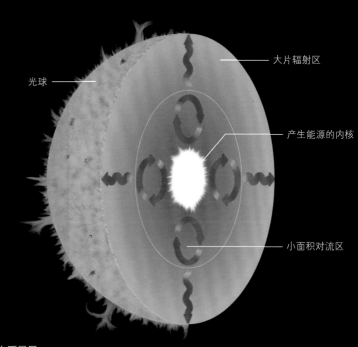

光球 ——

—— 大片辐射区

—— 产生能源的内核

—— 小面积对流区

大质量星
在质量是太阳质量1.5倍以上的恒星中，充满了核聚变的碳氮氧循环，其内核周围的区域是不透明的，所以能量通过对流向外传递。再往外密度下降，对流区慢慢被辐射区取代，辐射区外就是恒星表面。

1800亿
银河系主序星的大致数量。约占整个银河系恒星总数的90%。

88%
整个银河系88%的亮度由B型星发出，但其数量仅占所有主序星的0.13%。

原行星盘
20世纪80年代，第一批红外线探测器进入轨道，发现了一些原本正常的主序星发出大量不寻常的红外辐射。追踪这些过量的红外辐射后发现，它们来自恒星周围广泛的温暖物质组成的原行星盘，由于太微弱，在可见光中无法看到。这些原行星盘经常在年轻的主序星（比如天琴座织女星和南鱼座北落师门）周围出现，它们被认为是最终形成行星系统的原生物质。

绘架座 β
这张图像显示了绘架座 β 周围充满尘埃物质的原行星盘。绘架座 β 是一颗年轻的恒星，距离地球64光年。一些天文学家认为，一颗新形成的行星已经在这个盘内运行了。

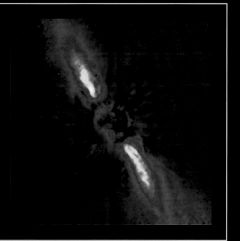

红巨星

当中等质量的类太阳恒星耗尽内核的氢燃料时，其属性开始发生变化。这时的恒星变得更亮，体积逐渐膨胀，而表面温度却慢慢降低，这一切改变都说明它们正在向红巨星转变。

什么是红巨星？

位于主序阶段时，类太阳恒星不断将内核的氢转换成氦（见208～209页），但当内核燃料耗尽时，恒星外层仍然存有大量氢燃料。由于内核聚变的衰退，恒星内部开始坍缩，密度越来越大，温度越来越高，直到内核周围一层薄薄的氢外壳达到一定温度，聚变再次发生。受仍然灼热的内核影响，氢外壳聚变加速，恒星开始变得更亮并膨胀成为一颗红巨星。

NGC2266疏散星团
位于双子座，距离地球约10000光年，此疏散星团已存在了相当长的一段时间，其中的恒星据测有10亿岁左右。因此，许多较重的恒星已演变成红巨星，在一堆蓝白星中格外显眼。

巨星周围
这张效果图中，一颗行星围绕着一颗泛着橘红色的巨星HD 102272。这颗巨星距离地球约1200光年，位于狮子座，半径约为太阳的10倍，亮度是太阳的200倍。

外层变化

由于内部不断释放的能量增加了气体向外的推力，红巨星的体积急剧膨胀。恒星的能量输出可能会增加1000倍，但表面积增加得更多，因此表面平均温度有所下降。由于外层气体扩散，所以恒星表面边缘也变得朦胧模糊起来。红巨星经常产生大的星斑（由于恒星磁场而形成的温度较低较暗的区域），和明亮的热斑（由恒星内部的热物质涌出形成）。当恒星的不同部分进入或者退出地球视线导致恒星的整体亮度发生变化时，天文学家据此可以计算出红巨星的自转周期。

红巨星的演变

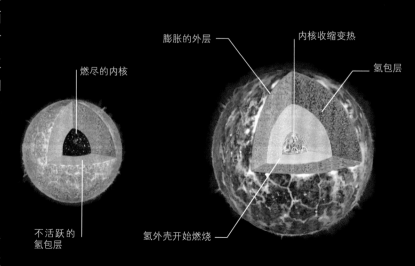

膨胀的外层

内核收缩变热

氢包层

燃尽的内核

不活跃的氢包层

氢外壳开始燃烧

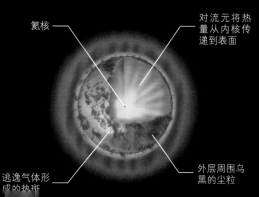

氦核

对流元将热量从内核传递到表面

逃逸气体形成的热斑

外层周围乌黑的尘粒

红巨星的结构
红巨星的内部结构会随着时间发生变化，但就其大部分生命来说，它的内核是一个非常炽热的惰性氦核，周围是氢外壳。内部的对流元将热量传递到表面。恒星大气层往往充满尘埃，这些尘埃源于从内部带出的重元素。

1 耗尽的内核
恒星在主序的最后阶段，其内核的氢燃料耗尽，内层开始向温度极高的内核坍缩。

2 外壳燃烧
内核外面的氢外壳温度越来越高，密度越来越大，也开始了核聚变。同时，由于自身引力，内核慢慢坍缩，变得越来越热，密度越来越大。

内核变化

红巨星外壳中的氢开始燃烧，发生核聚变，外壳不断膨胀，而内核慢慢坍缩，密度越来越大，变得越来越热。最终，内核中心的高密度引发氦核之间的聚变反应，使恒星产生新的能量来源。氦聚变是指两个或两个以上氦核产生一个更重元素的核，通常是铍、碳、氧或氖，这一反应在内核中非常迅速，称为氦闪。之后，恒星变得暗淡，越来越小，但温度更高。这种情况是由于内核释放的新辐射导致外壳的氢燃烧，外壳发生膨胀并冷却，减缓了恒星聚变反应，从而造成恒星整体亮度下降。恒星生命的这一阶段被称为渐近巨星支。

红巨星的演变
当红巨星进入老年阶段，在赫罗图（见203页）中我们可以追寻到它走的一条曲折路径。在这一演变过程中，它通过了一个称为不稳定带的区域，在这里它开始脉动，成为一颗变星。

不稳定的巨星

红巨星演变到最后阶段变得越来越不稳定。内核中的氦供给达到极限，所以大多数恒星处于此状态的时间相对较短。当内核的氦耗尽，内核坍缩重新开始，氦聚变转移到其薄外壳内，与氢外壳的产物一并燃烧。恒星的亮度和体积再一次增大，但因为这取决于两个对温度十分敏感的聚变反应，所以恒星的体积与亮度很容易出现波动。最终，随着恒星体积膨胀，外层形成行星状星云，恒星本身最后坍缩成一颗白矮星（见238～239页）。

2004年12月

2008年1月

著名的变星
刍藁增二相当明亮，是鲸鱼座（希腊神话中由诸神创造的海怪）"脖子"位置的一颗红巨星，英文名字叫"Mira"，是绝妙的意思。在大约300天的时间里，它的亮度就会有几百次波动，有时根本看不到，有时裸眼就可以清晰可见。

刍藁增二的紫外图像
这张图像由哈勃空间望远镜拍摄，图中的刍藁增二后面带有一个钩状的小尾巴。这可能是其伴星（图中未显现）上的物质被刍藁增二吸引所致，也可能是受其伴星影响，刍藁增二大气层中的物质被加热所致。

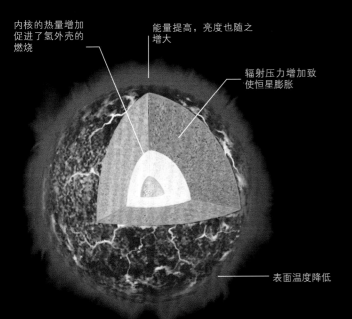

内核的热量增加促进了氢外壳的燃烧

能量提高，亮度也随之增大

辐射压力增加致使恒星膨胀

表面温度降低

3 体积更大、亮度更高
内核的热量促使氢外壳内的聚变反应增加，恒星的整体亮度也因此而增加。向外的压力使得恒星开始膨胀，表面温度降低。

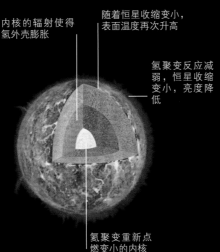

内核的辐射使得氢外壳膨胀

随着恒星收缩变小，表面温度再次升高

氢聚变反应减弱，恒星收缩变小，亮度降低

氢聚变重新点燃变小的内核

内核最终燃尽，形成碳核

4 氦闪
内核密度增大、变热，足以引发氦聚变。内核的压力致使氢外壳膨胀，聚变反应率下降，所以恒星变得越来越暗，越来越小。

氦外壳开始燃烧，与氢外壳燃烧的过程一致

氢外壳再次燃烧

亮度再次增加，恒星膨胀

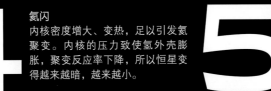
5 燃尽
内核中的氦耗尽时，聚变转移到燃烧氢的外壳中，这与氢外壳时的情况相同。发生聚变的外壳温度升高，恒星变亮并膨胀，开始变得不稳定。

赫罗图（演化路径图）

更亮

超巨星

巨星

特超巨星与超巨星的演化路径

造父变星

刍藁型星

天琴RR型星

渐近巨星支

不稳定带

红巨星的演化路径

主序

不稳定带

更暗

更热　　温度　　更冷

亮度

超巨星与特超巨星

这些最重的恒星，终其一生，遵循了一条不同于其他类型恒星的演化道路。它们释放着耀眼的光芒，但却只是昙花一现，可以说是宇宙中一座不稳定的灯塔，在整个银河系中都能看到它们。越到生命尽头，这些恒星反而越发壮观。

超巨星

质量是太阳8倍以上的恒星被列为超巨星，这样的恒星比红巨星还要大。形成伊始，其内核中有大量氢燃料用于核聚变。但是，因为它们的聚变反应都是以碳氮氧（CNO）循环为主，而不是质子-质子链（见208页），所以其内核燃烧的速率很高。大质量星在短短几百万年内，就可能耗尽内核的氢燃料，同时，亮度至少可以达到太阳的10万倍。这样的蓝白超巨星非常明亮，数千光年以外也能看到。

壮怀激烈，英年早逝

一旦超巨星耗尽其内核的氢，聚变反应就转移至外壳中，这与类太阳恒星一致（见226~227页）。但之后形成的不稳定、多姿多彩的超巨星要比正常的红巨星大得多，也更明亮。超巨星内核的氦开始燃烧，表面略有褪色并升温，但与红巨星不同，氦聚变的结束并不意味着超巨星的死亡。这些大质量星巨高的温度和压力使得其内核可以继续发光，原因在于以前聚变反应释放的一波波能量使重元素依次连续发生聚变反应。当一种元素耗尽时，聚变反应就会转移至内核周围新的外壳中，只有当超巨星内核开始产生铁元素时，其生命才算走到尽头（见258~259页）。

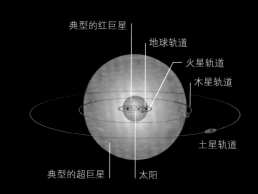

超巨星的结构
超巨星在其演化后期，通常会形成一层巨大的氢元素包层，由内向外富含很多重元素。内核周围是一个"洋葱"结构，薄薄的一层又一层，融合了不同的元素。

含有氢和其他元素的巨大包层
内核中心形成了铁元素
其他重元素
密度较大的内核
内核包含同心层

大小示意图
图中显示了典型的红巨星和超巨星的大小，如果太阳由与之质量相同的红巨星取代，它能将地球轨道以内的行星全部吞噬；如果被超巨星，如心宿二（16个太阳质量）取代，它将涵盖几乎木星轨道以内的所有空间。

典型的红巨星
地球轨道
火星轨道
木星轨道
土星轨道
典型的超巨星
太阳

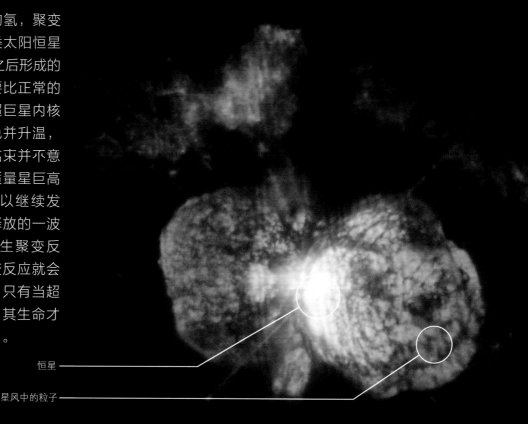

恒星
星风中的粒子

船底η
这颗巨大不稳定的恒星是双超巨星，其中一颗正在迅速接近其生命的终点。19世纪30年代，人们从地球上看到其发生猛烈的喷发，亮度增加了近百倍，并生成了一个由气体和尘埃组成的双瓣裂云，影响了人们对它的直接观测。

超巨星与星风

超巨星质量越大，表面温度就越高，可将其表面粒子吹掉的星风风力也就越大。一些超过20个太阳质量的超巨星，由于风力巨大，其表面物质的损失速度比类太阳恒星大10亿倍，并且损失的表面物质很容易克服这些大质量星的强大引力。这样一颗超巨星，在其氢燃烧的几百万年时间里，其燃烧脱落的物质的质量就可以达到太阳的好几倍。此外，由于外层物质被星风吹走，暴露出更热的内层，其亮度就更加明显。这些蓝白超巨星被称为沃尔夫−拉叶星，质量通常比太阳大三四十倍，被外层残留物质包围。若其内部的更热层被暴露出来，表面温度可高达5万摄氏度。

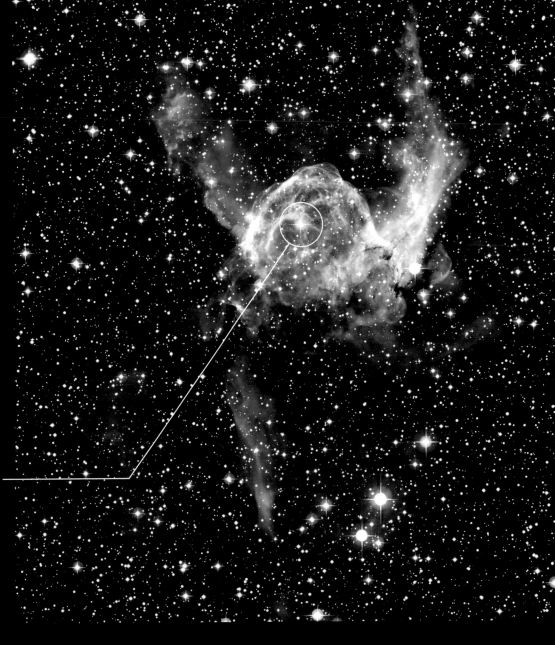

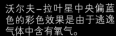
沃尔夫−拉叶星中央偏蓝色的彩色效果是由于逃逸气体中含有氧气。

雷神的头盔
星云NGC 2359，外形酷似北欧雷神带着翅膀的头盔，距离地球15000光年，位于大犬星座，中间有一个直径约30光年的巨大气泡。沃尔夫−拉叶星中心附近吹出强烈的星风，与星际物质相互作用，形成了该气泡和周围结构。

特超巨星

如今宇宙中质量最大的恒星被称为特超巨星，质量估计超过100个太阳质量，亮度是太阳的100多万倍。比如位于大犬座的大犬座VY型星，表面呈红色，是目前已知恒星中直径最大的；又如，位于人马座的手枪星云星（见右图）。

一颗恒星的体积可以达到多大，是否有一个上限？在现代宇宙学中，答案似乎是肯定的：质量超过太阳150倍的原恒星在坍缩过程中会产生极大的能量，在形成足够大的恒星之前就会分崩离析。天文学家认为，这些大质量星的死亡可能比传统的超新星爆发（见248～249页）还要猛烈。科学家会偶尔探测到来自遥远星系的高能量伽马射线的短暂爆发，这些罕见的爆发或许可以解释这一现象。

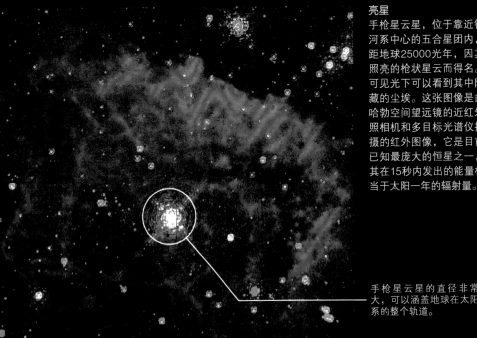

亮星
手枪星云星，位于靠近银河系中心的五合星团内，距地球25000光年，因其照亮的枪状星云而得名。可见光下可以看到其中隐藏的尘埃。这张图像是由哈勃空间望远镜的近红外照相机和多目标光谱仪拍摄的红外图像，它是目前已知最庞大的恒星之一，其在15秒内发出的能量相当于太阳一年的辐射量。

手枪星云星的直径非常大，可以涵盖地球在太阳系的整个轨道。

探究恒星

太阳系以外的恒星等天体距离地球十分遥远，我们不可能前往探访，但通过一些巧妙的方法，例如分析恒星发出的光及其他信号，天文学家能够拼出一幅显示恒星物理属性的图像，其详尽程度令人叹为观止。

来自空中的信息

地球不断受到来自宇宙的电磁辐射和粒子的冲击。电磁辐射是电场和磁场的交互变化产生的电磁波。这种辐射的性质取决于它所携带能量的大小，而这又与它的波长和频率有关。电磁辐射有多种形式（见11页）。恒星表面释放的能量就是电磁辐射，其他天体反射或吸收这种辐射，然后再将它发射出去。科学家们捕捉拍摄到了很多图像，通过收集、强化并记录这些来自太空的辐射，我们对太空有了进一步了解。来自宇宙的粒子包括恒星表面被吹离的原子，以及星际尘埃和陨石碎片。

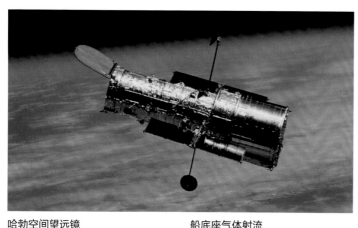

哈勃空间望远镜
隶属于美国航空航天局，在地球大气层外层运行。它可以拍摄出非常明亮、清晰的可见光图像。因为其位置独特，可以避免光穿过空气时发生的吸收和湍流问题（见276页）。

船底座气体射流
通过哈勃空间望远镜，我们可以看到以张前所未见的清晰宇宙图像。图为在紫外线和可见光中的产星星云，位于船底座。受来自恒星内部热量的影响，气体射流在星云顶部喷发出来。

测量恒星的运动和亮度

研究恒星属性的两个重要方法：天体测量学（测量恒星位置）和测光学（测量天体亮度）。通过天体测量学，科学家可以绘制星空图，计算天体的大小和它们之间的距离。恒星一段时间后的位置变化可以告诉我们其在空间中的运动，或在一个恒星系统中的轨道，而通过视差测量方法（见198～199页）我们可以知道，相对较近的恒星与地球的真实距离。测光学用于研究恒星的各种变化，比如亮度短暂骤降，表示可能出现食双星系统（参见221页），或一颗行星在其前面穿过（即凌星，见254页）。恒星亮度出现或长或短的波动，表示该恒星可能是一颗真正的变星，由于其内在的不稳定性，其亮度和大小发生波动。

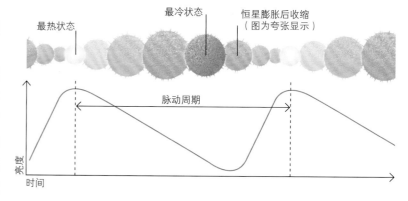

脉动变星的光变曲线
为了研究恒星不断变化的亮度，天文学家绘制出一个在一段时间内恒星亮度的光变曲线。上图显示了一条典型的脉动变星的光变曲线。食双星系统的光变曲线可参见221页。

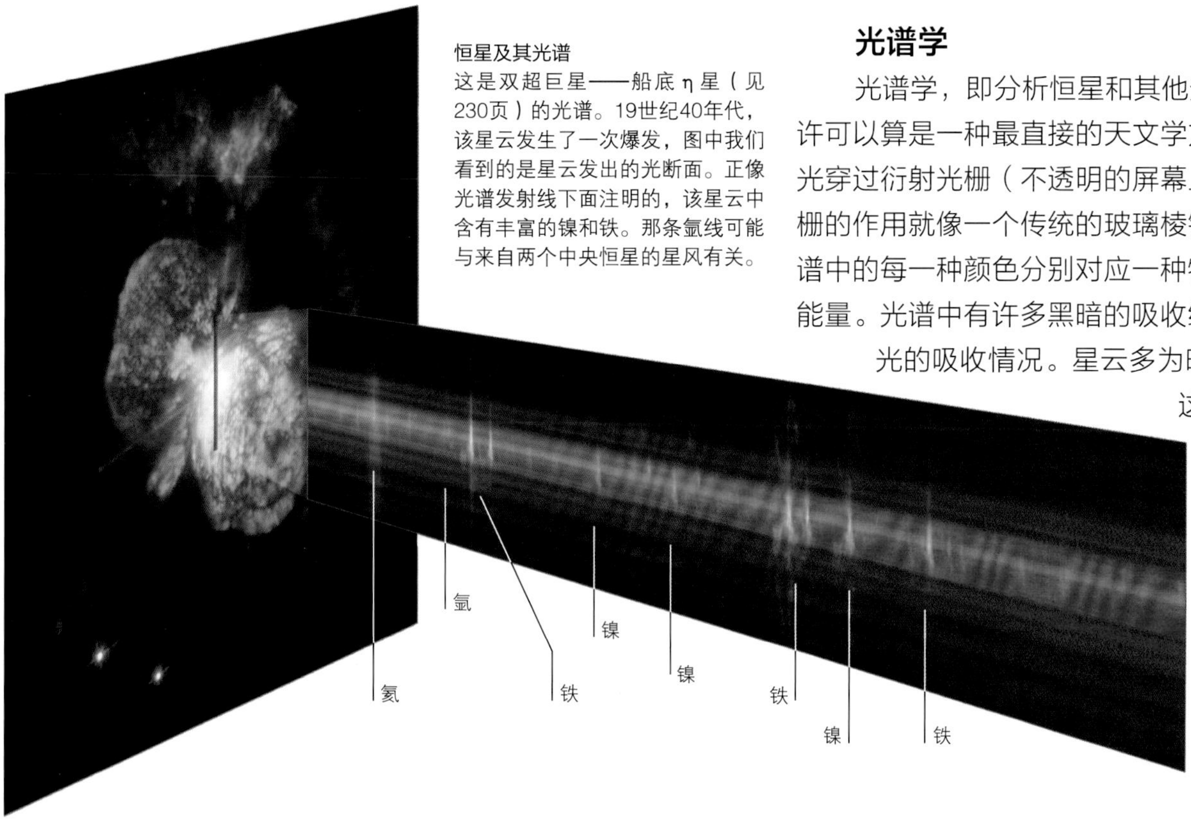

恒星及其光谱

这是双超巨星——船底 η 星（见230页）的光谱。19世纪40年代，该星云发生了一次爆发，图中我们看到的是星云发出的光断面。正像光谱发射线下面注明的，该星云中含有丰富的镍和铁。那条氦线可能与来自两个中央恒星的星风有关。

氦

氢

镍

铁

镍

铁

镍

铁

光谱学

光谱学，即分析恒星和其他天体发出辐射的量和波长，也许可以算是一种最直接的天文学方法。这通常需要天体发射的光穿过衍射光栅（不透明的屏幕上带有大量的平行狭缝）。光栅的作用就像一个传统的玻璃棱镜，将光分离成光谱。恒星光谱中的每一种颜色分别对应一种特定的恒星表面发射的波长和能量。光谱中有许多黑暗的吸收线，表明恒星大气中的原子对光的吸收情况。星云多为暗谱，并伴有明亮的发射线，这些发射线是由星云中的原子发出的光产生的。因为每种元素在特定波长下都会吸收或发射光，从而产生自己独特的光谱图案，所以可以将一个天体的光谱认为是一种揭示其化学组成的"指纹"。

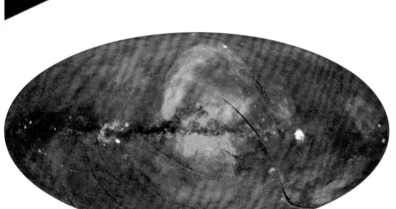

伦琴天文卫星（ROSAT）拍摄的X射线图像

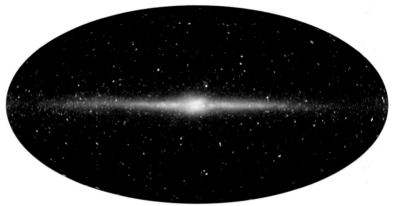

宇宙背景探测器（COBE）拍摄的近红外辐射图像

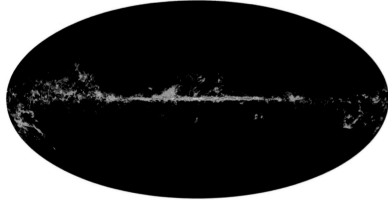

地基射电天文台绘制的分子氢分布图

银河系全天多波段图像

这三幅图显示了在三个不同波段下的恒星、气体和尘埃。银河系的平面横跨每张视图的中心。X射线图像突出显示了围绕星系中心的热气体的分布（蓝色和黄色）。近红外图像显示了温度相对较低的恒星在银河系星盘和中心位置的分布。下面这张图仅显示出与分子氢相关联的波长，这是恒星形成的物质。

多普勒效应

通过观察天体光谱的多普勒频移，可以研究天体的运动。多普勒效应（以19世纪奥地利数学家克里斯蒂安·多普勒的名字命名），即当波源靠近或远离观察者时，波长缩短或拉长的现象。这一效应可以解释为什么紧急车辆通过时，警报器音调会发生变化。在天文学中，它解释了一个移动天体的谱线频移问题。如果一个天体接近地球，其光谱线向蓝色的一端移动；当该天体慢慢远离地球时，光谱线向红色一端偏移。从光谱线频移的量可以推算该天体移动的速度。

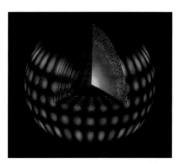

恒星振荡

多普勒频移也发生在恒星表面。这张图像显示了太阳表面的振荡，或者说震动，移动进（红色区域）或者移动出（蓝色区域）几百千米。这些振荡，是由被困于太阳表面之内的声波引起的。研究恒星振荡有助于我们深入研究其内部结构。

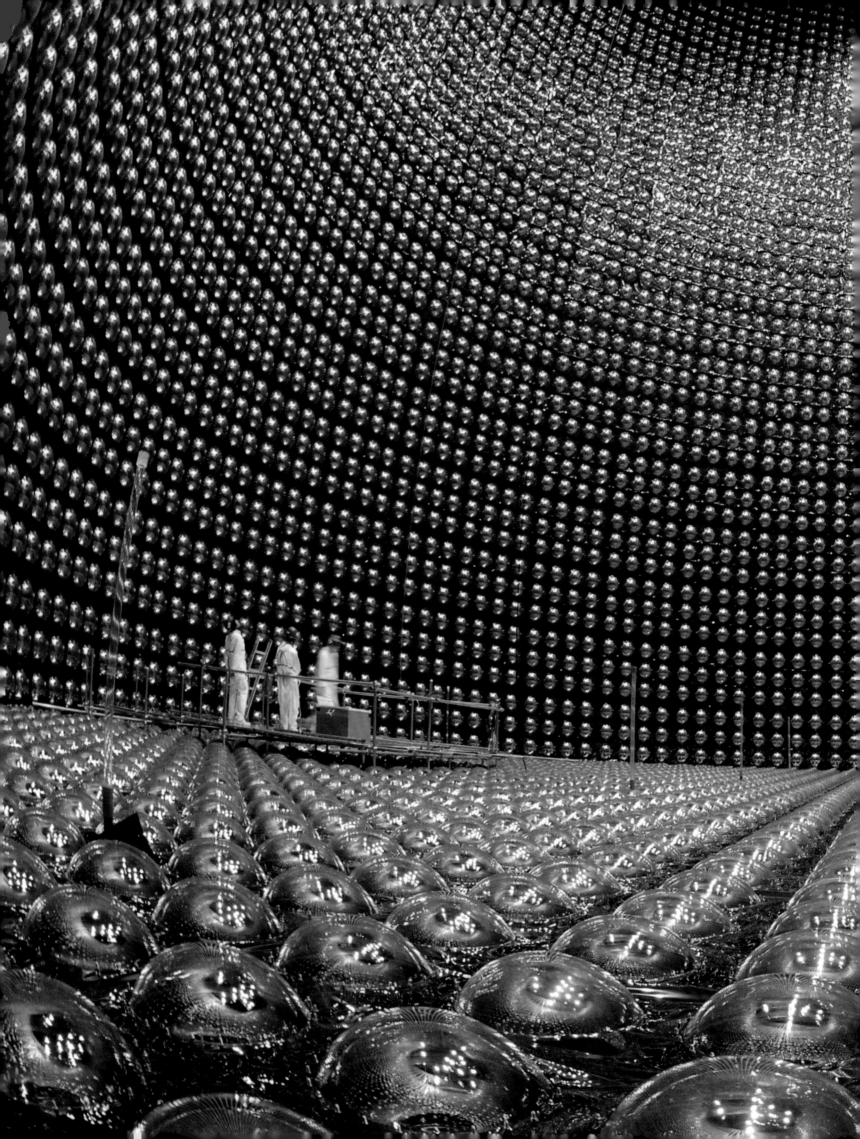

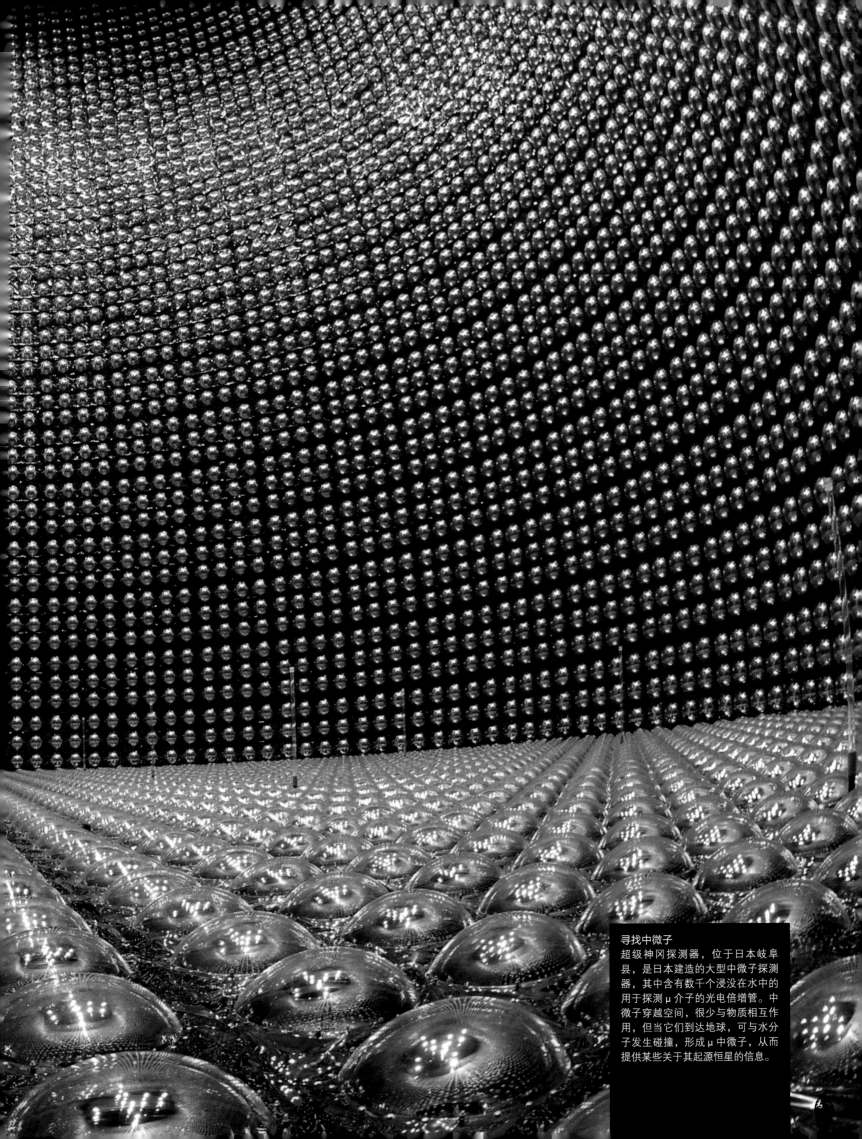

寻找中微子
超级神冈探测器，位于日本岐阜县，是日本建造的大型中微子探测器，其中含有数千个浸没在水中的用于探测 μ 介子的光电倍增管。中微子穿越空间，很少与物质相互作用，但当它们到达地球，可与水分子发生碰撞，形成 μ 中微子，从而提供某些关于其起源恒星的信息。

巨型望远镜

现代天文台配备的巨型望远镜是科学家使用的最先进的科学仪器之一。它结合了复杂的工程与精密的计算能力，使天文学家可以比以前更细致地研究宇宙，这在几十年前是不可想象的。

早期的巨型望远镜

自从17世纪初第一台望远镜问世，天文学家就认识到，望远镜的大小很重要，上面装的主要物端透镜（主镜）越大，收集的光越多，可看到的细节就更多（分辨率越高）。现代天文界中，各国似乎展开了一场"军备竞赛"，竞相建造更大型、功能更强大的望远镜。位于美国帕洛马山口径5.1米的海尔望远镜，似乎标志着一个理论的极限，它于1948年竣工，在此之后40年一直是世界最大、功能最全的望远镜。由于所用物镜的自身重量较重，向不同角度倾斜时容易变形，所以建立更大的望远镜的计划就搁置了。

帕森斯城中的庞然大物
当时最大的反射望远镜，口径1.8米，由罗斯伯爵三世——威廉·帕森斯于1845年在爱尔兰帕森斯城（现伯尔镇）修建，由于太大无法旋转，它不得不依靠天空的自转，使天体进入视野。尽管如此，它还是带给我们许多重要的发现。

新技术望远镜

近几十年来，科学家找到一些新的建造望远镜的方法，而不再拘泥于5.1米的最大口径。其中一种解决方案就是建造多镜面望远镜，由精确成形如"蜂房"的六角反射镜组成，拼接在一起形成一个巨大的单体反射面。只有采用计算机辅助设备，将镜面玻璃研磨成形，之后镀银，才能制造这种复杂的反射镜。美国率先制造了多镜面望远镜（MMT），并于1979年投入运营，该技术现已用于制造口径达10.4米的巨型望远镜，未来可能会被用于更大的望远镜。此外，材料科学的发展也提供了其他解决方案，更大、更强、更轻的单镜面反射镜现在也可以实现。

凯克望远镜镜面
口径10米的凯克望远镜I和II位于美国夏威夷莫纳克亚山，由36片分镜组成，每片直径1.8米，厚75毫米，由被称为"微晶"的玻璃陶瓷复合材料制成，外镀一层反射铝膜。

大型天顶望远镜镜面
位于加拿大的大型天顶望远镜的设计很了不起，它收集光的直径6米主镜是利用水银缓缓旋转形成的。虽然只能垂直向上看，但可以用于巡天项目，且制造成本只是传统的相同尺寸反射镜的1/100。

发射激光束
一束强激光从北双子望远镜射入高空，该望远镜位于夏威夷的莫纳克亚山。该激光束产生一个高空激光引导星，使得望远镜的自适应光学可以抵消大气湍流。

主动光学与自适应光学

反射镜偏向不同方向时，镜面不可避免地会发生微小变形，为了克服这一现象，许多巨型望远镜会采用一种所谓的"主动光学"技术，也就是把一组计算机控制的活塞（促动器），放置于相对较薄的镜面后面。当反射镜因旋转变形后，促动器推出或后拉零点几毫米，以保持反射镜的形状。另一种技术称为"自适应光学"，可以帮助望远镜克服地球大气层造成的模糊效果。方法是激光束瞄准一个非常接近目标天体的点，创建一个引导星，其产生的扭曲可以使计算机计算出空气中湍流的影响。然后，计算机调整望远镜副镜，以抵消这些影响，创建一个更清晰的图像。

未使用"自适应光学"技术

使用"自适应光学"技术
这两张图像都来自凯克望远镜II，通过对比可以看出使用"自适应光学"技术的好处。第二张图像采用了"自适应光学"技术，可以清楚地看到银河系中心的区域。

使用"自适应光学"技术

干涉测量

干涉测量是一项革命性的技术，它有望进一步改变未来望远镜的发展，以提供更为清晰的图像。最初它应用于射电天文学，是将几个分离的望远镜接收到的、来自同一个源天体的信号进行组合。这种方法揭示了光波从源天体的不同部分，到地球上不同的探测器之间，行进路径的微小差异。计算机再利用这些信息重建图像，分辨率与单一大型望远镜拍摄的图像相当。射电天文学中，干涉测量技术可以模拟口径达几百千米的望远镜，但是在光干涉测量中，望远镜必须由复杂的光隧道相连，因此它的使用仅限于同一地点专门建造的望远镜。尽管如此，干涉测量技术使得地基望远镜所拍摄图像的清晰度，可以与在轨望远镜拍摄的相媲美。

红色方形星云
这个罕见的对称行星状星云，由凯克望远镜和海尔望远镜发现。海尔望远镜目前也配备有自己的一套自适应光学系统，因此在21世纪的今天，科学家仍然在使用它。这个星云与红矩形星云有惊人的相似之处（见244页）。

衰老的恒星与其周围的星盘
智利有四台口径达8.2米的甚大望远镜，通过将干涉仪与其中的三台进行连接，天文学家发现一颗衰老的船帆V390恒星，周围有一圈尘环。右边计算机图像显示的是两个不同红外波长条件下的尘环结构。

2微米红外波长　　　　　10微米红外波长

行星状星云

在众多天体中最漂亮的当属行星状星云了，它是类太阳恒星衰亡时形成的短暂而优雅的气体云外壳，犹如宇宙里的烟圈。

不稳定的巨星

当一颗大致与太阳质量相当的红巨星耗尽内核的氦燃料时（见229页），其生命也就走到了尽头。这时它只靠燃烧外壳中的氢、氦发光，变得越来越不稳定，大小和亮度也不断变化。膨胀到达极限之时，巨星来回摆动，外层物质摆脱引力不断向外扩散，形成同心壳。恒星表面的星风越来越猛烈，更热更深层的外壳内层暴露出来，加上被抛射的物质，形成了这些梦幻般的形状。

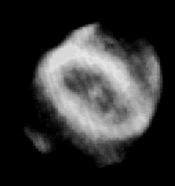

Hen 1357星云

已知最年轻的行星状星云之一。中心辐射最近才变得强烈，足以将已被喷射到宇宙中的气体层照亮。图中可以清楚地看到恒星中心围绕着一个密度极大的环，上下都有气泡状结构。Hen 1357星云距离地球大约18000光年，如此命名是因为它是"不同寻常行星状星云列表"中的第1357个，这份列表由美国天文学家卡尔·海因兹（Karl Henize）编制。

行星状星云的形成

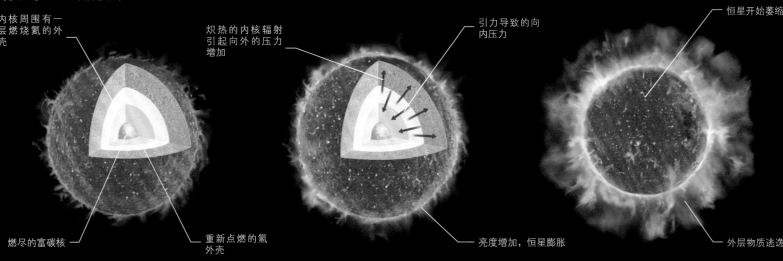

内核周围有一层燃烧氦的外壳

炽热的内核辐射引起向外的压力增加

引力导致的向内压力

恒星开始萎缩

燃尽的富碳核

重新点燃的氢外壳

亮度增加，恒星膨胀

外层物质逃逸

1 濒死的巨星
类太阳恒星生命到达尽头之时，其内核燃尽，成为一个碳核，外面包裹着一层温度极高、密度很大的外壳，氦聚变和氢聚变在里面发生，产生巨大的能量。

2 开始不稳定
发生在两小外壳中的聚变反应对温度和压力高度敏感，所以微小的变化就会迅速放大成大规模的脉动，致使整个恒星膨胀或收缩。

3 外层物质被抛出
恒星每次脉动，外层物质都会快速向外扩散，脱离引力，逃逸至太空。

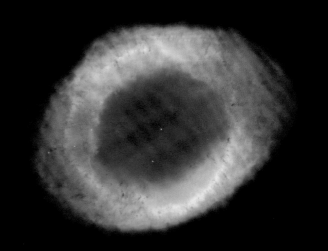

色彩

红巨星外层扩散逃逸后迅速冷却，然而，由于恒星中心暴露，其表面温度仍然不断增高，这意味着它发出的紫外线辐射量也随之增加。这些紫外线辐射被周围气体吸收，然后再以可见光的形式发出，使得行星状星云呈现出不同色彩，五光十色，十分美丽。不同气体发光的颜色也不同，天文学家通过分析这些颜色确定恒星外层的元素构成。

指环星云

距离地球大约2000光年，是宇宙中最著名的行星状星云之一。这张由哈勃空间望远镜拍摄的图像夸大了其自然的色彩。中心蓝色的薄雾由氦原子产生，绿环是由氧的受激辐射所致，而红色则是由氮和氢产生的。

形状

行星状星云的名称来源于发现的第一个星云，其外观近似于球形，像一颗行星。但现代天文望远镜发现的行星状星云却形状各异，有的看上去像一个真正的指环或边缘部位不透明的球壳，而"双极"星云，形状类似沙漏，中间被一圈密集的气体和尘埃环笼罩，这种星云也是较为常见的。受物质密度和释放速度的影响，不同时间释放的气体壳之间也相互影响。行星或伴星的存在可以使其形状更加错综复杂。

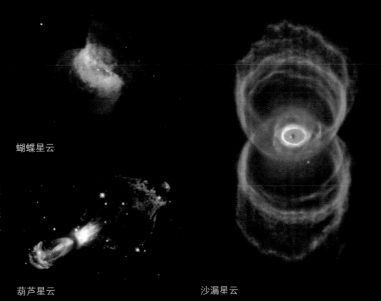

蝴蝶星云

葫芦星云

沙漏星云

无穷变化

这几张哈勃空间望远镜拍摄的图像只是少数垂死的恒星周围形成的行星状星云。这些行星状星云的形状和颜色可谓丰富多彩，所示的三个例子，其结构的形成很可能是物质刚刚脱离恒星快速移动后，又与一个移动较慢、密度较大的环相遇所致，而这个环状结构是较早前释放的物质。

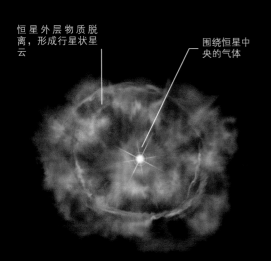

恒星外层物质脱离，形成行星状星云

围绕恒星中央的气体

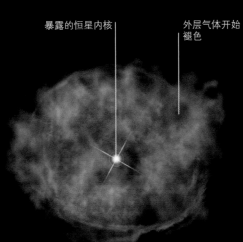

暴露的恒星内核

外层气体开始褪色

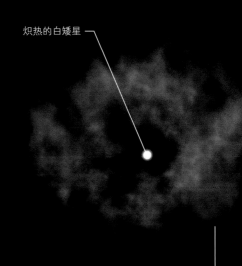

炽热的白矮星

气体消失

内部之光

恒星外层的物质渐渐脱离，形成行星状星云，其随后露出的表面温度逐渐升高，发出的紫外线激发了气体外壳，使其发出各种颜色的光。

慢慢褪色

随着行星状星云的进一步扩散，中央恒星的激发状态慢慢萎缩，发光的气体开始褪色。

超密白矮星

最后剩下的就是耗尽的内核，被称为白矮星。虽然仍十分炽热，但由于体积小，从远处看，它显得十分暗淡。

白矮星

由于更多物质抛离恒星本体，发生聚变的恒星外壳最终停止发光，被抛向宇宙。这样就只剩下恒星中心密度很大但能量基本耗尽的内核残余，也就是白矮星。因为其内部还存有巨大的热量，所以它仍然剧烈地发着光。又由于失去聚变产生的辐射压力，其内核开始坍缩，直到电子压力（亚原子粒子相互靠近产生的力）最终将此过程终止。至此，恒星的内核会坍缩至地球大小，密度达到每立方厘米1000千克。

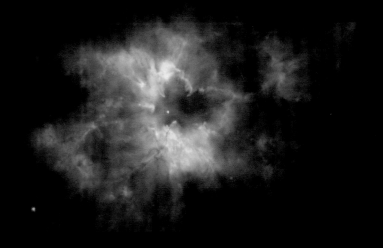

形成白矮星

NGC 2440行星状星云的中心是一颗被称为HD 62166的新生白矮星，距地球约4000光年。表面温度20万摄氏度，亮度相当于1100个太阳，它是目前已知最炽热的白矮星之一。

螺旋星云

　　螺旋星云是距离地球最近，也是天空中最大的行星状星云。它是一个复杂的螺旋状星云，向外扩散的气体外壳直径约2.5光年，里面是一颗裸露炽热的恒星核。星云外层正以11.5万千米/时的速度不断膨胀，这表明它在约1.2万年之前就开始形成了。

彗星状的结
最新释放的气体快速散开，与恒星周围已有的密集气体相互作用，形成彗星状的结，每个大小相当于我们的一个太阳系，这些彗星状结的"尾巴"从星云中心向外呈散射状。

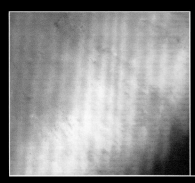

边缘
这个区域是星云外环与内盘之间的边界，星云外环约12000年前开始形成，而内盘的气体晚了6000年后才开始形成。

彩色的星云盘
这幅图像拍摄于智利的拉西亚天文台。中心炽热的恒星释放能量后，螺旋星云中的气体发出彩色的荧光，内盘呈现蓝色说明含有氧原子，红色区域则富含氮。

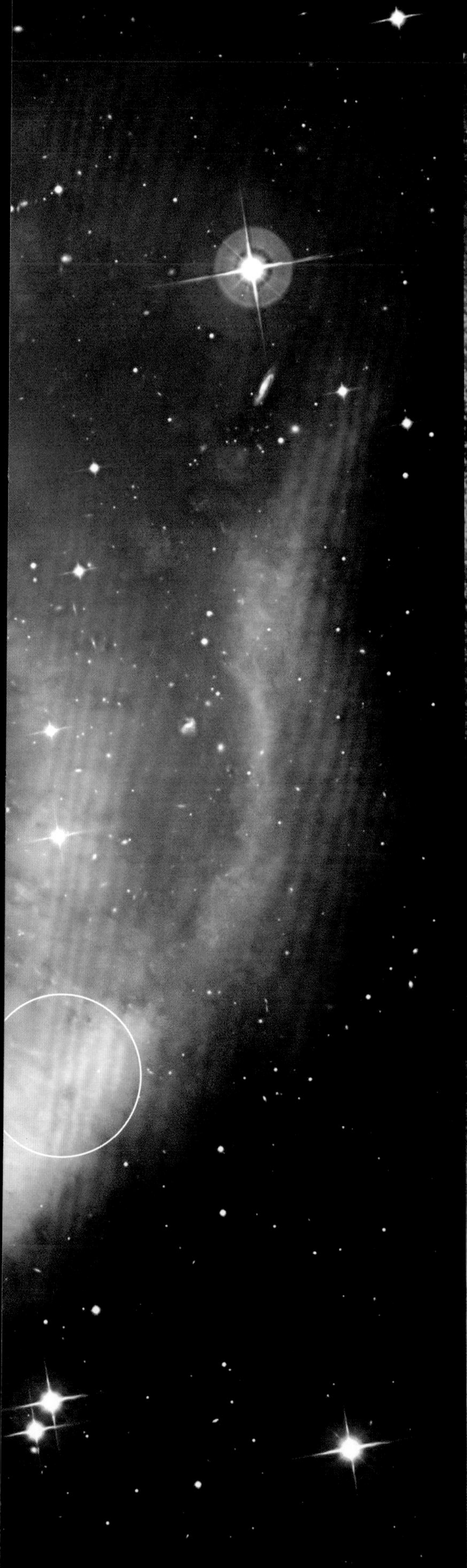

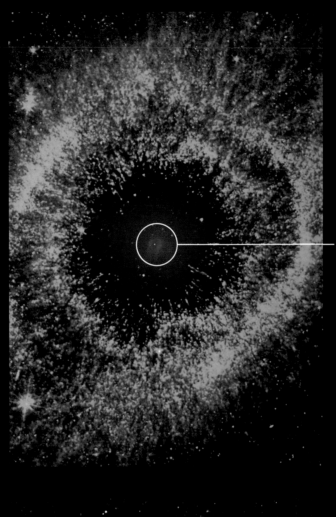

红外图像

这张红外图像由斯皮策空间望远镜拍摄，图中的不同颜色说明螺旋星云产生了不同波长的红外辐射。波长相对较短的蓝色和绿色，所对应的温度范围从彗星状结周围的1500摄氏度到外环的600摄氏度，而波长较长的红光来自中心白矮星周围的冷尘埃（图像中心的小白点）。

彗星碎屑

冷尘埃形成了一个与太阳系柯伊伯带直径大致相同的星盘，天文学家认为这个星盘可能是曾经环绕中央恒星的彗星环的残留物质。

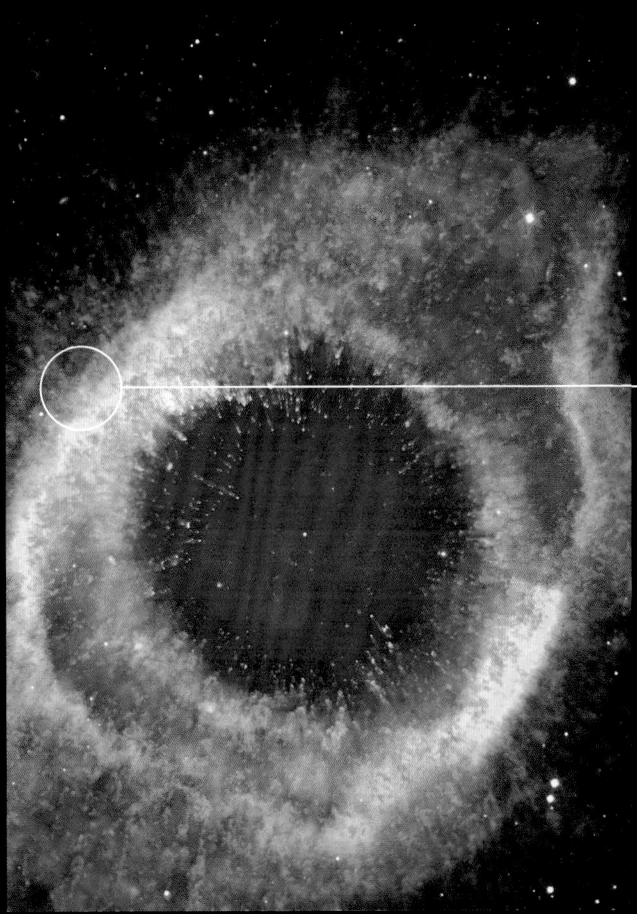

复杂的结构

观测行星状星云有很多困难，其中之一就是我们只能从一个方向对它进行观测，这使得我们很难分辨其真实的结构。通过将哈勃空间望远镜和斯皮策空间望远镜拍摄的螺旋星云图像结合，我们发现该星云是由几个相连的星环和星盘组成的，这些星环和星盘形成的时间都不一样。

激波波前

星云中的红色和黄色区域表示，外环正在撞击来自周围星际介质的物质，并开始升温。

螺旋星云简介

类型	行星状星云
星座	水瓶座
与地球的距离	700光年
直径	2.5光年

猫眼星云

位于天龙座，是最神秘最美丽的行星状星云之一，结构重叠复杂，至今仍在形成的过程中。就目前观测到的状态，其中心区域刚形成了1000年，但外围结构形成相对较为久远。中心的恒星可能是一个复杂的双星系统，其中一颗可能是质量极大的恒星。

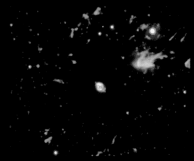

斯皮策空间望远镜的广角视图
斯皮策空间望远镜拍摄的这张红外全景图像的正中间就是猫眼星云的中心，以前爆发所产生的微弱的外围气体云在图中显示为绿色和红色。

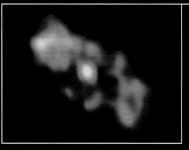

发射X射线的星云中心
钱德拉X射线天文台拍摄的图像显示，猫眼星云的中心存在发射X射线的气体云，温度高达几百万摄氏度。最中心的X射线可能源于一个或多个恒星周围的超热星盘。

气体环
哈勃空间望远镜的先进巡天相机首次证实了这些微弱的同心环的存在。它们规则的间距表明，其脉冲间隔大约为1500年。

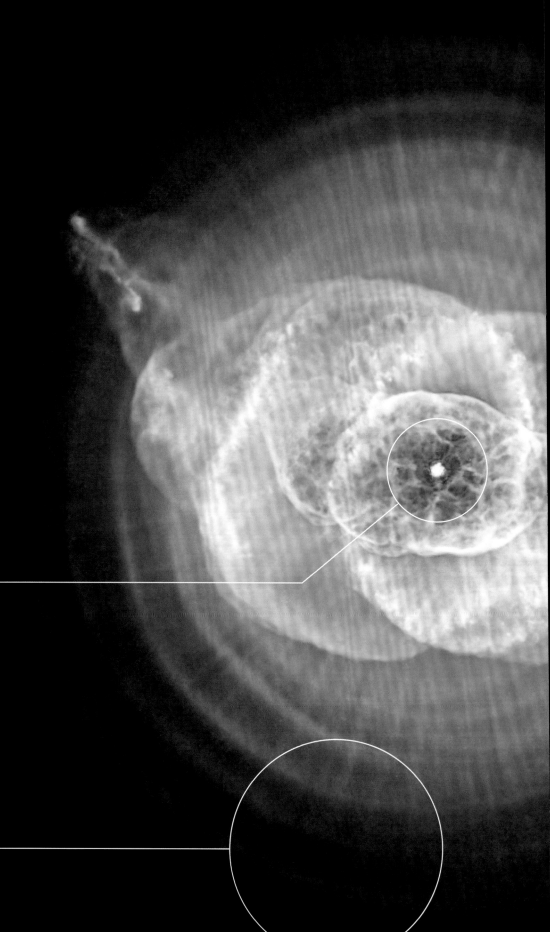

宇宙中的旋转结构
这张图像由哈勃空间望远镜拍摄，图中可以看到由于星风向外吹而产生很多"气泡"，它们在缓慢移动的气体壳中膨胀。星风可能是因双星的相互作用而产生的。

红光来自氮原子

绿色和蓝色的区域充满氧原子

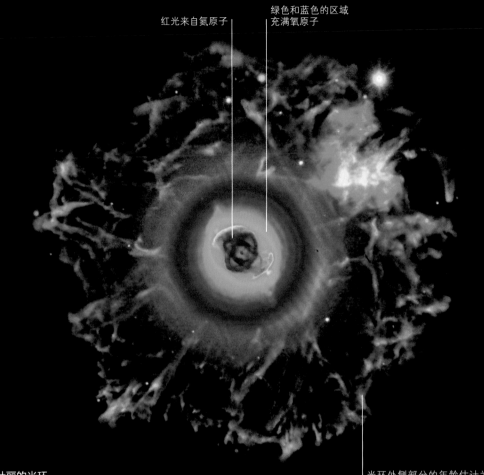

光环外侧部分的年龄估计为5万至9万年

壮丽的光环
这张长曝光图像由位于加那利群岛拉帕尔马岛的北欧光学望远镜拍摄，图中可以看到星云巨大的外层结构（光环），最外层的碎屑可能是50万年前喷射出来的物质。

复合图像
图为将哈勃空间望远镜和钱德拉X射线天文台拍摄的图像组合起来的猫眼星云图像。图中标明了发射X射线的气体（紫色）的位置与星云可见结构（红色和绿色）的关系。哈勃空间望远镜拍摄的图像曾经被制成假彩色图像，以突出显示某种特定元素的存在。

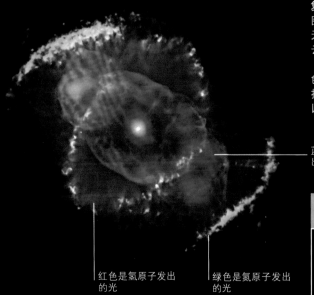

蓝色是氧原子发出的光

红色是氢原子发出的光

绿色是氮原子发出的光

猫眼星云简介

星表编号	NGC 6543
类型	行星状星云
星座	天龙座
与地球的距离	3300光年
恒星核直径	0.2光年

红矩形星云

这个不寻常的行星状星云具有令人印象深刻的几何外形，从中央恒星向外呈阶梯状。星云中心的双星系统周围被较厚的尘埃和气体环包围，它们将恒星喷出的物质分别引向两个膨胀的锥形结构。从侧面看，两个锥形结构形成一个独特的X形。

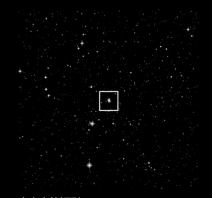

宇宙中的矩形
红矩形星云距离地球2300光年，位于麒麟座，在可见光中是一个微弱的天体，于1973年被火箭上装载的红外望远镜发现，当时火箭位于地球大气层之外。

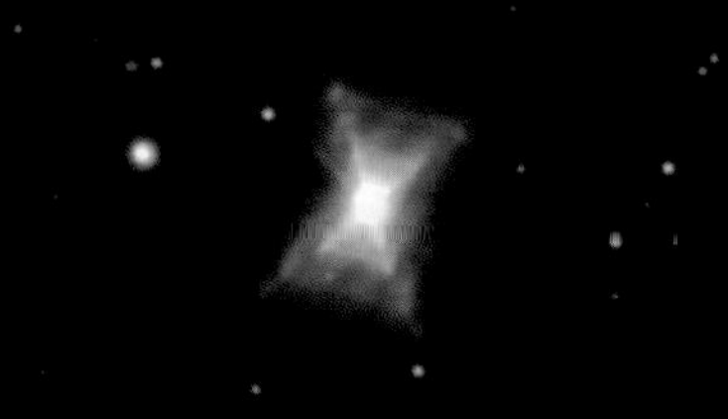

X标记
地基望远镜拍摄的图像，比如这张由欧洲南方天文台（位于智利拉西亚）的新技术望远镜拍摄的图像，清晰地显示了红矩形星云独特的形状，该星云也因此而得名。

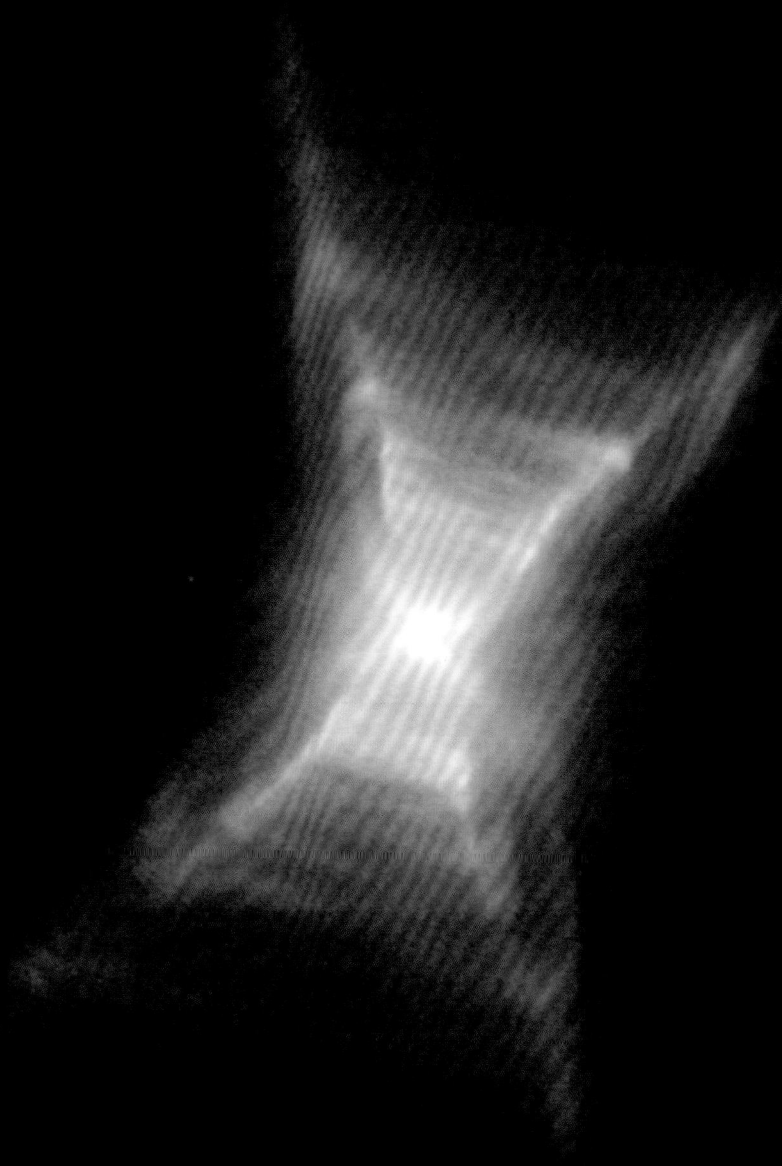

红矩形星云简介

星表编号	HD 44179
类型	行星状星云
星座	麒麟座
与地球的距离	2300光年
直径	0.4光年

脉动的中心
哈勃空间望远镜拍摄的这张图像展示了星云内的复杂结构。图中明亮的梯级形状由中央恒星喷出的物质形成，每隔数百年喷射一次，图中形状的形成大约始于14000年前。

爱斯基摩星云

这个星云看起来像从一圈毛茸茸的围巾中探出的一张人脸，因此又称小丑脸星云。外壳的"毛"包含许多彗星般的飘带，每个长达1光年。与螺旋星云（见240～241页）结构相似，中央恒星喷出的炽热气体快速移动，"追上"了更早时候释放出来的物质，呈现出了现在的形状。

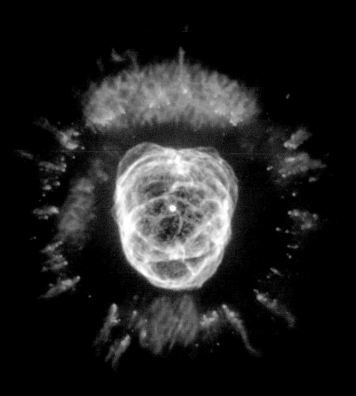

爱斯基摩星云简介

别名	小丑脸星云
星表编号	NGC 2392
类型	行星状星云
星座	双子座
与地球的距离	2900光年
直径	0.7光年

气体泡
这张哈勃空间望远镜拍摄的图像显示，爱斯基摩星云的"脸"环环相扣，充满膨胀的热气泡。这些气泡被认为是，来自中央恒星的快速移动的星风追上了环恒星赤道的移动较慢的气体环而形成的。

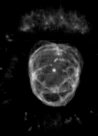

爱斯基摩星云的复合视图
这张爱斯基摩星云的复合视图来自XMM–牛顿望远镜和哈勃空间望远镜拍摄的图像，图中可以看到发射X射线的气体（蓝色）位于爱斯基摩星云中央空腔内，这个区域周围是温度较低的电离气体壳（绿色和红色）。

蚂蚁星云

这是最复杂的行星状星云之一。一系列嵌套在一起的瓣状结构周围是扁平的环形圈，这种圈叫作环刃，它们大都在星云外瓣之外的明亮区域清晰可见。物质外流形成一个沙漏状的结构和一对向外扩散的锥形结构。通过研究星云光谱，我们得知其明显的化学构成差异，这表明它的气体来自两颗不同的恒星。

蚂蚁星云简介

别名	门泽尔3 星云（简称Mz3）
类型	行星状星云
星座	矩尺座
与地球的距离	8000光年
直径	2光年

哈勃空间望远镜拍摄的图像
这张图像展示了蚂蚁星云的壮观结构，它是从中央红巨星逃逸的物质与从红巨星伴星（现在是一颗白矮星）脱离的气体相互作用的结果。

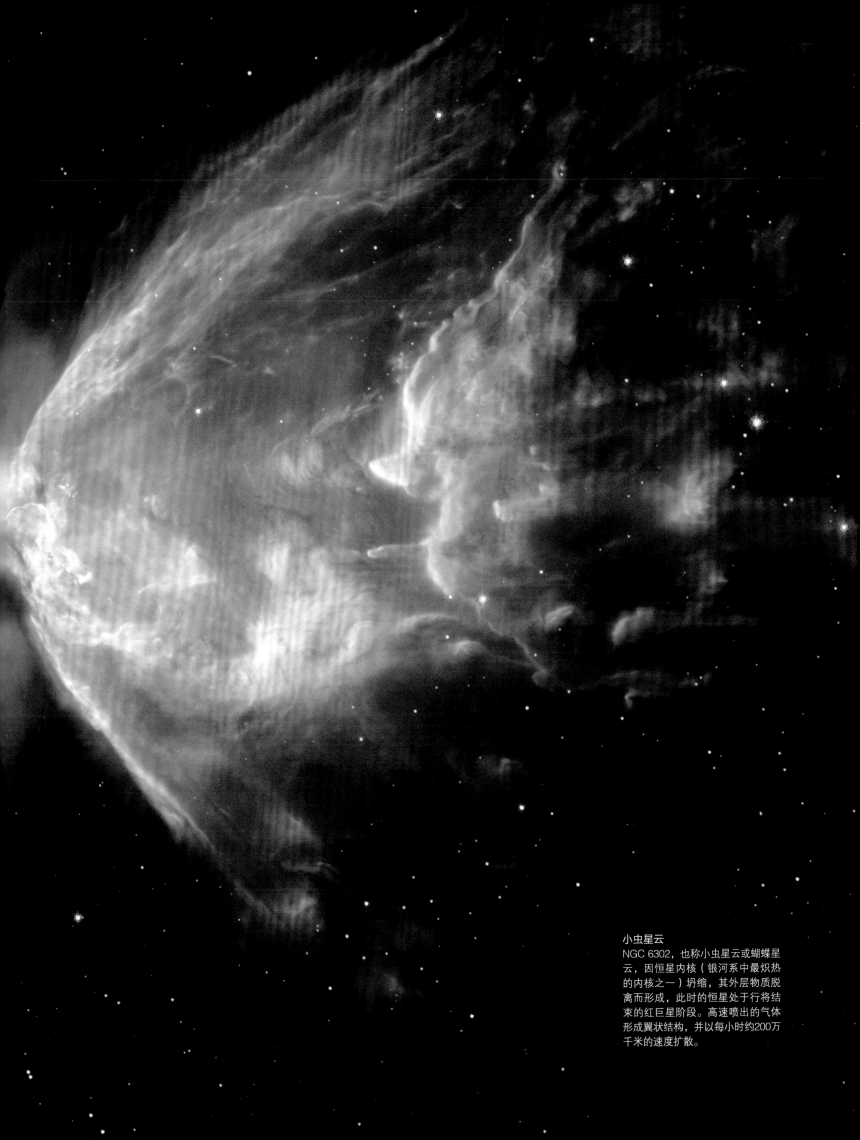

小虫星云
NGC 6302，也称小虫星云或蝴蝶星云，因恒星内核（银河系中最炽热的内核之一）坍缩，其外层物质脱离而形成，此时的恒星处于行将结束的红巨星阶段。高速喷出的气体形成翼状结构，并以每小时约200万千米的速度扩散。

大质量恒星的死亡

八倍以上太阳质量的恒星以超新星爆炸的方式结束自己的生命，这种爆炸非常壮观，可以照亮整个星系。爆炸后留下撕碎的灼热气体云，其中富含重元素和超密恒星遗迹，这些遗迹成为宇宙中最怪异的天体。

从超巨星到超新星

超巨星内核的铁原子核发生聚变后突然坍缩，从而引发超新星（严格说来是Ⅱ型超新星）的诞生。铁原子的聚变反应吸收的能量比释放的要多，导致原本支持大质量恒星结构的能量来源突然被切断，内核发生坍缩，巨大的冲击波猛烈地撕扯恒星的外层，将外层点燃，使之发生新一轮聚变。超新星非常罕见，但由于非常明亮，所以远在外星系也能看到。

SN 1987A
这两张图像为超新星1987A爆炸前和爆炸时，大麦哲伦云（见268～269页）的一个区域。超新星1987A以其发现年份命名，是1604年以来发现的最亮的超新星。爆炸源于一颗大质量蓝超巨星的死亡，这颗巨星形成于爆炸前约2万年的恒星合并。

爆炸前　　爆炸时

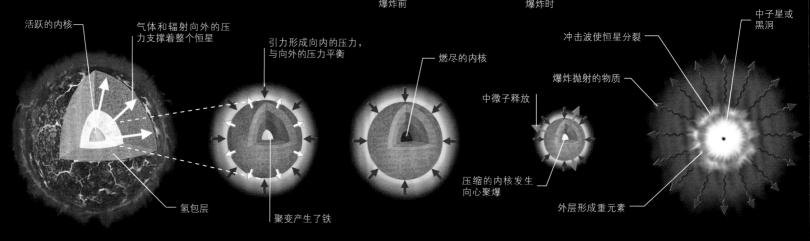

1 行将就木的超巨星
超巨星在其生命的最后阶段，由于内核及周围外壳中发生一系列聚变，会产生一个巨大的氢包层。

2 内核的外层
由于内核的硅和硫持续燃烧，产生了铁并释放能量，所以其内核的层不会坍缩。

3 内核坍缩
支撑整个恒星的聚变过程逐渐消失，内部向外的压力随之消失，同时因自重巨大，突然坍缩。

4 中微子爆发
内核以近四分之一光速的速度发生坍缩，其铁核分解成中子，伴随着几秒钟的中微子爆发（见208页）。

5 爆震
正在坍缩的恒星，被压缩的内核发生爆炸，产生冲击波，使得热量和压力向外层冲击。此时重元素形成，但还不稳定，随后才快速衰变为稳定的形式。

中子星和脉冲星

超新星爆炸后大部分物质会以发光的气泡形式散落在宇宙中，称为超新星遗迹。但是，质量是太阳质量1.4倍以上的恒星内核会以一种奇怪的形式存在。由于没有内部聚变反应的支持，它发生坍缩的力量非常大，以至于内部的原子核被粉碎成亚原子粒子，并进一步分解成为不带电的粒子，亦称中子。内核最终形成直径仅几千米的超密球体——中子星，在中子之间的巨大斥力下坍缩也停止了。通常情况下，这种星体有强大的磁场，会周期性地发射脉冲信号，故称为脉冲星。

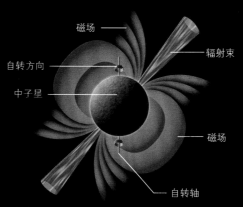

脉冲星
脉冲星保留了原恒星的磁场，但因为受到压缩，所以磁力更强大。磁场将辐射从中子星表面分成两个狭窄的辐射束，由于中子星自转，辐射束横扫宇宙空间。

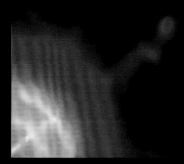

船帆脉冲星
这张钱德拉X射线天文台拍摄的图像为船帆超新星遗迹的内部，脉冲星向宇宙喷射高能粒子，喷流长约0.5光年，磁场中的扭结和聚集致使粒子射流发生不规则的溅射。

Ia型超新星

并非所有的超新星形成都与大质量恒星有关。Ia型超新星发生在双星系统中，白矮星吸收来自其伴星的炽热气体，这些气体在白矮星表面积聚，之后随新星爆发而燃烧。但如果白矮星的质量是太阳的近1.4倍，额外的重量会使它坍缩，释放出巨大的能量。所有Ia型超新星释放的能量都相同，天文学家利用这一点来测量星系距离（见319页）。

超新星1994D
1994年，哈勃空间望远镜抓拍了这张位于透镜状星系NGC 4526的Ia型超新星图像，它距离地球约5500万光年。

黑洞

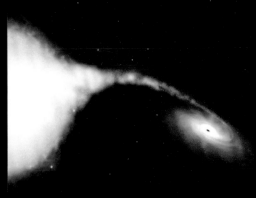

最重的超新星，内核质量约是太阳的3.2倍，因为质量太大，即使中子之间的斥力也不足以阻止坍缩。坍缩恒星内的亚原子粒子分裂成最基本的粒子——夸克。内核继续坍缩，直到它占据宇宙中一个单一的超致密点，称为奇点，在这里常规的物理规律不再适用。奇点的引力非常强大，在一定的距离（称为视界）内，没有什么可以逃脱，即使是光。这时恒星遗迹成为黑洞，这是一种奇异的天体，它会吞噬任何靠近它的天体，也会使周围的空间和时间弯曲。

黑洞双星
这张效果图是天鹅座X-1，最著名的黑洞候选者之一。这个恒星遗迹是双星系统中的一员，将伴星蓝超巨星上的物质拉入发出X射线的吸积盘。这个炽热的吸积盘的质量表明，它肯定是一个黑洞。

观测极端星体

中子星和黑洞是宇宙中最难观测到的天体，但幸运的是，探测到它们也不是绝无可能。中子星表面发光强烈，但由于太小，基本无法看到，除非脉冲辐射喷流射向我们。黑洞，就其本身属性也是不可见的。但是，如果黑洞或中子星与一颗普通恒星构成双星系统，其自身强大的引力就可以把普通恒星的物质吸入，从而形成一个螺旋向内的吸积盘。吸积盘由于潮汐力被加热到几百万摄氏度，发出X射线，这样我们就可以探测到。

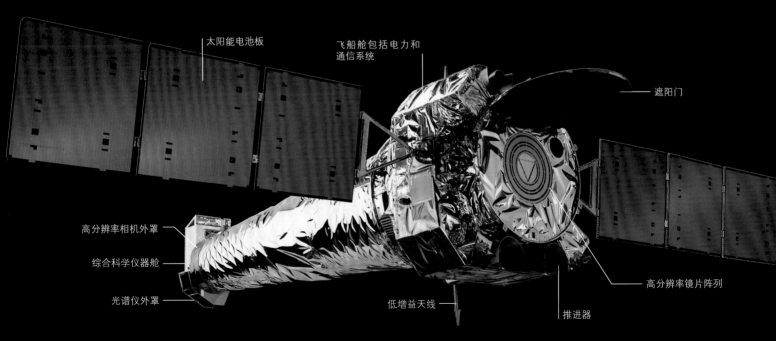

太阳能电池板
飞船舱包括电力和通信系统
遮阳门
高分辨率相机外罩
综合科学仪器舱
光谱仪外罩
低增益天线
推进器
高分辨率镜片阵列

钱德拉X射线天文台
它是有史以来用于观测活跃天体X射线辐射的最为先进的望远镜之一，这些天体包括黑洞和中子星。钱德拉X射线天文台的飞行高度比哈勃空间望远镜高出200倍，超过了地月距离的三分之一。

钱德拉X射线天文台简介

任务		钱德拉X射线天文台		尺寸
发射日期	1999年7月23日	隶属机构	美国航空航天局	19.5米
运载火箭	哥伦比亚号航天飞机 STS-93任务	长度	13.8米	
任务时间	10年，但至今仍在服役中	宽度	19.5米	13.8米
		质量	4790千克	
		电源	太阳能发电	
		口径	1.2米	
		配备仪器	先进的CCD成像光谱仪 低能和高能透射光栅 高分辨率相机	

蟹状星云

1054年，中国和阿拉伯的天文学家都记录了金牛座中突然出现的一颗新星。这个新天体闪闪发光（超新星爆炸），在白天都能看到，一共持续了23天。这颗超新星的遗迹就是今天的蟹状星云，距离地球大约6500光年。这片恒星残骸直径已达到11光年，并仍以每小时540万千米的速度不断膨胀。

蟹状星云的复合图像
这张图像由哈勃、钱德拉和斯皮策空间望远镜拍摄的图像组合而成，同时展现出蟹状星云在可见光、X射线和红外辐射中的样子。蓝色X射线集中在中心位置，中心的小点是脉冲星，发射出快速而又有周期性的脉冲辐射。

元素构成
这张假彩色图像由哈勃空间望远镜拍摄，图中显示了气体云中所含有的元素：橙色为氢，绿色为硫，红色和深蓝色为氧，淡蓝色是由于电子在中央恒星的磁场内旋转所致。

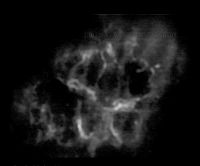

发光的气体
这张蟹状星云的红外视图由斯皮策空间望远镜拍摄，图中的气体在超新星爆炸后近1000年仍在发光，温度达到11000～18000摄氏度。

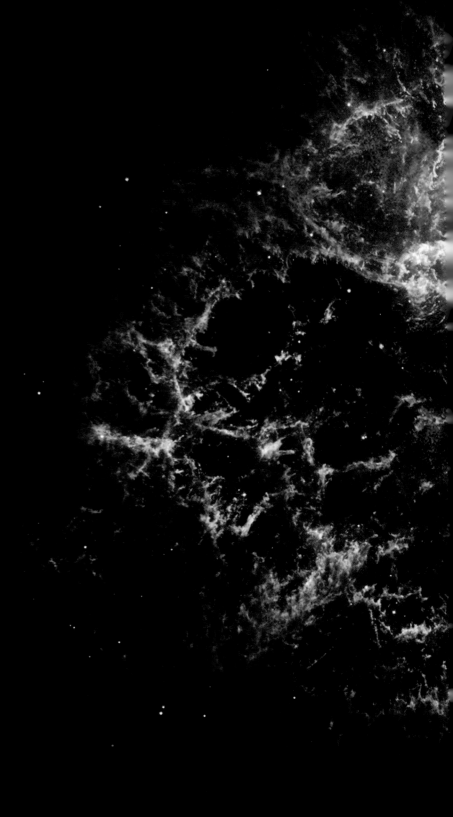

蟹状星云简介	
类型	超新星遗迹
星座	金牛座
与地球的距离	6500光年
直径	11光年

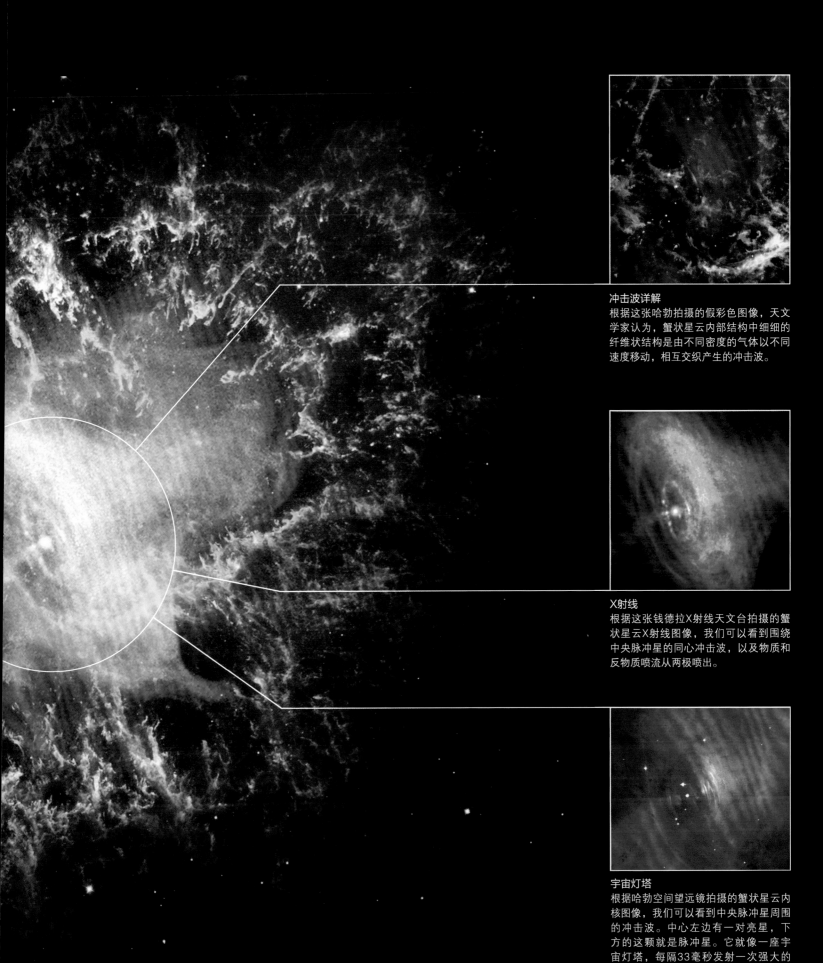

冲击波详解
根据这张哈勃拍摄的假彩色图像，天文学家认为，蟹状星云内部结构中细细的纤维状结构是由不同密度的气体以不同速度移动，相互交织产生的冲击波。

X射线
根据这张钱德拉X射线天文台拍摄的蟹状星云X射线图像，我们可以看到围绕中央脉冲星的同心冲击波，以及物质和反物质喷流从两极喷出。

宇宙灯塔
根据哈勃空间望远镜拍摄的蟹状星云内核图像，我们可以看到中央脉冲星周围的冲击波。中心左边有一对亮星，下方的这颗就是脉冲星。它就像一座宇宙灯塔，每隔33毫秒发射一次强大的脉冲辐射。

帷幕星云

帷幕星云是宇宙中最大的超新星遗迹之一，这团炽热的气体以每小时60万千米的速度向外膨胀。它起源于7000年前的一次恒星爆炸，快速移动的残骸与邻近的气体云发生碰撞，温度上升几百万摄氏度，形成直径约100光年的发光气体泡。

帷幕星云东侧
帷幕星云的东侧包括NGC 6992和6995，是帷幕星云最亮的区域之一。在这张哈勃空间望远镜拍摄的图像中，绿色说明有硫的存在，蓝色表示氧，红色代表氢。

女巫扫帚
因发光的丝状结构像一把扫帚而得名，在女巫扫帚（NGC 6960）这个区域，我们可以看到若干扩散的冲击波的波前，它们几乎都是侧向地球。

帷幕星云简介

别名	天鹅圈
星表编号	NGC 6960、6992和6995
类型	超新星遗迹
星座	天鹅座
与地球的距离	2000光年
直径	100光年

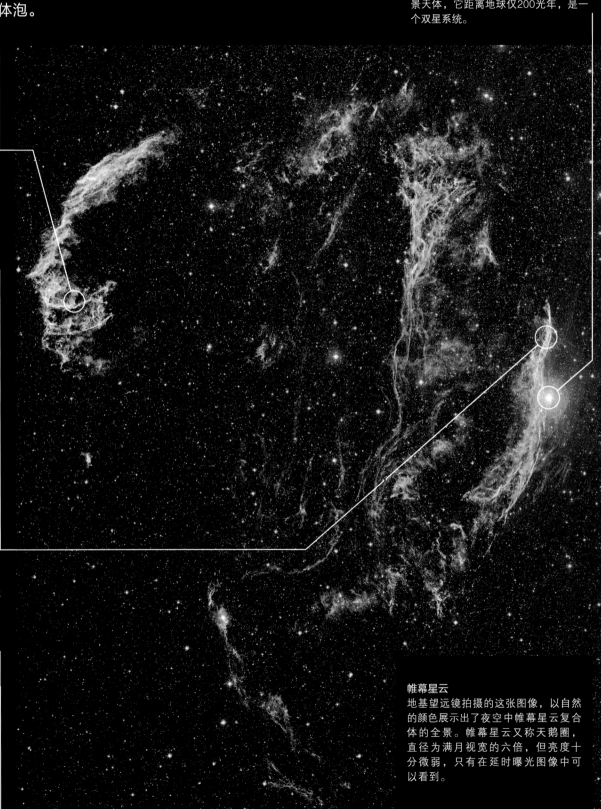

天鹅座52
这颗亮星看来似乎正好位于超新星遗迹的膨胀方向上，但它实际上是一个前景天体，它距离地球仅200光年，是一个双星系统。

帷幕星云
地基望远镜拍摄的这张图像，以自然的颜色展示出了夜空中帷幕星云复合体的全景。帷幕星云又称天鹅圈，直径为满月视宽的六倍，但亮度十分微弱，只有在延时曝光图像中可以看到。

仙后座A

这个超新星遗迹是太阳系外最强天体射电波的起源地。爆炸后发出的光于1680年首次到达地球，但由于遗迹的可见光非常微弱，在当时并未观察到这次超新星爆炸，这也许是由于其光线被星际尘埃阻挡。最终，这一显著的天体直到1947年才被发现，这要归功于运行在地球大气层外的射电探测器。

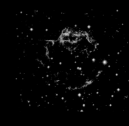

幽灵般的遗迹
直到1950年，光学探测方法才探测到了仙后座A，在延时曝光图像中可以看到一个暗淡的膨胀气体环，其中有物质喷流，速度高达每小时5000万千米。

光谱复合图像
这张仙后座A的图像由三种图像复合而成，它们分别是：哈勃空间望远镜视图（橙色）、斯皮策空间望远镜拍摄的红外图像（红色）和钱德拉X射线天文台拍摄的X射线辐射图像（蓝色和绿色）。原恒星核的遗迹被压缩成一个中子星或黑洞，位于星云中心。

X射线与元素
这些图像由轨道上的钱德拉X射线天文台拍摄，从中可以看到仙后座A中有不同元素的离子发射高能量辐射（X射线）。颜色代表X射线强度，黄色为最猛烈，其后依次是红色、紫色和绿色。宽带图像（左上）包括从仙后座A检测出的所有X射线。

宽带X射线　　　　硅X射线

钙X射线　　　　铁X射线

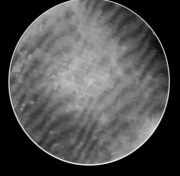

伽马射线源
这张图像显示的是仙后座A的伽马射线，由美国航空航天局的费米γ射线空间望远镜记录。在炽热的超新星遗迹中带电粒子被磁场加速，并与遗迹周围宇宙中的冷气体云相互作用，此时会释放出高能伽马射线。

仙后座A简介

类型	超新星遗迹
星座	仙后座
与地球的距离	11000光年
直径	10光年

系外行星

　　过去几十年，科学家已经发现了太阳系以外几千颗围绕恒星运行的行星，它们被称为系外行星，有比木星质量大好几倍的巨行星，也有比地球重几倍的岩质行星。天文学家相信在不久的将来一定会发现类似地球的行星。

即将成形的行星

　　整个20世纪，天文学家都在寻找系外行星的痕迹。起初，他们认为在银河系中很难再找到像太阳系这样的行星系统。到了80年代初，红外探测器开始探测附近一些相对年轻的恒星的物质盘。

　　后来随着探测仪器改良，发现了更多这样的星盘，它们由尘埃和冰混合而成，覆盖的空间大小堪比太阳系柯伊伯带（见178页）。其中的扰动可能是因为新生行星正在吸收周围物质，这些原行星盘毫无疑问是正在形成的"太阳系"。

> **"只要不停地观测，最终会找到第一颗类地行星，这只是时间问题。"**
>
> 乔恩·莫尔斯，美国天体物理学家，美国航空航天局

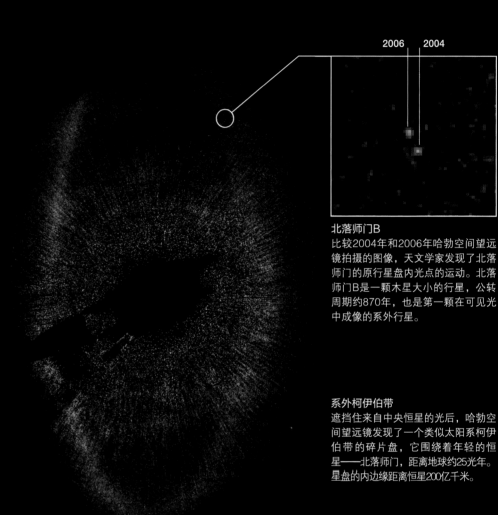

2006　2004

北落师门B
比较2004年和2006年哈勃空间望远镜拍摄的图像，天文学家发现了北落师门的原行星盘内光点的运动。北落师门B是一颗木星大小的行星，公转周期约870年，也是第一颗在可见光中成像的系外行星。

系外柯伊伯带
遮挡住来自中央恒星的光后，哈勃空间望远镜发现了一个类似太阳系柯伊伯带的碎片盘，它围绕着年轻的恒星——北落师门，距离地球约25光年。星盘的内边缘距离恒星200亿千米。

寻找系外行星

　　20世纪90年代，寻找系外行星的工作终于有了突破。行星会引起恒星的轨道变动，但这种变动太微弱，天文学家无法通过测量其位置来辨识，不过可以通过测量光的红移或蓝移的变化来判定（见233页）。据此形成的所谓的"视向速度法"是指在大质量行星的影响下，恒星靠近和远离地球，天文学家对其光谱波长变化进行测量。1995年，利用该方法首次发现了一颗围绕类太阳恒星运行的系外行星——飞马座51B。还有一种寻找系外行星的方法叫作"凌星法"（见右图）。其观测原理是在凌星期间，恒星的亮度因前方行星遮掩而减弱，并且这种亮度减弱现象的出现是周期性的，天文学家使用这种方法便可探知恒星周围有行星存在。使用不同的方法可以获取不同的信息，但天文学家总能估算出一颗行星的轨道参数和最小质量。

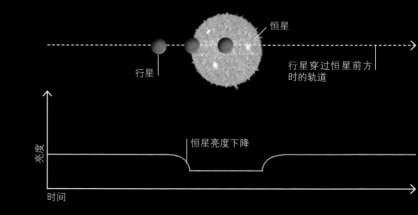

恒星

行星

行星穿过恒星前方时的轨道

亮度

恒星亮度下降

时间

凌星方法
这种方法的原理是精确跟踪遥远恒星的亮度变化。一颗行星经过恒星前方，导致恒星的亮度明显下降，这种精确的效果虽然很少见，但是很有用，天文学家还可以据此计算出行星的大小、质量和各种轨道特征。

多样的系外行星

迄今发现的一系列系外行星表明，秩序井然的太阳系不多见。虽然视向速度法和凌星方法有一定的局限性，只能较容易地发现低轨道上的大质量行星，但发现的数量已经很惊人。更重要的是，这些沿椭圆轨道运行的巨行星会扰动更小的类地行星。其他意外收获还包括发现双星系统内稳定运行的行星，甚至还发现走错路的行星（行星公转方向与其母星自转方向相反）。天文学家还发现了与太阳系里的岩质行星和巨行星截然不同的行星，包括所谓的热木星、热海王星和超级地球。

系外行星猎手

随着地基望远镜、专用卫星和新探测技术的改进与提高，寻找系外行星的工作不断加速。运用视向速度法，配合地面望远镜以及高精度光谱仪，如位于智利拉西亚天文台的高精度视向速度行星搜索仪（HARPS），可以确保探测到由小质量行星造成的恒星微小摆动。同时，轨道望远镜使得凌星方法更为准确。美国航空航天局的开普勒任务对银河系的恒星云进行了9年多的观测。所用设备可以对15万颗恒星的亮度每30分钟进行一次测量，以观测行星运行至恒星前方时恒星亮度发生的变化。任务期间共发现2662颗系外行星。

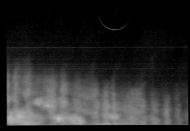

古老的行星
一颗质量是木星3倍的巨行星，在围绕着100亿岁的飞马座V391恒星运行。两者相距2.54亿千米，其中恒星已度过了红巨星阶段。

首张红外图像
2004年，位于智利的甚大望远镜拍摄了这张疑似系外行星2M1207b（红色）的红外图像。质量相当于8个木星，绕褐矮星2M1207运行。

开普勒任务简介

任务	
发射日期	2009年3月7日
运载火箭	德尔塔II火箭
任务时长	9年

开普勒望远镜	
隶属机构	美国航空航天局
高度	4.7米
直径	2.7米
重量	1039千克
电源	太阳能
仪器	装有42个电荷耦合器件(CCD)的光度计
主镜口径	1.4米

尺寸

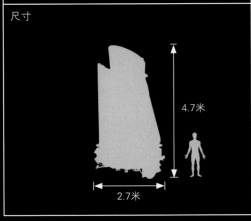

4.7米

2.7米

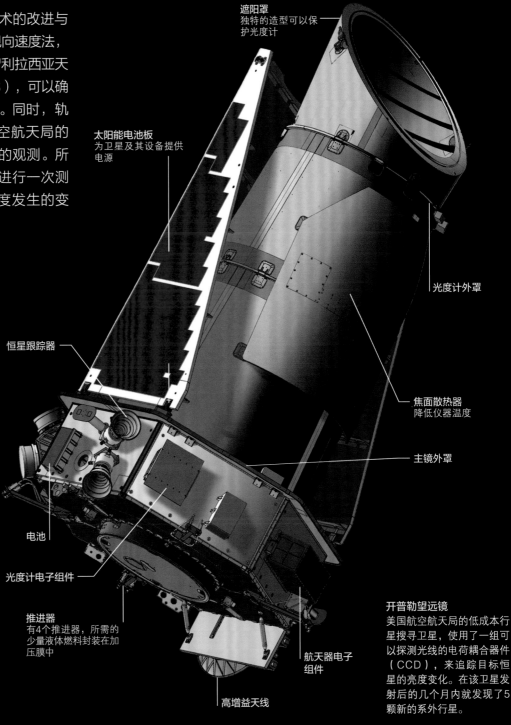

遮阳罩
独特的造型可以保护光度计

太阳能电池板
为卫星及其设备提供电源

恒星跟踪器

电池

光度计电子组件

推进器
有4个推进器，所需的少量液体燃料封装在加压膜中

高增益天线

航天器电子组件

光度计外罩

焦面散热器
降低仪器温度

主镜外罩

开普勒望远镜
美国航空航天局的低成本行星搜寻卫星，使用了一组可以探测光线的电荷耦合器件（CCD），来追踪目标恒星的亮度变化。在该卫星发射后的几个月内就发现了5颗新的系外行星。

艾伦望远镜阵
一种革命性的射电望远镜，既适用于一般的射电天文学研究，又适合寻找可能的外星信号。它位于美国旧金山附近，目前正在建设中，第一阶段已于2007年完成，由44个直径6米的较小射电圆面天线组成，全部建成时将达到350个，届时可以对宽视场的天空高分辨率成像。

地外生命

探索其他行星上的生命迹象（无论这些行星是在太阳系以内还是以外），是现代科学中最激动人心的研究之一，它将天文学推向了极致。与智能外星生命的交流可能是我们未来面临的最大挑战。

极端环境中的生命

现有大量证据表明，宇宙中富含生命发展所需的碳基有机化学物质。大多数天文学家认为，生命还需要一个合适的生长环境，换句话说，一颗位于恒星系统宜居带上的行星上的水（这是许多有机化学反应所必需的）应该是以液体形式存在的。然而，在最近的几十年中，有两种新趋势增大了宇宙中存在生命的可能性。一个是发现太阳系宜居带外潜在的适宜环境，特别是在木卫二（见140～141页）和土卫二（见162页）上发现了地下水。另一个则是发现地球上的生命形态远比科学家曾经认为的要多样，科学家发现生物体在极端环境下也可以生存，包括海底火山口、盐湖，甚至在宇宙的真空中。

暴露-E实验
2008年至2010年，欧洲空间局在国际空间站上对一系列化学和生物样品进行了测试，包括地衣和昆虫，将它们暴露于太空真空和模拟火星的条件下18个月。实验表明，一些生物体在真空环境下可以冬眠，接触水后又复活。

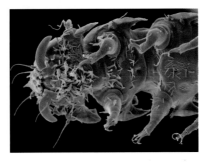

宇宙旅行者？
暴露-E实验表明，微小的缓步动物（或称水熊虫）在太空中能够存活。一些天文学家认为，彗星和陨石可能在宜居行星间传输微生物和细菌。

观测与聆听

对系外行星的仔细观测，最终可能揭示出某些生命的化学特征，但发现外星智慧又是另一回事，这也是所谓的SETI（地外文明探索）的研究主题。SETI科学家利用射电望远镜扫描天空，寻找外星人的人工信号。到目前为止，只有一些有趣的假警报，始终没有真正的接触。一些天文学家也期待在可见光中寻找信号，或者在可能比我们更先进的文明建造的大型行星际结构中寻找信号。如果真的检测到外星人信号，这必将是一个重大发现，但同时也是人类面临的一个巨大挑战。谁代表我们这一物种进行回应？事实上，我们应该回应吗？

阿雷西博射电望远镜发送的信息
阿雷西博射电望远镜口径达305米，位于波多黎各，通常用来扫描天空中正常的射电信号，但也用来收集SETI数据。1974年，它向距离地球大约25000光年的球状星团M13（见220页）发送了一条实验编码信息。

恒星的死亡与新生

恒星在形成过程中吸收宇宙中的原生物质，以促使轻元素转变成重元素，然后这些元素再重新合并成新的星云、恒星和行星。星系以这种方式在数十亿年的时间长河中逐渐演化和发展。

宇宙循环

宇宙中有数不清的恒星诞生和死亡，周而复始，但其中的核心过程十分简单。一般的星际介质（见下文）堆积成致密团块，密度和温度都越来越高，直到成为产星云，最终诞生恒星，伴随而生的还有行星和宇宙碎片。随着恒星年龄的增长，内核中的核聚变将大量轻元素转换成少量的重元素。在其生命即将结束之时，类太阳恒星释放已发生反应的物质，形成行星状星云，更大质量的恒星继续聚变产生重元素，最后超新星爆炸。这些巨大的爆炸创造了最重的元素，把它们分散在宇宙中。恒星生命中最后释放的物质，又为宇宙再循环提供了原材料。

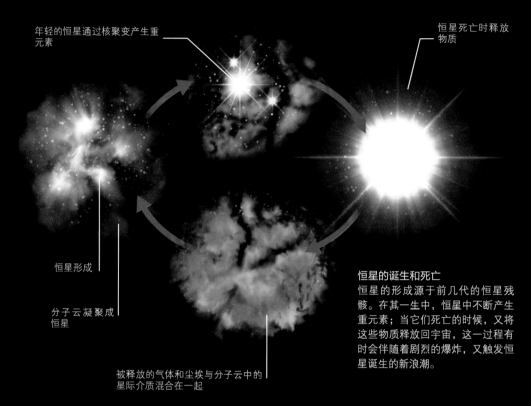

年轻的恒星通过核聚变产生重元素

恒星死亡时释放物质

恒星形成

分子云凝聚成恒星

被释放的气体和尘埃与分子云中的星际介质混合在一起

恒星的诞生和死亡
恒星的形成源于前几代的恒星残骸。在其一生中，恒星中不断产生重元素；当它们死亡的时候，又将这些物质释放回宇宙，这一过程有时会伴随着剧烈的爆炸，又触发恒星诞生的新浪潮。

星际介质

恒星之间的物质被称为星际介质，英文缩写为ISM。有些是宇宙的原生物质，从宇宙大爆炸中遗留下来，其余的是一种混合物质，至少经由恒星处理过一次，包括重元素、复杂的分子（原子团）和从年龄较大、温度较低的恒星表面脱落的尘埃颗粒。尘埃颗粒主要由碳或硅酸盐矿物质组成。总的来说，ISM中大约89%是氢，氦和重元素只占9%和2%。根据它们的平均温度，天文学家将ISM分为三个阶段：第一阶段，寒冷密集的ISM云，以氢原子和分子为主。第二阶段，温暖、更稀薄的云际气体，温度达几千摄氏度，是原子和等离子（已经失去了电子的原子）的混合物。第三阶段，称为冕区气体，是体积庞大的等离子云，但密度很低，受超新星冲击波影响，温度被加热到数百万摄氏度。

回光
麒麟座V838，距离地球约20000光年，位于银河系边缘。2002年，这颗不稳定的恒星大爆发。在接下来的数年里，光从最初的闪耀开始，在周围的星际介质中反弹，最终以回光形式到达地球。这一奇观提醒人们，即使是空旷的宇宙也到处充满了物质云。

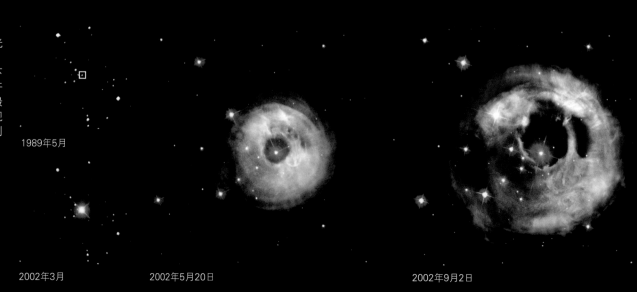

1989年5月

2002年3月

2002年5月20日

2002年9月2日

基本过程

恒星在主序生命阶段（见226～227页），将氢核（质子）转成次最轻的元素氦，随着恒星年龄增长移出主序，又将氦转成重元素，如铍、碳和氧，以及较少量的氖和镁。类太阳恒星此时即将消亡，而更多的大质量恒星中的碳、氖和氧不断发生反应，形成如磷、硫和硅等元素，最后，这些大质量恒星燃烧硅产生更重的元素，例如钙、钛和铁。如果恒星足够大，还会发生超新星爆炸，恒星最终消亡。爆炸产生的条件适合其重核吸收中子，并迅速转变为比铁还重的元素，如铅、金和铀。

猎户座火焰星云
这张红外图像显示的是火焰星云，右上角还可以看到马头星云。发光的物质主要是氢，而较暗的区域中有大量的尘埃和复杂的分子，其中包含已产生的元素，如碳和氧。

星族

星际介质中重元素逐渐富集的一个重要结果是产生成分明显不同的恒星。类太阳恒星，形成于过去的几十亿年，含有比较丰富的重元素，被称为"星族Ⅰ恒星"；那些在宇宙历史早期形成的、重元素相对匮乏的恒星，被称为"星族Ⅱ恒星"。然而，天文学家还没有发现一颗完全没有重元素的恒星，所以他们怀疑，早期宇宙的组成物质来源于一些寿命较短的、真正的大质量恒星，这类恒星叫作"星族Ⅲ恒星"。

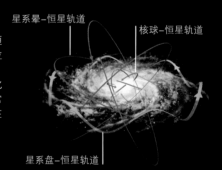

星盘上年轻的（星族Ⅰ）恒星　　晕与核球中的星族Ⅱ恒星　　恒星形成物质富含重元素　　球状星团中的星族Ⅱ恒星

银河系地图
银河系中的星族Ⅱ恒星集中在星系中央的核球位置，以及围绕核球的球状星团之中。这一星族中的恒星都是寿命较长的小质量恒星，呈红或黄色。而星族Ⅰ恒星在星盘和旋臂中旋转，它们的质量、属性和年龄不尽相同。

恒星运动
银河系外盘中的星族Ⅰ恒星上下穿梭于盘面，而位于银河系核球区的星族Ⅱ恒星运动轨迹倾斜度变化极快，而且移动速度非常快，还有少数恒星单独在星系晕上运动。

星系晕—恒星轨道　　核球—恒星轨道

星系盘—恒星轨道

2002年10月28日　　　　　　　　　　2002年12月17日　　　　　　　　　　2004年10月23日

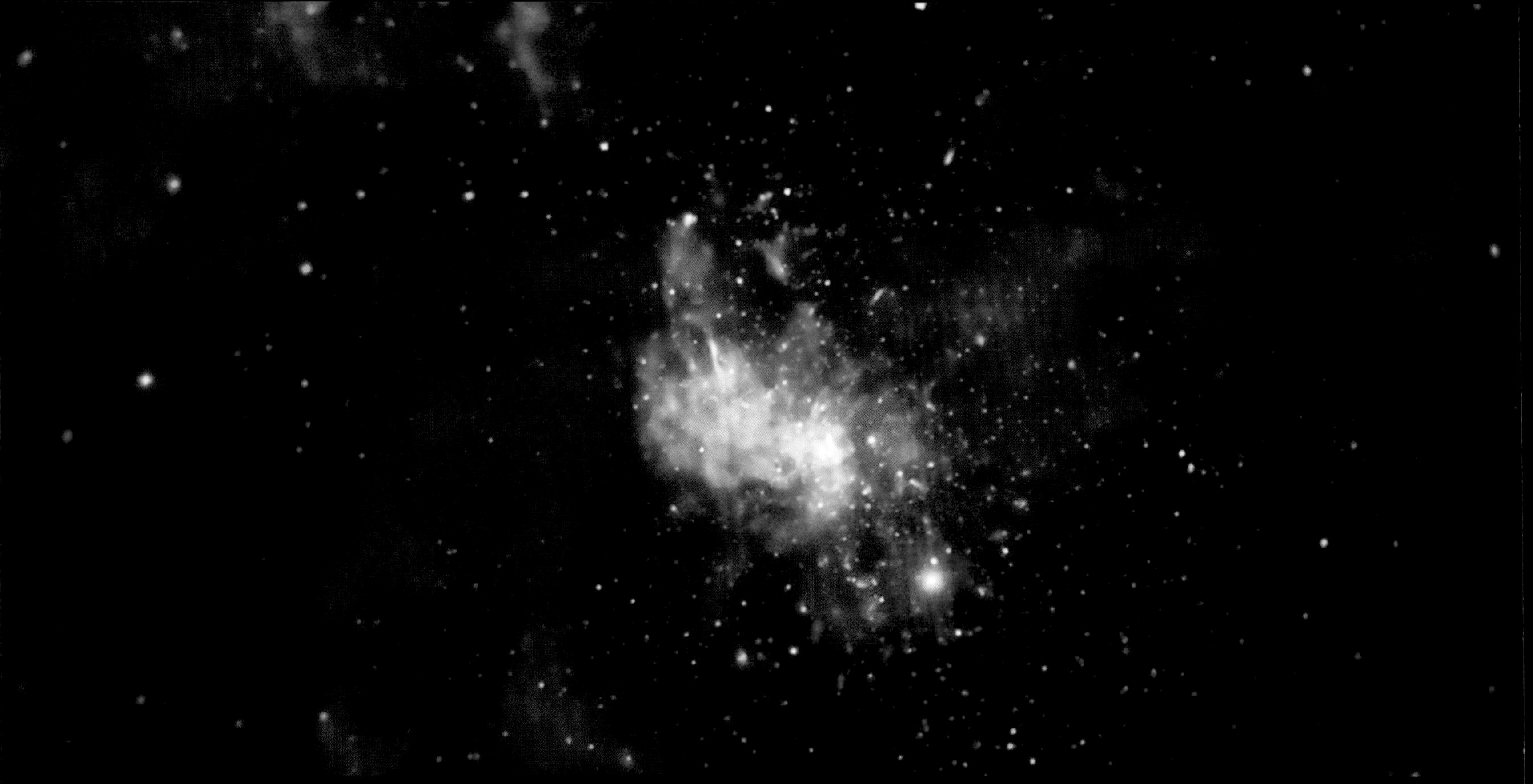

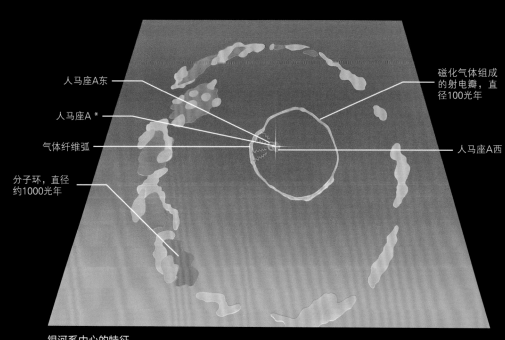

银河系的中心

银河系的中心区域是一片充满暴力的奇幻之地，也是恒星大规模形成的地方。巨大的星团中既有一些我们知道的巨大明亮的恒星，也有超热气体羽流，还有位于最中心的神秘的特大质量黑洞。

朝向中心

银河系的中心位于核球内，大约长27000光年，宽15000光年，厚6000光年，内部特征被恒星、气体和尘埃云遮挡，但是通过红外线、射电波和X射线可以探测出来。核球内，距离银河系中心大约5光年是一个气体环，里面是由100多颗极其炽热的恒星组成的稠密星团。

银河系中心距离地球约26490光年，名为人马座A（得名于所在星座），周围是宇宙中最亮的射电源，位于中间位置方圆约10光年，由三部分组成：第一部分是气泡般的超新星遗迹，称为人马座A东；第二部分是复合气体云群，称为人马座A西；第三部分是位于人马座A西中间的一个强大致密的射电源，称为人马座A*，人们认为这是银河系中心超大质量黑洞的所在地。

磁化气体组成的射电瓣，直径100光年

人马座A东

人马座A *

气体纤维弧

人马座A西

分子环，直径约1000光年

银河系中心的特征
银河系中心的外部被一系列由冷氢气云、分子云和星云组成的"分子环"包围。分子环内有一圈烟囱状的巨大磁化气体区域，我们称其为"射电瓣"，射电瓣与人马座A*射电源和银河系正中心之间由扭曲的气体纤维弧连接。

极端现象

银河系中心附近的恒星很容易出现极端现象。银河系的中央是一个特大质量黑洞，附近恒星在较近范围内以极快的速度绕其公转，由于公转速度较快，恒星都紧紧地挨在一起，恒星之间近距离接触，甚至碰撞和合并的现象比银河系其他地方更为常见。中心附近的环境也适合形成大的星团，星团中有一些特别巨大的恒星，最著名的就是蓝特超巨星"手枪星云星"（见231页），其质量约为太阳的100倍。由于寿命较短的大质量星较多，所以超新星爆炸的频率相对较高，这反过来使得银河系中心布满热气羽流和气壳，此现象在X射线和射电波图像中可以看到。

沉睡的巨星

天文学家长期以来一直怀疑，银河系的中心是否存在一个特大质量黑洞，直到2002年这一怀疑才得以证实。当时观测到一颗快速移动的恒星"S2"，它与人马座A*很近，正围绕着一个超密天体运行。人们认为银河系黑洞的质量是太阳的410万倍，直径小于4400万千米，它可能是在银河系形成过程中由巨大的气体云坍缩产生的。目前，黑洞处于休眠状态（见295页）：其引力所能及的大部分物质已被吞噬殆尽，该区域的恒星和气体云在其安全距离外运行，只有来自人马座A西的物质继续卷入其中，发出射电波。

难以安眠
钱德拉X射线天文台探测到的一系列X射线回波显示，银河系中央的黑洞在最近的一段时间活跃过。该回波来自人马座A*附近的一个区域，爆发于约60年前（见258页）。

反物质喷流
这张图像来自康普顿伽马射线天文台，图中显示的是银河系中心上方3500光年的反物质粒子喷流。这种奇特的物质（相当于带有相反电荷的正常物质粒子），可能起源于该星系中心的特大质量黑洞发出的猛烈射流。

圆拱星团　　　　　五合星团

巨型星团
致密的圆拱星团和五合星团都位于银河系中心几百光年内，圆拱星团是银河系中最密集的疏散星团，而五合星团是银河系中最亮的单体恒星"手枪星云星"的所在地。

银河系中心的射电图
这张壮观的图像展示的是银河系中心暴烈的情况。人马座A*是中间的亮源，气泡般的超新星遗迹从图中也可看到。长弧和喷射状图案的形成源于物质被星系磁场捕获。

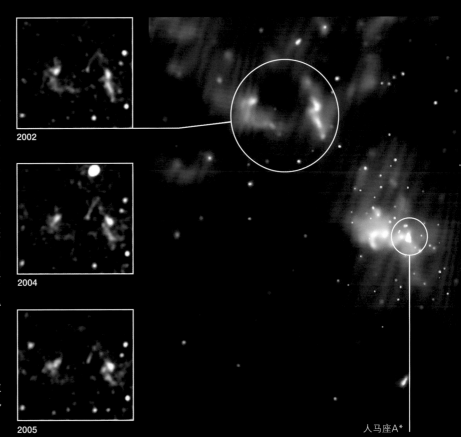

2002

2004

2005

人马座A*

410万个太阳
银河系中心不可见天体的质量

100万个太阳
人马座A*周围3光年范围内物质的质量，这些物质主要由大质量恒星和恒星遗迹组成。

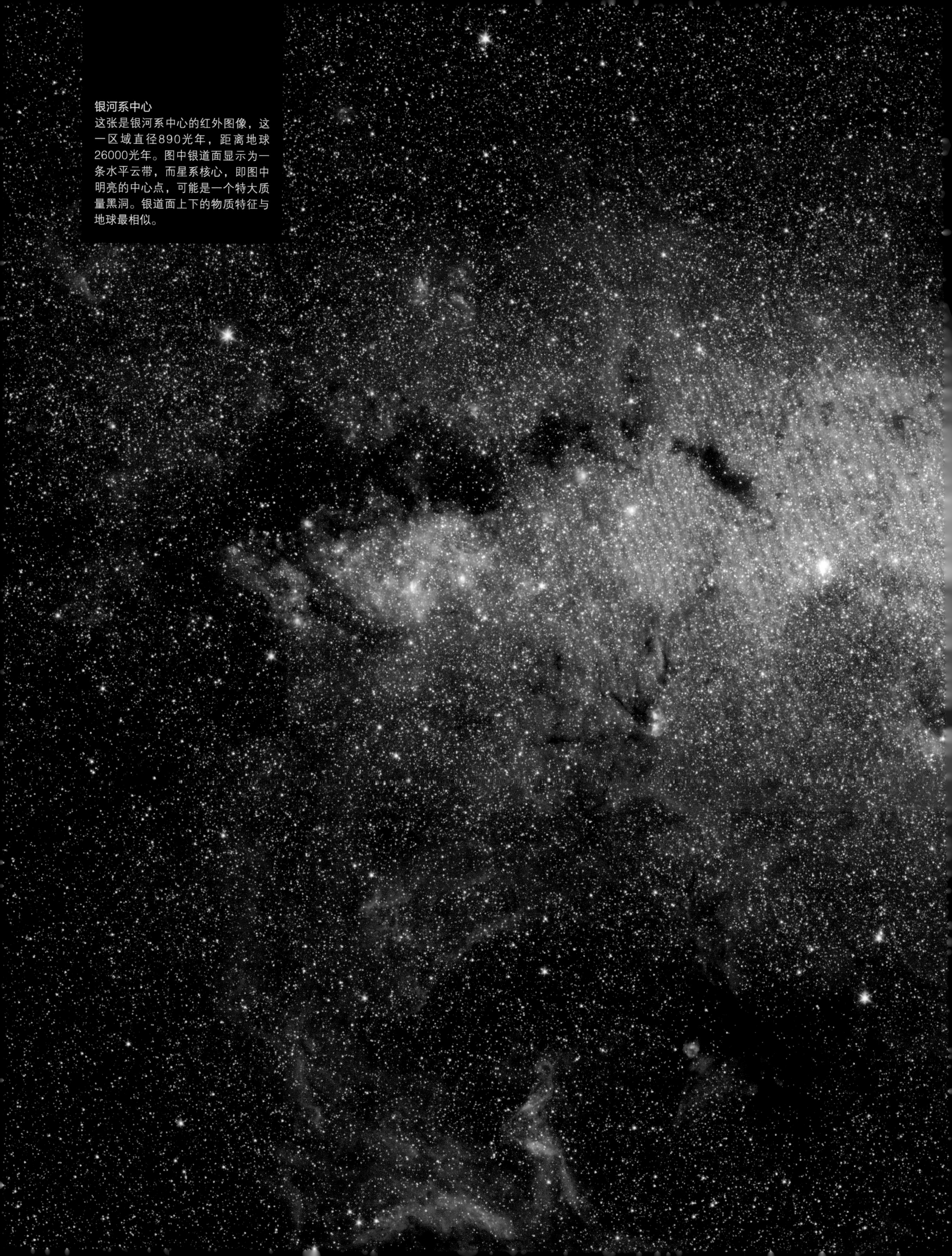

银河系中心

这张是银河系中心的红外图像，这一区域直径890光年，距离地球26000光年。图中银道面显示为一条水平云带，而星系核心，即图中明亮的中心点，可能是一个特大质量黑洞。银道面上下的物质特征与地球最相似。

宇宙中的星系

<< 位于天炉座的遥远星系
"深场观测"可看到数十亿光年以外的星系

星系群岛

银河系只是散落在宇宙中的无数恒星系统中的一个。星系的形状、大小，甚至其内部恒星的类型有很大的不同。星系也通常会被引力拉到一起，形成大大小小的星系团。

星城

星系是由大量恒星混合不同数量的气体和尘埃组成的。这些不同的物质由于自身引力结合在一起，形成一个独立的恒星系统，它们大多数（不是所有）以一个质量是太阳数百万倍的特大质量黑洞为中心。每个星系的大小和质量也不尽相同，有直径只有几千光年的矮星系，也有直径大约25万光年的巨椭圆星系。较小的星系通常比较混乱，但至少结构比较简单，而较大星系的结构就更为复杂，其复杂性体现在壮观发达的旋臂上，比如银河系。一个星系中，形成恒星的气体和尘埃量决定了其所包含恒星的属性。那些气体供应充足的星系，年轻的蓝白色星就比较多，而缺乏这种星际物质的星系，就只剩下衰老的红黄色星了。

宏观图像

这张图为壮观的旋涡星系M94，可以看到旋臂上恒星形成的明亮区域，旋臂起源于星系核，随后呈螺旋方式散开，进入较为平静的扁平的星系盘中。像这样形成完整线条旋臂的星系被称为"宏象旋涡结构"。

星系的形状类型

星系有几种不同的类型，主要是根据它们的形状来界定。有优雅的旋涡星系，如银河系；有巨大的椭圆星系，类似于橄榄球或足球；有奇怪的透镜状星系（就是没有旋臂的旋涡星系）；还有含有大量气体的不规则星系。星系的形状与它所含有物质的类型有着密切联系。旋涡星系、透镜状星系和不规则星系都富含气体和尘埃，因此其内部的年轻恒星较多，因为恒星的形成需要气体和尘埃。这些星系中，气体和尘埃云之间的碰撞限制了它们的随机运动，形成一个宽广、扁平的星系盘，恒星镶嵌于其中。相反，椭圆星系几乎完全由恒星组成，由于恒星之间的直接碰撞或近距离接触非常少，从某种程度上说，这些星系仍然是由杂乱的球体组成，每颗恒星都遵循自己的椭圆形轨道围绕星系中心运转。

旋涡星系NGC 4414

旋涡星系分为一般旋涡星系（SA型星系）和棒旋星系（SB型星系），字母a、b或c表示旋臂围绕紧密（a）或松散（c）程度。NGC 4414是SAc型，即一般旋涡星系，旋臂围绕松散。

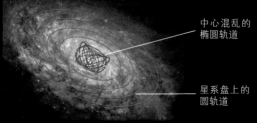

中心混乱的椭圆轨道

星系盘上的圆轨道

旋涡星系的轨道

该星系的中心类似于一个椭圆星系，包含很多老年恒星，椭圆轨道较为混乱。星系外围是一个由气体、尘埃和恒星组成的扁平星系盘，其中恒星轨道为圆形

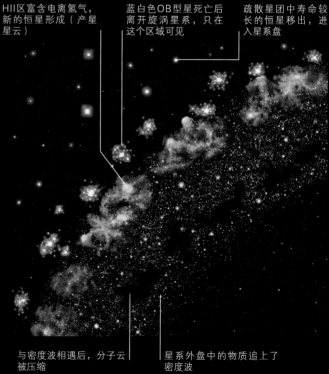

HII区富含电离氢气，新的恒星形成（产星星云）

蓝白色OB型星死亡后离开旋涡星系，只在这个区域可见

疏散星团中寿命较长的恒星移出，进入星系盘

与密度波相遇后，分子云被压缩

星系外盘中的物质追上了密度波

旋臂内部

旋臂不是附属于星系中心的结构，而是不断诞生恒星的区域，称为电离氢区（HII区），这些区域含有丰富的电离氢，可使新生恒星不断形成。恒星诞生源于星系盘内（上图从右下到左上）的气体运行到一个压缩带（或称密度波区域）被压缩。

星系团

宇宙中的星系彼此距离较近，与邻近星系的距离只是其直径的几十或几百倍，按照星系的大小来说，还是显得比较拥挤的。星系巨大的引力使它们能够跨越星际空间的空隙，相互施加影响。因此，星系倾向于聚集在一起，形成星系团，通常以一个或多个大质量星系为中心。银河系是一个名为本星系群的小星系团的重要组成部分，这个小星系团包含约50个星系。而在同样尺度的空间中，还可能塞进更为稠密的星系团，通常以一个或多个巨椭圆星系为中心，包含着上百个星系。离地球最近的这种稠密星系团是室女星系团，距地球大约5500万光年。单个星团中的所有星系在引力的作用下形成一个独立的星系群体，星团的边缘地带往往混沌不清。真正大质量星团也会聚集吸收其周围的星团形成超星系团。例如本星系群就是室女超星系团的一个外围成员。

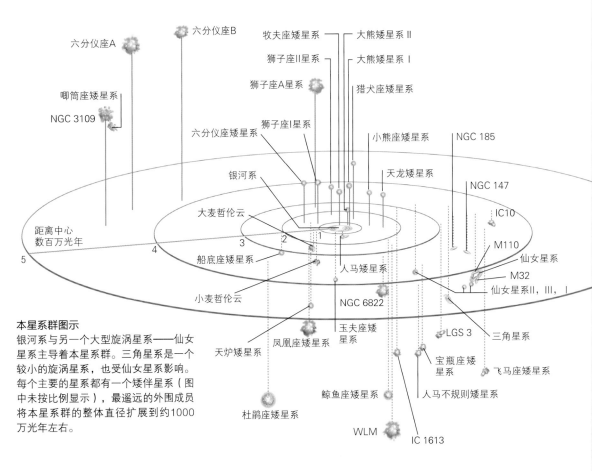

本星系群图示
银河系与另一个大型旋涡星系——仙女星系主导着本星系群。三角星系是一个较小的旋涡星系，也受仙女星系影响。每个主要的星系都有一个矮伴星系（图中未按比例显示），最遥远的外围成员将本星系群的整体直径扩展到约1000万光年左右。

椭圆星系ESO 325-G004
椭圆星系，按照规模大小，分为从E0（完美的球体）到E6（拉到最长的雪茄形状）。图中的星系ESO325-G004属于E1。

透镜状星系NGC 2787
如NGC 2787这样的透镜状星系（S0型）就像无旋臂的旋涡星系，或者带有气体和尘埃盘的椭圆星系，处于星系演化的过渡阶段。

不规则星系NGC 1427A
不规则星系称为IRR，如NGC 1427A又被细分为IRR I型（带有中央星系棒或者旋臂的痕迹）和IRR II型（完全不成形）。

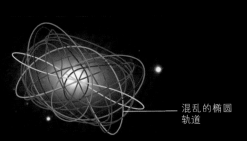

椭圆星系中的轨道
椭圆星系内，单个恒星围绕星系中心杂乱地运动，但其轨道或多或少也呈椭圆形，倾斜角度大小范围很宽泛。

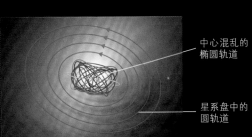

透镜状星系中的轨道
透镜状星系中心的恒星遵循着杂乱的椭圆形轨道运行。该中心被气体、尘埃和微弱的类太阳恒星组成的星系盘所包围，其中类太阳恒星的轨道为圆形。

大麦哲伦云

　　大麦哲伦云（LMC）是紧邻银河系的几个星系中最大的一个，距地球16万光年。它是一个不规则星系，直径约3万光年，其极度活跃的产星星云中充满了气体和尘埃，并且聚集了很多明亮年轻的蓝白色星。从地球上看，大麦哲伦云中心有一个明显的星系棒，还有一条旋臂的痕迹，这表明它可能太小而无法成为一个真正的旋涡星系。大、小麦哲伦云都以葡萄牙探险家费迪南·麦哲伦的名字命名，因为他是欧洲第一个观测到该星云的人之一。因麦哲伦云经过银河系时，受到我们这个更大质量星系引力的影响，目前正经历巨大的恒星诞生浪潮。

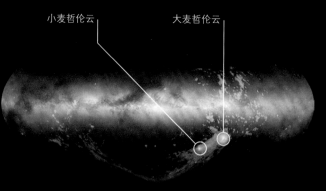

麦哲伦流
大小麦哲伦云之后有一道长长的气体尾流划过天空，直到最近，天文学家还认为这是被困在银河系轨道上的星云，但对其运动的最新研究表明，它们可能只是路过。

大麦哲伦云简介	
类型	不规则星系
星座	剑鱼座
与地球的距离	16万光年
直径	3万光年

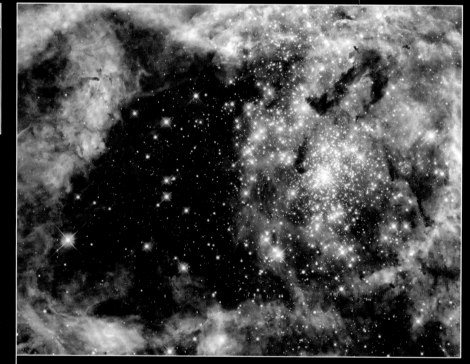

蜘蛛星云内部
蜘蛛星云内部有数百颗新生的特大质量星，它们的形成至少经过两次明显的冲击波。疏散星团霍奇301已与蜘蛛星云中心分开了一段距离，图中所示的中心位置由星团R136占据。

蜘蛛星云
图中明亮的星云（NGC 2070）是本星系群中最活跃的恒星形成区。由于太亮，最初被误认为是一颗恒星——剑鱼座30，又因为形似蜘蛛丝，故起名为蜘蛛星云，该图像由位于智利帕瑞纳山的欧洲南方天文台的甚大望远镜拍摄。

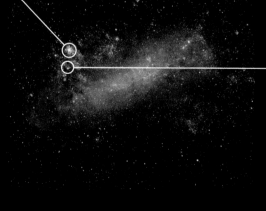

大麦哲伦云中的星云
从地球上看，麦哲伦云看起来像从银河系中分离出来的一部分。图中标出的是蜘蛛星云（上）和星云周围的星团NGC 2074（下）。

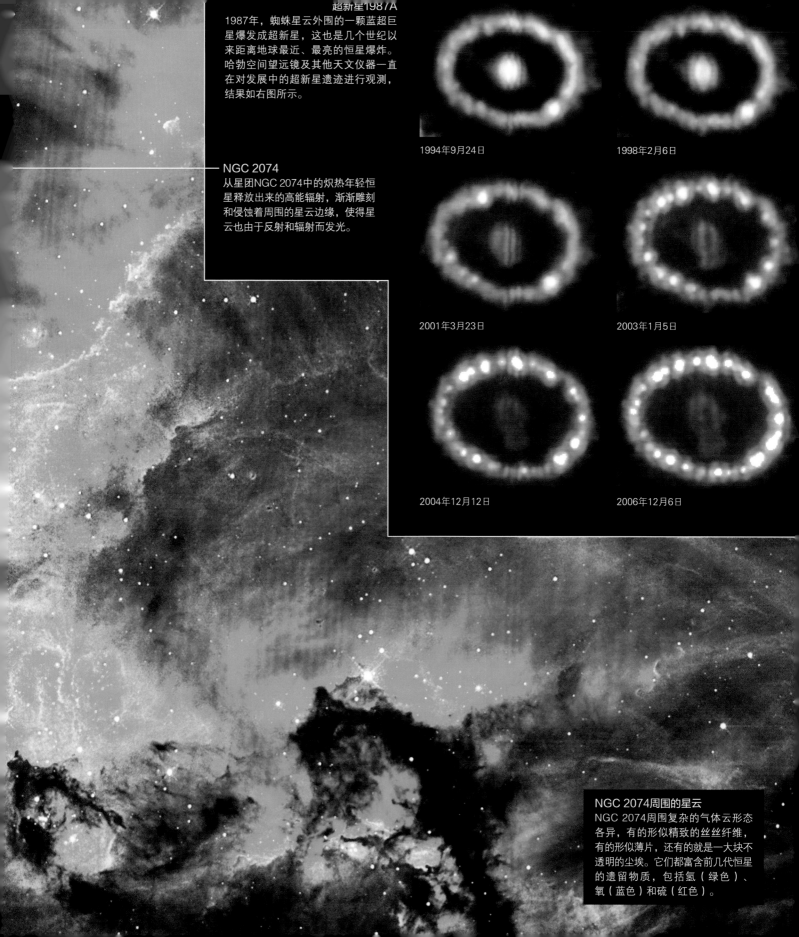

超新星1987A

1987年，蜘蛛星云外围的一颗蓝超巨星爆发成超新星，这也是几个世纪以来距离地球最近、最亮的恒星爆炸。哈勃空间望远镜及其他天文仪器一直在对发展中的超新星遗迹进行观测，结果如右图所示。

1994年9月24日　　　　1998年2月6日

2001年3月23日　　　　2003年1月5日

2004年12月12日　　　　2006年12月6日

NGC 2074

从星团NGC 2074中的炽热年轻恒星释放出来的高能辐射，渐渐雕刻和侵蚀着周围的星云边缘，使得星云也由于反射和辐射而发光。

NGC 2074周围的星云

NGC 2074周围复杂的气体云形态各异，有的形似精致的丝丝纤维，有的形似薄片，还有的就是一大块不透明的尘埃。它们都富含前几代恒星的遗留物质，包括氢（绿色）、氧（蓝色）和硫（红色）。

小麦哲伦云

位于杜鹃座的不规则星系小麦哲伦云（SMC），与其近邻大麦哲伦云相比，体积更小，距离地球更远，达20万光年，但仍肉眼可见。其总质量约是太阳的70亿倍，包含大量气体和尘埃，以及几个密集的恒星形成区。大部分星云物质集中于一个独特的棒状结构中，一些天文学家认为，小麦哲伦云是一个小的棒旋星系遗迹，在与银河系亲密接触后变得残缺、扭曲。

小麦哲伦云简介	
类型	不规则星系
星座	杜鹃座
与地球的距离	20万光年
直径	7000光年

小麦哲伦云的红外图像

这张斯皮策空间望远镜拍摄的图像，突出显示了小麦哲伦云的两个主要结构：一个是扩展的左翼，以年轻的恒星为主；另一个是右边的长条棒形结构，包含成熟的恒星（蓝色）和散落在星云中的年轻恒星（黄色、红色和绿色）。红外图像中的小麦哲伦云比在可见光图像中看起来更亮。

NGC 290

这张图片由哈勃空间望远镜于2004年拍摄，美丽的疏散星团NGC 290位于小麦哲伦云的主要星系棒上，直径大约65光年，这样的星团有很多，NGC 290只是其中一个，其形成是由来自银河系的潮汐力引发的。

NGC 602

NGC 602是个年轻的疏散星团，位于一个形似洞穴的N90产星星云中间。从炽热的年轻恒星释放的辐射被来回反射，将星云内部雕刻成梦幻般的形状，并形成压缩波，促使新的恒星诞生。

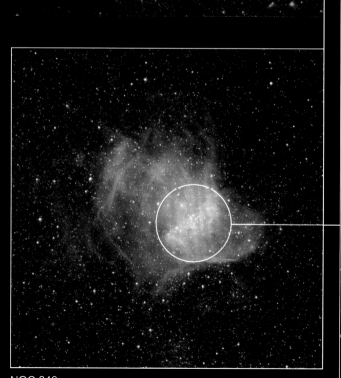

NGC 346

这个疏散星团中的恒星产生强烈的辐射和星风，将周围的星云物质吹到宇宙中，结果形成一个精致微妙、朦胧纤细的结构（如上图）。上图由位于智利拉西亚山的欧洲南方天文台2.2米望远镜拍摄。

NGC 346特写
哈勃空间望远镜拍摄的这张NGC
346图像中，星团分成几个由耀眼
恒星组成的独立群，周围围绕着各
种复杂结构，包括一条长长的暗尘
弧，这是由向外的辐射压力造成
的。

仙女星系

　　本星系群中最大的星系，也是夜空中最令人印象深刻的天体之一。这个肉眼可见的最遥远天体，看起来略显苍白暗淡，呈椭圆形（直径是满月宽度的六倍），中间像恒星一样亮着光的那一点是它的中心。由于我们观察仙女星系的角度太低，一些特征很难分辨，天文学家认为它是一个旋涡星系，直径比银河系要宽40%，但质量相当，在它的引力作用下，周围还有一些较小的伴星系。

热源
这张假彩色拼接图像由美国航空航天局的广域红外巡天探测器（WISE）拍摄，图中显示了仙女星系内温度较高的尘环分布情况。由于附近新生恒星温度较高，尘环（图中显示为橙色）也开始发光，这张图显示了仙女星系中恒星形成最密集的区域。图中蓝色的薄雾区域说明成熟恒星的表面温度较高，也使得我们可以看出仙女星系的结构。

双核
这张增强效果的图像由哈勃空间望远镜拍摄，我们可以看到仙女星系的中心区域有一个明显的"双核"。天文学家曾怀疑那个暗淡的"次核"是被仙女星系吞掉的另一个星系的遗迹，但现在看来，那个更亮的"主核"只是一些亮星的集合体，它们围绕着仙女星系中心旋转。

仙女星系内核的X射线图
这张X射线图由钱德拉X射线天文台拍摄，图中我们可以看出仙女星系中不同能量的X射线源（从红色至绿色再到蓝色），明亮的中心天体是一个特大质量黑洞。

仙女星系简介	
星表编号	M31，NGC 224
类型	旋涡星系
星座	仙女座
与地球的距离	250万光年
直径	14万光年

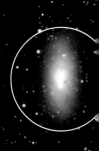

可见光中的仙女星系
图中黑暗的尘埃带和明亮的蓝色星团勾勒出了仙女星系的旋涡结构。仙女星系的旋臂在外形上与银河系旋臂相似，但前者尺度更大。

球状星团
与银河系一样，仙女星系周围是大量密集的球状星团。根据最新统计，估计超过400个。

仙女星系的晕
哈勃空间望远镜调查了广泛的仙女星系晕，对其中的一个小区域里的超过30万颗暗星进行了观测，发现很多暗星可能起源于其他星系，这些星系是被仙女星系这个巨大的旋涡星系吞噬掉的。

星系M32
M32，矮椭圆球状星系，是仙女星系的最亮的伴星系之一。它实际是一个更大星系的遗迹，这个星系在2亿年前经过仙女星系盘时，很多物质都被剥离了。

星系M110
仙女星系周围至少有8个矮星系，包括在同一平面上明亮的M32和M110。一种可能性是，它们都起源于一个单一的更大星系，但受仙女星系引力的影响脱离了原星系。

三角星系

本星系群中第三大旋涡星系，不过比仙女星系和银河系小得多，距离地球不到300万光年，从地球上看相当靠近仙女星系，所以天文学家怀疑它可能是仙女星系的伴星系。尽管距我们很近，结构也紧凑（直径约5万光年），但从地球上看仍显得很暗淡，这是因为它只有银河系恒星数量的1/10，而且三角星系几乎是正向地球的，很多恒星的光被分散掉了。

NGC 604
这个巨大的恒星形成氢云，被其中心的大质量星照亮，是本星系群中第二大发射星云。直径1500光年，是猎户星云的40倍（见212页），亮度是猎户星云的6000多倍。

恒星形成区
分散在发光星系盘上的恒星形成气体映衬出了三角星系的结构，图中粉红色的点为一个个星群，发光星系盘的大小是满月的两倍。

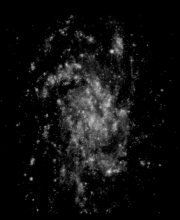

紫外图像中的旋涡星系
这张紫外线拼接图像由美国航空航天局的雨燕γ射线暴探测器拍摄，图中看到的是炽热的年轻恒星，其恒星"出生率"远比银河系和仙女星系高得多。

看不见的极端特征
这张红外图像中，恒星是蓝色的，恒星形成区是橙色的，绿色是富含碳的尘埃。这证明了星系的物质远远超出了我们在可见光中看到的。

三角星系简介	
星表编号	M33
类型	旋涡星系
星座	三角座
与地球的距离	270万光年
直径	5万光年

巴纳德星系

巴纳德星系位于人马座，距地球160万光年，是本星系群中距我们较近的一个。它属于不规则星系，只有1000万颗恒星，但有多达150个产星星云，这些星云占据的区域直径达7000光年。

多星的矩形星云
从地球上看，NGC 6822近乎是一个完美的矩形，由一缕缕粉红色气体构成，这些气体是初生的恒星的星风克服了星系的弱引力而吹出的产星星云遗迹。

巴纳德星系简介	
星表编号	NGC 6822
类型	不规则星系
星座	人马座
与地球的距离	160万光年
直径	7000光年

NGC 55

位于玉夫座的NGC 55属于大型不规则星系，距离地球750万光年，具体位置在玉夫星系群（传统上认为是离我们最近的星系群）与本星系群交界上。最近的测量结果表明，NGC 55实际上比玉夫星系群的大多数成员离我们更近，它可能与小旋涡星系NGC 300形成了一个独立的小系统。

NGC 55简介	
类型	不规则棒旋星系
星座	玉夫座
与地球的距离	750万光年
直径	7万光年

有缺陷的旋涡星系
尽管结构上与旋涡星系相似，有一个扁平的星系盘，中央隆起部位有暗尘带和粉红色的恒星诞生区，但NGC 55缺乏真正旋涡星系的某些重要特征，因此被列为不规则的棒旋星系。

星系与哈勃空间望远镜

哈勃空间望远镜设计的初衷就是帮助人类识别地球在广阔宇宙中的真实位置，目前它是研究遥远星系的最佳工具。1990年发射升空后，已经对太阳系和银河系的其他恒星进行了大量探索，取得了数不清的发现成果。

宇宙的独特景致

哈勃空间望远镜运行于地球大气层以外，与其他可见光望远镜相比有独一无二的位置优势，拍摄的图像更清晰，也可以捕捉到地球上只有巨型望远镜才能探测到的近乎微弱的光，这两个优势使得哈勃空间望远镜可以详细地探测附近星系，对一些我们未见过的最远星系成像。可以探测那些数十亿年前发出的光，也可以对宇宙历史中年轻时期的星系成像。源于这些星系的光也会由于多普勒效应（见233页）而发生红移现象，即星系离我们越远，其远去的速度也会越快，这是宇宙膨胀的关键证据（见306～307页）。

望远镜盖
发射时需关闭，以保护内部光学系统

外隔热罩
防止阳光热量导致的望远镜膨胀或收缩

古老的光
这张图像是哈勃空间望远镜上的先进巡天相机拍摄的，曝光时间长达40小时，图为天炉座的一小片天空，除了位于前景的恒星，还揭示了一大群隐藏于数十亿光年以外的星系。

测量哈勃常数

哈勃空间望远镜的"重点项目"旨在确定宇宙的大小和年龄，其做法与美国天文学家埃德温·哈勃在上世纪20年代首次使用的确定地球与其他星系距离的方法一致。哈勃空间望远镜搜索一定范围内的星系以找寻造父变星（即黄超巨星，其亮度变化的周期可以反映它们的平均光度），为了确定这些恒星的真实亮度，天文学家们计算出了这些恒星与寄主星系的距离，用这些距离与这些星系后退的速度（通过测量红移距离）进行比较，计算出宇宙膨胀率（哈勃常数），进而确定宇宙的大小和年龄。该项目的结论是宇宙的年龄有137亿岁。

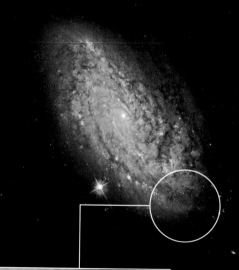

测量距离
旋涡星系NGC 3021是哈勃"重点项目"中所调查的18个星系中的一个，研究星系内的造父变星旨在计算地球与该星系的距离。

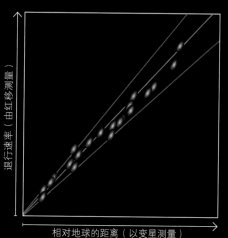

退行速率（由红移测量）

相对地球的距离（以变星测量）

哈勃定律
当把星系与地球的距离和它们远去的速度绘制在一张图上时，就会发现它们总是落在图中蓝线范围之内，中间的斜线（橙色）是得出的哈勃常数，也就是宇宙的膨胀速率。最后哈勃空间望远镜的测量数据表明，每百万秒差距的宇宙空间以68千米/秒的速度膨胀。

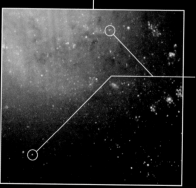

造父变星

观测造父变星
每年60天的观测窗口期，哈勃在此期间搜索那些目标星系以找寻造父变星。天文学家观测了800颗恒星的亮度变化周期，发现恒星的亮度变化周期越长，恒星就越亮。

星暴之后
这张哈勃空间望远镜拍摄的真彩色图像为尘埃带和NGC 2976中强烈的蓝色星团。NGC 2976是一个距离地球1200万光年的小星系，刚刚经历了恒星形成的猛烈爆发期，如今已逐渐稳定。

看不见的细节

除了测量星系间的距离，哈勃空间望远镜的仪器设备以前所未有的方式详细地揭示了星系的特征。服役期间，哈勃携带了大量仪器，包括摄像机、光度计和分光镜。覆盖的波长范围，从近红外线到可见光再到紫外线。原本哈勃望远镜拍摄的照片都是单色的。我们看到的彩色图像是通过使用滤镜，选择不同的波长在地球上组合而成的。有些滤镜只允许特定波长的光通过，但也有一些允许较宽范围颜色的光通过，从而绘制真正的彩色图像。

高增益天线
使望远镜可以通过美国航空航天局的跟踪和数据中继卫星与地球上的科学家进行通信。

不同光谱
右边一系列图像是使用不同的仪器和滤镜拍摄的，从中可以看出棒旋星系NGC 1512的某些特征。例如，在紫外线图像中可以看到大量的新生恒星，而在红外线图像中可以看到较冷的尘埃和恒星形成气体。

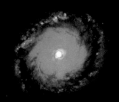

紫外线图像（FOC）　　可见光图像（WFPC2）　　近红外图像（WFPC2）

太阳能电池板
可旋转，为望远镜（功率约3000瓦）提供电力。

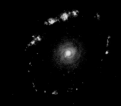 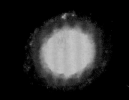

紫外线图像（WFPC2）　　可见光图像（WFPC2）　　红外线图像（NICMOS）

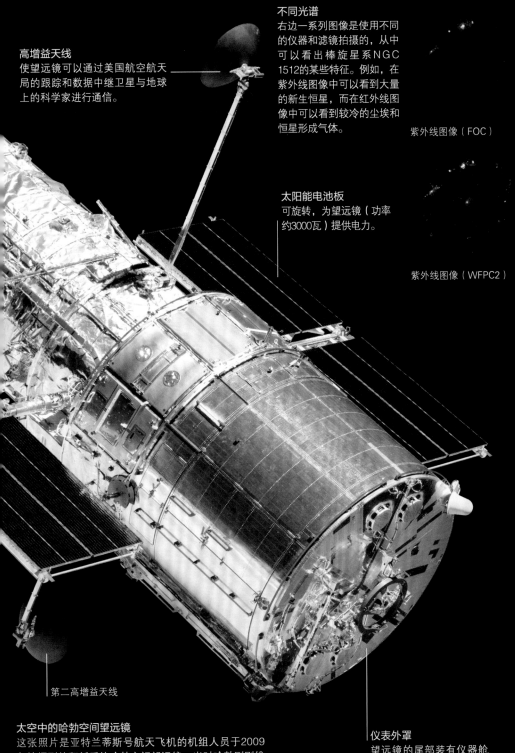

第二高增益天线

太空中的哈勃空间望远镜
这张照片是亚特兰蒂斯号航天飞机的机组人员于2009年拍摄到的翻新后的哈勃空间望远镜，当时哈勃刚刚维护完毕送回轨道，执行最后的探测任务。

仪表外罩
望远镜的尾部装有仪器舱和卫星控制系统。

哈勃空间望远镜任务简介	
任务	
发射日期	1990年4月24日
运载火箭	发现号航天飞机执行任务STS-31
任务时长	20年，但仍在运行（5次维修任务，更新和维修仪器设备）
哈勃空间望远镜	
隶属机构	美国航空航天局和欧洲空间局
长度	13.2米
宽度	4.3米
重量	11110千克
电源	太阳能电池板
主镜口径	2.4米
携带仪器设备	近红外照相机和多目标光谱仪空间成像光谱仪先进巡天相机广域照相机宇宙起源频谱仪

尺寸

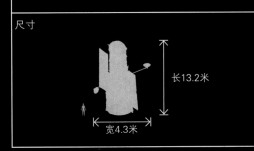

长13.2米
宽4.3米

哈勃空间望远镜的维护
2009年5月，哈勃空间望远镜被带进亚特兰蒂斯号航天飞机做最后检修。宇航员安装了新的广域照相机和宇宙起源频谱仪，修复了其空间成像光谱仪和先进巡天照相机。此外，还更换了航天器的系统、电池和外隔热罩。

波德星系

　　这个优雅的旋涡星系位于大熊星座，距地球1200万光年，在两条旋臂中一大批恒星正在形成，将旋臂照得轮廓结构分明。波德星系由德国天文学家约翰·波德于1775年发现，因内核异常之大且明亮，以致有些人认为它是一个塞弗特星系（一种减弱的活动星系，见294～295页）。旋臂如此之明亮，星系核如此之活跃，天文学家认为这都和该星系与雪茄星系（下页）的相互作用有关。

宇宙中的波德星系
从地球上看，波德星系和雪茄星系之间的距离相当于一个满月的宽度，两个星系都位于大熊座的北部。

波德星系　　　　　　雪茄星系

巨大的内核
从这张由哈勃空间望远镜拍摄的图像中，既可以看到波德星系精美的旋涡结构，也可以看到其巨大的内核，中心可能是一个相当于7000万个太阳质量的巨大黑洞。

波德星系简介	
星表编号	M81，NGC 3031
类型	旋涡星系
星座	大熊座
与地球的距离	1180万光年
直径	6万光年

波德星系与邻星系
波德星系是一组34个星系中的主星系。从这张复合图像中可以看到波德星系与其两个邻星系——雪茄星系和NGC 3077互相产生很强的影响。星系中的可见光显示为白色，以射电形式发出的氢云显示为绿色和红色。三个星系之间的反复交锋剥离了气体，将它们喷射到星际空间，形成了五片气体云。

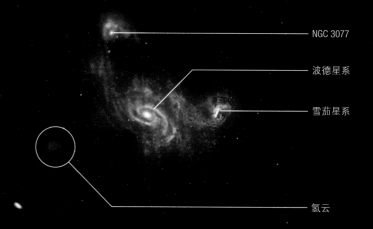

NGC 3077

波德星系

雪茄星系

氢云

雪茄星系

　　波德星系的邻星系——雪茄星系（M82）是最著名的星系之一，属于典型的星暴星系。它是一个小型扭曲的星系，呈盘状或旋涡状。我们看到的是其侧向，明亮的恒星区域映衬着尘埃带，星系盘上下喷发出羽状气体。雪茄星系距比其质量更大的波德星系仅有30万光年，受其影响，正经历巨大的变化，形状发生扭曲并形成大量恒星，其恒星诞生的速度增长了10倍。

雪茄星系简介	
星表编号	M82，NGC 3034
类型	不规则星系
星座	大熊座
与地球的距离	1150万光年
直径	4万光年

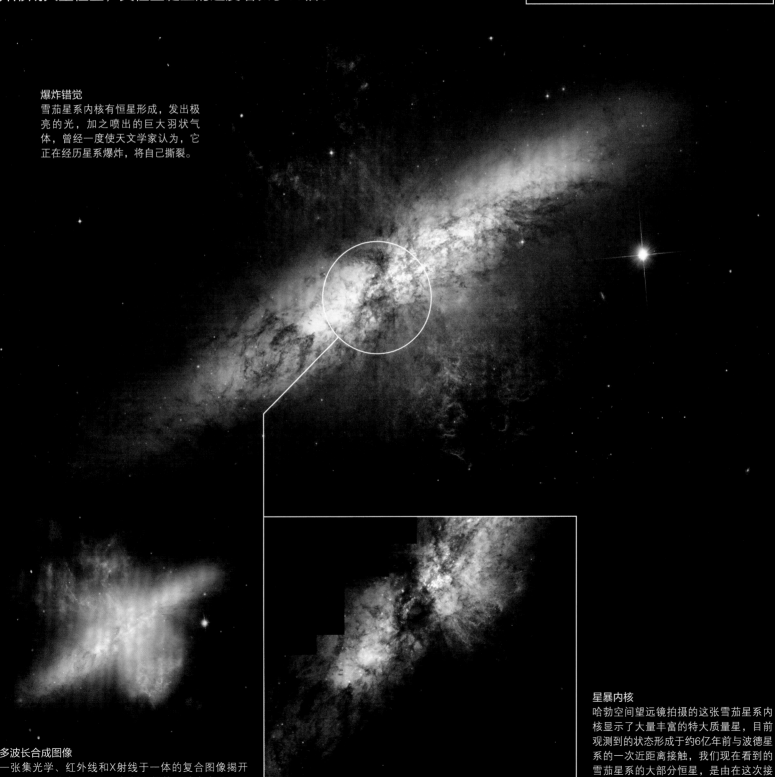

爆炸错觉
雪茄星系内核有恒星形成，发出极亮的光，加之喷出的巨大羽状气体，曾经一度使天文学家认为，它正在经历星系爆炸，将自己撕裂。

多波长合成图像
一张集光学、红外线和X射线于一体的复合图像揭开了雪茄星系的真正面目。超新星爆炸导致中央星暴区域的大质量星死亡，星系引力变弱，所以炽热的气体

星暴内核
哈勃空间望远镜拍摄的这张雪茄星系内核显示了大量丰富的特大质量星，目前观测到的状态形成于约6亿年前与波德星系的一次近距离接触，我们现在看到的雪茄星系的大部分恒星，是由在这次接触中被拉出的物质再次回落到星系而形成的。

涡状星系

实际上这是一对明亮的星系，它们相互作用，通常将它们归为一个星系，叫作M51，位于猎犬座。该星系由紧密明亮的涡状星系（M51A或称NGC 5194）主导，它附近有一个椭圆形的不规则伴星系（M51B或称NGC 5195）。因涡状星系的旋臂很容易从地球上观察到，所以这个星系早在1845年就由爱尔兰天文学家罗斯勋爵发现了，这是人类发现的第一个旋涡星云。

宇宙中的涡状星系
这张壮观的图像由哈勃空间望远镜拍摄的图像拼接而成，图中显示了M51两个星系的真实关系：小一点的M51B其实在大星系的后方移动，经过大星系时形成一股恒星形成潮。

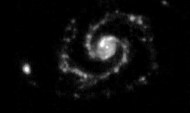

赫歇尔红外空间望远镜拍摄的图像
赫歇尔空间天文台的早期测试图像记录下了这两个星系恒星形成区周围温暖的尘埃。

涡状星系的复合图像
这张图像由自钱德拉的X射线数据（紫色）、哈勃的可见光望远镜图像（绿色）、斯皮策红外视图（红色）和GALEX星系演化探测器的紫外图像（蓝色）复合而成。

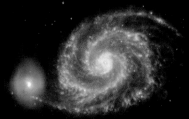

与伴星系形成对比
通过这张假彩色红外视图可以看出，M51B显然由恒星辐射（蓝色和绿色）为主，而M51A以星际尘埃（红色和橙色）辐射为主。

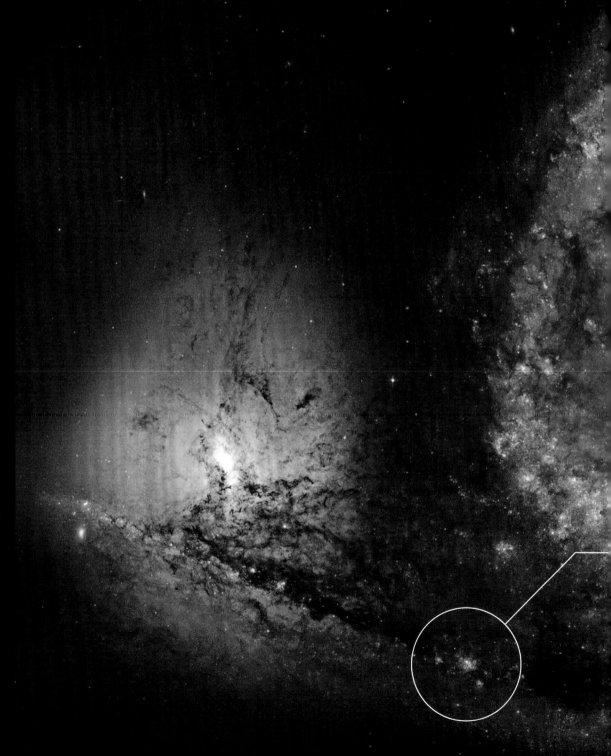

涡状星系简介

星表编号	M51, NGC 5194/5
类型	旋涡星系
星座	猎犬座
与地球的距离	2300万光年
直径	8万光年

活跃的内核

这张图像是哈勃空间望远镜拍摄的M51A明亮的内核侧向视图，"X"是两个相交的气体和尘埃环，直径约100光年，中间是一个超大质量黑洞。

SN 1994I

内核的X射线图

这些明亮的星云被从中心黑洞逃逸出的高能粒子加热而升温，图中的小点点是超新星遗迹，例如双星系统中的SN 1994I。

恒星形成区

虽然跨越2300万光年的距离，哈勃空间望远镜还是能够探测到M51内惊人的细节，比如这个恒星形成区，吸收了一个

风车星系

图中这个正好面朝我们的巨大旋涡星系是风车星系，距离地球约2700万光年，直径17万光年，几乎是银河系的两倍，从地球上看大小相当于满月视宽。该星系的旋涡形状明显不对称，且产星星云异常丰富，产生这两种特征的原因可能是它近期与几个伴星系有过近距离接触。

可见光中的风车星系
这张风车星系的全景图像由51张哈勃空间望远镜拍摄的图像，再加上地基望远镜拍摄的几张图像组合而成，发布于2006年，是当时绘制的最大的哈勃复合图像。

炽热的年轻星团
风车星系内至少有3000个明亮的新生星团，比如图中旋臂外侧集中了大量星团。

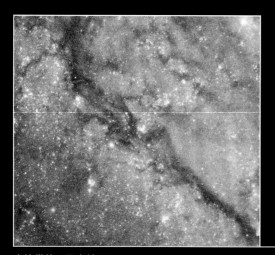

尘埃带的可见光特写
暗尘带勾勒出了风车星系的形状，但细尘分散于星盘上。尘埃粒子反射和散射波长短的星光，产生蓝色光泽，使得恒星本身的图像颜色发红。

风车星系简介	
星表编号	M101，NGC 5457
类型	旋涡星系
星座	大熊座
与地球的距离	2700万光年
直径	17万光年

X射线图
这张X射线辐射图的数据
是由钱德拉X射线天文台
收集了26个小时得到的，
图中点状源包括中子星、
黑洞、新生恒星、超新星
遗迹和星团，所有这些都
被包裹于热气体云中。

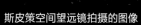 —— X射线源

斯皮策空间望远镜拍摄的图像
在这张红外图像中，风车星系的恒星显示为一片蓝色的薄雾，旋臂上温度
较低的尘埃呈绿色，恒星形成区内温度较高的尘埃发出橙色光，猛烈的辐
射会破坏这些恒星形成区中的任何有机分子。

哈勃、斯皮策和钱德拉的组合图像
图中哈勃空间望远镜拍摄的光学图像显示为黄色，斯皮策空间望远
镜拍摄的红外图像是红色，而钱德拉的X射线图是蓝色。这样的组合
图像有助于天文学家了解星系不同特征之间的关系。

草帽星系

这个位于室女座的不寻常的旋涡星系几乎是侧向面对地球，虽然看起来靠近室女星系团（见290～291页），但据推算，草帽星系距离地球更近，约2800万光年，直径约5万光年。它是一个非棒旋星系，中央核球非常大，边缘部位的暗尘环看起来很是突出，因形状像一个宽边的墨西哥草帽而得名，草帽的"边缘"——外尘环看起来像是拼上的，也许是它与另一个星系近距离接触所致。

草帽星系简介	
星表编号	M104，NGC 4594
类型	旋涡星系
星座	室女座
与地球的距离	2800万光年
直径	5万光年

哈勃空间望远镜拍摄的可见光图像
这张拼接图像组合了6张取自三种不同滤镜的图像，目的在于呈现一张自然彩色图像，从中我们可以看出几个球状星团和草帽星系尘环的精致细节。

钱德拉X射线图像
这张图像来自钱德拉X射线天文台，从中我们可以看到草帽星系周围的一系列X射线源，其中包括星盘内的黑洞和中子星，以及更遥远的类星体。图像中心是草帽星系明亮的核心，据推测是一个有10亿个太阳质量的特大质量黑洞。

星系核心

背景中的类星体

草帽星系的红外图像
这张图像源于斯皮策空间望远镜，草帽星系的外尘环显示为红色和粉红色，尘环里面是一个内星系盘，其内部恒星呈现为蓝色，中间是草帽星系扩展的核球。

色彩缤纷的草帽星系
这张图像由钱德拉、哈勃和斯皮策拍摄的图像组合而成，钱德拉拍摄的图像显示出了草帽星系核球周围炽热的X射线发光气体（蓝色）的晕；斯皮策的红外图像显示的是尘环（红色）；哈勃的光学图像显示的是部分被尘环遮挡了的星光（绿色）。据推测，一阵猛烈的星风从星系中心吹出来，这是由在密集的中央核球的超新星冲击波所驱动的。

棒旋星系

这张图像由哈勃空间望远镜拍摄，是棒旋星系NGC 1300，距离地球大约7000万光年，直径超过10万光年。图中的星系棒看起来为红色，它将星系外旋臂的气体传送至核心，天文学家认为这是普通旋涡星系发展中的一个暂时现象。

室女星系团

估计包含约1500个星系，直径约1500万光年（比本星系群大50%，但后者要疏松得多），室女星系团是距离地球最近的大星系团，中心混合有明亮的旋涡星系和椭圆星系，距离地球大约5400万光年，其巨大的质量使之成为本超星系团的"引力锚"，本星系群中的星系正被它以每小时140万千米的速度吸引过去。

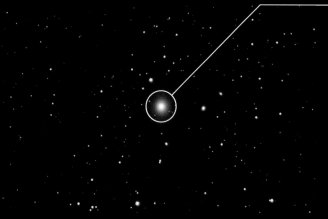

中心区域
室女星系团的中心区域直径约是满月的16倍，位于室女座。三个独立的星系团块集中于椭圆星系M87、M89和透镜状星系M86周围。

椭圆形怪物
巨椭圆星系M87是我们附近最大的星系，估计有2.4万亿个太阳质量那么重，并且非常猛烈、活跃，从其核心喷射出来的粒子流的速度几乎接近光速。

星系M88
这个旋涡星系是室女星系团中最亮、距离地球最近的一个，大约4700万光年，其旋涡结构是1850年推导出来的，依据主要是其旋臂的密集程度及旋臂中尘埃带对光的吸收情况。

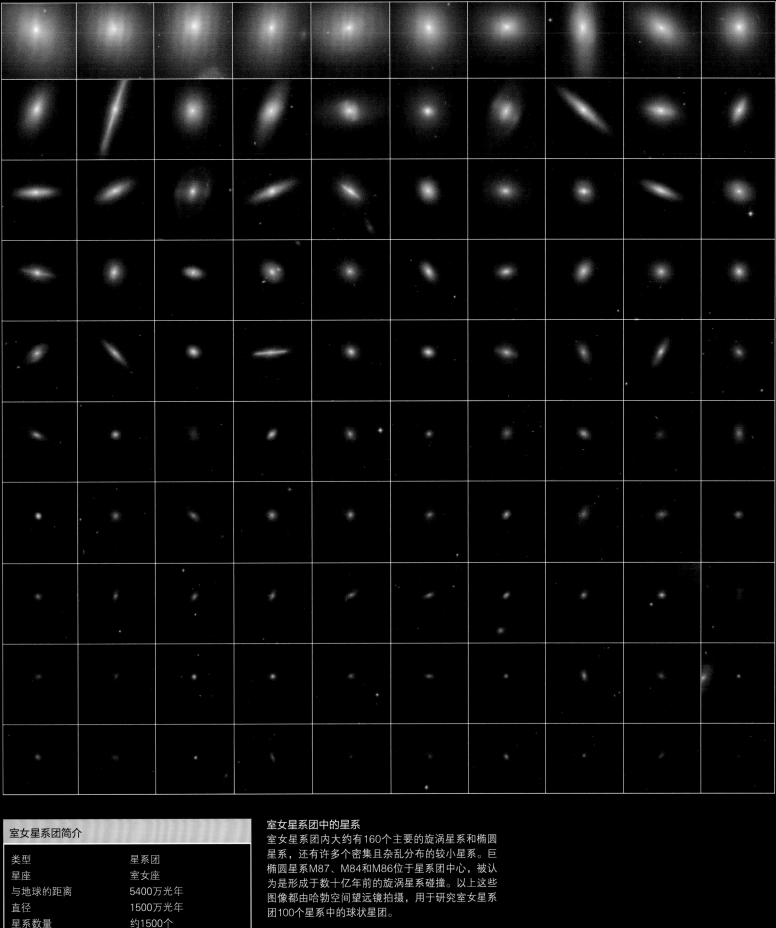

室女星系团中的星系

室女星系团内大约有160个主要的旋涡星系和椭圆星系，还有许多个密集且杂乱分布的较小星系。巨椭圆星系M87、M84和M86位于星系团中心，被认为是形成于数十亿年前的旋涡星系碰撞。以上这些图像都由哈勃空间望远镜拍摄，用于研究室女星系团100个星系中的球状星团。

星系的碰撞

　　宇宙中的星系多如牛毛，彼此"挤"在一起，所以互相亲密接触和碰撞就稀松平常了，这种星系间的相互作用可以形成各种巨大而又奇特的星系，在星系的演化中也发挥着重要作用（见320～321页）。

拥挤的宇宙

　　星系之间通常相距几千到几百万光年，与它们的大小相比，这一距离还算相对比较近的。更重要的是，超大星系的引力非常强大，可以很容易地在这一距离范围内发挥作用，将星系聚集在一起，这样一来星系之间发生碰撞的可能性就更大了。20世纪60年代，美国天文学家赫顿·阿普专门为与传统的旋涡星系、透镜状星系、椭圆星系、不规则星系（见266～267页）不同的特殊星系创建了一个星表。得益于望远镜建造技术的发展，现在我们清楚地了解到，许多奇特星系，实际上是由两个或多个星系发生近距离接触、碰撞甚至合并形成的。

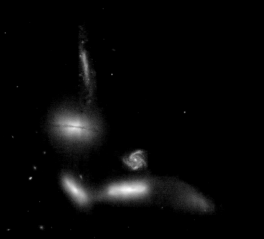

赛弗特六重星系
这组的六个星系中，只有四个是相互作用的。图中清楚地显示了星系碰撞后发生扭曲的迹象，另外两个是不相关的旋涡星系（中）和星流（右）。

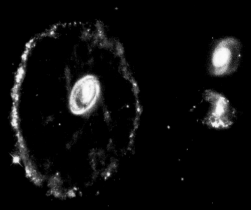

车轮星系
这个奇特的星系距离地球大约5亿光年，约2亿年前被一个较小的星系"直接命中"（可能是其右侧两个中的一个），从而形成了年轻恒星外环。

潮汐力

　　由于星系之间存在引力，所以宇宙中的星系彼此接近或经过的时候，都会先发生长时间畸变，最后才会发生物理碰撞。星系的不同区域相对于引力中心的距离不同，由此产生潮汐力。又由于引力在不同区域大小不同，所以往往会产生非常奇异的效果。对于旋涡星系来说，一个或多个旋臂可能会展开，将明亮的疏散星团和产星星云抛入星系际空间。侧向旋涡星系和透镜状星系也可以呈现出令人印象深刻的弯曲形状，因为其气体和尘埃盘相对于其恒星来说也会发生弯曲。无论如何，没有两个星系的境遇是完全相同的，每个星系都会发生属于自己的独一无二的变化。

蝌蚪星系
一条"展开"的旋臂在星系的后面形成了一条尾巴，长约28万光年，它被认为是一个较小的星系通过时产生的引潮力所致（靠近星系顶部的亮蓝色区域）。

弯曲的旋涡星系
这张壮观的侧向旋涡星系ESO510-G13位于大约1.5亿光年远的长蛇座，与邻星系发生亲密接触后，气体和尘埃盘发生严重变形。

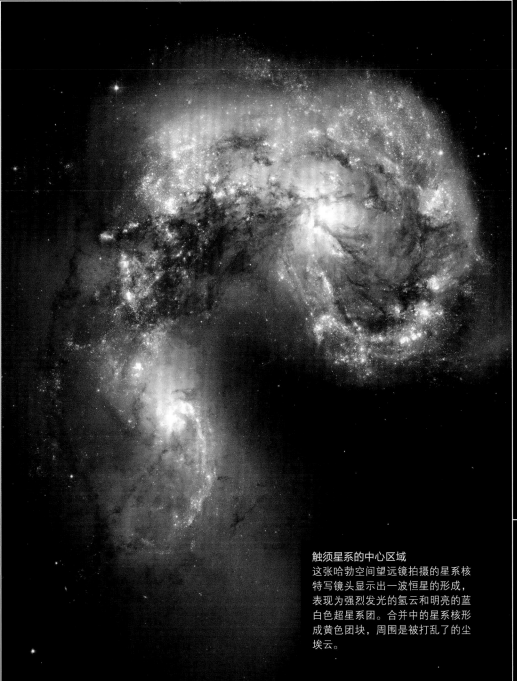

触须星系的中心区域
这张哈勃空间望远镜拍摄的星系核特写镜头显示出一波恒星的形成，表现为强烈发光的氢云和明亮的蓝白色超星系团。合并中的星系核形成黄色团块，周围是被打乱了的尘埃云。

星暴

虽然个别恒星之间的正面碰撞在星系合并过程中是极为罕见的，但每个星系内由气体和尘埃组成的星际云会不可避免地互相撞击，蔚为壮观。巨大的冲击波穿过这些星际云引发大量恒星的诞生，称为星暴，形成明亮的疏散星团，其中包含大量炽热的短寿命蓝白色星。通过观测遥远的星系碰撞，我们得知星暴也可引发形成超星系团——当今银河系（见220～221页）中介于疏散星团和球状星团之间的一种星团。超星系团中包含几十万甚至上百万颗由于引力作用而聚集在一起的年轻恒星。天文学家认为，随着其中短寿命蓝白色星的衰老和死亡，它们会慢慢地转变成球状星团。星暴可能非常短暂，碰撞的冲击极大，将气体云迅速蒸发到宇宙空间，因此通常在星系团中会发现辐射X射线的炽热气体。

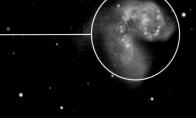

触须星系
这是旋涡星系NGC 4038和4039发生碰撞的壮观景象，尾部是两条长长的气体流，前面看起来像昆虫的头部。

星系的吞并

大星系之间的碰撞往往产生非常壮观的效果，但绝大多数星系的碰撞是发生在大星系和更小的矮星系之间。这种情况下，矮星系少说也是遭到重大破坏，最坏的情况就是被彻底灭亡，而大星系会形成区域性星暴，如果这个大星系是旋涡星系，整个旋涡会全面加强。许多轮廓分明的旋涡星系都曾与矮星系发生碰撞或近距离接触。银河系目前正在经历好几个这样的碰撞：将恒星从麦哲伦云中剥离，把距离较近的大犬座星系和人马座矮椭圆星系撕裂。最终，这些星系将完全被吸收到银河系中。哈勃空间望远镜拍摄的图像显示，许多星系碰撞经历很多不同阶段，可能需要10亿年才能完成。

死亡之舞
这张延时曝光图像中的星系是"刀锋星系"NGC 5907，它是一个侧向旋涡星系，距离地球大约4000万光年，图中有一条幽灵般的恒星踪迹，是一个矮星系被撕裂并吸收到更大星系中的遗迹。图中的环状物距离星系超过15万光年，天文学家估计这个矮星系消失于40亿年前。

天鹅座A的射电瓣
天鹅射电源A是宇宙中最亮的射电源之一。天鹅座A距离地球6亿光年，看上去不太显眼，但却有两个巨大的射电瓣，体积比自身大好几倍，每个射电瓣都有一个温度极高的热斑。

活动星系

通常情况下，遥远星系的光是星系中所有恒星发出的可见光之和，但也有不少星系似乎还有其他辐射，人们称这类星系为活动星系。它们会产生巨大的能量，这些能量来源于其中心附近的很小区域（可能比星系中其他区域产生的能量还要多）。

射电星系

人们开始对宇宙中显著的射电源展开研究后，无法将它与银河系中任何其他已知天体联系起来，由此认证了第一批活动星系。由于射电波的波长较长，人们很难得到天体的详细图像，直到20世纪50年代第一台巨型射电望远镜落成。得到图像后人们却发现，这些神秘的射电源大部分竟然是巨大的双瓣云，每对射电瓣中间是正常星系。进一步提高图像分辨率后，天文学家观测到星系中有狭窄的喷流，穿行数万光年，最终形成射电瓣。强大的喷流与星系际介质（见196页）中巨大的气体云相遇后慢慢减弱，辐射射电波，就形成了所谓的射电星系。

类星体和赛弗特星系

20世纪60年代初，天文学家观测到一类恒星状天体（通常有射电瓣）会快速改变其亮度。这些类星体的光谱不同于任何其他已知天体，但天文学家发现它与氢的光谱类似，只不过出于多普勒效应（见233页），光谱的谱线朝红端移动了一大段距离，这是一个突破性的发现，说明该天体位于遥远的星系内。后来，强大的现代天文望远镜发现中心明亮光源周围的微弱星系。天文学家后来还发现，距离地球更近的赛弗特星系（旋涡星系，其星系核异常明亮），可能是类星体的"低活跃兄弟星系"。

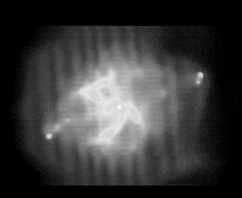

天鹅座A空腔
这张天鹅座A的图像由钱德拉X射线天文台拍摄，图中可以看到星系活动在炽热的星际气体云内雕刻出一个巨大的空腔，炽热气体堆积在空腔的边缘，形成一个明亮的外壳（图中橙色区域）。

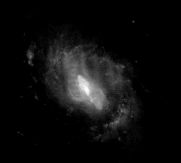

附近的赛弗特星系M77
距离地球4700万光年的旋涡星系，星系核很活跃，会辐射出射电、红外线和X射线。

类星体3C 273
这张X射线图像显示的是从天空中最亮的类星体核内喷射的超热气体射流（也是首次发现这种现象）。

活动星系核

天文学家认为，射电星系、类星体和赛弗特星系内都有一个活动星系核，该核的形成源于星系中心的特大质量黑洞不断吞噬周围物质。这些物质呈螺旋形向内旋转，形成一个旋转的吸积盘，摩擦加热到极高的温度，产生各种辐射。有些物质被黑洞磁场捕获，并以近似光速随着粒子喷流逃逸。根据星系核的活跃程度，以及它和周围物质相对于地球的倾角，可将活动星系分为射电星系、赛弗特星系、类星体或罕见的耀变体（喷流朝向地球）。

星系NGC 4261

典型的椭圆星系，位于室女座，周围是巨大的气体云，发出X射线和射电波。图中虽然看不到中央的活动核，但是通过像钱德拉X射线天文台这样的望远镜，可以很容易地检测出其对周围环境的影响。

下降的旋涡

这张NGC 4261的中心区域由哈勃空间望远镜拍摄，图中看到一个暗尘旋涡下降到活动星系核上空，不知什么原因，整个结构稍微有点偏离了真正的中心。

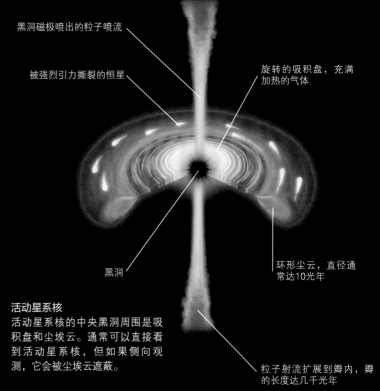

黑洞磁极喷出的粒子喷流

被强烈引力撕裂的恒星

旋转的吸积盘，充满加热的气体

黑洞

环形尘云，直径通常达10光年

活动星系核

活动星系核的中央黑洞周围是吸积盘和尘埃云。通常可以直接看到活动星系核，但如果侧向观测，它会被尘埃云遮蔽。

粒子射流扩展到瓣内，瓣的长度达几千光年

并合与活动

新一代地基望远镜和在轨望远镜揭示了活动星系核和星系碰撞之间的重要关系。最活跃的星系似乎在中心位置都有一个黑洞，但是在一般情况下，距离这个"无底洞"太近的物质早已被吸收下肚，剩下的气体、尘埃和恒星可以在一个相对安全的距离沿着圆形轨道运行。但星系之间的近距离接触和碰撞打破了这种有序的平静，将新物质推向中心位置，致使星系核的生命暂时又被激发。这样的情况在宇宙的早期历史中很频繁，也很猛烈，这也解释了为什么在距离地球很远的地方发现了大量的类星体。

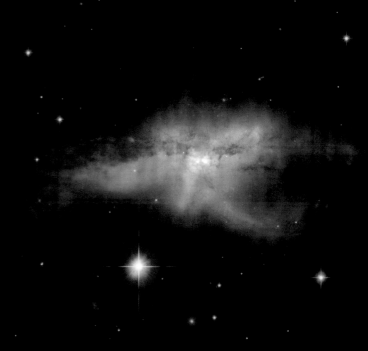

类星体并合

这张是X射线和可见光组成的复合图像，分别由钱德拉X射线天文台与位于智利的麦哲伦望远镜拍摄，图中两个类星体SDSS J1254+0846，正处于并合过程中，距离地球约45亿光年。

一个星系，两个核

这个奇特的星系NGC 6240位于蛇夫座，是两个较小星系并合的结果。X射线图像显示出了两个不同的星系核，它们都是由于星系碰撞而被

半人马射电源A

天空中最亮的射电源之一，与明亮的肉眼可见星系NGC 5128恰好重合，后者通常被视为透镜状星系，但它看起来有点特别——星盘前面有层厚实的暗尘带。多波段图像中可以看到半人马射电源A的真实样子，在距地球只有1370万光年处，一个大椭圆星系和一个稍小的旋涡星系碰撞导致其星系核剧烈活动。

射电瓣
位于美国的甚大阵拍摄了半人马射电源A的射电图，图中可见射电瓣与星系核之间有一条喷流相连，长度有13000光年。

X射线
从这张钱德拉望远镜拍摄的图像可以看到，喷流中的高能粒子和点源正在辐射X射线，从红色到绿色再到蓝色，代表能量越来越高。

半人马座A星系简介	
星表编号	NGC 5128
类型	透镜状活动星系
星座	半人马座
与地球的距离	1370万光年
直径	8万光年

复合图像
这张图像是钱德拉X射线图与欧洲南方天文台光学、射电图的复合图像，图中可以看到半人马射电源A的喷流和X射线之间的关系。

地基观测图像
星系NGC 5128是天空中第五亮星系,由苏格兰天文学家詹姆斯·邓禄普在澳大利亚工作期间于1826年发现。图像中明显可见的尘埃带由英国天文学家约翰·赫歇尔在约六年后注明,这样一来,星系NGC 5128成了在南半球很容易被识别的天体。

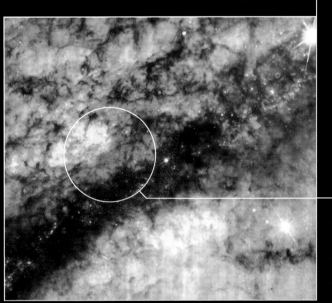

星系中心
通过携带的近红外照相机和多目标光谱仪,哈勃空间望远镜可以透过恒星和尘埃,直接看到炽热的星系盘物质螺旋下降到中心的黑洞,这个黑洞的质量比银河系中心的重250倍。

哈勃拍摄的图像
这张图像聚焦到了挡在活动星系核前面的尘埃带区域,一大波恒星正在形成,产生了蓝白色星团,并造成湍流,使得气体和尘埃看起来呈块状。

意外形成的几何图形
这张壮观的近红外图像由欧洲南方天文台的新技术望远镜拍摄,旋涡星系的尘埃遗迹最近被半人马座A蚕食拆解,已经扭曲成一个近乎完美的平行四边形。

圆规座星系

1977年，天文学家惊奇地发现离地球不远有一个先前未知的活动星系，因其位于圆规座，所以取名为圆规座星系。它虽距离地球只有1300万光年，但因为靠近银道面，所以正好被恒星、气体和尘埃云遮挡。圆规座星系星表编号为ESO97-G13，是一个小的旋涡星系，兼有塞弗特星系和射电星系的特征。

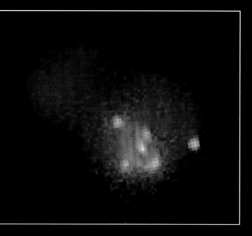

X射线图像
这张图像由钱德拉X射线天文台拍摄，图中有大黑洞，也有几个小黑洞，还有在圆规座星系中心发射X射线的气体云，中心的蓝色区域是特大质量黑洞，绿点是其他黑洞或中子星。周围红色区域是超热气体云，绵延几百光年。

气体环
这张图像由哈勃空间望远镜拍摄，星系中心周围的是明亮的气体内环，直径300光年，外环更大，呈红色，直径1400光年。

ESO 0313-192星系

典型的双瓣射电星系，要么是椭圆星系，要么其中心有星系合并现象（见292～293页），但ESO 0313-192是一个例外，它是疏散星团"艾贝尔428"的一部分。2003年，天文学家证实，这片两侧又大又亮的射电云，其实是个侧向旋涡星系，这个意外的发现对射电星系形成理论提出了挑战。

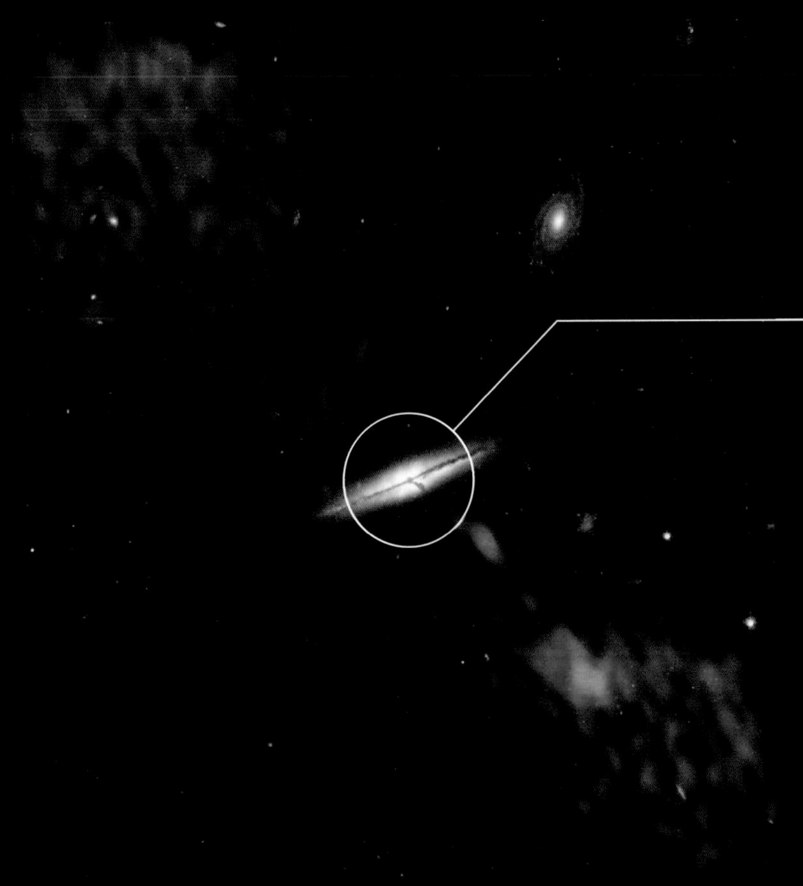

可见光与射电波组合图像
这张图像是哈勃上的高级照相机拍摄的可见光图像与甚大阵拍摄的射电图的复合图像。通过哈勃空间望远镜拍摄的图像可以毫无疑问地证实，星系ESO 0313-192是一个侧向旋涡星系。图中右上方还可以看到它的一个邻星系。

ESO 0313-192星系简介	
类型	旋涡射电星系
星座	波江座
与地球的距离	9亿光年
直径	150万光年（射电瓣）

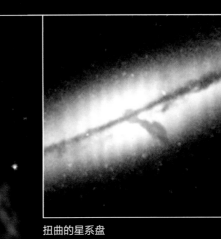

扭曲的星系盘
这张是哈勃空间望远镜拍摄的该星系中心的特写图像，图中可以看到一个发生明显扭曲的暗尘带。这可能是与一个较小的星系发生碰撞所致，从而引发这个旋涡星系核重新活动起来。

死星星系

2007年，美国航空航天局将哈勃、钱德拉和斯皮策望远镜拍摄的图像结合，并利用地基射电望远镜观测研究类星体3C321。天文学家发现了一个显著的特点：从这个类星体喷射的物质直接进入了相邻星系，据此将其戏称为"死星星系"。

死星星系简介	
星表编号	3C 321
类型	活动星系
星座	巨蛇头
与地球的距离	13.5亿光年
直径	2万光年

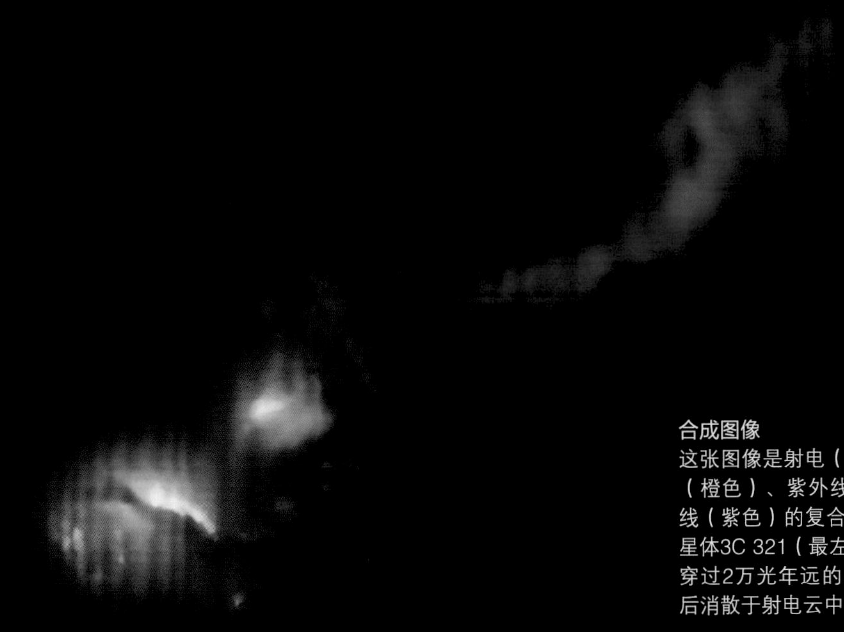

合成图像
这张图像是射电（蓝色），可见光（橙色）、紫外线（红色）和X射线（紫色）的复合图像，显示从类星体3C 321（最左）喷射的物质，穿过2万光年远的星系（左），随后消散于射电云中。

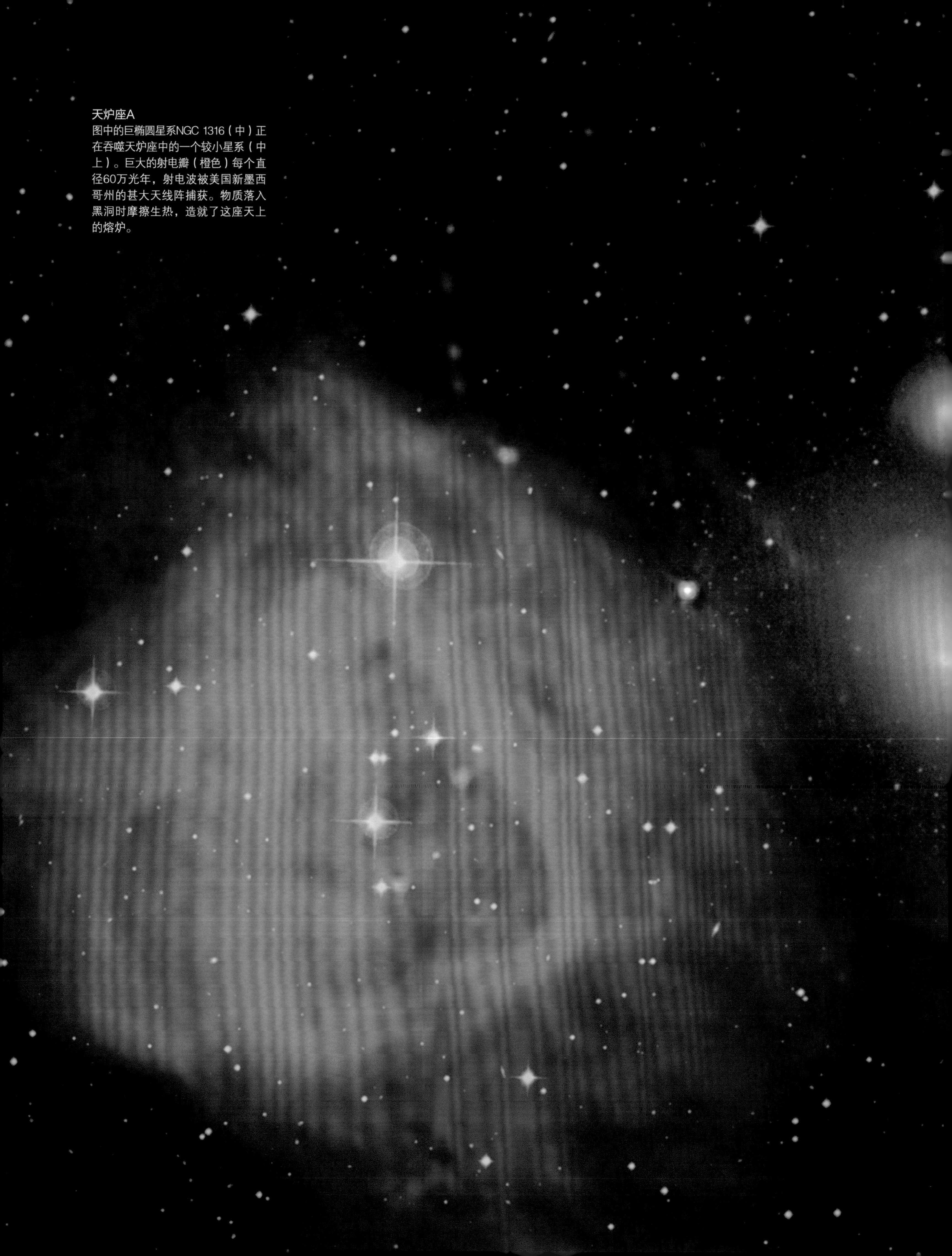

天炉座A
图中的巨椭圆星系NGC 1316（中）正在吞噬天炉座中的一个较小星系（中上）。巨大的射电瓣（橙色）每个直径60万光年，射电波被美国新墨西哥州的甚大天线阵捕获。物质落入黑洞时摩擦生热，造就了这座天上的熔炉。

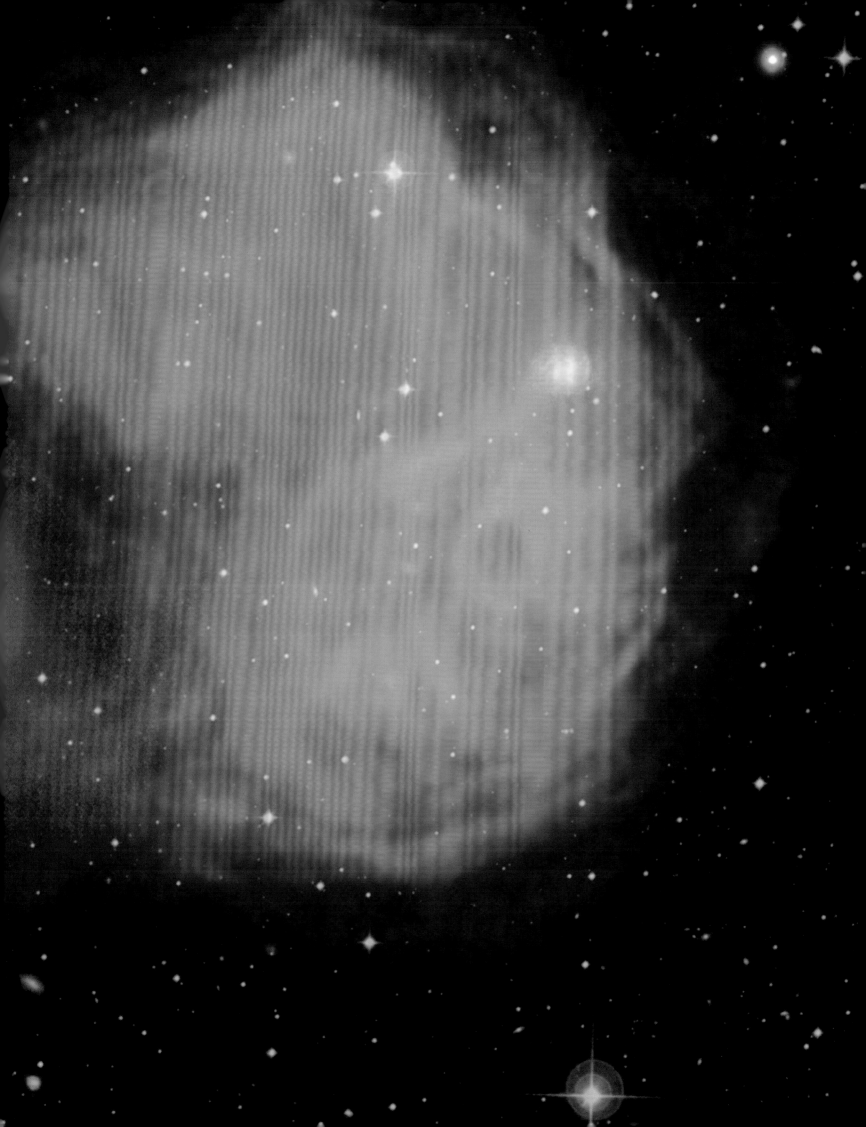

可见的边界

现代天文望远镜可以探测到距离地球数十亿光年远的暗弱天体。然而，即使是最大的望远镜也有局限性，况且事实证明，最大的局限不是我们的望远镜的大小，而是宇宙本身。

凝视黑暗的宇宙

1995年，美国航空航天局的科学家们让哈勃空间望远镜对准大熊座方向一小块空旷的天空，观测了11天，最终形成了哈勃深场，这张小区域夜空影像揭示了从地球直到宇宙深处，一条狭长的通道中数以千计的星系。有些星系距我们相对较近，可以清楚地看出是旋涡星系还是椭圆星系，而有些则是数十亿光年远的微小的畸形团块。对天空其他区域开展的类似甚至更详细的观测证明，哈勃深场代表了天空中相对典型的区域，也证实了我们的宇宙中挤满了星系，数量与银河系中的恒星不相上下。

宇宙的尽头

天文学家认为，宇宙形成于137亿年前的宇宙大爆炸（见310页），比137亿光年更远的地方发出的光还未到达地球。实际上，可观测宇宙的说法是把宇宙当成一个半径137亿光年的空间气泡。在这个气泡边缘的每一个方向，射电望远镜都探测到了宇宙大爆炸的微波余辉（见316页），但再强大的可见光望远镜也看不到这一时期的天体，因为宇宙膨胀意味着第一代恒星和星系发出的光会发生红移至红外波段（见306页）。

宇宙时光机

望远镜瞄准数十亿光年远的天体时，就相当于一台时光机。对于附近宇宙的天体，所谓的"回溯时间"也许只有千百万年的时间，与星系的寿命相比简直微不足道。然而，遥远星系的光花费了数十亿年的时间才到达地球，因此我们看到的是它们在历史中早期的样子，与我们看到的相比，星系的现实状况已发生了很大变化。类星体等活动星系更多，星系并合和碰撞也更普遍，回看时可以看到银河系的结构演变一一展开。几乎所有观测到的遥远星系都是不规则的，富含气体、尘埃和第一代明亮的年轻恒星。从这些古老的星系演化成各种现在已知的星系（见280页）。

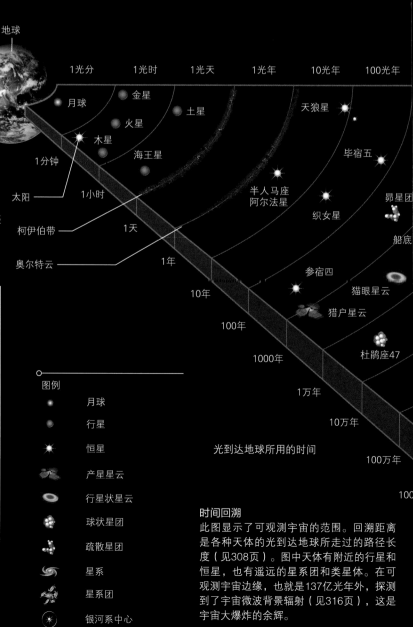

光到达地球所用的时间

图例

图标	名称
	月球
	行星
	恒星
	产星星云
	行星状星云
	球状星团
	疏散星团
	星系
	星系团
	银河系中心

时间回溯

此图显示了可观测宇宙的范围。回溯距离是各种天体的光到达地球所走过的路径长度（见308页）。图中天体有附近的行星和恒星，也有遥远的星系团和类星体。在可观测宇宙边缘，也就是137亿光年外，探测到了宇宙微波背景辐射（见316页），这是宇宙大爆炸的余辉。

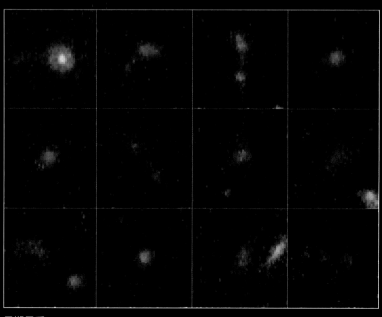

早期星系

哈勃深场图像揭示了宇宙大爆炸约10亿年后的超过500个星系，这些星系实际是蓝色的，因为有恒星诞生，所以看起来很明亮，但由于发出的光到地球后发生红移，

自然的放大镜

为了探测宇宙边缘的天体，天文学家会利用一种称为引力透镜效应的现象。爱因斯坦的广义相对论也已做出预言，当大质量天体将其周围的空间和时间扭曲时，会出现这种效果（见308页）。实际中，当来自遥远天体的光通过星系团这样的大质量天体附近时，会发生偏转。例如，扭曲来自遥远星系的发散的光线，使其聚焦在我们的区域内。如右图，我们看到的可能是星团后面一个扭曲但明显很亮的遥远星系的图像，周围是几条弧线。如果使用计算机处理这些环弧图像，天文学家可以重构一个精确的原始星系，甚至可以分析其光谱。

引力透镜
当一个遥远的星系正好位于某个星系团后面时（从地球上看），遥远星系发出的光线会被星系团边缘偏折到地球。

多个星系图像的视位置和畸变像

星系的实际位置和形状

无引力透镜的光路

星系团充当一个引力透镜

由于引力透镜效应，光线朝观测点偏移

银河系中的观测点

与地球的距离（回溯距离）

| 10万光年 | 100万光年 | 1000万光年 | 1亿光年 | 10亿光年 | 100亿光年 | 137亿光年 |

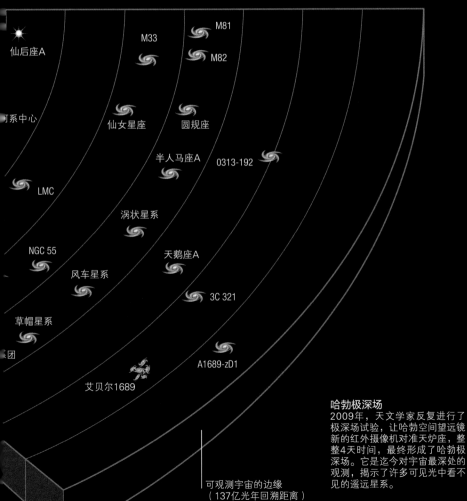

仙后座A

M81
M33
M82

河系中心

仙女星座
圆规座

半人马座A   0313-192

LMC

涡状星系

NGC 55

天鹅座A

风车星系

3C 321

草帽星系

团

A1689-zD1

艾贝尔1689

可观测宇宙的边缘
（137亿光年回溯距离）

0亿年

137亿年

艾贝尔1689
这个致密星系团位于室女座，距离地球22亿光年，占据着宽度达到200万光年的广袤空间，包含大量的物质，是一个非常理想的引力透镜。

放大图像
暗弱的星系A1689-zD1位于这幅图像的中心，距离地球128亿光年，由于艾贝尔1689星系团的引力透镜效应才能被看到。

最遥远的天体
被哈勃极深场捕捉的微弱的红外星系，可以与"回看时间"约129亿至131亿年前对应起来，哈勃空间望远镜看到的这些星系，是迄今人们探测到的最遥远的星系，它们形成于宇宙大爆炸之后6亿到8亿年间。

红外星系

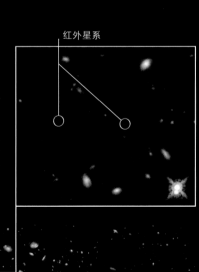

哈勃极深场
2009年，天文学家反复进行了极深场试验，让哈勃空间望远镜新的红外摄像机对准天炉座，整整4天时间，最终形成了哈勃极深场。它是迄今对宇宙最深处的观测，揭示了许多可见光中看不见的遥远星系。

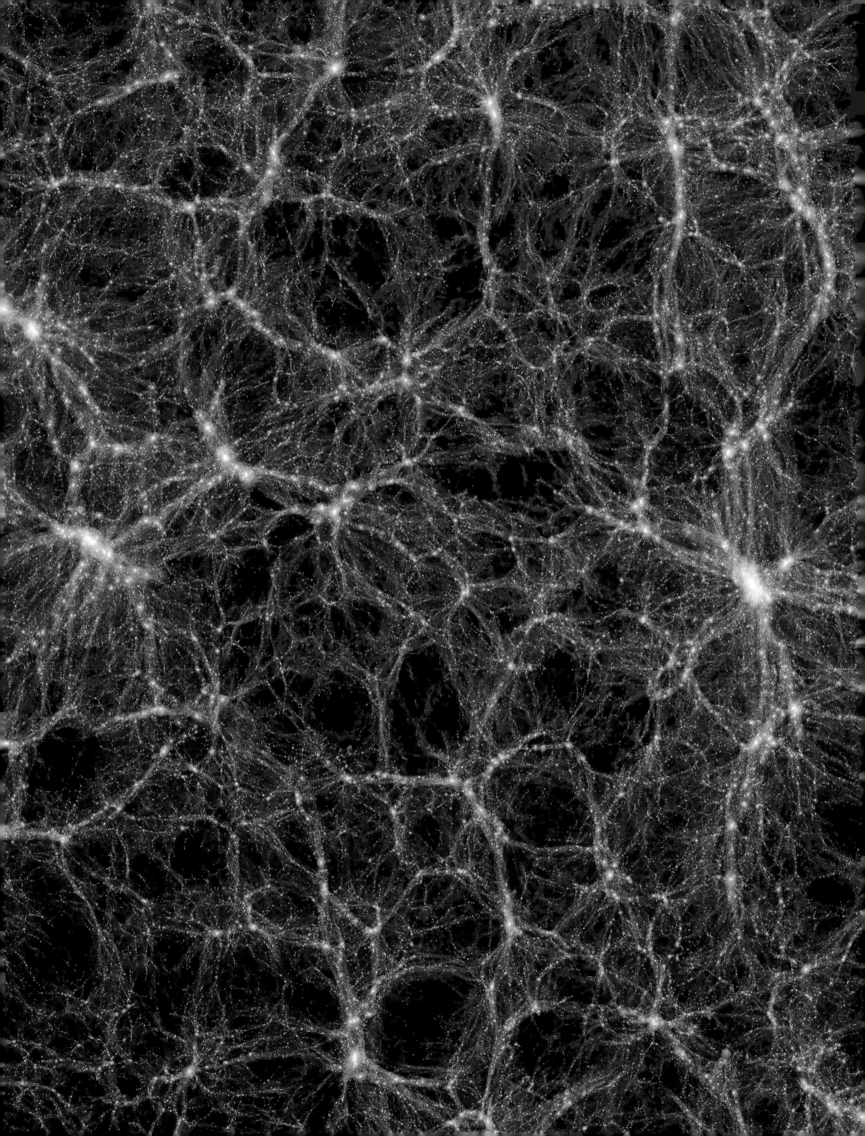

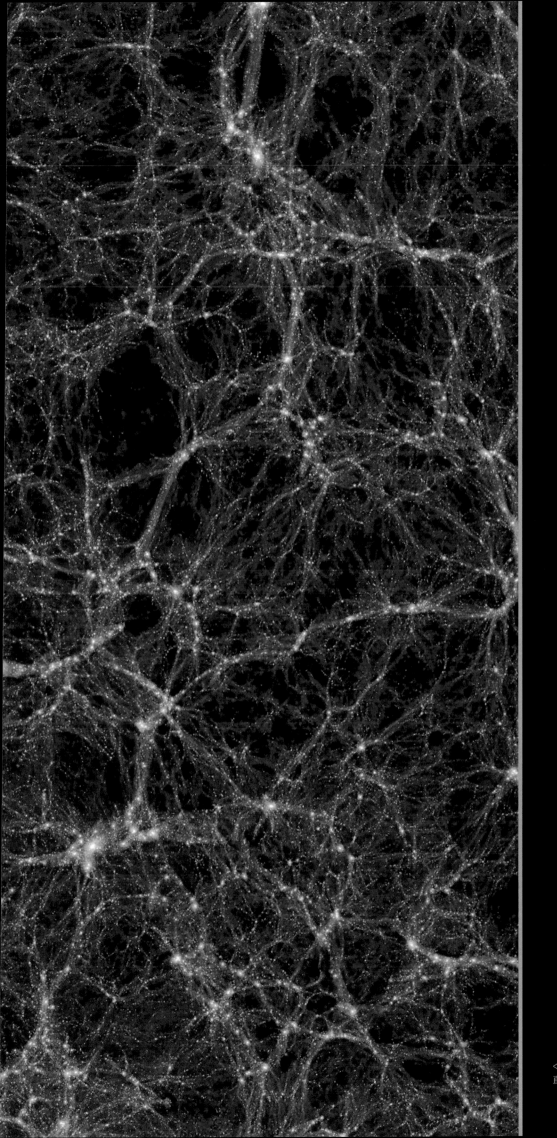

<< 近域宇宙中的暗物质
直径2.06亿光年区域中的暗物质

什么是宇宙学?

宇宙学是在大尺度上对宇宙进行研究的一门学科,比如对超星系团的研究。研究宇宙学的天文学家不仅对宇宙的整体结构和几何形状感兴趣,还关注宇宙的起源、演化以及最终命运。

模拟宇宙

宇宙学中的大部分研究都是基于对宇宙的数学描述,这种复杂的描述称为宇宙模型,建立每个宇宙模型的目的在于为当前状态的宇宙提供一个合理的解释。人们公认的宇宙模型称为标准宇宙模型,它的一些主要内容是:宇宙起源于137亿年前的宇宙大爆炸(见第310页),自那以后宇宙不断膨胀,在其中含有大量神秘的暗物质和普通物质(见318页)。

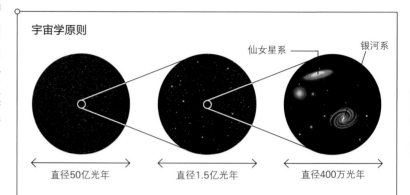

宇宙学原则

仙女星系   银河系

直径50亿光年   直径1.5亿光年   直径400万光年

宇宙学原则假设在大尺度上,无论在哪个方向,宇宙的性质是完全相同的(显然,这并不适合小尺度范围)。将分布在数十亿光年范围内的星系(左上图)与较小范围内的星系(中上图和右上图)进行比较时,可见这一原则似乎在实践中已得到证实。这一原则暗含了两层意思,即宇宙没有中心,也没有界限。

不同年龄的星系
宇宙学的一个关键目标就是解开星系形成和演化之谜,观测不同年龄段的星系是宇宙学的重要工作之一。

不断膨胀的宇宙

20世纪初,天文学家注意到遥远星系的光谱出现红移现象,即光谱中波峰和波谷不在原有位置,而是朝波长更长的方向移动,科学家们推断星系正在远离地球(见下图)。1929年,美国天文学家埃德温·哈勃发现星系与地球之间的距离与红移有密切关系,即星系越遥远,远离的速度越快,从而得出结论:宇宙正在不断膨胀。自此,宇宙学家一直在不断努力尝试确定膨胀速度的准确值,也就是所谓的哈勃常数(见276页)。如今最大的问题就是,在宇宙的历史长河中,哈勃常数是否在变化,又是如何变化的?

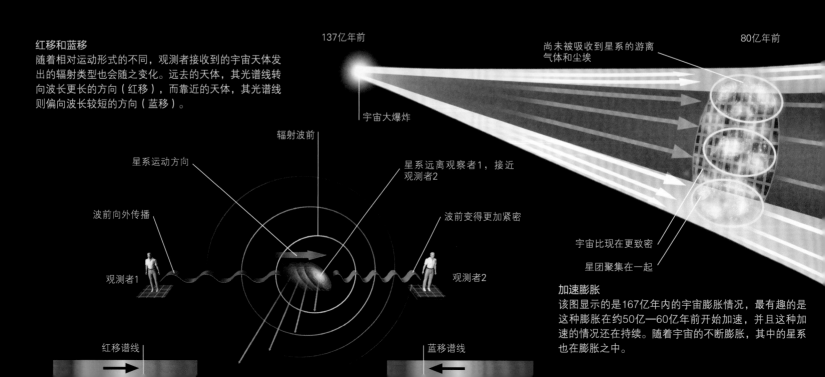

红移和蓝移
随着相对运动形式的不同,观测者接收到的宇宙天体发出的辐射类型也会随之变化。远去的天体,其光谱线转向波长更长的方向(红移),而靠近的天体,其光谱线则偏向波长较短的方向(蓝移)。

137亿年前

尚未被吸收到星系的游离气体和尘埃

80亿年前

宇宙大爆炸

辐射波前

星系运动方向

星系远离观察者1,接近观测者2

波前向外传播

波前变得更加紧密

宇宙比现在更致密

星团聚集在一起

观测者1   观测者2

加速膨胀
该图显示的是167亿年内的宇宙膨胀情况,最有趣的是这种膨胀在约50亿—60亿年前开始加速,并且这种加速的情况还在持续。随着宇宙的不断膨胀,其中的星系也在膨胀之中。

红移谱线   蓝移谱线

> **"宇宙迫使那些居住于此的人理解它。"**
>
> 卡尔·萨根，美国天体物理学家，《布罗卡的大脑》，1979年

辐射模式

宇宙学理论，比如标准宇宙模型，因为人们不断收集到新数据，所以一直在被不断完善。这些数据大多来源于对那些非常微弱的遥远天体发出的辐射进行检测和分析。例如，恒星、类星体、星系、气体云，每个都会发出不同的辐射，显示的电磁波谱也不一样，有射电波，有可见光，还有X射线（见11页）。这些辐射的类型取决于几个因素：①天体温度，温度较高的天体整体会发出更多的辐射，大多是高能短波辐射；②天体构成；③天体内部发生的动态过程。天体发出的辐射称为光谱，它是识别天体的标志，用根据辐射强度和波长范围绘制的含波峰和波谷的曲线图表示。研究恒星或星系发出的光谱，可以知晓其化学成分和温度，也可以分析出它接近或者远离地球的速度。对于一个遥远的星系来说，可以根据其移动速度推算它与地球的距离（见下文）。

光谱特征

下图为形成恒星的星云DR21（左）的光谱特征，由赫歇尔空间天文台捕获。图中展示的是这一星云不同区域的发射峰。

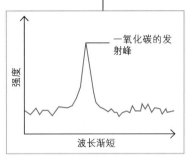

一氧化碳的发射峰

强度 / 波长渐短

星云

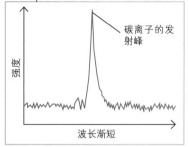

碳离子的发射峰

强度 / 波长渐短

新形成的恒星

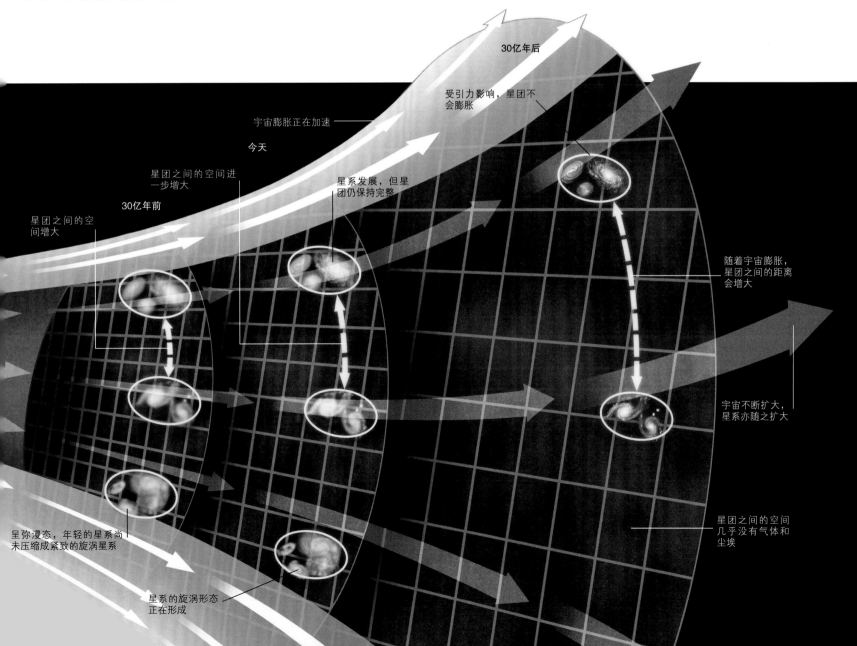

30亿年后

受引力影响，星团不会膨胀

宇宙膨胀正在加速

今天

星团之间的空间进一步增大

星系发展，但星团仍保持完整

30亿年前

星团之间的空间增大

随着宇宙膨胀，星团之间的距离会增大

宇宙不断扩大，星系亦随之扩大

呈弥漫态，年轻的星系尚未压缩成紧致的旋涡星系

星团之间的空间几乎没有气体和尘埃

星系的旋涡形态正在形成

距离与时间

宇宙学中，距离和时间之间的区别是模糊的。光从遥远的天体到达地球需要很长的时间，所以深入研究宇宙相当于对宇宙在时间上进行回溯，可能回溯一百多亿年。与遥远天体的距离可以用多种方式表示，按照惯例，一般都用回溯距离，也就是光从遥远的天体到达地球的距离（本书中采用的距离都是回溯距离）。由于宇宙一直在膨胀，真正的当前距离——共动距离（见下文）更大些。宇宙中还有一些地方距离我们太过遥远，以至于从那里发出的光至今还未曾到达地球，那些发出的光已到达地球的地方组成了一个被称为可观测宇宙的球形区域。

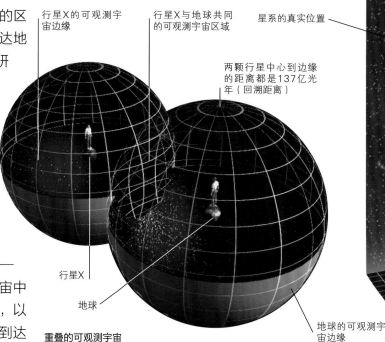

行星X的可观测宇宙边缘

行星X与地球共同的可观测宇宙区域

星系的真实位置

两颗行星中心到边缘的距离都是137亿光年（回溯距离）

行星X

地球

地球的可观测宇宙边缘

重叠的可观测宇宙
行星X是一个具有智能生命的假想行星，位于地球数十亿光年之外，它与地球的可观测宇宙不同，但是有重叠的地方，如上图所示。

回溯距离与共动距离

如果说一个星系距离地球110亿光年远，通常指的是它的回溯距离，即110亿年前光从该星系离开，到达地球时，地球与它的出发点的距离。星系之间当前真正的距离，也就是共动距离，要更大些。

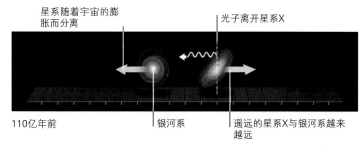

星系随着宇宙的膨胀而分离

光子离开星系X

110亿年前

银河系

遥远的星系X与银河系越来越远

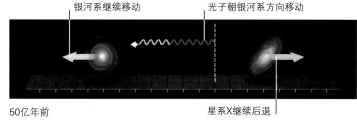

银河系继续移动

光子朝银河系方向移动

50亿年前

星系X继续后退

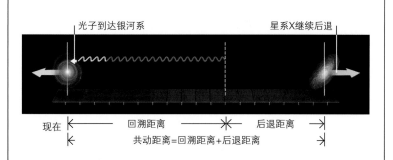

光子到达银河系

星系X继续后退

现在

回溯距离

后退距离

共动距离=回溯距离+后退距离

> "天文学的历史就是一条不断远去的地平线。"

埃德温·哈勃，美国天文学家，《星云之域》，1936年

质量与能量

宇宙学中另外两个有着密切关系的量就是质量和能量。我们通常认为这是两个单独的实体，但爱因斯坦于20世纪在他的狭义相对论中证明了，它们可组成一个质能方程，即一个现象的两个方面，可以互换，宇宙的质能目前以我们所熟悉和不熟悉的两种形式存在。容易理解的形式包括基于原子而存在的普通物质，还有光和其他电磁辐射。然而，这只是其中很小一部分，其他形式还有暗物质和加速宇宙膨胀的暗能量（见319页）。

宇宙学家感兴趣的是尽可能准确地确定宇宙质能总和，以及各种组成形式的比例，因为这些数值可以帮助计算出宇宙的确切年龄，并确定其最终命运（见324~325页）。

凹陷的时空

广义相对论中描述的时空就像一块橡胶膜，质能集中的地方会凹陷。该图显示了行星围绕恒星运行，实际是它们绕着恒星产生的凹陷运转，经过恒星的光由于时空曲率而发生偏转。

地球上观测到的星系位置，从地球上观测认为光走的是直线

受恒星质量影响出现时空扭曲，使星系发出的光发生偏转

由于恒星附近的时空发生扭曲，所以围绕其运转的行星轨道呈椭圆形

受恒星质量影响其周围出现时空扭曲，形成一个所谓的引力阱

地球上的望远镜

这里用二维表表示四维时空，其中的凹陷代表时空扭曲

引力和时空

引力将宇宙万物联系在一起，这就是由艾萨克·牛顿在17世纪提出的万有引力定律，但宇宙学家更依赖于第二个关于引力更为完整的描述，即爱因斯坦的相对论理论——广义相对论。这一理论在宇宙学中具有非常重要的意义，因为它有助于确定可能的宇宙类型，同时它也是所有宇宙学模型的重要组成部分。广义相对论提供了另一种方式来描述引力的运作方式，即质能扭曲了四维时空，使得光线发生偏转，这一推断具有现实意义，因为宇宙中有些原本看不到的物质可以通过这种曲光效果进行探测。

宇宙的曲率

宇宙学的一个目标是确定宇宙确切的"曲率"，这对于了解宇宙的可能命运很重要。这可与我们玩的飞盘飞行的曲率不是一回事，宇宙曲率是宇宙内在隐藏的属性，取决于其平均质能密度。不同宇宙模型中，宇宙存在不同的曲率，如以下二维图像所示，平行线可能汇集或发散，一个三角形所有角加起来可能大于或小于180°。现有理论认为，宇宙的曲率接近于零（或者说宇宙是"平"的）。

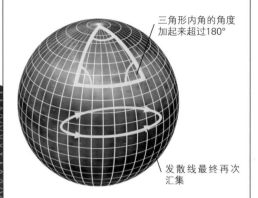

三角形内角的角度加起来超过180°

发散线最终再次汇集

正曲率宇宙

也叫闭宇宙，这种类型的宇宙有着类似于球形表面的几何规则。尺寸大小有限，质能密度相对较高。

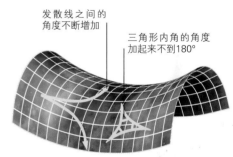

发散线之间的角度不断增加

三角形内角的角度加起来不到180°

负曲率宇宙

也被称为开宇宙，这种类型的宇宙有着类似于鞍形面的几何性质。无限延伸，质能密度相对较低。

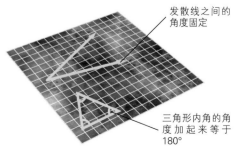

发散线之间的角度固定

三角形内角的角度加起来等于180°

平直宇宙

这种类型的宇宙有着与平面相同的几何规则。在这种曲率的宇宙中，平均质能密度是平衡的。

宇宙大爆炸

根据宇宙学标准模型，宇宙（包括空间、时间、物质和能量)有一个明确的起始点，130多亿年前发生了一个惊人的戏剧性事件，即宇宙大爆炸。

最初时刻

诞生之初，宇宙能量集中于一个非常小但极热的热点中。经过一段很短暂的时间，一小部分开始经历一个令人叹为观止的快速膨胀过程，称为暴胀。暴胀持续扩大，一微秒内直径达数十亿千米。随着宇宙的膨胀、冷却，一些能量转化成微小的基本粒子。最初，物质的粒子和其反粒子（反物质——类似粒子，但有相反的电荷）混合，数量大致相等，慢慢地不知什么原因，粒子开始多起来，成为今天宇宙中普通物质的组成部分。

暴胀

现代宇宙学中一般认为，暴胀在宇宙开始后不久就发生了，随后宇宙从一个微小的区域扩大了至少10^{26}倍。因此，所有现在的可观测宇宙（见308页）都起源于一个非常小的区域，其属性影响了所有其他部分的属性，这也解释了为什么今天宇宙大范围内似乎是统一的。暴胀理论有助于解释为什么宇宙看起来是"平"的（见309页）。

平滑的宇宙
如果在大爆炸中没有暴胀这个过程，那么在广阔的可观测宇宙中，密度和温度绝不可能如此均匀。暴胀就像吹一个褶皱的气球，暴胀之后，原来褶皱的表面变得光滑平坦。

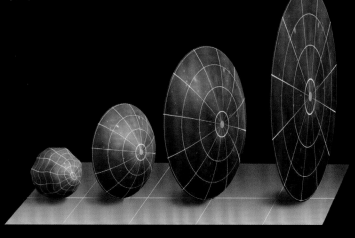

褶皱球体　　较为平滑　　非常平滑　　极其光滑平坦

宇宙的第一秒
这两页的时间线显示了宇宙大爆炸之后的第一秒内发生的事件。这一秒，温度从10^{28}摄氏度下降至10^{10}摄氏度，时间轴上的直径范围指的是可观测宇宙的大约历史直径，也就是当前可观察到的部分。

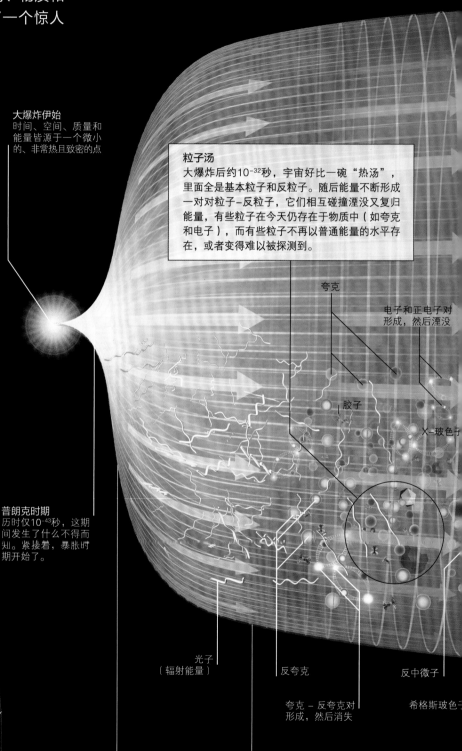

大爆炸伊始
时间、空间、质量和能量皆源于一个微小的、非常热且致密的点

粒子汤
大爆炸后约10^{-32}秒，宇宙好比一碗"热汤"，里面全是基本粒子和反粒子。随后能量不断形成一对对粒子-反粒子，它们相互碰撞湮没又复归能量，有些粒子在今天仍存在于物质中（如夸克和电子），而有些粒子不再以普通能量的水平存在，或者变得难以被探测到。

夸克

电子和正电子对形成，然后湮没

胶子

X-玻色子

普朗克时期
历时仅10^{-43}秒，这期间发生了什么不得而知。紧接着，暴胀时期开始了。

光子（辐射能量）

反夸克

反中微子

夸克-反夸克对形成，然后消失

希格斯玻色子

时间（秒）	10^{-36}	10^{-32}
	暴胀时期	弱电时期
	可观测宇宙从十亿分之一质子那么大，膨胀到一个羽毛球场的大小。	宇宙中能量与正反粒子达到平衡。自然界的两种力（电磁力和弱相互作用力）达到统一，故名弱电时期。
直径（米）	10^{-51}	10
温度（摄氏度）	10^{28}	10^{27}

大爆炸的证据

大量的证据支持大爆炸理论。最有力的证据就是科学家们观测到宇宙正在膨胀，这意味着宇宙之前比现在更小些。此外，遍及整个宇宙的背景辐射（见316页）表明，整个可观测宇宙曾经比现在要更热更致密。

积聚的粒子

还有更多的证据是源于科学家对不同距离（即不同年龄）的星系的研究，以及对宇宙中最轻化学元素的同位素的含量的测量。测量数据支持了科学家对于宇宙如何会从大爆炸起源进而发展的预测，还解决了被称为"奥伯斯佯谬"的宇宙学难题，即在无限年龄和大小的宇宙中，各个方向的亮度都应该是均匀的。宇宙大爆炸为此悖论提供了一个解释，因为它证明，宇宙并不是一直都存在的。

星系的演变

这张哈勃空间望远镜拍摄的深空图像显示出，遥远的星系比临近星系的形式更原始些，更说明它开始在一个有限年龄的宇宙中演化，一段时间后形成如此，并且一直在不断发展。

析出和湮没

对于每种粒子来说，当温度下降到一定数值时，粒子–反粒子对就会析出，这时就不会有新的粒子–反粒子对从能量池中形成。大部分存在的粒子和反粒子会湮没，只留下少部分多余的粒子。但是当夸克和反夸克析出后，它们不会湮没，而是组成更重的粒子，如质子、中子及它们的反粒子。

物质比反物质多

X–玻色子理论上是存在的，它会衰变（分解）成正粒子和反粒子。如果衰变，它产生的正粒子比反粒子略多，当这些反粒子湮没后，残留的正粒子会形成宇宙的普通物质。

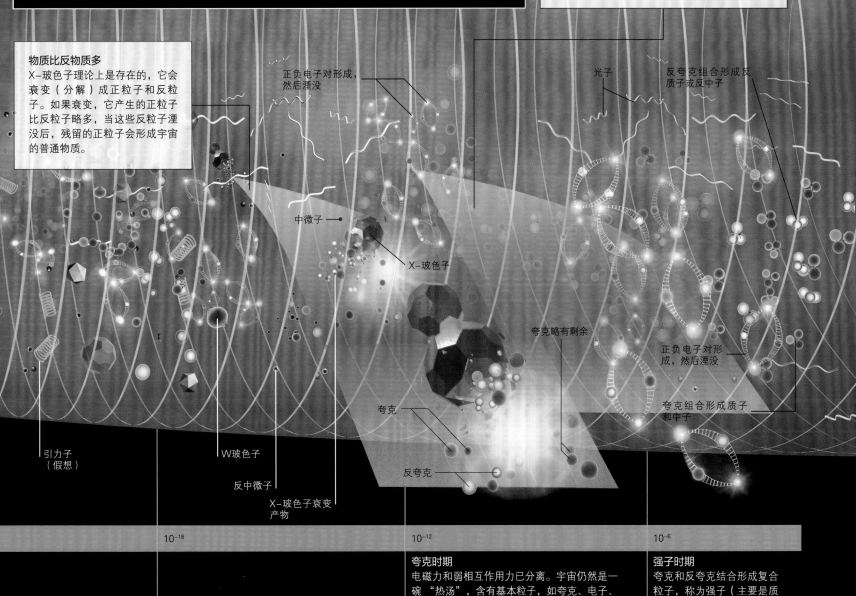

正负电子对形成，然后湮没

光子

反夸克组合形成反质子或反中子

中微子

X–玻色子

夸克略有剩余

正负电子对形成，然后湮没

夸克

反夸克

夸克组合形成质子和中子

引力子（假想）

W玻色子

反中微子

X–玻色子衰变产物

	10^{-18}		10^{-12}		10^{-6}
			夸克时期		**强子时期**
			电磁力和弱相互作用力已分离。宇宙仍然是一碗"热汤"，含有基本粒子，如夸克、电子、中微子、反粒子、光子（纯能量粒子）。		夸克和反夸克结合形成复合粒子，称为强子（主要是质子和中子）和反强子。
	10^{8}		10^{11}		10^{14}
	10^{20}		10^{16}		10^{13}

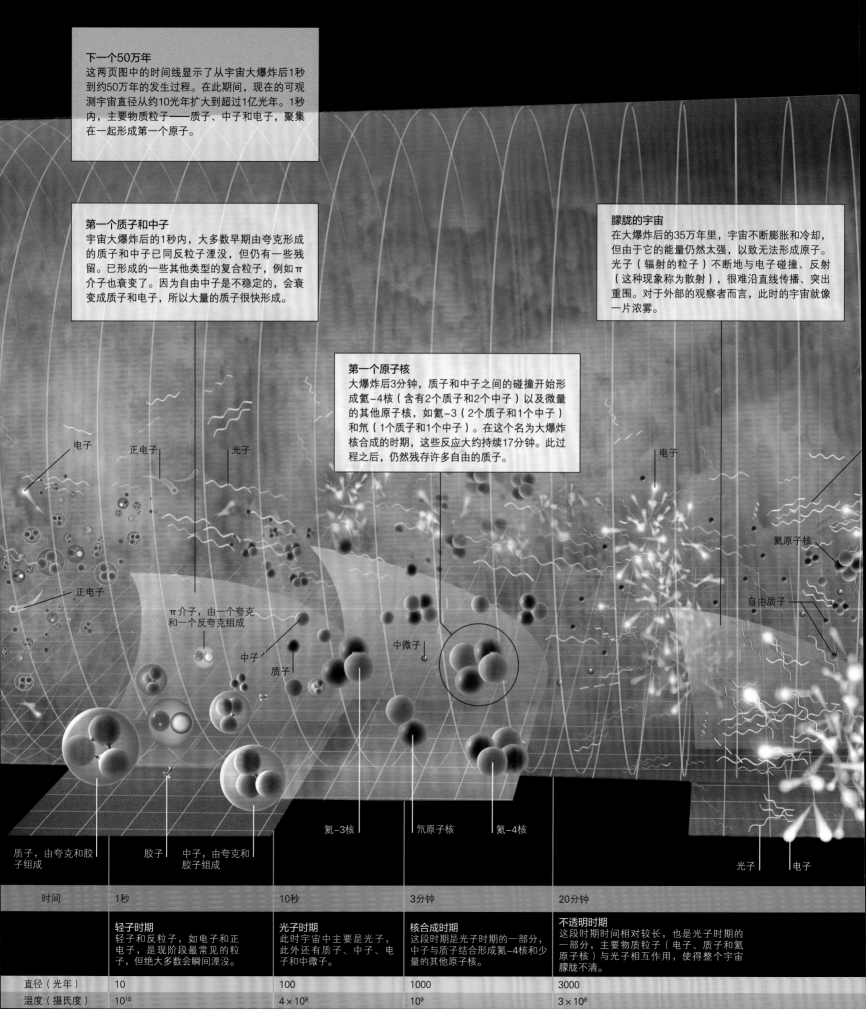

下一个50万年

这两页图中的时间线显示了从宇宙大爆炸后1秒到约50万年的发生过程。在此期间，现在的可观测宇宙直径从约10光年扩大到超过1亿光年。1秒内，主要物质粒子——质子、中子和电子，聚集在一起形成第一个原子。

第一个质子和中子

宇宙大爆炸后的1秒内，大多数早期由夸克形成的质子和中子已同反粒子湮没，但仍有一些残留。已形成的一些其他类型的复合粒子，例如π介子也衰变了。因为自由中子是不稳定的，会衰变成质子和电子，所以大量的质子很快形成。

第一个原子核

大爆炸后3分钟，质子和中子之间的碰撞开始形成氦-4核（含有2个质子和2个中子）以及微量的其他原子核，如氦-3（2个质子和1个中子）和氘（1个质子和1个中子）。在这个名为大爆炸核合成的时期，这些反应大约持续17分钟。此过程之后，仍然残存许多自由的质子。

朦胧的宇宙

在大爆炸后的35万年里，宇宙不断膨胀和冷却，但由于它的能量仍然太强，以致无法形成原子。光子（辐射的粒子）不断地与电子碰撞、反射（这种现象称为散射），很难沿直线传播、突出重围。对于外部的观察者而言，此时的宇宙就像一片浓雾。

电子

正电子

光子

电子

π介子，由一个夸克和一个反夸克组成

中子

质子

中微子

氦原子核

自由质子

氦-3核

氘原子核

氦-4核

质子，由夸克和胶子组成

胶子

中子，由夸克和胶子组成

光子

电子

时间	1秒	10秒	3分钟	20分钟
	轻子时期 轻子和反粒子，如电子和正电子，是现阶段最常见的粒子，但绝大多数会瞬间湮没。	**光子时期** 此时宇宙中主要是光子，此外还有质子、中子、电子和中微子。	**核合成时期** 这段时期是光子时期的一部分，中子与质子结合形成氦-4核和少量的其他原子核。	**不透明时期** 这段时期时间相对较长，也是光子时期的一部分，主要物质粒子（电子、质子和氦原子核）与光子相互作用，使得整个宇宙朦胧不清。
直径（光年）	10	100	1000	3000
温度（摄氏度）	10^{10}	4×10^9	10^9	3×10^8

大爆炸是多久以前发生的?

通过确定宇宙的膨胀速度可以计算出宇宙的年龄，然后追根溯源推算出所有物质集中于一点的时间。将遥远星系的距离（通过测量超新星的亮度）与该星系后退的速度（通过计算其红移速度，见306页）相比，可以确定宇宙的膨胀率。

目前最准确估计

当基本的计算完成后，还要进行必要的调整，因为要考虑到一个基本事实，即宇宙的质能必须随时间膨胀率修订。我们最常引用的宇宙年龄137亿岁，可以说这是一个误差最小的最佳估值。对背景辐射的分析（见316～317页）提高了这一估值的准确性，因为它提供了更准确的影响计算的几个参数。

遥远的超新星
这张哈勃空间望远镜图像中圈出的模糊"点"距我们大约110亿光年，截至2010年1月，它是有史以来所确定的最遥远的超新星之一。对像这样的超新星进行研究，是确定宇宙年龄的关键（见319页）。

研究宇宙大爆炸

大部分关于早期宇宙的认知都来自粒子加速器（或原子对撞机）。但是发生在第一个10^{-37}秒内的情况大部分还是靠推断猜测，因为还不可能产生当时那么大的能量。欧洲核子研究中心（CERN）的一种新的加速器——大型强子对撞机（LHC）有望改变这一点。LHC将以前所未有的能量碰撞质子和重离子，以寻找新的粒子：一个可以被检测到的假想粒子是希格斯玻色子。两个独立项目组分别发现了这种粒子。2012年7月，LHC也为确定暗物质带来了曙光（见318页）。

大型强子对撞机内部
大型强子对撞机位于瑞士和法国的边境，在27千米长的环形隧道内，其内部是一束管道，图中看到的是裸露的一部分，两个中心管携带着高能粒子束。

尚未解决的问题

虽然宇宙大爆炸是一个相当完整的理论，但仍有一些问题需要解决。例如，宇宙中为什么物质比反物质多？一种称为X–玻色子的粒子在大爆炸后不久出现，随后分解，造成物质和反物质之间的不平衡（见311页），这种说法并没有说服所有的宇宙学家。一些人猜测，宇宙中可能有大量反物质集合于某区域，但到目前为止，还没有发现。如果粒子加速器实验成功产生一个像X–玻色子这样的粒子，就有可能帮助解决这个问题。

第一个原子

宇宙大爆炸后约377000年，质子开始捕捉电子形成氢原子，而氦原子核捕获电子形成氦原子。因为电子被束缚在原子中，所以它们不再散射光子，这样光子就以背景辐射的形式自由地在宇宙中穿行。慢慢地，原子聚合成气体云，并最终形成恒星和星系。

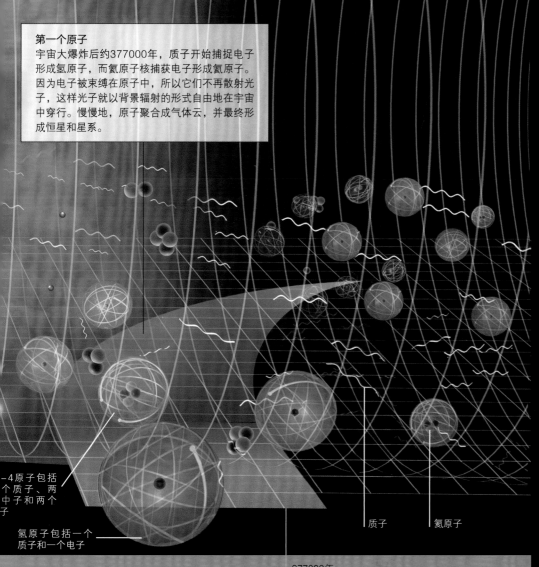

－4原子包括
个质子、两
中子和两个
子

氢原子包括一个
质子和一个电子

质子　　　　氦原子

重现大爆炸
2010年3月下旬，LHC首次碰撞实验，产生了这些粒子轨迹（黄色）。碰撞发生在7万亿电子伏特的能级上，只有这样才能重现宇宙大爆炸后的情景。

377000年

元素平衡
不透明时期结束后，出现了很多自由质子，数量比氦原子核或其他原子核还多，这为形成第一个原子做好了准备。形成之时，大约11个氢原子形成1个氦原子。

原子时期
原子核捕获电子，第一个原子出现，光子渐渐独立于物质，以辐射方式自由穿行于宇宙。

10^8

2700

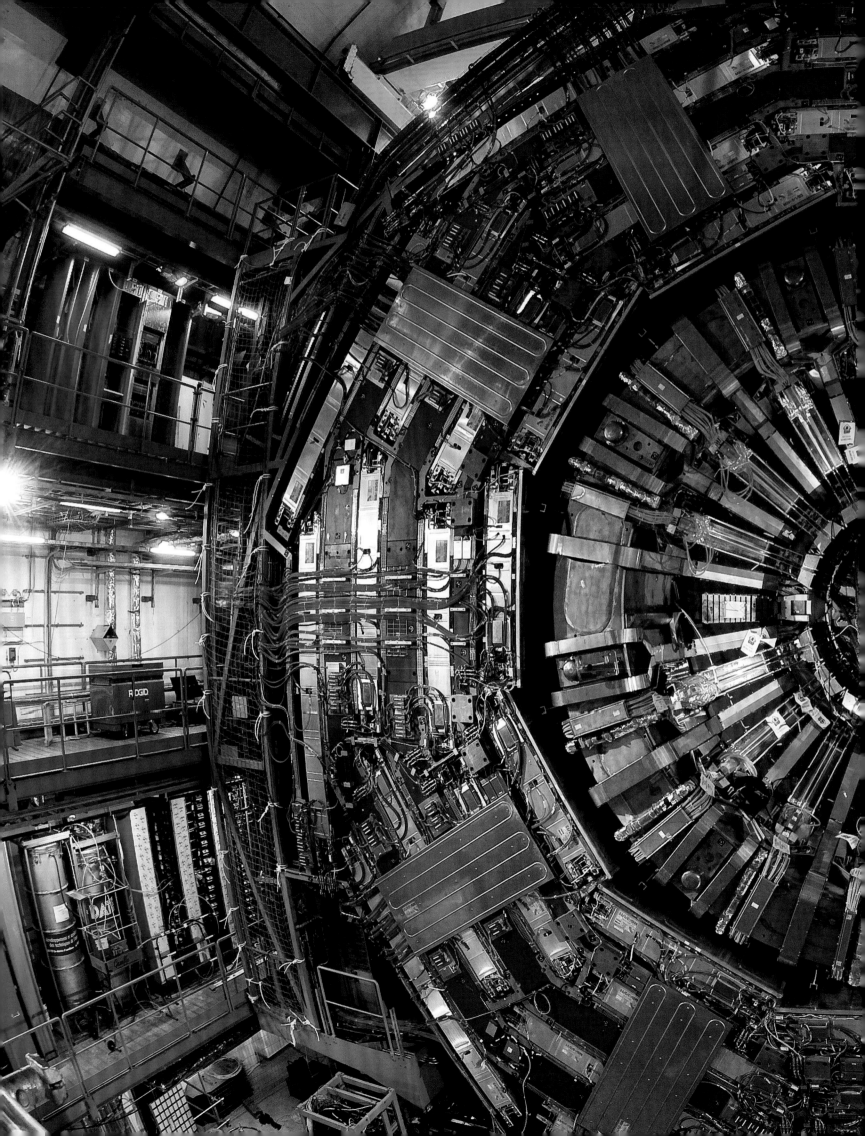

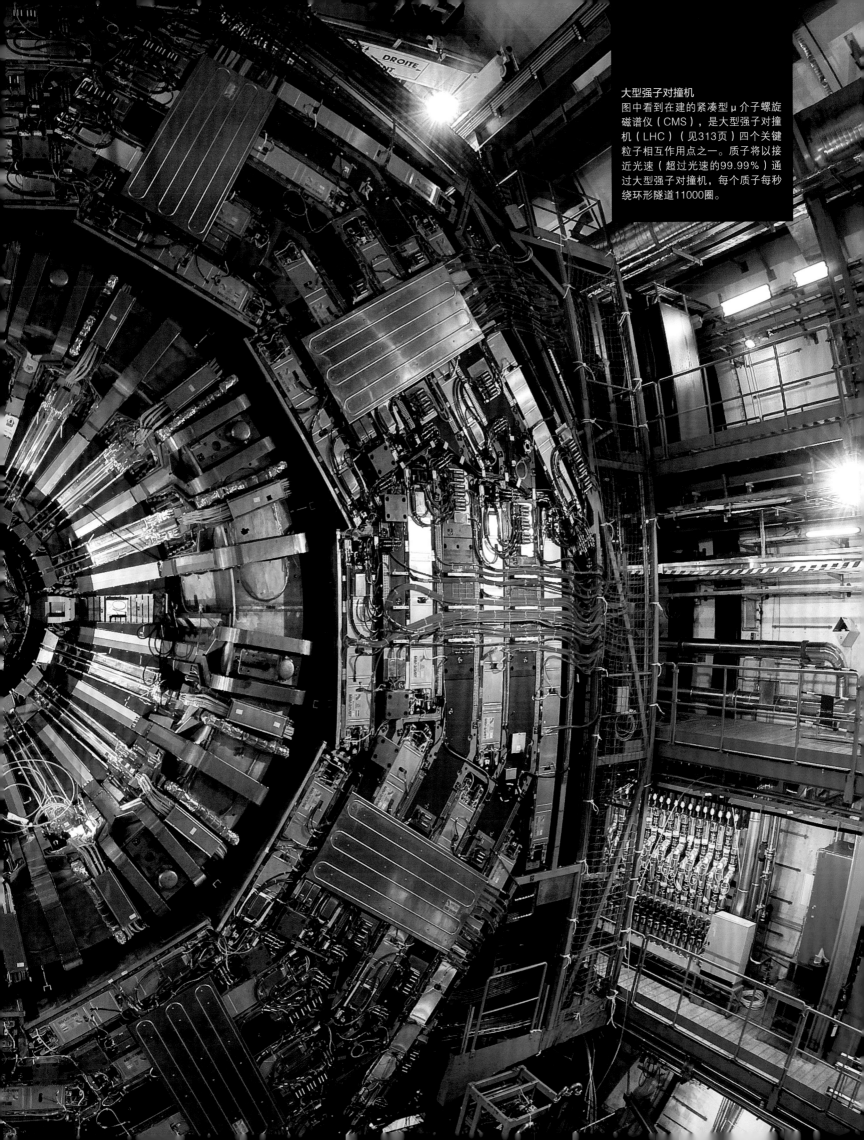

大型强子对撞机
图中看到在建的紧凑型µ介子螺旋磁谱仪（CMS），是大型强子对撞机（LHC）（见313页）四个关键粒子相互作用点之一。质子将以接近光速（超过光速的99.99％）通过大型强子对撞机，每个质子每秒绕环形隧道11000圈。

宇宙微波背景辐射

宇宙大爆炸理论早期的支持者预测，宇宙形成伊始温度极高，现在其遗迹，也就是微弱的微波辐射，应该渗透了整个宇宙。1964年探测到了这种背景辐射，从此将其作为研究的重点。

绘制宇宙微波背景辐射图

宇宙微波背景辐射（CMBR）就像宇宙大爆炸后不久的照片，此时光子（粒子或辐射能量包）从与之相互作用的物质中释放，自由穿行于宇宙间。威尔金森微波各向异性探测器（WMAP）将每一点的背景辐射强度绘制了出来。虽然宇宙微波背景辐射最早是早期宇宙中炽热的气体火球喷发出来的，但如今，其特征已与温度仅高于绝对零度的寒冷黑暗天体发出的辐射无异。这是因为光波的波长由于宇宙膨胀已被拉伸，朝向光谱末端波长较长（较冷）方向移动。

宇宙大爆炸的遗迹
这个椭圆形的图像显示了整个天空背景辐射的强度，是由威尔金森微波各向异性探测器（WMAP）测量出来的。右图中强度间的微小差异，也就是各向异性，用不同颜色表示，其所代表的温度差异极其细微。

看到第一束光
由威尔金森各向异性探测器（2001年发射）探测到的微波背景辐射源于宇宙大爆炸后377000年。这是在第一个原子形成之后，第一个恒星照亮之前，这一时期被称为黑暗时期。相比之下，哈勃空间望远镜观测到的天体就显得近多了。

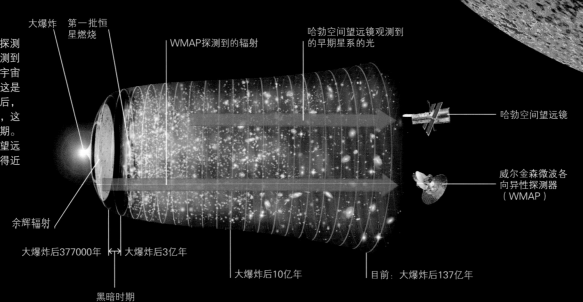

大爆炸　第一批恒星燃烧　WMAP探测到的辐射　哈勃空间望远镜观测到的早期星系的光

哈勃空间望远镜

威尔金森微波各向异性探测器（WMAP）

余辉辐射

大爆炸后377000年　大爆炸后3亿年　大爆炸后10亿年　目前：大爆炸后137亿年

黑暗时期

研究进展
重达1900千克的普朗克探测器空间观测站，于2009年5月发射，专门研究宇宙微波背景辐射，并用于改善威尔金森各向异性探测器的观测质量。其主要目的在于更精确地绘制出宇宙微波背景辐射变化图，以便更准确地确定哈勃常数（见276页）、空间曲率，以及物质、暗物质与暗能量的相对比例（见318～319页）。它也用于验证大爆炸之后不久，宇宙经历了一个巨大的扩张阶段（暴胀）这一理论，并将用于探究星系是如何形成的。

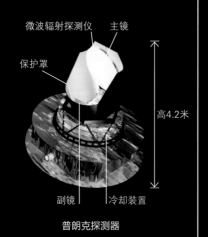

微波辐射探测仪　主镜

保护罩

高4.2米

副镜　冷却装置

普朗克探测器

辐射的起伏

宇宙微波背景辐射在天空中是非常均匀的，但其强度也有微小的起伏，称为各向异性。在利用威尔金森各向异性探测器数据制作的辐射图中用不同颜色表示。针对这些斑点，科学家推测，源于大爆炸之前，极热的气体内部温度的微小差异。微波背景辐射也略有偏振，因为组成辐射的小波形的方向不完全是随机的。偏振辐射暗含了再电离的过程信息，再电离发生于大爆炸之后的几亿年。这一过程中，一些宇宙中的氢原子可能受来自第一批恒星的猛烈的紫外线辐射影响，被分解成质子和电子。这一过程影响释放出来的电子干扰个别宇宙微波背景辐射光子的运动，造成了今天可以探测到的偏振辐射。

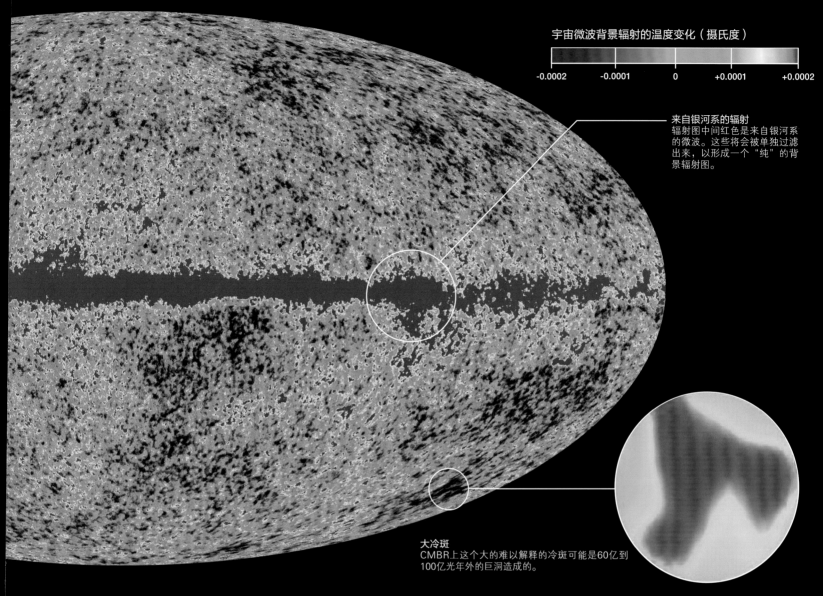

宇宙微波背景辐射的温度变化（摄氏度）

-0.0002　　-0.0001　　0　　+0.0001　　+0.0002

来自银河系的辐射
辐射图中间红色是来自银河系的微波。这些将会被单独过滤出来，以形成一个"纯"的背景辐射图。

大冷斑
CMBR上这个大的难以解释的冷斑可能是60亿到100亿光年外的巨洞造成的。

微波背景辐射揭示了什么？

　　通过对WMAP获得的宇宙微波背景辐射数据进行详细的数学分析，我们了解了大量关于宇宙的信息。例如，通过对CMBR热斑点和冷斑点的检查已证实：宇宙的曲率非常接近于零，或者可以说宇宙是平的（见下文）。这些数据有助于确定更精确的哈勃常数（宇宙膨胀率），以及普通物质、暗物质与暗能量的相对比例（见318～319页）。这反过来有助于确定宇宙更准确的年龄，并缩小了宇宙命运预测模型的范围。最后，对CMBR的分析还有助于精确计算宇宙再电离发生的时间。

辐射与几何学

观测到的CMBR热斑点和冷斑点的大小，与大爆炸理论预测的斑点的实际大小十分接近。这强有力地证明了宇宙是平直的，或者说近乎零曲率（见309页）。如果它出现显著的正曲率或负曲率，斑点看起来会比实际尺寸更大或更小。

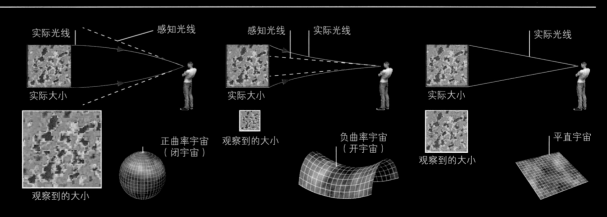

实际光线　　感知光线

实际大小

观察到的大小

正曲率宇宙（闭宇宙）

感知光线　　实际光线

实际大小

观察到的大小

负曲率宇宙（开宇宙）

实际光线

实际大小

观察到的大小

平直宇宙

如果出现正曲率
光线从一个点的两侧向内弯曲，该区域看起来比实际大。

如果出现负曲率
光线从一个点的两侧向外弯曲，该区域看起来比实际小。

平直宇宙
平直宇宙中，光线从一个点的两侧过来不发生弯曲，该区域则是其实际大小。

宇宙中确实存在着一些神秘现象，人们至今仍然无法解释其背后的原因，宇宙学家将这些现象称为"暗"宇宙学。比如，暗物质、暗能量以及2008年发现的暗流，这些都有待宇宙学家进一步探究。

暗物质

暗物质是物质的一种，因不发出电磁辐射，所以很难被探测到，其存在的主要证据来自对星系和星系团的研究。因为星系和星系团中的物质发出辐射的量与其之间的引力不匹配。另外，它们对光的弯曲作用要比可见物质部分应有的作用强得多。有些暗物质可能存在于黑洞中，或者辐射不显著的普通物质（原子）的集合中。但大部分非上述物质，而是一种叫奇异暗物质的物质。暗物质候选者分为热暗物质（其中的亚原子粒子以接近光速运动）和冷暗物质（无法确定类型的运动速度较慢的重粒子）。宇宙学的标准模型提出，大多数的暗物质是冷的，暗物质团块在星系的形成和演化中发挥了重要作用。

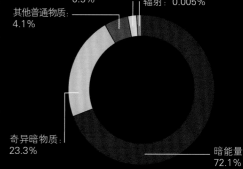

其他普通物质：4.1%

辐射：0.005%

奇异暗物质：23.3%

暗能量：72.1%

宇宙中的质能类型

WMAP（见316页）数据表明，大部分宇宙质能是暗能量，其余是奇异暗物质（非原子）。普通物质（原子）中，有些是可见的，例如恒星；其余的发射不可见光，但也有些发射X射线或其他非可见辐射。

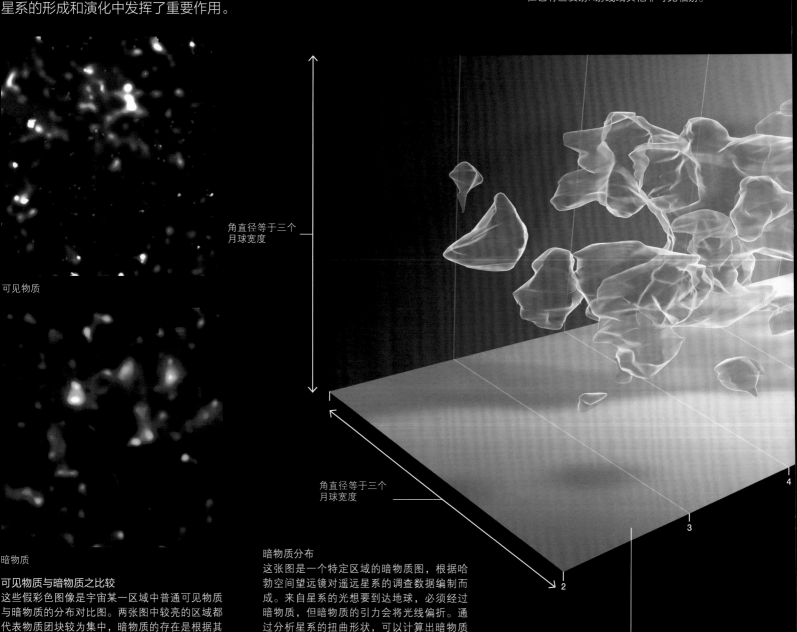

角直径等于三个月球宽度

可见物质

暗物质

角直径等于三个月球宽度

2

3

4

相对较近的宇宙空间

可见物质与暗物质之比较

这些假彩色图像是宇宙某一区域中普通可见物质与暗物质的分布对比图。两张图中较亮的区域都代表物质团块较为集中，暗物质的存在是根据其弯折光线的特征推断出来的。

暗物质分布

这张图是一个特定区域的暗物质图，根据哈勃空间望远镜对遥远星系的调查数据编制而成。来自星系的光想要到达地球，必须经过暗物质，但暗物质的引力会将光线偏折。通过分析星系的扭曲形状，可以计算出暗物质团块的位置。

暗能量

暗能量是宇宙质能的一种形式，被认为是导致宇宙加速膨胀的主要原因。虽然科学家对暗能量知之甚少，但通过对遥远星系中超新星（恒星爆炸后的产物，见248页）的研究，人们找到了其存在的证据。人们认为暗能量占据了大部分的宇宙质能（见左图）。除了知道它在宇宙中均匀分布，科学家对其基本属性一无所知。有些科学家认为它可能是一种真空能量，即虚粒子短暂快速地出现和消失造成真空的宇宙内产生的一种向外的压力。美国航空航天局曾制定联合暗能量任务，计划发射一个新的空间望远镜，以增加人们对暗能量的理解。

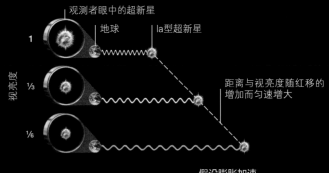

假设以稳定的速度膨胀

观测者眼中的超新星

地球

Ia型超新星

视亮度

1

1/3

1/6

距离与视亮度随红移的增加而匀速增大

假设膨胀加速

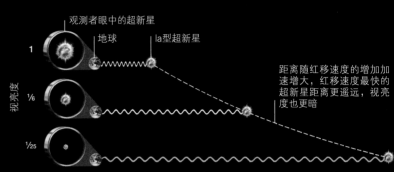

观测者眼中的超新星

地球

Ia型超新星

视亮度

1

1/6

1/25

距离随红移速度的增加加速增大，红移速度最快的超新星距离更遥远，视亮度也更暗

宇宙加速膨胀的证据
科学家对在遥远星系中的Ia型超新星的研究，为宇宙的加速膨胀提供了证据。该超新星的亮度表示与星系的距离，其红移情况代表其远离地球的速度。红移最大的星系比按照宇宙匀速膨胀推测的要遥远。

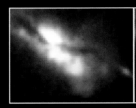

宇宙中的烛光
这两张照片显示的是距离地球约50亿光年的一个星系，其内部Ia型超新星（圆圈处）爆发前后的对比图像。因为这类超新星亮度相似，其观测到的亮度可被用来确定与地球的距离，因此人们通常称其为标准烛光。

超新星爆发前　　　　超新星HST04YOW

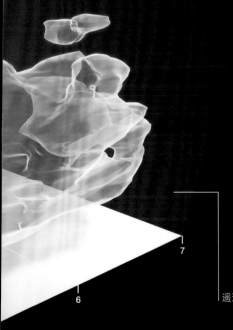

暗流

2008年首先发现，暗流是指距离地球数十亿光年远的星系团明显的但无法解释的运动。相对于宇宙膨胀所导致的运动这个大背景，这些星系团以每秒高达1000千米的速度朝一个方向移动。这一运动着实令人费解，因为它与宇宙学的一个基本假设相冲突：广义上说，宇宙是统一的，没有"优先"的运动方向。一些宇宙学家认为，宇宙暗流的存在证明了宇宙粒子视界（可观测宇宙与其余宇宙区域的边界）外还存在相对密集的区域。

遥远的宇宙空间

与地球的回溯距离（数十亿光年）

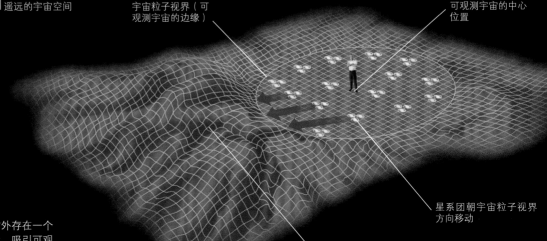

宇宙粒子视界（可观测宇宙的边缘）

可观测宇宙的中心位置

粒子视界之外的吸引
解释暗流的一个假设就是，可观测宇宙外存在一个质量相对密集的时空区域，其引力很大，吸引可观测宇宙内的星系团，甚至拉入其中。

星系团朝宇宙粒子视界方向移动

粒子视界之外的时空密集区域，将星系团拉入其中

星系的形成

深空照片显示，第一代星系诞生于大爆炸后5亿年前后。目前天文学家正在试图揭开这些早期星系形成之谜，什么原因导致其形成？它们又是如何演化和相互作用的？

宇宙网

计算机三维模拟动画显示了宇宙中这个大型结构是如何演化的，最初这个立方体内的物质近乎均匀分布，零星有些微小的不均匀，随后模拟引力作用，产生不同效果。

立方体的高度、宽度和长度都为1.4亿光年

5亿年
通过计算机模拟发现，在这个区域内的早期阶段，就可以隐隐看到一些团块。

立方体扩大，宇宙开始膨胀

23亿年
大约20亿年后，可以看到更多团块和纤维已经明显形成。

物质凝结成群，类似于超星系团

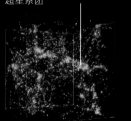

137亿年
计算机模拟的物质分布最终与现实中的宇宙非常相似

星系结构的起源

星系团和超星系团遍布宇宙，形成了一个具有"千丝万缕"联系的巨大网状结构，星系也不是单一孤立的，而是广泛遍及其中。宇宙大爆炸1秒后的第一阶段中，由于宇宙的温度和质能密度发生微小的空间变化，物质的宇宙网由此而形成。随后马上开始剧烈而快速的膨胀（暴胀），微小的空间变化被扩大成宇宙大小。接着，不均匀之处受引力吸引影响逐渐凝聚成团块和条状结构，最终形成星系。超级计算机对这一假说进行了模拟（见左图）。宇宙学家将模拟出的宇宙演化数学模型与对星系分布的现状调查（见322页）进行对比，研究其吻合程度，分析其中存在的差异。

> **"不论大小……所有星系含有的暗物质数量似乎都相同。"**
> 马克·威尔金森，英国天文学家，2007年

星系形成的理论

虽然物质的宇宙网的形成有助于解释目前星系的分布情况，但未解之谜依然存在：星系如何脱胎于此物质网？多年来，人们关于星系最初是如何形成的有两种争论：一种是自上而下的理论，认为星系的形成是大物质团块崩溃和解体的结果。与之相反，自下而上理论认为，星系起源于小天体（恒星和冷气体小团块），它们首先形成，然后连在一起形成小的星系，其中一些后来并合成更大的星系。随着天文望远镜的不断发展，其功能越来越强大，人们能够更深度地探测宇宙空间，科学家发现早期宇宙中的小星系的数量占有绝对优势，因此，自下而上的理论在一段时间内占了上风。然而近年来，人们又将重点转移，开始研究暗物质（见318页）可能影响星系形成的不同方式。

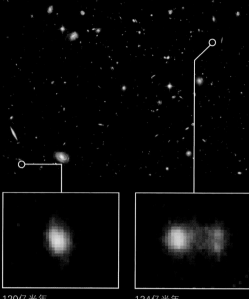

120亿光年　　　124亿光年

星系"积木"
这些在斯皮策空间望远镜中看到的星系形成于宇宙大爆炸后10亿年，随后可能并合形成更大的星系。

暗物质的作用

现在许多宇宙学家认为，早期宇宙中首先开始聚集在一起的是暗物质，而不是普通物质。暗物质吸引普通物质（随后吸引由氢和氦原子组成的冷气体），产生了暗物质晕，这些晕之间由普通物质和暗物质组成的纤维连接。恒星和星系可能就脱胎于这个由晕和纤维组成的网状结构。计算机模拟也支持了这一点，但是模拟结果与现实情况仍有出入，例如，模拟结果中形成的旋涡星系数量比实际观测中的要少。

星系演化

星系之间的碰撞与并合，无疑对星系的演化，特别对于椭圆星系的形成来说，起着重要的作用。星系碰撞的结果取决于多种因素，包括星系的相对大小（见292～293页）等。未来深空探测任务的目标是观测早期宇宙中星系演化的过程。还有一个需要解决的问题是，研究星系中心的特大质量黑洞是否在星系的形成中发挥了作用（见294～295页）。

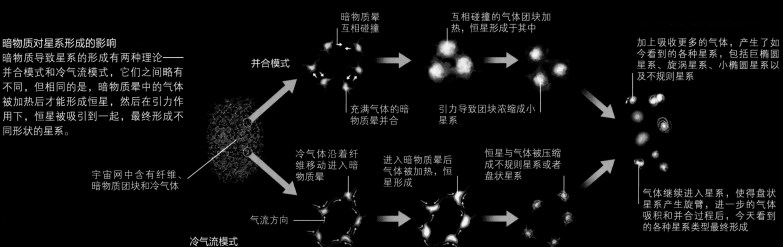

暗物质对星系形成的影响
暗物质导致星系的形成有两种理论——并合模式和冷气流模式，它们之间略有不同，但相同的是，暗物质晕中的气体被加热后才能形成恒星，然后在引力作用下，恒星被吸引到一起，最终形成不同形状的星系。

宇宙网中含有纤维、暗物质团块和冷气体

并合模式

暗物质晕互相碰撞

充满气体的暗物质晕并合

互相碰撞的气体团块加热，恒星形成于其中

引力导致团块浓缩成小星系

加上吸收更多的气体，产生了如今看到的各种星系，包括巨椭圆星系、旋涡星系、小椭圆星系以及不规则星系

冷气流模式

气流方向

冷气体沿着纤维移动进入暗物质晕

进入暗物质晕后气体被加热，恒星形成

恒星与气体被压缩成不规则星系或者盘状星系

气体继续进入星系，使得盘状星系产生旋臂，进一步的气体吸积和并合过程后，今天看到的各种星系类型最终形成

更高级的星系并合
这是哈勃空间望远镜看到的NGC 520星系，距离地球约1亿光年。这样一个单一天体，是3亿年前两个旋涡星系碰撞并合的结果，如今它已经发展到了星系并合的更高级阶段，将形成一个椭圆星系。

鸟瞰宇宙

如果我们能站在可观测宇宙之外鸟瞰宇宙的话，我们就能看到由星系团和超星系团组成的长纤维结构，它们被巨洞分隔开。通过对深空一系列详细的巡天调查，这样的猜想已得到证实。

星系巡天三部曲

关于星系分布的第一次巡天调查是在20世纪80年代末和90年代初进行的，当时使用的还是照相底片，由位于澳大利亚的空间望远镜拍摄。底片最后经由位于英国剑桥的自动底片测量仪（APM）进行了数字化处理。这次巡天绘制出了一幅南半球天空中的星系图，这张图显示了广袤宇宙中约300万个星系位置和星等（或称亮度）。图上小而亮的块状结构是无数的星系团，每个星系团都包含有数百个紧密排列的星系。许多块状结构被连接在一起，形成纤维状结构或超星系团。图上还可见许多较暗的巨洞，巨洞里面很少有或根本没有星系。

1997—2002年，2度视场红移巡天绘制了一幅在近域宇宙的两个区域内约20万个星系的分布图。每个星系的距离通过其红移计算（见306页），该星系图的范围囊括了距离地球近20亿光年的超星系团。

2微米全天巡视（2MASS）于2003年完成探测任务，虽然它只对约13亿光年远的星系进行探测，但是其探测范围却覆盖了整个天空。主要探测星系的红外辐射（基于2微米波长），而不是可见光（见第11页）。最后绘制出了多幅椭圆形全天空图，显示了约150万个星系，以及无数的星系团和超星系团。

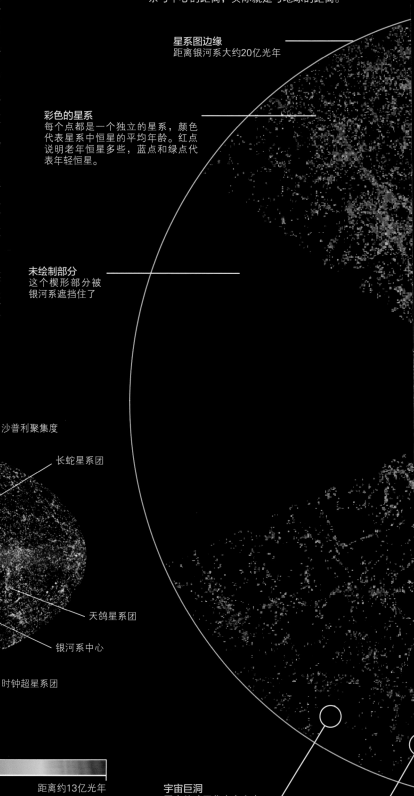

斯隆数字化巡天绘制的星系图
下图为斯隆数字化巡天绘制的星系图，看起来就像雷达图像。中心是巡天位置（本图为地球），银河系尘埃遮挡了部分天空。图上的每个点都代表一个星系，这些星系与中心的距离，实际就是与地球的距离。

星系图边缘
距离银河系大约20亿光年

彩色的星系
每个点都是一个独立的星系，颜色代表星系中恒星的平均年龄。红点说明老年恒星多些，蓝点和绿点代表年轻恒星。

未绘制部分
这个楔形部分被银河系遮挡住了

武仙星系团

室女星系团

沙普利聚集度

艾贝尔634星系团

长蛇星系团

天鸽星系团

银河系中心

英仙－双鱼超星系团

时钟超星系团

本星系团和本超星系团
这张全天红外图像由2微米全天巡视拍摄，不同的星系由于红移不同用不同颜色表示（右侧为示例图）。图中微小的空洞是亮星或近距矮星系和球状星团的周围区域。

红移

距离1.5亿光年以内　　　　距离约13亿光年

宇宙巨洞
图中的暗区代表宇宙中巨大的空区

详尽的星系图

下面的星系图覆盖了两个窄楔形空间区域，只代表了可观测宇宙中的一小部分。

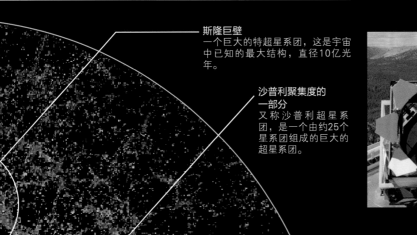

地球
可观测宇宙边缘——距离137亿光年（回溯距离）
巡天星系图中所描绘的区域，直径是可观测宇宙的七分之一

斯隆巨壁
一个巨大的特超星系团，这是宇宙中已知的最大结构，直径10亿光年。
沙普利聚集度的一部分
又称沙普利超星系团，是一个由约25个星系团组成的巨大的超星系团。
0.02
0.04
0.06
0.08
0.10
0.12
0.14
红移范围
这个尺度上的值是星系后退速度的一个量度。红移值随与地球的距离增加而增加。
中心点
星系图的中心是地球与银河系。
纤维状结构
星系团组成的纤维状结构，只扫描了一部分

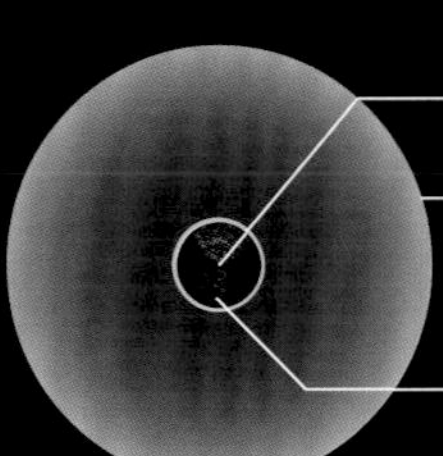

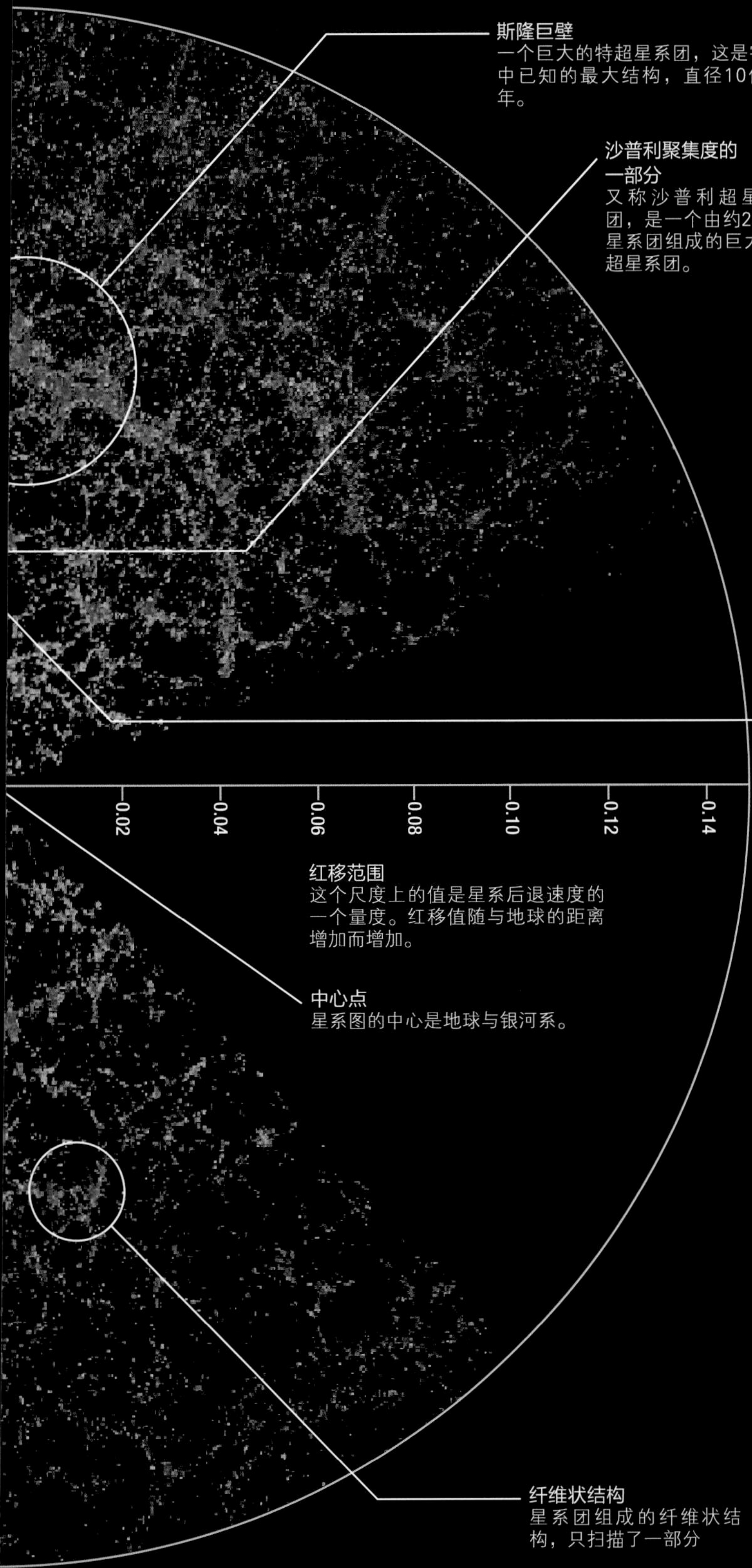

斯隆数字化巡天

斯隆数字化巡天（SDSS）项目始于2000年，是一次大规模的星系巡天，其目的是绘制约1/4的天空。该图标记的星系平均距离大约是13亿光年，有些类星体（活跃的星系核）甚至达到120亿光年远。所绘制的星系图中包含80万个星系和10万个类星体，有些图还是三维的，因为收集的数据是空间体积，而不是面积。最大的发现是斯隆巨壁，距地球约10亿光年。

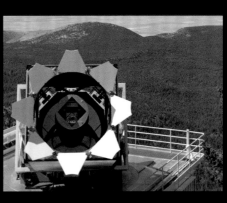

巡天望远镜
斯隆数字化巡天，主设备是位于美国新墨西哥州阿帕奇天文台的可见光望远镜，它有一台2.5米口径望远镜，配有一个120万像素摄像头。该望远镜一次可以扫描1.5平方度的天空（相当于约月球视面积的八倍）。

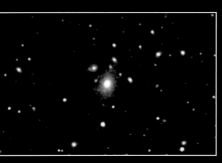

艾贝尔3558星系团中心
这个明亮的星系团位于沙普利聚集度（超星系团）的中心。也被称为沙普利-8，其中心附近有一个超巨椭圆星系。

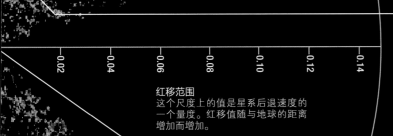

> “最终，我们到达了昏暗的边界……在那里，我们测量影子，并且在鬼魅般的测量误差之间找寻几乎最重要的界标。”
>
> 埃德温·哈勃，美国天文学家，《星云世界》，1936年

关于未来

大部分可观测宇宙尚未被绘制，正在进行的巡天调查也将围绕类星体的分布（见294页）等课题展开。但到目前为止，人们对宇宙的探测已非常深远，已经到达开始探究宇宙学家所谓的“伟大的尽头”阶段。这就意味着，也正如宇宙学原理预测（见306页）的，近域宇宙常见的那种大小超过10亿光年的团块结构——超星系团、纤维状结构、巨壁和巨洞将不复存在，取而代之的是分布较为均匀的物质。因此，尽管大部分可观测宇宙仍需进行巡天调查，但不太可能发现比现在人类已知结构更大的结构了。

宇宙如何终结？

我们知道宇宙起源于大爆炸，但它将如何终结？有4种可能：大挤压（再坍缩）、大撕裂（宇宙被撕裂）和两种冷寂（长期缓慢的淡出）。

大挤压

宇宙的命运取决于两种倾向之间斗争的结果。一方是目前的膨胀及驱动这种膨胀的暗能量（见308页）。另一方是与膨胀相反的引力，引力大小取决于宇宙平均质能密度。如果引力胜出，宇宙就开始收缩，最终坍缩成一个无限密集的点（黑洞），其结果称为"大挤压"。出现这种情况只有两种可能：一是，宇宙出现正曲率，也就是说宇宙质能密度相对较高（见310页）；二是，暗能量比目前情况弱，或未来影响越来越小。鉴于以上情况都不太可能实现，宇宙以"大挤压"的结局收场似乎非常不可能，但是有些宇宙学家认为，如果这种事情发生了，可能会引发另一场大爆炸（这种情况称为"大反冲"），新宇宙诞生，进入新的膨胀阶段（见下图）。

冷寂
宇宙膨胀的速度慢慢降下来，但不会绝对停止。当宇宙出现零曲率，也就是几何结构上接近平面（其质能密度接近临界值）时，或者暗能量极其微弱，或者其影响越来越小时，这种情况才会发生。此时的宇宙渐隐渐弱，一片冷寂，而且这一过程将持续永远。

修正冷寂
如果暗能量继续像现在一样发挥作用，宇宙将加速膨胀，不管质能和曲率是多少。最后宇宙的整个结构将不受引力作用，四分五裂，到处飞散，最终渐隐渐弱，一片冷寂，而且这一过程将持续永远。

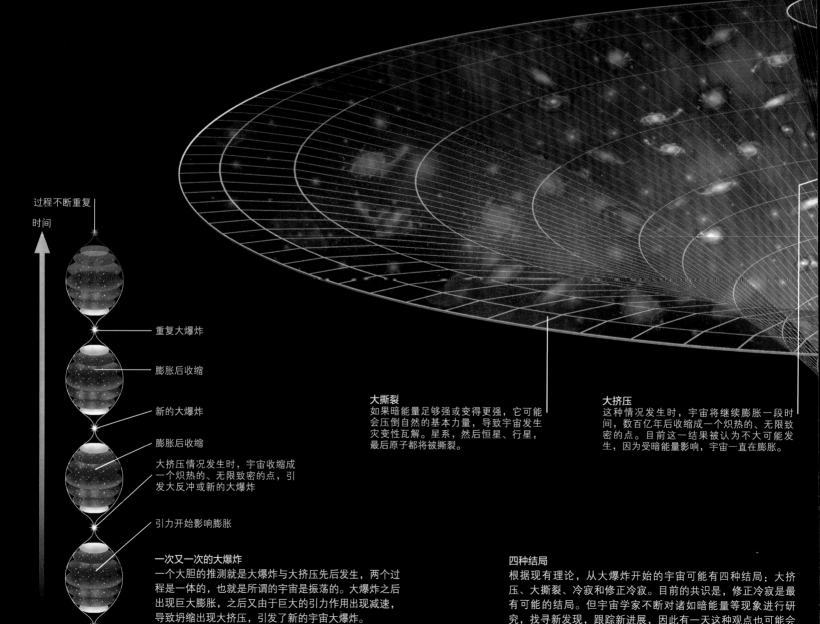

过程不断重复

时间

重复大爆炸

膨胀后收缩

新的大爆炸

膨胀后收缩

大挤压情况发生时，宇宙收缩成一个炽热的、无限致密的点，引发大反冲或新的大爆炸

引力开始影响膨胀

大撕裂
如果暗能量足够强或变得更强，它可能会压倒自然的基本力量，导致宇宙发生灾变性瓦解。星系，然后恒星、行星，最后原子都将被撕裂。

大挤压
这种情况发生时，宇宙将继续膨胀一段时间，数百亿年后收缩成一个炽热的、无限致密的点。目前这一结果被认为不大可能发生，因为受暗能量影响，宇宙一直在膨胀。

一次又一次的大爆炸
一个大胆的推测就是大爆炸与大挤压先后发生，两个过程是一体的，也就是所谓的宇宙是振荡的。大爆炸之后出现巨大膨胀，之后又由于巨大的引力作用出现减速，导致坍缩出现大挤压，引发了新的宇宙大爆炸。

四种结局
根据现有理论，从大爆炸开始的宇宙可能有四种结局：大挤压、大撕裂、冷寂和修正冷寂。目前的共识是，修正冷寂是最有可能的结局。但宇宙学家不断对诸如暗能量等现象进行研究，找寻新发现，跟踪新进展，因此有一天这种观点也可能会改变。

大撕裂

　　暗能量是一种特定的假设形式（称为幽灵暗能量），它将导致宇宙加速膨胀，无论宇宙的质能密度和曲率如何。在这种情况下，宇宙具有有限的寿命，数十亿年后，一个真正壮观的结局将会发生，届时物质将被撕裂，到了后期速度还将加快。由于近距空间以光速开始移动，与可观测宇宙边缘的距离也将收缩，天空变暗，直至一片漆黑，原子会被撕裂成基本粒子，四散飞去。这种情况听起来可怕，但凭我们现在对暗能量的认识，这个结果不太可能发生。

星系被暗能量撕裂
大撕裂情况下，第一个被撕裂的天体将会是星系团，然后是星系本身，其阶段如右图所示。恒星和行星也将分开，最后是原子。

—— 星系外部开始膨胀

—— 星系盘里的恒星和气体飞进宇宙空间

—— 星系核向外爆炸

—— 解体继续加速

时间

今天

大爆炸

冷寂

　　在这种情况下，引力无法逆转宇宙的膨胀，但这种膨胀的程度远低于在大撕裂情况下的膨胀，并且会永远持续下去。冷寂更像是宇宙出现平坦或者负曲率状态的结果（见第309页），暗能量从无到有，慢慢增强（似乎确实如此）。冷寂有两种情况：一种是膨胀放缓，一种是膨胀加速（被认为是最有可能的），但无论哪种方式，宇宙都会慢慢消失，最终星系耗尽所有气体，无法诞生新恒星，而现有恒星将退化为黑矮星和黑洞。原子分解为基本粒子，宇宙温度将接近绝对零度。

星系挥之不去的死亡
冷寂情况下，从现在起一万亿年后，宇宙中只剩下如图上所示的老年星系，星系中的大多数恒星都已死亡或消失。

未来的深空探测

关于宇宙仍有很多未解之谜，诸如星系是如何形成的？暗能量是怎么回事？这些问题仍亟待解决，发射新的空间望远镜将有助于科学家解开这些谜团。

空间望远镜的发展

计划中的詹姆斯·韦伯空间望远镜（JWST）将是太空中最先进的天文台，这个空间望远镜的主要用途之一就是寻找来自最早的恒星和星系的红外辐射和可见光，包括一些可能在大爆炸后5亿年形成的恒星，因为这些天体目前都超出了地基望远镜或哈勃空间望远镜的观测范围。这个新的天文台，通过获取遥远天体的微弱信号，以及近距离天体的更详细图像，可以为我们提供关于星系形成和第一代恒星特征的新信息。

技术创新

詹姆斯·韦伯空间望远镜上应用了一些新技术。例如，其中一个红外检测仪上配备了62000个微型快门，可以单独开启或关闭，以允许或阻挡来自部分天空的辐射。这将有助于红外检测仪即使在接近一个非常明亮天体的情况下，也能够绘制出其他极其暗弱天体的图像。其他创新技术如热管理系统和遮阳罩，可以使得JWST的主镜在极低的温度（甚至接近绝对零度）下工作。如果没有这种技术，来自遥远星系的微弱红外辐射（热量）就被主镜的热量淹没了。

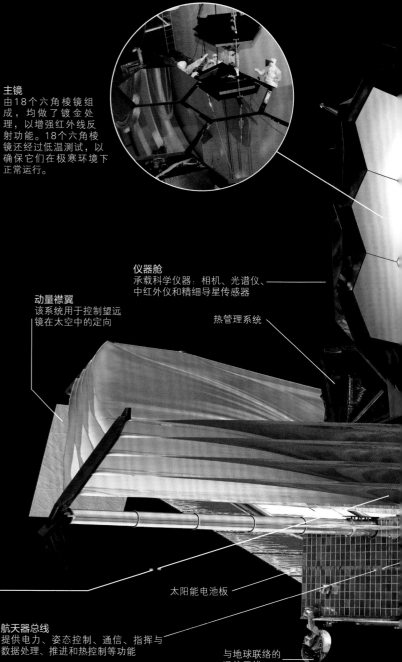

主镜
由18个六角棱镜组成，均做了镀金处理，以增强红外线反射功能。18个六角棱镜还经过低温测试，以确保它们在极寒环境下正常运行。

仪器舱
承载科学仪器：相机、光谱仪、中红外仪和精细导星传感器

动量襟翼
该系统用于控制望远镜在太空中的定向

热管理系统

太阳能电池板

航天器总线
提供电力、姿态控制、通信、指挥与数据处理、推进和热控制等功能

与地球联络的通信天线

遮阳罩下面
遮阳罩的作用在于保护望远镜的镜面不被太阳的热量灼伤，其下面隐藏的是天文台"温暖"的一面，其中有太阳能电池板、用于数据处理及与主控台通信的仪器。

两种空间望远镜之比较

JWST主镜的表面面积比哈勃空间望远镜大近6倍，所配置仪器收集光线的速度比哈勃快9倍。使用超轻材料如铍，使主镜的单位重量只有哈勃的1/10。

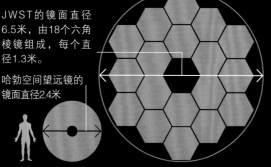

JWST的镜面直径6.5米，由18个六角棱镜组成，每个直径1.3米。

哈勃空间望远镜的镜面直径2.4米

JWST的轨道

JWST的轨道比哈勃空间望远镜要高得多，距太阳比日地距离远150万千米，靠近第二拉格朗日点（L2）。在那里，它将以地球相同的速度绕日飞行，并且能够躲开来自地球和太阳的辐射影响。

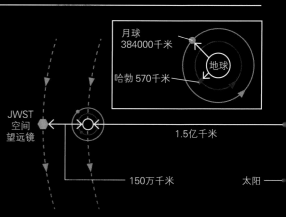

月球 384000千米

地球

哈勃 570千米

JWST空间望远镜

1.5亿千米

150万千米

太阳

JWST空间望远镜

该图显示了JWST空间望远镜的很多主要结构，包括巨大的主镜、五层遮阳罩以及热管理系统。该系统可以让望远镜的镜面和探测器在低温状态下运行。

副镜
从主镜收集光线，通过第三反射镜引导入仪器舱

固定的第三镜和精细调节镜

遮阳罩
由聚酰亚胺材料制成，总共有五层，外层镀有铝和硅

星跟踪器

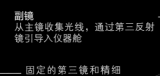

下一步研究方向

除了JWST即将开展的研究，未来很有可能看到深空宇宙和宇宙学研究新的发现。有些发现来自现在就在太空中运行的探测系统，比如费米γ射线空间望远镜（2008年发射），它的一项任务就是探测暗物质的本质；还有2009年5月同时发射的普朗克卫星（见316页）和赫歇尔空间天文台（见218～219页）。由很多国家航天机构执行的探测任务也将给我们带来新的发现（见下表），例如，活动星系核，历史上宇宙膨胀率的变化（有助于提高科学家对暗能量的理解），以及来自遥远星系的特大质量黑洞的引力波（已探测到）。

发射前需折叠望远镜
JWST计划由阿丽亚娜5型运载火箭发射升空。由于主镜和遮阳罩太大，无法在运载火箭中完全打开，所以在运输过程中需要将其折叠放入火箭中，当与运载火箭分离后才会打开。

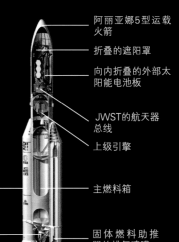

阿丽亚娜5型运载火箭

折叠的遮阳罩

向内折叠的外部太阳能电池板

JWST的航天器总线

上级引擎

固体燃料助推器

主燃料箱

第一级主引擎

固体燃料助推器的排气喷嘴

詹姆斯·韦伯空间望远镜任务简介	
任务	
发射日期	计划2021年
运载火箭	阿丽亚娜5型运载火箭ECA
任务时长	5～10年
詹姆斯·韦伯空间望远镜	
隶属机构	美国航空航天局（NASA），欧洲空间局（ESA），加拿大国家航天局（CSA）
长度	22米
高度	12米
重量	6200千克
主镜口径	6.5米
遮阳罩	22米×12米
仪器配置	近红外相机、近红外多目标光谱仪、中红外仪、精细导星传感器
动力来源	太阳能
尺寸	

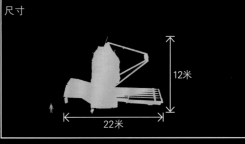

12米

22米

其他计划观测任务			
发射日期	任务名称与执行机构	辐射波段	研究目标
2015年	天文科学卫星（印度空间研究组织）	X射线和紫外线	研究宇宙学距离上的天体，如活动星系核
2016年	瞳"ASTRO-H"（日本宇宙航空研究开发机构）	射电波	研究宇宙大尺度结构、星系团中的黑洞分布等
计划中	宽视场红外巡天望远镜（美国航空航天局）	近红外	计划覆盖2000个平方度的天空区域，研究暗能量、暗物质，寻找太阳系外适合生命的行星

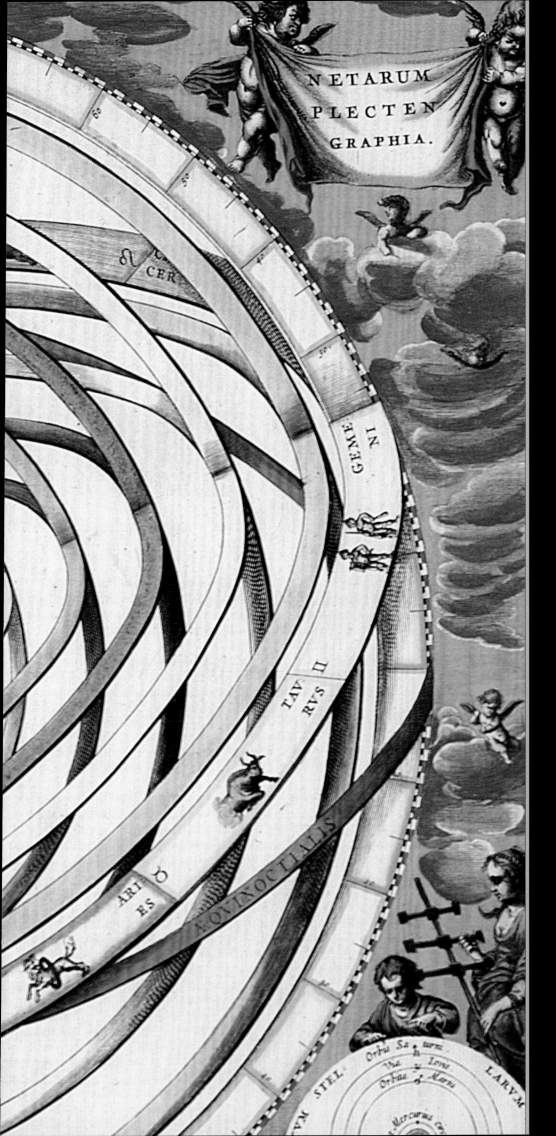

参考资料

（数据截至 2019 年）

<< 托勒密的天体轨道系统
摘自《天体星图》，刊登于 1660—1661 年

太阳系

八大行星绕太阳运行。按照体积大小看，有个头小的水星，直径只有地球的约1/3，也有个头大的木星，直径是地球的11倍。距离太阳最近的四颗行星——水星、金星、地球和火星，体积都相对较小，属于岩质行星。按照它们的物理特性被称为"类地行星"。四颗带外行星：木星、土星、天王星和海王星，体积要大得多，主要由气体组成。下表所列是带内行星的表面温度，以及带外行星的云顶温度。

行星	半径（千米）	质量（地球相当于1）	表面引力（地球相当于1）	平均温度（摄氏度）	逃逸速度（千米/小时）	卫星个数
水星	2440	0.06	0.38	167	15480	0
金星	6052	0.82	0.91	464	37296	0
地球	6378	1.00	1.00	15	40270	1
火星	3396	0.11	0.38	−63	18108	2
木星	71492	317.83	2.36	−108	214200	79
土星	60268	95.16	0.92	−139	127800	82
天王星	25559	14.54	0.89	−197	76680	27
海王星	24764	17.15	1.12	−201	84600	13

行星的轨道特性

这些图表显示了目前八大行星的轨道数据。其轨道周期随着与太阳距离的增加而增加，水星位于太阳系最内侧，公转周期88天，而遥远的海王星，公转周期长达165年。所有这些行星的轨道都是偏心轨道（椭圆形），因此行星运行过程中与太阳的距离不断发生变化，离太阳最近的点被称为近日点，最远的点称为远日点。

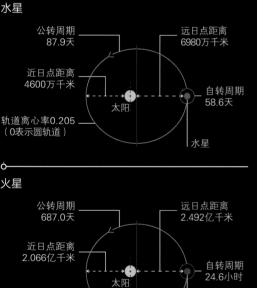

水星
公转周期 87.9天
远日点距离 6980万千米
近日点距离 4600万千米
自转周期 58.6天
太阳
轨道离心率0.205（0表示圆轨道）
水星

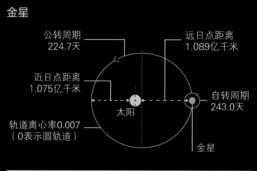

金星
公转周期 224.7天
远日点距离 1.089亿千米
近日点距离 1.075亿千米
自转周期 243.0天
太阳
轨道离心率0.007（0表示圆轨道）
金星

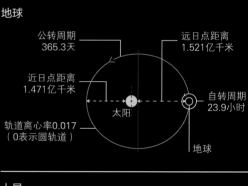

地球
公转周期 365.3天
远日点距离 1.521亿千米
近日点距离 1.471亿千米
自转周期 23.9小时
太阳
轨道离心率0.017（0表示圆轨道）
地球

火星
公转周期 687.0天
远日点距离 2.492亿千米
近日点距离 2.066亿千米
自转周期 24.6小时
太阳
轨道离心率0.094（0表示圆轨道）
火星

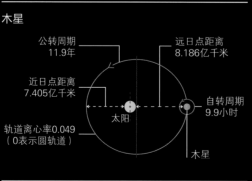

木星
公转周期 11.9年
远日点距离 8.186亿千米
近日点距离 7.405亿千米
自转周期 9.9小时
太阳
轨道离心率0.049（0表示圆轨道）
木星

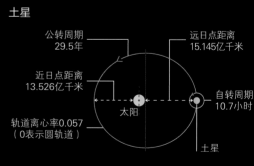

土星
公转周期 29.5年
远日点距离 15.145亿千米
近日点距离 13.526亿千米
自转周期 10.7小时
太阳
轨道离心率0.057（0表示圆轨道）
土星

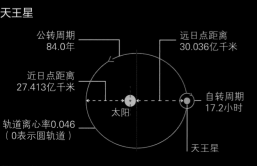

天王星
公转周期 84.0年
远日点距离 30.036亿千米
近日点距离 27.413亿千米
自转周期 17.2小时
太阳
轨道离心率0.046（0表示圆轨道）
天王星

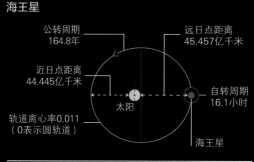

海王星
公转周期 164.8年
远日点距离 45.457亿千米
近日点距离 44.445亿千米
自转周期 16.1小时
太阳
轨道离心率0.011（0表示圆轨道）
海王星

行星的大气层

所有的行星都有大气层（水星的大气层极其稀薄，可以忽略不计）。金星和火星的大气主要由二氧化碳组成。金星的大气层非常稠密，以致来自太阳的热量都无法散去，导致其表面温度比家用烤箱里的温度还高。地球上的植物吸收二氧化碳释放氧气，对地球大气的构成有着强烈的影响。四颗带外行星几乎都是气态的，其组成与太阳的主要成分相同，主要是氢和氦，在这些行星内部，气体已被压缩成液体。天王星和海王星的大气中都存有一定比例的甲烷，这使得它们看上去呈现出蓝绿色。

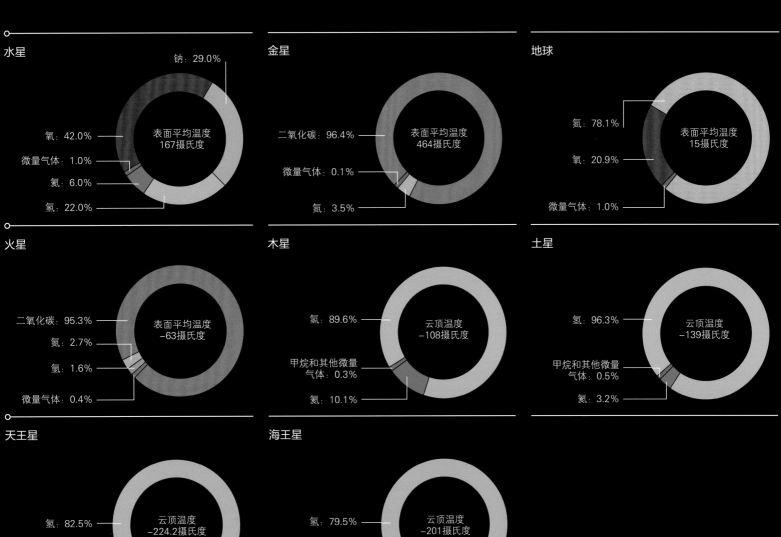

水星

钠：29.0%
氧：42.0%
微量气体：1.0%
氦：6.0%
氢：22.0%
表面平均温度 167摄氏度

金星

二氧化碳：96.4%
微量气体：0.1%
氮：3.5%
表面平均温度 464摄氏度

地球

氮：78.1%
氧：20.9%
微量气体：1.0%
表面平均温度 15摄氏度

火星

二氧化碳：95.3%
氮：2.7%
氩：1.6%
微量气体：0.4%
表面平均温度 −63摄氏度

木星

氢：89.6%
甲烷和其他微量气体：0.3%
氦：10.1%
云顶温度 −108摄氏度

土星

氢：96.3%
甲烷和其他微量气体：0.5%
氦：3.2%
云顶温度 −139摄氏度

天王星

氢：82.5%
甲烷和微量气体：2.3%
氦：15.2%
云顶温度 −224.2摄氏度

海王星

氢：79.5%
甲烷和微量气体：2.0%
氦：18.5%
云顶温度 −201摄氏度

带外行星的环

四颗带外行星外都围绕着由碎片组成的环，只有土星环足够明亮，通过小型望远镜就可以看见。木星、天王星和海王星的环都是非常暗淡的，只能通过探测器或大型望远镜红外成像才可以看到。每个环系统都有环带和环缝，下表中所列，主体结构的宽度是指：木星的主环；土星B环的内边缘到A环的外边缘；天王星的 ε 环；海王星的亚当斯环。半径是指从行星中心到主环的最外层的距离。厚度是指从上到下的深度。

行星	主体结构宽度（千米）	半径（千米）	厚度（千米）	粒径范围（米）	总质量（百万吨）
木星	7000	129900	30～300	0.001	10000
土星	45000	137000	0.03	0.01～10	1000亿
天王星	100	51100	0.01～0.1	0.2～20	100万
海王星	50	62900	50	未知	未知

行星的主要卫星

八大行星中只有水星和金星没有卫星。地球有一颗卫星，就是月亮。目前发现木星和土星分别有79、82颗卫星，但大多体积小且不规则。木星的最大卫星——木卫三，也是太阳系中最大的卫星，直径有5262千米，其次是土星的卫星——土卫六，它是唯一一颗有大气层的行星卫星。木星的四颗大卫星被称为伽利略卫星，因为它们是由伽利略于1610年发现的，非常明亮，用双筒望远镜就能看到。

行星	卫星名称	半径或三维维度（千米）	质量（百万吨）	与主行星距离（万千米）	公转周期（天）	发现年份
地球	月球	1738	73.5 万亿	38.44	27.32	—
火星	火卫一	13 x 11 x 9	1060万	0.9378	0.32	1877
	火卫二	8 x 6 x 5	240 万	2.3459	1.26	1877
木星	木卫一	1822	89 万亿	42.16	1.77	1610
	木卫二	1561	48 万亿	67.09	3.55	1610
	木卫三	2631	148 万亿	107.04	7.15	1610
	木卫四	2410	108 万亿	188.27	16.69	1610
土星	土卫一	209 x 196 x 191	379 亿	18.552	0.94	1789
	土卫二	256 x 247 x 245	1080 亿	23.802	1.37	1789
	土卫三	536 x 528 x 526	6180 亿	29.466	1.89	1684
	土卫四	560	1.1 万亿	37.74	2.74	1684
	土卫五	764	2.3 万亿	52.704	4.52	1672
	土卫六	2575	135 万亿	122.183	15.95	1655
	土卫七	185 x 140 x 113	55 亿	148.11	21.28	1848
	土卫八	718	1.8 万亿	356.13	79.33	1671
天王星	天卫五	240 x 234 x 233	660 亿	12.939	1.41	1948
	天卫一	581 x 578 x 578	1.4 万亿	19.102	2.52	1851
	天卫二	585	1.2 万亿	26.63	4.14	1851
	天卫三	789	3.5 万亿	43.591	8.71	1787
	天卫四	761	3.0 万亿	58.352	13.46	1787
海王星	海卫八	220 x 208 x 202	500 亿	11.7647	1.12	1989
	海卫一	1353	21 万亿	35.476	5.87	1846
	海卫二	170	300 亿	551.34	360.14	1959

柯伊伯带天体

海王星轨道之外的一群天体称为柯伊伯带天体（见178页），这里可以说是一个结冰版的主带。这些天体中有四个大天体——阋神星、冥王星、鸟神星和妊神星，现被归为矮行星。因为体积足够大，所以引力也就大，可以使自身形成球形结构，这一区域的其他矮行星还有待发现。柯伊伯带直到20世纪90年代才被确定，也正是确定柯伊伯带的存在，才将冥王星的行星地位拿掉。绝对星等是指天体的实际光输出量。

名称	发现年份	直径（千米）	轨道周期（年）	绝对星等	发现者及所在地
冥王星	1930	2274	247.74	−0.7	克莱德·汤博，弗拉格斯塔夫，亚利桑那州
冥卫一	1978	1172	248	1.0	克里斯蒂，华盛顿
逻各斯	1997	80	302.26	6.55	莫纳克亚天文台
卡俄斯	1998	745	309.41	4.9	深度黄道巡天，基特峰国家天文台
博拉西西	1999	170	292.73	5.9	特鲁希略与朱伊特，莫纳克亚天文台
丢卡利翁	1999	210	292.41	6.6	深度黄道巡天，基特峰国家天文台
拉达曼提斯	1999	200	242.53	6.7	深度黄道巡天，基特峰国家天文台
伐楼那	2000	800	280.55	3.6	太空监测计划，基特峰国家天文台
赛神星	2001	340	294.80	5.77	深度黄道巡天，基特峰国家天文台
伊克西翁	2001	730	249.46	3.2	深度黄道巡天，基特峰国家天文台
造神星	2001	176	294.77	5.60	深度黄道巡天，基特峰国家天文台
夸奥尔	2002	1140	286.61	2.66	布朗、特鲁希略，帕洛玛天文台
阋神星	2003	2670	550.90	−1.17	布朗、拉比诺维茨、特鲁希略，帕洛玛天文台
妊神星	2003	1265	282.29	0.18	内华达山脉天文台
赛德娜	2003	1600	11518.40	1.56	布朗、特鲁希略、拉比诺维茨，帕洛玛天文台
亡神星	2005	910	245.11	2.3	休尔、布朗，帕洛玛天文台
鸟神星	2005	1500	305.45	−0.45	布朗、特鲁希略、拉比诺维茨，帕洛玛天文台

主要小行星

火星和木星轨道之间存在一条碎片带，称为主带（见126～127页），主要由带内行星形成后遗留的碎片组成。主带中最大的天体是谷神星，直径近1000千米，目前被归为矮行星。目前主带内直径超过1千米的小行星总共超过100万个，一些小行星偏离轨道，穿过地球的轨道，给我们的地球带来了潜在的危险。1932年，人们首次发现穿越地球轨道的小行星，是阿波罗型小行星。有些小行星细长，比如爱神星，还有的是两个小行星紧密相连，称为双小行星（如托塔蒂斯），有些小行星还有小卫星（如艾达）。

编号与名称	尺寸（千米）	绝对星等	自转周期（天）	轨道周期（年）	与太阳的平均距离（百万千米）
1 谷神星	975 x 909 x 909	3.36	0.38	4.60	414
2 智神星	582 x 556 x 500	4.13	0.33	4.62	415
3 婚神星	320 x 267 x 200	5.33	0.30	4.37	400
4 灶神星	570 x 560 x 458	3.20	0.22	3.63	353
6 韶神星	205 x 185 x 170	5.71	0.30	3.78	363
10 健神星	530 x 407 x 370	5.43	1.15	5.56	470
16 灵神星	240 x 185 x 145	5.90	0.18	4.99	437
31 丽神星	256	6.74	0.23	5.59	471
48 昏神星	278 x 142	6.90	0.50	5.49	465
52 欧女星	360 x 302 x 252	6.31	0.24	5.46	464
65 原神星	302 x 290 x 232	6.62	0.17	6.36	514
243 艾达	53.6 x 24.0 x 15.2	9.94	0.19	4.84	428
433 爱神星	34.4 x 11.2 x 11.2	11.16	0.22	1.76	218
951 加斯普拉	18.2 x 10.5 x 8.9	11.46	0.29	3.28	331
1862 北河二	1.7	16.25	0.13	1.78	218
4179 托塔蒂斯	4.5 x 2.4 x 1.9	15.30	5.4～7.3	4.03	379
25143 丝川	0.5 x 0.3 x 0.2	19.2	0.51	1.52	198

1900年至今出现的大彗星

偶尔彗星会变得非常明亮，很容易用肉眼就能看到，并且亮度可以维持几周或几个月。这样的大彗星大多是不可预测的，但其中的哈雷彗星接近地球时，变得异常明亮。近些年出现过3颗十分壮观的彗星：百武彗星、海尔-波普彗星、麦克诺特彗星，但是麦克诺特彗星只能从南半球看到。

彗星名称	通过近日点时间	近日点距离（百万千米）
韦斯卡拉彗星	1901年4月24日	36.6
哈雷彗星	1986年2月9日	87.8
大一月彗星	1910年1月17日	19.3
格里格-斯克叶勒鲁普彗星	1927年12月18日	26.4
阿连德-罗兰彗星	1957年4月8日	47.3
关-林恩斯彗星	1962年4月1日	4.7
池谷-关彗星	1965年10月21日	1.2
本内特彗星	1970年3月20日	80.4
韦斯特彗星	1976年2月25日	29.4
百武彗星	1996年5月1日	34.4
海尔-波普彗星	1997年4月1日	136.8
麦克诺特彗星	2007年1月12日	25.5

译者注：2020年7月3日，新智彗星通过近日点，是继海尔-波普彗星之后，北半球观察到的最亮彗星。

确定的周期彗星

围绕太阳轨道运行1个周次以上的彗星被称为周期彗星（见181页）。轨道周期最短的是恩克彗星，为3.3年，但它现在变得很暗淡；哈雷彗星是最亮的周期彗星。19世纪时，有一颗周期彗星——比拉彗星解体，出现了流星雨。

彗星名称	轨道周期（年）	近日点距离（百万千米）
恩克彗星	3.30	50.4
哈雷彗星	75.32	87.7
比拉彗星	6.65	131.5
达雷斯特彗星	6.54	202.5
坦普尔1号彗星	5.52	225.8
博雷利彗星	6.85	202.6
怀尔德2号彗星	6.42	239.1
维尔塔宁彗星	5.44	158.2
庞斯·温尼克彗星	6.36	187.5
格里格-斯克叶勒鲁普彗星	5.31	167.1
施瓦斯曼-瓦赫曼 1号彗星	14.65	855.4
贾科比尼-津纳彗星	6.62	155.3
诺伊明1号彗星	18.17	232.2
阿连德彗星	8.27	287.8
奥特玛彗星	19.53	815.5
科马斯-索拉彗星	8.80	281.8

银河系及其他星系

关于太阳的一组重要数据

太阳是一颗普通的恒星，但因为距离地球很近，所以对我们非常重要。从太阳发出的光仅需8.3分钟即能到达地球，而从最近的半人马座α星（又称南门二星）发出的光约需要4年才能到达地球。不同恒星有不同的温度，因此它们的颜色也不一样，最冷的恒星微红，而最热的发蓝，太阳的温度中等，呈现黄白色。

695500千米
太阳半径约是地球半径的109倍。

332900
如果地球质量是1，那么332900就是太阳的质量，太阳质量占了整个太阳系的99.7%。

1408千克/立方米
太阳的密度是水密度的1.4倍，约是地球平均密度的1/4。与地球不同的是，太阳主要由氢和氦组成。

2.25亿年
太阳以及整个太阳系，绕银河的公转周期为2.25亿个地球年。

46亿年
太阳的年龄。现在大致是其寿命的一半，50亿年后，太阳将进入其生命周期的尾声阶段。

1.496亿千米
地球与太阳的平均距离。全年略有变化，1月最近，7月最远。

3.85×10^{23}千瓦
太阳的发光量。这个数字因太阳黑子的出现而略有不同。

5505摄氏度
太阳表面平均温度，而受磁场影响，日冕温度要接近200万摄氏度。

1570万摄氏度
太阳中心的平均温度为1570万摄氏度，在这里发生核聚变反应。

25.05天
太阳赤道的自转周期为25.05个地球日，而两极的自转期较长，约34.3个地球日。

最亮的20颗恒星

天空中星星的亮度被称为视星等。它取决于两个因素：恒星实际光的输出量（称为绝对星等）和与地球的距离。下表列举了夜空中最亮的20颗恒星，内容包括视星等、绝对星等、与地球的距离以及光谱型。其表面温度和颜色，请参阅202～203页。

名称	星座	视星等	绝对星等	与地球距离（光年）	光谱型
太阳		−26.78	4.82	0.000016	G2 V
天狼星	大犬座	−1.44	1.45	8.6	A0 V
老人星	船底座	−0.72	−5.53	313.0	F0 Ia
南门二	半人马座	−0.28	4.07	4.4	G2 V
大角	牧夫座	−0.05	−0.31	36.7	K1 III
织女一	天琴座	0.03 (变星)	0.58	25.3	A0 V
五车二	御夫座	0.08	−0.48	42.2	G6 + G2 III
参宿七	猎户座	0.18 (变星)	−6.69	773.0	B8 Ia
南河三	小犬座	0.40	2.68	11.4	F5 IV
水委一	波江座	0.45	−2.77	144.0	B3 V
参宿四	猎户座	0.45 (变星)	−5.14	427.0	M1 Ia
马腹一	半人马座	0.61 (变星)	−5.42	525.0	B1 III
牛郎星	天鹰座	0.76 (变星)	2.20	16.8	A7 V
十字架二	南十字座	0.77	−4.19	321.0	B1 V
毕宿五	金牛座	0.87	−0.63	65.1	K5 III
角宿一	室女座	0.98 (变星)	−3.55	262.0	B1 III
心宿二	天蝎座	1.05 (变星)	−5.29	604.0	M1 Ia
北河三	双子座	1.16	1.09	33.7	K0 III
北落师门	南鱼座	1.16	1.73	25.0	A3 V
十字架三	南十字座	1.25 (变星)	−3.92	353.0	B0 III

最近的恒星与恒星群

宇宙中恒星繁多，它们之间相距许多光年，但有些是两三个或更多的恒星组成的星族。距离太阳最近的恒星系统由两颗亮星——半人马座 α 星A、B和一颗暗淡的红矮星——比邻星组成。天狼星和南河三都有白矮星作为伴星，大多数其他近距恒星都是红矮星，只有用望远镜才能看到。

恒星名称	星群	子星	视星等	绝对星等	与地球距离（光年）	光谱型
太阳	单个		−26.78	4.82	0.000016	G2 V
比邻星	三个	比邻星	11.09	15.53	4.2421	M5 V
		半人马座 α 星A	0.01	4.38	4.3650	G2 V
		半人马座 α 星B	1.34	5.71	4.3650	K0 V
巴纳德星	单个		9.53	13.22	5.9630	M4 V
沃尔夫 359	单个		13.44	16.55	7.7825	M6 V
拉兰德 21185	单个		7.47	10.44	8.2904	M2 V
天狼星	两个	天狼星 A	−1.43	1.47	8.5828	A1 V
		天狼星 B	8.44	11.34	8.5828	D A2
鲁坦 726-8	两个	鲸鱼座 BL	12.54	15.40	8.7279	M5.5 V
		鲸鱼座 UV	12.99	15.85	8.7279	M6 V
罗斯 154	单个		10.43	13.07	9.6813	M3.5 V
罗斯 248	单个		12.29	14.79	10.3216	M5.5 V
天苑四	单个		3.73	6.19	10.5217	K2 V
拉卡耶 9352	单个		7.34	9.75	10.7418	M1.5 V
罗斯 128	单个		11.13	13.51	10.9187	M4 V
宝瓶座 EZ	三个	宝瓶座 EZ A	13.33	15.64	11.2664	M5 V
		宝瓶座 EZ B	13.27	15.58	11.2664	M5 V
		宝瓶座 EZ C	14.03	16.34	11.2664	M5 V
南河三	两个	南河三 A	0.38	2.66	11.4023	F5 V
		南河三 B	10.70	12.98	11.4023	DA
天鹅座 61	两个	天鹅座 61 A	5.21	7.49	11.4027	K5 V
		天鹅座 61 B	6.03	8.31	11.4027	K7 V

系外行星

天文学中最令人激动的研究领域之一是发现其他恒星周围的行星。人们发现的第一批行星大多是像我们太阳系中这样的巨行星，但随着技术的提高，有可能会发现像地球一样的较小行星。到了那一天，科学家可以分析其大气成分，以寻找生命的迹象。

名称	行星质量的下限（木星等于1）	轨道周期（天）	轨道偏心率（0代表圆轨道）	发现年份
飞马座51b	0.47	4.2	0.01	1995
天鹅座16b	1.68	798.5	0.68	1996
巨蟹座55e	0.03	2.8	0.07	2004
b	0.82	14.7	0.01	1996
c	0.17	44.3	0.09	2002
f	0.11	260.0	0.20	2007
d	3.84	5218.0	0.03	2002
仙女座 υ b	0.69	4.6	0.01	1996
c	1.92	241.3	0.22	1999
d	10.29	1302.1	0.32	1999
大熊座47b	2.53	1078.0	0.03	1996
c	0.54	2391.0	0.10	2001
d	1.64	14002.0	0.16	2010
室女座70b	7.49	116.7	0.40	1996
天秤座23b	1.59	258.2	0.23	1999
c	0.82	5000.0	0.12	2009
室女座 π	10.31	2151.0	0.64	2001
山案座61b	0.02	4.2	0.12	2009
c	0.06	38.0	0.14	2009
d	0.07	123.0	0.35	2009

有关银河系的重要数据

我们的太阳不过是巨大棒旋星系中的一颗恒星，这个巨大棒旋星系就是银河系。银河系得名于夜空中那一条暗淡的光带。通过望远镜可以看出，这条光带中有无数暗淡的恒星，所有这些恒星都是银河系的一员，银河系的光带实际上是星系盘。

2000亿
银河系中恒星的数量。确切的数字不清楚，因为我们不知道有多少银河系的质量是以恒星的形式存在。

100000
银河系的直径为10万光年，太阳距离银河系中心26000光年。

2000
银盘的厚度为2000光年，周围的气体至少有6000光年厚。

410万个太阳质量
人马座A*黑洞的质量，位于银河系中心，直径约2400万千米。

132亿年
银河系的年龄（地球年），这一年龄是根据计算银河系中最古老恒星的年龄推断的。

5800亿
银河系的质量与太阳质量的比值。银河系大部分的质量是暗物质，只能通过引力探测出来。

180
银河系中球状星团的数量，一些星系有数千个这样的星团。

25000
距离大犬座矮星系25000光年，该星系是被银河系吸收的星系遗迹。

星系团

星系聚集在一起形成星系团，有只有几个星系的小星系群，例如我们所处的本星系群（见下页），也有包含数千个星系的大星系群。银河系附近最大的星系团是室女星系团，距我们近6000万光年，位于室女座和后发座。大星系群中，最亮的星系是超巨椭圆星系，它们可能由几个较小的星系并合而成。室女星系团中最亮的星系是超巨椭圆星系M87，同时它也是一个强大的射电源，发射出明亮的气体喷流。

名称	距离（百万光年）	备注
本星系群	0	肉眼可见的五个星系：M31、M33、银河系、大麦哲伦云、小麦哲伦云
M81星系群	11	在观测条件理想时用肉眼可以看到波德星系，该星系群还包括M82
半人马星系群A	12	包括M83、NGC 5128和NGC 5253
玉夫星系群	12.7	最亮的星系是玉夫星系
猎犬座星云	13	包括M64和M94
猎犬座星系群	26	包括M106
M51星系群	31	包括M51和M63
狮子三重星系	35	包括M65、M66和NGC 3628，可能与狮子I星系群有关
狮子I星系群	38	包括M95、M96和M105
天龙星系群	40	包括NGC 5866、NGC 5907和NGC 5879
大熊星系群	55	包括M108、M109和80个其他星系
室女星系团	59	超星系团的核心，包括16个梅西叶天体（见338~339页）和2000个其他星系

本星系群

我们所在的银河系就处在本星系群，这是一个由约40个星系组成的小星系群（见267页）。本星系群中最大的两个星系是银河系和仙女星系（M31），仙女星系是一个巨旋涡星系，在晴朗的夜晚用肉眼可以看到。本星系群中第三大星系是位于三角座的一个旋涡星系（M33），用双筒望远镜就能看到。银河系的两个伴星系——大麦哲伦云和小麦哲伦云，在南半球看上去就像两个从银河系拆分出去的星系。本星系群中的其他星系体积小且微弱，大多数是银河系或仙女星系的伴星系。

名称	类型	视星等	与太阳系的距离（万光年）	直径（万光年）	发现年份
银河系	棒旋星系		0	10	史前时期
人马矮星系	矮椭球星系/矮椭圆星系	15.5	7.8	2	1994
大熊矮星系 II	矮椭球星系	14.3	10	0.1	2006
大麦哲伦星云	不规则星系	0.1	16.5	2.5	史前时期
小麦哲伦星云	不规则星系	2.3	19.5	1.5	史前时期
牧夫矮星系	矮椭球星系	13.6	19.7	0.2	2006
小熊矮星系	矮椭球星系	10.9	21.5	0.2	1954
玉夫座矮星系	矮椭球星系	10.5	25.8	0.3	1937
天龙矮星系	矮椭球星系	9.8	26.7	0.2	1954
六分仪座矮星系	矮椭球星系	12.0	28	0.3	1990
大熊星系 I	矮椭球星系	未知	32.5	0.3	2005
船底座矮星系	矮椭球星系	20.9	32.9	0.2	1977
天炉矮星系	矮椭球星系	8.1	45	0.5	1938
狮子座星系II	矮椭球星系	12.6	66.9	0.3	1950
狮子座星系I	矮椭球星系	9.8	81.5	0.3	1950
凤凰座矮星系	不规则星系	13.1	145	0.2	1976
NGC 6822	不规则星系	9.3	152	0.8	1884
NGC 185	矮椭圆星系	9.2	201	0.8	1787
仙女星系II	矮椭球星系	13.5	216.5	0.3	1970
狮子座星系A	不规则星系	12.9	225	0.4	约1940
IC 1613	不规则星系	9.2	236.5	1	约1890
NGC 147	矮椭圆星系	9.5	237	1	约1830
仙女星系III	矮椭球星系	13.5	245	0.3	1970
鲸鱼座矮星系	矮椭球星系	14.4	248.5	0.3	1999
仙女星系I	矮椭球星系	13.2	252	0.2	1970
LGS 3	不规则星系	15.4	252	0.2	1978
仙女星系（M31）	旋涡星系	3.4	256	14	约964
M32	矮椭圆星系	8.1	262.5	0.8	1749
M110	矮椭圆星系	8.5	269	1.5	1773
IC 10	不规则星系	10.3	269	0.8	1889
三角星系	旋涡星系	5.7	273.5	5.5	1654
杜鹃座矮星系	矮椭球星系	15.7	287	0.2	1990
飞马座矮星系	不规则星系	13.2	300	0.6	约1950
WLM	不规则星系	10.9	302	1	1909
宝瓶座矮星系	不规则星系	13.9	334.5	0.3	1959
人马不规则矮星系	不规则星系	15.5	346	0.3	1977
唧筒座矮星系	矮椭圆星系	14.8	403	0.3	1997
NGC 3109	不规则星系	10.4	407.5	2.5	约1836
六分仪座矮星系A	不规则星系	11.9	435	1	约1942
六分仪座矮星系B	不规则星系	11.8	438.5	0.8	约1942

夜空

梅西叶天体

1758年，法国天文学家查尔斯·梅西叶着手利用小型望远镜编制一张可能会被误认为彗星的天体列表。1781年，该列表最终公布，经过他与同事的共同努力，登记在册的天体达到100多个。后来天文学家完善了这张统计表，创建了一张最终版的梅西叶星云星团表，包含109个天体（如下表所示）。表中M102缺失，因为它与M101重复。

梅西叶编号	星云星团新总表编号	星座	类型（俗称）	梅西叶编号	星云星团新总表编号	星座	类型（俗称）
1	1952	金牛座	超新星遗迹（蟹状星云）	43	1982	猎户座	发射星云（德梅朗星云）
2	7089	宝瓶座	球状星团	44	2632	巨蟹座	疏散星团（蜂巢星团）
3	5272	猎犬座	球状星团	45		金牛座	疏散星团（昴星团）
4	6121	天蝎座	球状星团	46	2437	船尾座	疏散星团
5	5904	巨蛇座	球状星团	47	4222	船尾座	疏散星团
6	6405	天蝎座	疏散星团（蝴蝶星团）	48	2548	长蛇座	疏散星团
7	6475	天蝎座	疏散星团（托勒密星团）	49	4472	室女座	椭圆星系
8	6523	人马座	发射星云（礁湖星云）	50	2323	麒麟座	疏散星团
9	6333	蛇夫座	球状星团	51	5194	猎犬座	旋涡星系（涡状星系）
10	6254	蛇夫座	球状星团	52	7654	仙后座	疏散星团
11	6705	盾牌座	疏散星团	53	5024	后发座	球状星团
12	6218	蛇夫座	球状星团	54	6715	人马座	球状星团
13	6205	武仙座	球状星团	55	6809	人马座	球状星团
14	6204	蛇夫座	球状星团	56	6779	天琴座	球状星团
15	7078	飞马座	球状星团	57	6720	天琴座	行星状星云（指环星云）
16	6611	巨蛇座	发射星云（鹰状星云）	58	4579	室女座	棒旋星系
17	6618	人马座	发射星云	59	4621	室女座	椭圆星系
18	6613	人马座	疏散星团	60	4649	室女座	椭圆星系
19	6273	蛇夫座	球状星团	61	4303	室女座	旋涡星系
20	6514	人马座	发射星云（三叶星云）	62	6266	蛇夫座	球状星团
21	6531	人马座	疏散星团	63	5055	猎犬座	旋涡星系（葵花星系）
22	6656	人马座	球状星团	64	4826	后发座	旋涡星系（黑眼睛星系）
23	6494	人马座	疏散星团	65	3623	狮子座	棒旋星系
24	6604	人马座	恒星云	66	3627	狮子座	棒旋星系
25	IC 4725	人马座	疏散星团	67	2682	巨蟹座	疏散星团
26	6694	盾牌座	疏散星团	68	4590	长蛇座	球状星团
27	6853	狐狸座	行星状星云（哑铃星云）	69	6637	人马座	球状星团
28	6626	人马座	球状星团	70	6681	人马座	球状星团
29	6913	天鹅座	疏散星团	71	6838	天箭座	球状星团
30	7099	摩羯座	球状星团	72	6981	宝瓶座	球状星团
31	224	仙女座	旋涡星系	73	6994	宝瓶座	恒星群
32	221	仙女座	矮椭圆星系	74	628	双鱼座	旋涡星系
33	598	三角座	旋涡星系	75	6864	人马座	球状星团
34	1039	英仙座	疏散星团	76	650/651	英仙座	行星状星云（小哑铃星云）
35	2168	双子座	疏散星团	77	1068	鲸鱼座	旋涡星系
36	1960	御夫座	疏散星团	78	2068	猎户座	弥漫星云
37	2099	御夫座	疏散星团	79	1904	天兔座	球状星团
38	1912	御夫座	疏散星团	80	6093	天蝎座	球状星团
39	7092	天鹅座	疏散星团	81	3031	大熊座	旋涡星系（波德星系）
40		大熊座	双星	82	3034	大熊座	棒旋星系（雪茄星系）
41	2287	大犬座	疏散星团				
42	1976	猎户座	发射星云（猎户[大]星云）				

续表 》

梅西叶编号	星云星团新总表编号	星座	类型（俗称）	梅西叶编号	星云星团新总表编号	星座	类型（俗称）
83	5236	长蛇座	棒旋星系（南风车星系）	96	3368	狮子座	旋涡星系
84	4374	室女座	透镜状星系	97	3587	大熊座	行星状星云（夜枭星云）
85	4382	后发座	透镜状星系	98	4192	后发座	旋涡星系
86	4406	室女座	透镜状星系	99	4254	后发座	旋涡星系
87	4486	室女座	椭圆星系	100	4321	后发座	旋涡星系
88	4501	后发座	旋涡星系	101	5457	大熊座	旋涡星系
89	4552	室女座	椭圆星系	103	581	仙后座	疏散星团
90	4569	室女座	旋涡星系	104	4594	室女座	旋涡星系
91	4548	后发座	棒旋星系	105	3379	狮子座	椭圆星系
92	6341	武仙座	旋涡星系	106	4258	猎犬座	旋涡星系
93	2447	船尾座	疏散星团	107	6171	蛇夫座	球状星团
94	4736	猎犬座	旋涡星系	108	3556	大熊座	旋涡星系
95	3351	狮子座	棒旋星系	109	3992	大熊座	棒旋星系
				110	205	仙女座	矮椭圆星系

星座

天文学家把夜空分为88个区域，称为"星座"，每个区域就好似一块天体拼图的插片，其中有48块已由古希腊人拼好，但是已拼好的星座图与南天极之间的这片区域，古希腊人看不见，由欧洲天文学家于16世纪后期到18世纪中叶补充完整。下表中所列的88个星座已正式被国际天文学联合会于1922年公布确认。

名称	缩写	大小排名	名称	缩写	按大小排序	名称	缩写	按大小排序
仙女座	And	19	天鹅座	Cyg	16	孔雀座	Pav	44
唧筒座	Ant	62	海豚座	Del	69	飞马座	Peg	7
天燕座	Aps	67	剑鱼座	Dor	72	英仙座	Per	24
宝瓶座	Aqr	10	天龙座	Dra	8	凤凰座	Phe	37
天鹰座	Aql	22	小马座	Equ	87	绘架座	Pic	59
天坛座	Ara	63	波江座	Eri	6	双鱼座	Psc	14
白羊座	Ari	39	天炉座	For	41	南鱼座	PsA	60
御夫座	Aur	21	双子座	Gem	30	船尾座	Pup	20
牧夫座	Boö	13	天鹤座	Gru	45	罗盘座	Pyx	65
雕具座	Cae	81	武仙座	Her	5	网罟座	Ret	82
鹿豹座	Cam	18	时钟座	Hor	58	天箭座	Sge	86
巨蟹座	Can	31	长蛇座	Hya	1	人马座	Sgr	15
猎犬座	CVn	38	水蛇座	Hyi	61	天蝎座	Sco	33
大犬座	CMa	43	印第安座	Ind	49	玉夫座	Scl	36
小犬座	CMi	71	蝎虎座	Lac	68	盾牌座	Sct	84
摩羯座	Cap	40	狮子座	Leo	12	巨蛇座	Ser	23
船底座	Car	34	小狮座	LMi	64	六分仪座	Sex	47
仙后座	Cas	25	天兔座	Lep	51	金牛座	Tau	17
半人马座	Cen	9	天秤座	Lib	29	望远镜座	Tel	57
仙王座	Cep	27	豺狼座	Lup	46	三角座	Tri	78
鲸鱼座	Cet	4	天猫座	Lyn	28	南三角座	TrA	83
蝘蜓座	Cha	79	天琴座	Lyr	52	杜鹃座	Tuc	48
圆规座	Cir	85	山案座	Men	75	大熊座	UMa	3
天鸽座	Col	54	显微镜座	Mic	66	小熊座	UMi	56
后发座	Com	42	麒麟座	Mon	35	船帆座	Vel	32
南冕座	CrA	80	苍蝇座	Mus	77	室女座	Vir	2
北冕座	CrB	73	矩尺座	Nor	74	飞鱼座	Vol	76
乌鸦座	Crv	70	南极座	Oct	50	狐狸座	Vul	55
巨爵座	Crt	53	蛇夫座	Oph	11			
南十字座	Cru	88	猎户座	Ori	26			

太空探索

著名的宇航员

1961年，苏联宇航员尤里·加加林成为第一个太空人，此后有超过500名宇航员实现了绕地球飞行。美国阿波罗号的宇航员飞得更远，到达了月球。近年来，欧洲、中国和日本的宇航员也相继飞入太空。在不久的将来，普通旅客可付费乘坐商业化运作的航天飞机，实现到太空进行短途旅行的梦想。

姓名	日期	航天器	国家	备注
尤里·加加林	1961年4月12日	东方1号	苏联	第一位太空人，第一位绕地球飞行的宇航员
艾伦·谢泼德	1961年5月5日	自由7号	美国	第二位太空人，第一位美国太空人，月球行走第五人
尔曼·蒂托夫	1961年8月6日	东方2号	苏联	最年轻的太空人（25岁），第二位绕地球飞行的宇航员，第一位在太空中睡觉的宇航员
瓦莲京娜·捷列什科娃	1963年6月16日	东方6号	苏联	第一位女性太空人，在太空中停留了2天23小时
阿列克谢·列昂诺夫	1965年3月18日	上升2号	苏联	系绳太空行走第一人；也乘坐过联盟19号，被选为苏联登月第一人
尼尔·阿姆斯特朗	1969年7月20日	阿波罗11号	美国	登月第一人，也乘坐过双子8号
哈里森·施密特	1972年12月11日	阿波罗17号	美国	唯一一位在月球上行走的科学家
沃尔夫·梅博尔德	1983年11月28日	空间运输系统9	德国	欧洲空间局第一位太空人，乘坐过空间运输系统42和联盟号TM-20，第一位与苏联人共同飞往太空的欧洲宇航员
毛利卫	1992年9月12日	空间运输系统47	日本	日本第一位太空人，也乘坐过空间运输系统99
瓦莱里·波利亚科夫	1994年1月—1995年3月	和平号空间站	俄罗斯	太空中单次停留时间最长——437天18小时，还乘坐过联盟6、18和20号
约翰·格伦	1998年10月29日	空间运输系统95	美国	最年长太空人（时年77岁），1962年乘坐过友谊7号
丹尼斯·蒂托	2001年4月28日	联盟号TM 32	美国	第一位太空游客，在国际空间站度过了一个星期
杨利伟	2003年10月15日	神舟五号	中国	第一位进入太空的中国宇航员
迈克·梅尔维尔	2004年6月21日	2004年6月21日	南非/美国	第一位商业宇航员
谢尔盖·克里卡列夫	2005年10月11日	联盟号TMA-6	俄罗斯	他完成了6次太空任务，在太空驻留803天9小时39分钟

著名的月球飞行任务

月球是我们在太空中最近的邻居，也自然成为人类飞出地球探索太空的第一站。早期探测器使得我们第一次看到了月球的背面，也让我们看到了月球表面的特写照片。随后的轨道飞行器和着陆器（软着陆）都为第一次载人飞行任务做了准备。如今人类对月球的兴趣再次萌发，近年来美国、中国、日本和印度陆续发射探测器前往月球。

名称	发射日期	备注
月球2号	1959年9月12日	第一次在月球表面着陆
月球3号	1959年10月4日	第一张月球背面的图像
徘徊者7号	1964年7月28日	着陆前拍摄了4316张云海图像
月球9号	1966年1月31日	第一个安全着陆的探测器，并拍摄了大量月球表面照片
探测者1号	1966年5月30日	在风暴洋软着陆

名称	发射日期	附加信息
月球轨道飞行器	1966年8月10日	绕月飞行，拍摄了413张图像以寻找潜在的载人飞行任务着陆点
探测者3号	1967年4月17日	第一次使用铲子挖掘月球表面
阿波罗8号	1968年12月21日	首次人类绕月飞行，并拍摄了大量照片，揭示了月球不为人知的一面
阿波罗11号	1969年7月16日	第一次载人登月任务。带回22千克的月球土壤和岩石，并在月球表面安装了一台地震仪
月球16号	1970年9月12日	从月球的丰富海采集了101克样本带回地球
月球17号	1970年11月17日	降落月球，月球车1号驶出，在月球虹湾地区行驶了约10.5千米
阿波罗15号	1971年7月26日	第四次载人登月。月球车带回77千克样本，一颗子卫星对月球的重力、磁力以及等离子体环境进行了探测
阿波罗17号	1972年12月7日	第六次（截至目前最后一次）载人任务，哈里森·施密特登月，成为首次在月球上行走的科学家，采集了110千克物质
月球24号	1976年8月14日	深入挖掘月球危海地区，采集并返回地表下2米的样本
克莱芒蒂娜	1994年1月25日	绕月飞行，进行地形测量和矿藏勘测
月球勘探者	1998年1月7日	绕月飞行，以寻找极地水
月球学与工程探测器（月亮女神号）	2007年9月14日	绕月飞行，绘制详细的月球远侧重力图
月球勘测轨道飞行器	2009年6月18日	继续绕月飞行，绘制月球表面地图，为未来载人飞行任务收集数据

地球轨道空间站

苏联于1971年发射的礼炮1号是第一个地球轨道空间站。随后发射的一系列礼炮号改进并扩大了和平号空间站。在此期间，美国也建立了一个自己的空间站——天空实验室。自1998年以来，美国、俄罗斯、欧洲、加拿大和日本共同建设和运行国际空间站。

名称	国家	发射日期	再入日期	附加信息
礼炮1号	苏联	1971年4月19日	1971年10月11日	联盟11号上搭载了三位宇航员，在太空停留了23天，但在返回地球的途中不幸遇难
礼炮2号	苏联	1973年4月3日	1973年5月28日	这个军事空间站失去了压力，飞行控制失败，11天后太阳能电池板脱落，从未发挥过作用
天空实验室	美国	1973年5月14日	1979年7月11日	美国航空航天局唯一的空间站；三名宇航员登陆过三次，停留了171天
礼炮3号	苏联	1974年6月25日	1975年1月24日	第二个军事空间站，与地球表面保持恒定方向。两名宇航员停留了共计15天
礼炮4号	苏联	1974年12月26日	1974年2月2日	两名宇航员第一次停留30天，第二次63天。他们对太阳、X射线源恒星和地球进行了观测
礼炮5号	苏联	1976年6月22日	1977年8月8日	该空间站在太空中运行了412天，宇航员乘坐联盟21、23和24号进入停留了67天。但联盟23号未能与它实现对接
礼炮6号	苏联	1977年9月29日	1982年7月29日	第二代空间站，配有两个对接口，16名宇航员进入过，由进步号无人驾驶飞船进行过补给
礼炮7号	苏联	1982年4月19日	1991年2月7日	在轨飞行了3216天，宇航员停留了816天，在一次太空行走中修复了其受损的燃油管
和平号空间站	苏联	1986年2月19日（第一部分）	2001年3月23日	模块化设计，在轨飞行时建成。不间断有人值守达10年，美国的航天飞机曾到访
国际空间站（ISS）		1998年11月20日（第一部分）	未定	在太空中建成；国际空间站是有史以来建造的最昂贵的航天器，也是最大的人造地球轨道卫星

无人飞行探测任务

目前我们太阳系中的八颗主要行星都已经被探测器访问过。第一个任务是简单的飞掠，对象就是我们的两个近邻——金星和火星。在此之后便开始了在轨飞行探测，对金星和火星还进行了登陆探测。有些探测器不止造访了一颗行星，例如1977年美国发射的两个旅行者号，就飞掠了木星和土星。旅行者2号随后又飞往其他的巨行星——天王星和海王星。新视野号探测器于2015年到达了冥王星。除了探测行星，人类还开展了对彗星（见184～185页）和小行星（见128～129页）的探测。

行星	探测器	发射机构	到达日期	备注
水星	水手10号	美国航空航天局	1974年3月	1974年3月29日、9月21日，1975年3月16日三次飞掠水星，拍摄了10000张照片，涵盖了水星表面的57%，并且探测到磁场
	信使号	美国航空航天局	2008年1月	2008年1月14日、10月6日，2009年9月29日三次飞掠水星。2011年3月进入轨道，对水星进行地形测量和成分分析，并拍照
金星	水手5号	美国航空航天局	1967年10月	飞掠3990千米处，对金星表面的温度、大气压力和密度进行测量
	金星9号	美国航空航天局	1975年10月	包含一个轨道飞行器和一个着陆器。着陆器在金星表面停留了53分钟，拍摄了大量金星表面贝塔区的照片，是第一批来自非地球行星表面的图像
	先驱者-金星号	美国航空航天局	1978年12月	包括两个探测器：一个是轨道飞行器，配有地面测绘仪和云层探测器；另一个是复合探测器，1978年11月向金星大气层释放了四个小探测器
	麦哲伦号	美国航空航天局	1990年8月	该轨道飞行器使用综合孔径雷达绘制了金星98.3%的表面地图，并收集了大量关于金星重力的数据
	金星快车号	欧洲空间局	2006年4月	该极地轨道飞行器对金星的大气动力学和云层、周围等离子体和磁场进行测量，还使用射电波对金星表面进行探测
火星	水手4号	美国航空航天局	1965年7月	飞掠火星后，拍摄了第一张非地球行星的特写图像，图片揭示了火星上充满尘埃和陨石坑，是一片死气沉沉的红色世界
	水手9号	美国航空航天局	1971年11月	环绕火星飞行11个月。到达之初火星被沙尘暴覆盖。绘制了近90%的火星表面地图
	海盗1号、2号	美国航空航天局	1976年6/8月	包含两个轨道飞行器和两个着陆器。轨道飞行器负责监测火星的温度和绘制水蒸气分布图。着陆器分析火星土壤，寻找生命的迹象
	火星探路者	美国航空航天局	1997年7月	在一个古老的冲积平原——阿瑞斯谷着陆。探测器集中研究了火星的气象。旅居者号火星车使用X射线光谱仪检查附近的岩石
	火星快车号	欧洲空间局	2003年12月	配有一台高分辨率相机和雷达系统，以寻找地下水。猎兔犬2号火星着陆器原本设计探测火星地质和火星生命，但遗憾的是，它未成功着陆
	火星探险漫游者计划	美国航空航天局	2004年1月	两个探测器——勇气号和机遇号火星探测车降落在火星上。在火星表面漫游，研究火星岩石，寻找与水有关的证据
木星	先驱者10号	美国航空航天局	1973年12月	第一次飞掠木星，距离木星130000千米，拍摄了木星云层的照片，对其辐射进行了探测
	先驱者11号	美国航空航天局	1974年12月	在距木星34000千米处飞掠木星，对木星的大红斑和极地地区进行了拍摄。利用木星引力影响改变轨道，飞往土星
	旅行者1号	美国航空航天局	1979年3月	在距木星349000千米处飞掠木星，随后飞往土星，旅行者2号也是如此。目前旅行者1号是飞得最遥远的探测器
	旅行者2号	美国航空航天局	1979年7月	在距木星570000千米处飞掠木星。两个旅行者号探测器拍摄了大量木星可见表面和环系统的图像，发现了木星的两颗卫星，并且揭示了木卫一和木卫二的一些细节
	伽利略号	美国航空航天局	1995年12月	绕木星飞行直到2003年9月；飞掠了伽利略卫星和木卫五；观测到舒梅克-列维9号彗星撞击木星；伸出探针调查木星的大气层
土星	先驱者11号	美国航空航天局	1979年9月	在距土星20000千米处飞掠土星；发现了F环，并在环缝的物质中发现太阳光反向散射；测量了土卫六的表面温度
	旅行者1号	美国航空航天局	1980年11月	发现土星7%的大气是氦，土星柔和的色彩对比是受混合云影响，还观测到了土星上的极光
	旅行者2号	美国航空航天局	1981年8月	使用射电波测量土星上随深度和纬度变化的大气温度和压力，照相机对土星的大气特性及狂风进行了探测
	卡西尼-惠更斯号	美国航空航天局/欧洲空间局	2004年7月	卡西尼号绕土星飞行，近距离飞掠了土卫六和木卫二。惠更斯号在土卫六的表面着陆，发现碳氢化合物的湖泊
天王星	旅行者2号	美国航空航天局	1986年1月	拍摄了五大卫星的照片并发现了10颗卫星。对天王星的大气层、磁场、辐射带、行星环和射电波进行了探测
海王星	旅行者2号	美国航空航天局	1989年8月	飞掠海王星和海卫一。发现了海王星的大暗斑（随后消失），对海王星的质量进行了测量，发现其质量比预计的要少5%
冥王星	新视野号	美国航空航天局	2015年7月	新视野号第一次飞越这颗矮行星，随后继续飞往柯伊伯带

天文卫星

空间望远镜的出现大大扩展了我们对宇宙的认识，范围从太阳到遥远的星系。透过地球大气层观测，受大气遮蔽和扰动的影响，有时效果不甚理想，远不如在大气层观测以外来得清晰。此外，空间天台可以探测更宽范围内的波长，包括那些被地球大气层阻隔掉的部分，例如红外线、X射线和伽马射线。

卫星	发射机构	发射日期	终止日期	备注
COS-B天文卫星	欧洲空间局	1975年8月	1982年4月	对太空中的伽马射线进行了六年多的探测，探测到25处伽马射线源，绘制银河系地图
国际紫外探测器	美国航空航天局/欧空局/英国科学和研究协会	1978年1月	1996年9月	紫外分光仪观测了星系、恒星、行星和彗星
哈勃空间望远镜	美国航空航天局/欧洲空间局	1990年4月		集光学、紫外和近红外观测于一体，并配备照相机和分光仪
伦琴X射线天文台	美国航空航天局/德国宇航中心	1990年6月	1999年2月	完成了为期6个月的X射线探测，还观测了几个具体的目标天体
康普顿伽马射线天文台	美国航空航天局	1991年4月	2000年6月	其望远镜和分光计对宇宙伽马射线的来源进行了系统调查
太阳和日球层探测器	美国航空航天局	1995年12月		携带了12种仪器，对太阳、日冕和日球层进行持续观测
钱德拉X射线天文台	美国航空航天局	1999年7月		先进的X射线望远镜，比以前的X射线望远镜对X射线的敏感度高100倍
威尔金森微波各向异性探测器	美国航空航天局	2001年6月		对宇宙大爆炸遗迹的温度和细节特征进行精确测量
斯皮策空间望远镜	美国航空航天局	2003年8月		具有红外和低温致冷功能，用于拍照、测光和分光测量
赫歇尔空间天文台	欧洲空间局/美国航空航天局	2009年5月	2013年6月	远红外亚毫米波望远镜，配有相机和分光计，是迄今为止发射的最大口径望远镜

地球观测卫星

宇宙空间是观测地球表面、大气和海洋的理想地点。气象卫星观测云层、大气温度和湿度，还有一些卫星跟踪观测洋流、海浪和冰川。地球资源卫星监测农业、森林、河流以及土地的用途。总之，卫星为我们管理和使用地球有限的资源做出了重要贡献。

卫星	发射机构	服役期限	特点
雨云系列气象卫星1~7	美国航空航天局	1964—1994	是美国主要的地球观测卫星，服役长达30年，主要收集地球大气数据，其中雨云系列7号气象卫星还对海冰进行了为期9年的观测
陆地卫星	美国航空航天局/美国国家海洋和大气管理局	1972年至今	是一个系列的陆地卫星，每颗卫星服役约5年，迄今为止已发射8颗。科学家可通过该卫星提供的中等分辨率图像评估地表的变化
环境应用静地卫星1~14	美国航空航天局	1975年至今	主要用于美国的天气预报、风暴跟踪和气象研究
日本对地静止气象卫星	日本	1977—1995	一系列对地静止气象卫星，用于观测地表和大气，提供天气信息
气象科学卫星1~9	欧洲空间局/欧洲气象卫星应用组织	1977年至今	分布在全球不同地区的静地卫星，可拍摄可见光、红外、水汽图像。也可将观测站的数据进行远程传输
法国地球观测系统1~7	法国	1986年至今	近地轨道成像卫星，可提供高分辨率图像，用于对气候学、海洋学、人类活动和自然现象的研究
雷达卫星1号和2号	加拿大/美国航空航天局	1995年至今	太阳同步近地轨道成像卫星，用于监测地球上的农业、水文、海洋和冰
地球观测系统	美国航空航天局	1999年至今	美国地球观测系统计划中一系列卫星，如Aqua卫星、Terra卫星和Aura卫星，都位于近地轨道，分别用于监测地球的水、陆地和大气特征
欧洲环境卫星	欧洲空间局	2002年至今	对地观测卫星，位于近地轨道，荷载9种仪器设备，用于测量地球表面高度、反射、温度、水汽、臭氧等
冰、云和陆地高程卫星系列	美国航空航天局	2003—2010	用于测量冰层厚度、云层高度和陆地高程，尤其对格陵兰岛和南极地区，可使用可见和红外激光测高仪
冰层探测卫星	欧洲空间局	2010年至今	精确监控地球极地冰盖和海面浮冰的厚度类型及其变化

术语表（按汉语拼音排序）

A

矮行星（dwarf planet）围绕恒星运行、大到足以形成球形但又不能清空附近轨道的天体。

矮星（dwarf star）质量小于或类似于太阳的恒星。大部分矮星属于主序星。参考词条：主序。

暗能量（dark energy）大概占宇宙能量的70%，目前人类对其所知之甚少，认为它可能推动了宇宙扩张加速。参考词条：质能方程。

暗物质（dark matter）具有引力但又没有可检测到的辐射的物质。暗物质可能占全宇宙物质总量的一大部分。

暗星云（dark nebula）富含灰尘的星云遮蔽了背后恒星的光，在夜空中像一片暗块。参考词条：星云。

奥尔特云（Oort Cloud）太阳系外缘的巨大球体空间。天文学家认为其中有大量的冰质星子和彗星。参考词条：彗星、星子。

B

白矮星（white dwarf star）类太阳恒星死亡后留下的致密、高温的发光体。参考词条：黑矮星、行星状星云。

板块（tectonic plate）地球地壳及上地幔形成的构造单元。板块之间的运动造成了地震、火山活动、造山运动等现象。

半影（penumbra）1）不透明天体投射的阴影外缘半暗的部分。观测者在半影区可以看到部分光源。2）太阳黑子外缘颜色较浅、温度稍高的部分。参考词条：食、太阳黑子、本影。

半长轴（semimajor axis）参考词条：食。

棒旋星系（barred spiral galaxy）这种星系的核心是棒状物，旋臂从"棒"的两端延伸出来。参考词条：星系、旋涡星系。

暴胀（inflation）在宇宙极早期，一个突然的、时间极短的加速扩张阶段。

爆发变星（eruptive variable）参考词条：变星。

背景辐射（background radiation）参考词条：宇宙微波背景辐射。

本星系群（Local Galaxy）由40多个星系组成的小集团。除了我们所在的银河系，还包括旋涡星系M31、M33等。本星系群中的星系大部分是椭圆星系或不规则星系。参考词条：星系群。

C

超巨星（supergiant star）一类体积极大、亮度极高的恒星。超巨星的体积是太阳的几百倍、亮度是太阳的上千倍。参考词条：巨星。

超新星（supernova）爆发变星的一种。恒星突然爆发，喷射出大量的物质，光度大幅度增大。参考词条：中子星、白矮星。

超新星遗迹（supernova remnant）超新星爆发留下的残骸。

超星系团（galaxy supercluster）由星系团组成的集团。一个超星系团可能包含大约1万个星系团，空间尺度可达2亿光年。参考词条：星系团。

冲（opposition）从地球上看，太阳和地外行星（火星和巨行星）分列于地球两侧，此时行星在子夜中天，与地球最近，看起来也最亮。参考词条：合。

刍藁型变星（Mira variable）以刍藁变星命名的一类变星。这类变星属于低

本影段落（中列顶部）

本影（umbra）1）不透明物体的投影的中心部位。2）太阳黑子中最暗、温度最低的中心部位。参考词条：食、半影、太阳黑子。

闭宇宙（closed universe）一种宇宙模型，其中宇宙的曲率小于1，这样的宇宙是有限的，但是没有边缘（类似于一个球面）。因为没有斥力，闭宇宙将会停止扩张，并最终坍塌。参考词条：平直宇宙、开宇宙。

变星（variable star）亮度会发生变化的恒星。脉冲变星的增大和缩小具有一定的周期性。爆发变星的亮度变化具有一定的突然性。参考词条：造父变星、新星。

波长（wavelength）两个连续波峰或波谷之间的距离。参考词条：电磁辐射、频率。

玻璃陨体（tektite）大型陨石或小行星撞击岩质行星时，将行星表面的岩石融化并溅射到大气层中形成的圆形玻璃质小颗粒。参考词条：小行星、陨石。

博克球状体（Bok globule）一类致密的暗星云，由气体和灰尘组成，质量高达100个太阳系。一般认为，这种球状体坍塌后形成恒星。参考词条：暗星云。

不规则星系（irregular galaxy）没有规整的形状或者也不对称的星系。参考词条：星系。

温脉动巨星段（右上）

温脉动巨星，亮度变化周期从100天到500多天不等。参考词条：变星。

磁层（magnetosphere）行星周围受行星磁场影响的区域。参考词条：磁场、太阳风。

磁场（magnetic field）磁体周围的区域，在这个区域内带电粒子的运动受到影响。

D

大爆炸（Big Bang）宇宙诞生的事件。根据大爆炸理论，宇宙起源于一段有限时间以前，当时处于一种密度极大、温度极高的状态，大爆炸以后开始扩张至今。

等离子体（plasma）由离子、电子及未电离的中性粒子组成的电中性电离气体。等离子体可以导电、易受磁场影响。参考词条：冕、太阳风。

地心（geocentric）以地球为中心。

电磁波谱（electromagnetic spectrum）波长范围从最短的γ射线到最长的射电波。人眼只能看到特定范围的电磁波，我们称之为可见光。

电磁辐射（electromagnetic radiation）电磁能量以波的形式向外发射的过程。如：光、射电波。

电子（electron）一种质量很小的带负电的基本粒子。在原子核外围绕着电子云。参考词条：反粒子、原子。

电子伏特（electron volt）一个电子经过1伏特的电位差加速后所获得的能量。

对流（convection）流体(气体或液体)中热量传递的过程。

F

发射星云（emission nebula）在发射星云的气体和尘埃云中有一颗或更多颗极热、高光度的年轻恒星，它们发出的紫外辐射使周围的气体发光。参考词条：星云。

反粒子（antiparticle）是一种基本粒子，与其所对应的粒子（组成普通物质的粒子）具有相同的质量，但其他属性，如电量等相反。例如，带负电的电子的反粒子是正电子。

反射望远镜（reflecting telescope）利用凹面镜（物镜）汇聚光线的望远镜。

反射星云（reflection nebula）包含微小的灰尘颗粒，靠反射相邻恒星的光线而发光的星云。参考词条：星云。

反物质段（右列）

反物质（antimatter）由反粒子组成的物质。参考词条：反粒子。

反照率（albedo）表征天体表面反射能力的量。数值范围0~1，对应于从完全黑暗的天体到对光全反射的天体。

分光双星（spectroscopic binary）双星因相距太近而近乎成一颗星，但是对它们的光谱进行分析，可以认定它们是双星。参考词条：双星。

分子云（molecular cloud）致密的气体和尘埃云，内部温度很低，因此原子可以结合形成分子，如H_2、CO。具备适合形成恒星的条件。

风化层（regolith）行星或行星的卫星表面的沙尘及松散的碎石层。

G

伽马辐射（gamma radiation）波长极短（比X射线还短）、频率极高的电磁波。参考词条：电磁辐射、电磁波谱。

伽马射线暴（gamma-ray burst，GRB）遥远星系中伽马射线强度激增的现象。伽马射线暴是宇宙中最强的爆发事件，它可能源于中子星或黑洞之间的碰撞，也可能来自于极超新星的爆发。参考词条：黑洞、中子星、超新星。

共动距离（co-moving distance）通过估算得到的遥远天体与地球之间的实时距离，其中考虑了在光从天体到地球之间传播时宇宙膨胀的因素。

光斑（facula）在太阳光球层上极其明亮的区域。参考词条：光球、太阳黑子。

光度（luminosity）一个天体产生光的多少的量度。参考词条：星等。

光年（light-year）光在真空中一年走过的距离。

光谱（spectrum）天体的电磁辐射按波长大小排列的图案。光谱及光谱线可揭示天体的物理和化学信息。参考词条：谱线。

光谱型（spectral class）根据恒星的光谱对恒星进行分类。参考词条：谱线、光谱。

光谱学（spectroscopy）获取、分析天体光谱的科学。因光谱的形式受天体化学组成、温度、速度、磁场影响，所以通过光谱分析，可以获得天体的大量属性信息。

光球（photosphere）太阳大气的最底

层。在这一层辐射出可见光，所以这是肉眼可见的太阳表面层。

光学双星（optical double star）参考词条：双星。

光子（photon）电磁辐射的能量量子。参考词条：电磁辐射。

轨道（orbit）天体在其他天体的引力下，在空间运行的路径。

轨道周期（orbit period）天体在轨道上运行一周所需要的时间。

H

哈勃常数（Hubble constant）参考词条：哈勃定律。

哈勃定律（Hubble's law）哈勃定律反映了遥远星系发来的光的红移与这个星系和我们的距离之间的关系，这说明河外星系的视向退行速度与距离成正比。哈勃常数等于速度与距离之比。参考词条：红移。

氦燃烧（helium burning）在红巨星的核心通过氦聚变产生能量，与此同时，氦转化为其他元素。参考词条：核聚变。

合（conjunction）从地球上看，在同一方向上两个或者两个以上的天体排列成一条线的现象。如果一颗行星与地球分居太阳两侧，且三者在一条直线上，则称为上合。水星或者金星位于太阳与地球之间时，称为下合。

核（core）恒星或行星的中心区域。

核（nucleus）1）原子的中心部分；2）彗星中冰质的固体部分；3）星系的中心区域，在这里恒星密集分布。

核聚变（nuclear fusion）原子核结合形成较重原子核的过程。恒星的能量即来自核聚变。参考词条：主序。

赫罗图（Hertzsprung–Russell diagram）根据恒星的光度（绝对星等）和表面温度（光谱型或者颜色）绘制的图。天文学家据此图对恒星进行分类。参考词条：光度、主序、光谱型。

褐矮星（brown dwarf star）这类天体像恒星一样，由气体云的急剧收缩形成，但是其质量很小，温度也相对较低，不能引发核聚变以形成标准恒星。

黑矮星（black dwarf star）白矮星的温度低到不能发射任何可检测到的光时就变成了黑矮星。目前，宇宙的年龄还没有足够大，因此还未形成黑矮星。参考词条：褐矮星、白矮星。

黑洞（black hole）太空中极度致密的区域，引力强大，周围物质会被吸引进去，任何天体或辐射都无法逃离。参

考词条：活动星系、奇点、恒星质量黑洞、特大质量黑洞。

恒星（star）巨大的等离子发光体，能量来自中心的核聚变。太阳是一颗中等大小的恒星。参考词条：聚变、等离子体。

恒星质量黑洞（stellar–mass black hole）大质量恒星中心坍塌形成的一类黑洞。参考词条：黑洞。

红矮星（red dwarf star）低亮度、红色、温度低的行星。

红超巨星（red supergiant star）体积极大、极其明亮但表面温度较低的恒星。

红巨星（red giant star）巨大、高亮度但表面温度相对较低的恒星。红巨星已经退出了主序行列，内核已经从氢聚变转变为氦聚变，逐渐走向生命的尽头。参考词条：氦燃烧、主序。

红外辐射（infrared radiation）电磁辐射中波长介于可见光和微波之间的部分。红外辐射是冷天体的主要辐射形式。参考词条：电磁辐射。

红移（red shift）在光到达观测者时，光谱线向波长较长的红端的位移。波长的移动量与光源的退行速度成正比。参考词条：蓝移、哈勃定律、光谱线。

黄道（ecliptic）在天球上，太阳一年走过的轨迹。

黄道带（zodiac）天球上黄道两边各8°的环带状区域。太阳、月球和行星的运动路径均在黄道带内。太阳每年都经过此区域的13个星座，其中12个对应着黄道十二宫。参考词条：天球、黄道。

彗发（coma）参考词条：彗星。

彗尾（tail of a comet）彗星靠近或远离太阳时形成的灰尘和电离气体流。

彗星（comet）一种绕太阳运行的小天体，主要由冰及表面的灰尘组成，轨道一般是很扁的椭圆形。当彗星进入内太阳系受热后，气体和灰尘挥发形成发光的彗发及至少一条彗尾。参考词条：彗尾。

活动星系（active galaxy）一种发射出超大量辐射线的星系，所发出的辐射线的波长范围很宽，从射电波到X射线。这种星系的核心密度大、亮度高，天文学家认为其能量来源于中心特大质量黑洞对周围气体的吸积（在很多情况下，亮度变化明显）。参考词条：星系、特大质量黑洞。

火山喷口（caldera）火山的岩浆房空虚后塌陷形成的碗状凹陷。参考词条：坑。

J

伽利略卫星（Galilean moon）木星最大的四颗卫星，分别是木卫一、木卫二、木卫三、木卫四，它们最先由伽利略发现。

极超新星（hypernova）参考词条：伽马射线暴。

极光（aurora）出现在地球（或其他有大气层的行星）高纬度高空的彩色光象。由太阳风在地球磁场作用下折向南北两极附近，使高层空气分子或原子激发或电离形成。参考词条：太阳风。

进动（precession）在附近天体的引力作用下，天体的自转轴指向的变化。

近地点（perigee）在（如月球、航天器等）绕地球运行的椭圆轨道上距离地球最近的点。参考词条：远地点。

近地小行星（near–Earth asteroid）运行轨道与地球轨道接近或交叉的小行星。参考词条：小行星。

近日点（perihelion）在（如行星、小行星、彗星等）绕太阳运行的椭圆轨道上距离太阳最近的点。参考词条：远日点。

巨行星（giant planet）主要由氢和氦组成的大行星，比如木星、土星。

巨星（giant star）比同表面温度的主序星更大、更明亮的恒星。参考词条：主序、超巨星。

距角（elongation）从地球上观察，行星或太阳系其他天体与太阳分离的角度。最大的距角是在地球轨道之内的水星、金星与太阳之间的角距离。参考词条：合、冲。

聚星（multiple star）两颗或者两颗以上恒星通过引力相互绕转而构成的系统。参考词条：双星。

绝对星等（absolute magnitude）表征天体的本征亮度（真亮度）的量。它等于假定把天体放在距地球10秒差距（32.6光年）的地方测得的天体视星等。参考词条：视星等、光度、秒差距。

K

开普勒定律（Kepler's law）描述太阳系内行星运动的三条定律。第一条是，所有行星的轨道都是椭圆形的；第二条阐述了行星在轨道运动中速度如何变化；第三条说明了行星的轨道周期和其与太阳之间的距离之间的关系。

开宇宙（open universe）一种宇宙模型，宇宙的平均密度过低，不足以停止宇宙扩张，因此宇宙将一直膨胀下

去。参考词条：闭宇宙、平直宇宙。

柯伊伯带（Kuiper Belt）太阳系的一个区域，位于海王星轨道之外，含有冰质星子。参考词条：奥尔特云、星子。

壳（crust）行星或大型卫星最外层的岩石层。

可观测宇宙（observable universe）从大爆炸开始，光到达地球所覆盖的范围。

坑（crater）在行星或卫星的地表上的碗状或碟状凹陷。陨石坑是由陨星、小行星或者彗星撞击形成的；火山坑形成在火山之顶。

夸克（quark）一种基本粒子。三个夸克组成重子（比如质子和重子），一个夸克和一个反夸克组成介子。重子和介子统称强子。参考词条：反粒子、强子。

I

蓝移（blue shift）在光到达观测者时，光谱线向波长较短的蓝端的位移。参考词条：红移、光谱线。

类地行星（terrestrial planet）参考词条：岩质行星。

类星体（quasar）含有极高能量、密度极高的辐射源，其形态像恒星，但其实是活动星系核中活动最强的部分。参考词条：活动星系。

离子（ion）一个或者一组带有净电荷的粒子。由原子形成离子的过程称为离子化。参考词条：电子、等离子体。

凌星（transit）一个小天体在一个大天体前面通过的现象。

流星（meteor）当流星体进入地球大气层，与大气摩擦、燃烧而产生短暂的光迹。

流星体（meteoroid）在行星际空间围绕太阳运行的块状或颗粒状岩石、金属、冰天体。参考词条：小行星、彗星、流星、陨石。

M

脉动变星（pulsating variable）参考词条：变星。

幔（mantle）岩质行星或大型卫星的核与壳之间的岩石层。参考词条：核、壳。

梅西叶星云星团表（Messier Catalogue）首次发表于1781年的星云表，表中大部分天体是星云、星团和星系，用M加数字的形式表示天体。参考词条：星云星团新总表。

弥散星云（diffuse nebula）由气体和灰尘组成的明亮星云。所谓"弥散"是

指此类星云看起来有点模糊。参考词条：星云。

冕（corona）恒星大气层的最外侧区域。日冕只有在日全食时才能直接看到。参考词条：色球、光球。

秒差距（parsec, pc）周年视差为1角秒时所对应的距离为1秒差距。1秒差距为3.262光年。参考词条：视差。

牧羊犬卫星（shepherd moon）一种小型卫星，在它的引力作用下，颗粒被限制在规整的轨道内。参考词条：卫星、行星环。

N

逆行（retrograde motion）1）行星（如火星）在被地球超越时引起的视觉上的暂时后退现象。2）太阳系中某些行星的公转方向与地球相反的现象。3）卫星公转方向与母行星自转方向相反的现象。

逆向旋转（retrograde rotation）行星或卫星自转方向与公转方向相反的现象。太阳系所有行星的公转方向均与太阳自转方向相同。大部分行星的自转方向与公转方向相同，但金星和天王星逆向旋转。

P

喷出物（ejecta）由于撞击喷出来的物质。一般比周围物质光亮，在喷出点周围呈密集的放射状分布。

偏心率（eccentricity）表征轨道椭圆扁平度的参数。数值范围0~1。取值为0时，表示是圆形，数值越大，椭圆越扁。

频率（frequency）一秒钟内波通过某个点的波峰个数。参考词条：电磁辐射、波长。

平直宇宙（flat universe）一种宇宙模型，其中宇宙的曲率等于0，在这样的宇宙中，尽管在大质量天体附近会出现扭曲，但总体上是平的。参考词条：闭宇宙、开宇宙。

谱线（spectral line）天体某一波段的光谱中因对辐射的吸收或辐射而呈现的或明或暗的特征。可以认为谱线是天体化学成分的"指纹"。

Q

奇点（singularity）物质在引力的作用下集中在的一个无限密度点。奇点存在于黑洞的中心。参考词条：黑洞。

强子（hadron）一种亚原子粒子，由更小的粒子——夸克和（或）反夸克组成。质子和中子是强子的一类，叫重

子。参考词条：反粒子、夸克。

轻子（lepton）质量很轻的一类基本粒子。如：电子、中微子。

氢燃烧（hydrogen burning）在主序星的核心通过氢聚变产生能量，与此同时，氢元素转化为氦元素。参考词条：核聚变、主序。

球粒陨石（chondrite）一种具有球粒结构的石陨石。一般认为，碳质球粒陨石是在太阳系形成初期，原行星盘的遗存物质。参考词条：陨石、原行星盘。

球状星团（globular cluster）1万到100多万颗恒星通过引力形成的球状的星团。参考词条：疏散星团。

R

日冕物质抛射（coronal mass ejection）巨大的等离子体气泡从日冕中快速抛射出来的过程。典型的日冕物质抛射出来的物质以每秒钟几百千米的速度在行星际空间运行。参考词条：冕、离子、等离子体。

日球层（heliosphere）太阳周围的区域，在日球层，太阳风和行星际磁场受星际介质的影响而停滞。参考词条：星际介质、磁场、太阳风。

日食（solar eclipse）参考词条：食。

日心（heliocentric）以太阳为中心。

S

赛弗特星系（Seyfert galaxy）星系核极亮、极致密，大多数情况下亮度会有波动。赛弗特星系是活动星系的两大群体之一。

色球（chromosphere）太阳大气层中的一个薄层，位于光球层和日冕之间。

上合（superior conjunction）参考词条：合。

射电望远镜（radio telescope）探测射电源的天文仪器。最常见的是抛物面天线汇聚射电波到探测器。

射电星系（radio galaxy）具有很强射电辐射的星系。

深空天体（deep-sky object）太阳系之外的非恒星天体。

时空（space-time）三维空间（长、宽、高）和时间维度的结合。参考词条：相对论。

食（eclipse）行星或卫星投影在另一个天体上的现象。发生月食时，地球的影子投射在月球上；发生日食时，月球的影子投射在地球上。

食双星（eclipsing binary）指两颗恒星

在相互引力的作用下围绕系统质心运动，相互绕转彼此掩食而造成亮度发生有规律的、周期性变化的双星。

视差（parallax）观测者在不同地点观测同一天体而引起的方向变化。周年视差是地球绕太阳公转的周年运动所产生的视差。

视星等（apparent magnitude）从地球上观测到的天体的亮度。它的数值取决于天体本身的光度及其与地球的距离。越亮的天体，视星等的数值越小。特别亮的天体视星等为负值。参考词条：绝对星等、光度。

疏散星团（open cluster）同期诞生的恒星组成的松散群体。疏散星团一般位于旋涡星系的旋臂中。参考词条：球状星团。

双星（double star）在天空中距离很近的两颗星组成的系统。如果这两颗星相互环绕运行，则称为物理双星。还有一种光学双星，是指如果两颗星恰好在地球的同一个方向上，那么从地球上看会感觉它们彼此相距很近。参考词条：物理双星。

T

太阳风（solar wind）从太阳中快速的逃逸的连续带电粒子流，主要包括电子和质子。

太阳黑子（sunspot）太阳光球中磁活动密集的区域，此处比周围温度低，看起来是黑色的。参考词条：光球、太阳周期。

太阳系（solar system）太阳以及环绕太阳运行的四颗岩质行星、四颗巨行星、各种小质量的天体（矮行星、卫星、小行星、彗星、陨星、灰尘和气体）。

太阳星云（solar nebula）孕育了太阳系及其行星的尘埃气体云。参考词条：吸积、星云、原行星盘。

太阳耀斑（solar flare）太阳表层的一种能量大爆发（包括电磁辐射、亚原子粒子、冲击波）现象。参考词条：电磁辐射。

太阳周期（solar cycle）太阳活动的周期性变化（如，太阳耀斑、太阳黑子），每11年达到最大值。参考词条：太阳耀斑、太阳黑子。

逃逸速度（escape velocity）一个物体永久逃离一个大天体束缚的最小速度。地球的逃逸速度是11.2千米/秒。

特大质量黑洞（supermassive black hole）在星系中心，几百亿到几十亿个太阳质量的物质坍塌后形成的黑洞。几个黑洞合并也可形成特大质量

黑洞。参考词条：黑洞。

天顶（zenith）观测者正上方的点。

天极（celestial poles）天球上相当于地球两极的两点。夜空看起来像是绕着一根旋转轴旋转，这跟旋转轴就通过天极。

天球（celestial sphere）围绕着地球的假想球，天体布列其上。

天文单位（AU）一种距离单位。1AU为地球到太阳的平均距离，等于149 598 000千米。

同步辐射（synchronous radiation）带电粒子在磁场中绕轨道高速旋转运动时产生的电磁辐射。天体同步辐射源包括超新星遗迹和射电星系。参考词条：电磁辐射、磁场。

同步绕转（synchronous rotation）天体自转周期与轨道周期相同的现象。轨道上的天体保持同一面朝向被绕转的天体。月球就是同步绕转的。参考词条：轨道周期、卫星。

同位素（isotope）具有相同原子序数而质量数不同的核素。参考词条：原子、原子核。

透镜状星系（lenticular galaxy）形如凸透镜的星系。这种星系中间的星系盘是膨胀突出，但没有旋臂。参考词条：星系。

椭圆（ellipse）像一个压扁的圆形，最长的直径叫作长轴。参考词条：偏心率、轨道。

W

微波（microwave）电磁辐射中波长介于红外辐射和射电波之间的部分。

卫星（moon）围绕行星运动的自然天体。月球是地球的卫星。

卫星（satellite）环绕行星运动的天体。人造卫星是人为地在地球或太阳系其他天体轨道上放置的探测器。

温室效应（greenhouse effect）大气使行星比没有大气时更热的过程。入射来的阳光会被行星表面吸收，然后再以红外辐射的形式辐射出去，这部分红外辐射会被温室气体吸收，其中一部分会再被辐射回表面，造成行星表面温度上升。

沃尔夫–拉叶星（Wolf-Rayet star）一类气体极高速度逃逸的高温大质量恒星，逃逸的气体形成包层。

物理双星（binary star）一对由引力绑定在一起的恒星，它们围绕着一个共同的质心运行。参考词条：质心。

X

行星（planet） 环绕太阳运行、质量足够大、呈球形或者近似球形，并能通过引力清空轨道附近碎物的天体。参考词条：矮行星。

行星环（ring） 由小颗粒和物质团块组成，环绕着行星运行的扁平带状结构。行星环一般在行星的赤道面上。木星、土星、天王星和海王星都有行星环。

行星际星云（planetary nebula） 类日恒星在演化的最后阶段喷发的发光气体壳。参考词条：星云。

吸积（accretion） 小的固态天体或颗粒相互碰撞并粘连在一起形成较大天体的过程。

吸积盘（accretion disc） 恒星或者黑洞将伴星或者其附近的气体云中的物质吸收过来，形成绕其旋转的盘状结构。

希格斯玻色子（Higgs boson） 粒子物理标准模型中的一种基本粒子。

系外行星（extrasolar planet, exoplantet） 围绕太阳以外恒星运行的行星。人类在1992年确认了第一颗系外行星。

下合（inferior conjunction） 参考词条：合。

相（phase） 月亮可见的部分或者某颗行星任一时刻被太阳照亮的部分。

相对论（relativity theories） 由爱因斯坦在20世纪初提出。狭义相对论描述了观测者的相对运动对其测量结果（质量、长度、时间）的影响。质量与能量是可以相互转化的。广义相对论认为，引力是物质或能量对时空进行弯曲的结果。参考词条：引力透镜、时空。

小行星（asteroid） 太阳系中一种不规则的小天体（直径不超过1000千米）。由岩石和/或金属组成，一般认为是形成行星的物质的残余。参考词条：主带、近地小行星。

新星（nova） 恒星突然变亮，经过几周或几个月后又恢复到原始亮度的现象。当白矮星的伴星的气体进入白矮星表面引发核聚变时，就会出现这种亮度激增的现象。

星暴星系（starburst galaxy） 内部恒星形成速率极快的星系。

星等（magnitude） 反映天体亮度的量。参考词条：绝对星等、视星等。

星风（stellar wind） 从恒星大气逃逸的带电粒子流。参考词条：太阳风。

星际介质（interstellar medium, ISM） 星系内恒星之间的气体和灰尘。

星团（star cluster） 由十几颗至千万颗恒星组成的，有共同起源、靠引力聚集在一起的天体集团。参考词条：球状星团、疏散星团。

星系（galaxy） 由恒星、气体和尘埃云等通过引力组成的庞大天文体系。星系按形态分椭圆星系、旋涡星系、不规则星系等。一个星系可能包含几百万到数万亿颗恒星。参考词条：银河系。

星系际介质（intergalactic medium, IGM） 星系之间的物质，主要是稀薄的氢等离子体（质子与电子的混合物）。参考词条：等离子体。

星系团（galaxy cluster） 大约50到1000个星系通过引力组成的集团。参考词条：超星系团。

星云（nebula） 在星际空间由尘埃和气体组成的云雾状天体。星云之中或者附近的恒星会将星云照亮，星云也会遮蔽更远处恒星照过来的光线。参考词条：暗星云、弥散星云、行星状星云、反射星云、太阳星云。

星云星团新总表（New General Catalogue, NGC） 星云、星团和星系的列表，首次发表于1888年。表中用NGC加数字的形式表示天体。参考词条：梅西叶星云星团表。

星周盘（circumstellar disc） 由气体和尘埃环绕恒星组成的盘状云。其中的恒星一般较年轻。参考词条：原行星盘。

星子（planetesimal） 太阳系中由冰或岩石组成的小天体。行星即由星子通过吸积发展而来。参考词条：太阳星云。

星组（asterism） 一种比较明显的恒星组合形式（注意，不是星座）。比如北斗七星，它是大熊星座的一部分。参考词条：星座。

星座（constellation） 一种夜空中恒星的组合形式，其范围由国际天文学联合会确定。参考词条：星组。

旋臂（spiral arm） 从旋涡星系或棒旋星系的中央核球伸展出来的旋涡状结构，其中含有气体、灰尘、发射星云及高温的年轻行星。

旋涡星系（spiral galaxy） 在旋涡星系中，恒星聚集在核心，周围是由恒星、气体和灰尘组成的扁平盘，盘中的主要可见结构聚集在旋臂中。参考词条：星系、旋臂。

Y

岩质行星（rocky planet） 主要由岩石构成的行星，与地球具有相似的基础成分。太阳系中有四颗岩质行星，分别是：水星、金星、地球、火星。参考词条：巨星系。

掩（occultation） 一个天体从另一个天体前面经过，导致后面的天体被部分或完全遮挡住的现象。

耀变体（blazar） 活动星系中最普遍、最活跃的一种类星体，密度极高，核心是高变能量源（特大质量黑洞）。参考词条：活动星系、黑洞、类星体、特大质量黑洞。

耀星（flare star） 红矮星因其表面剧烈的耀斑爆发而出现光度短暂性突增。

银河系（Milky Way） 1）太阳所在的棒旋星系；2）夜空中宽广的亮带，汇集了大量的恒星和星云发出的光。参考词条：星系。

引力（gravity） 物质、粒子以及光子之间的相互吸引力。

引力波（gravitational wave） 类似波动的时空扭曲以光速传播。2016年人类首次探测到引力波。

引力透镜（gravitational lens） 大质量天体或天体系统（如星系团）的引力会使远处传来的光线发生弯曲，从而像透镜一样产生放大扭曲的像或多重像。

宇宙射线（cosmic rays） 在太空中以接近光速的速度运动的高能亚原子粒子，如电子、质子、原子核。

宇宙微波背景辐射（CMBR） 宇宙大爆炸的遗迹，遍布太空的各个方向。

宇宙学（cosmology） 研究宇宙的性质、结构、起源及演化的学科。

原行星（protoplanetary） 行星的前驱体，由星子吸积而成。原行星相互碰撞形成行星。参考词条：星子、原行星盘。

原行星盘（protoplanetary disc） 新生恒星周围的扁平尘埃气体盘，在其中物质聚合，形成行星的前驱体。参考词条：星子、原行星。

原恒星（protostar） 恒星形成的早期阶段，中心是陷落的灰尘气体云，通过吸收周围物质增大，但此时内部还没有发生核聚变。

原子（atom） 组成普通物质的微粒。其本身由原子核和绕核运动的电子云组成。

远地点（apogee） 在（如月球、航天器等）绕地球运行的椭圆轨道上距离地球最远的点。参考词条：近地点。

远日点（aphelion） 在（如行星、小行星、彗星等）绕太阳运行的椭圆轨道上距离太阳最远的点。参考词条：近日点。

月海（mare） 月球上的暗色低海拔区域，里面充满了熔岩。

月食（lunar eclipse） 参考词条：食。

晕（halo） 星系（包括星团、稀疏分布的恒星及气体）周围的球形区域。暗物质晕由暗物质累积而成，星系镶嵌其中。

云带（cloud band） 大行星赤道上方环绕的云层。

陨石（meteorite） 流星体穿过地球大气层后未被完全燃烧而落到地面的物质。根据其成分组成，陨石可分为：石陨石、铁陨石、石铁陨石。参考词条：流星、流星体。

Z

造父变星（Cepheid variable） 是变星的一种，光变周期与它的光度成正比。它的亮度随着它的扩张与收缩变化。

折射望远镜（refracting telescope） 利用透镜（物镜）汇聚光线的望远镜。

正电子（positron） 参考词条：反粒子。

质能方程（mass-energy） 计算任何物质（从亚原子粒子到整个宇宙）的能量的方法。它的理论基础是，能量和质量是可以相互转化的。

质心（centre of mass） 天体系统环绕旋转的中心。如果这个系统只含两个天体（如，双星），系统的质心就在两个天体各自质心的连线上。

质子（proton） 由三个夸克组成的正电粒子，是所有原子核的基础粒子。参考词条：原子、原子核、夸克。

中微子（neutrino） 一种基本粒子，质量极小、不带电荷，运动速度接近光速。

中子（neutron） 一种不带电荷的粒子，由三个夸克组成。除了氢原子核，所有元素的原子核中都有中子。参考词条：原子、原子核、夸克。

中子星（neutron star） 一种密度极高的恒星，几乎全部由中子组成。中子星形成于大质量恒星坍塌后的超新星爆发。参考词条：中子、脉冲、超新星。

蛛网地形（arachnoid） 金星表面上的一种结构。它包括一系列的同心圆（或椭圆）结构或山脊，看起来像蜘蛛网。

主带（Main Belt）太阳系中位于火星轨道和木星轨道之间的区域，此处小行星密集分布。

主序（main sequence）赫罗图上的带状区域，90％的恒星位于这个区间。在像太阳这种主序星的核心正发生着由氢元素到氦元素转变的核聚变。参考词条：赫罗图。

紫外辐射（ultraviolet radiation）波长比可见光短、比X射线长的电磁辐射。

索引

按汉语拼音排序。加粗页码表示本页有该索引词的详尽阐述。斜体页码表示本页有该索引词的图片说明。以数字或字母为词首的索引词最先列出。

致谢

英国DK出版公司向为此书的出版付出努力的工作人员表示感谢，他们是：奈吉尔·赖特（XAB设计公司）、莎拉·拉特（策划和编辑工作）、珍妮·巴斯卡亚（图片整理）。

图片来源：感谢下列人士授权使用图片，如下（图片位置说明a-上； b-下/底部; c-中央; f-最; l-左; r-右; t-上）：

1 James N. Brown. 2-3 Corbis: NASA/Science Faction. 4-5 NASA: JPL-Caltech/ESA/CXC/STScI. 6-7 ESA: 2009 MPS for OSIRIS Team. 8 European Southern Observatory (ESO): Y. Beletsky (ca). NASA: N. Benitez (JHU) et al. and ESA (bc); ESA (tr); JPL/USGS (bl). 9 NASA: JPL (tr). 10 Courtesy of TMT Observatory Corporation: rendering Todd Mason (b). 11 Corbis: Lester Lefkowitz (tc). Ryan Keisler: (ca). NASA: MSFC (bc). Laurie Hatch Photography (cb). Science Photo Library: Royal Observatory, Edinburgh (c). 12 Corbis: Bettmann (bl). NASA: Amanda Diller (br). 13 ESA: S. Corvaja (br). Getty Images: AFP (l). NASA: Bill Ingalls (cra). 14-15 Getty Images: 2006 NASA. 15 Corbis: Yuri Kochetkov/EPA (cr); Jim Sugar (br). NASA: (cra). 16 Corbis: NASA/Roger Ressmeyer (tr). NASA: (bl) (br). 17 NASA: (bc) (br); Jim Grossmann (l). Science Photo Library: European Space Agency (cr). 18 Getty Images: AFP (br). 18-19 Corbis. 19 NASA: JSC (br) (crb). SOHO (ESA & NASA): Alex Lutkus (bl/satellite). 20 Corbis: Roger Ressmeyer (bc). NASA: JSC (ca). Science Photo Library: RIA Novosti (bl). 20-21 NASA. 21 NASA: (tc); JSC (br). 22-23 NASA: (all). 24 NASA: (tl) (bl) (cl). 24-25 NASA. 26 Corbis: Bettmann (ca). NASA: (cra) (bc). 26-27 NASA. 27 Corbis: NASA/Roger Ressmeyer (tr). 28 NASA: (bl). 28-29 NASA. 29 NASA: (cr) (br); STS-116 Shuttle Crew (fcr). 30-31 NASA: STS-114 Crew, ISS Expedition 11 Crew. 32 NASA: (bl). 32-33 Corbis. 33 NASA: (cra); JPL/UCSD/JSC (tr); JSC-ES&IA (br). 34 NASA: Hal Pierce, SSAI/GSFC (t). 34-35 NASA: Marit Jentoft-Nilsen. 35 ESA: (b). NASA: (tl) (tc); Reto Stockli, Earth Observatory team (crb); Reto Stockli, GSFC (cra). 36 NASA: VAL/GSFC (bl). 36-37 ESA. 37 NASA: (tr); Jacques Descloitres, MODIS Land Science Team (crb); JPL Ocean Surface Topography Team (br); Richard Ray, GSFC (cra). 38-39 Corbis: NASA. 40 NASA: GSFC/METI/ERSDAC/JAROS and U.S./Japan ASTER Science Team (b); GSFC U.S. Geological Survey (t) (c). USGS: (tc). 40-41 NASA. 41 Corbis: NASA (cr). NASA: Jesse Allen (tl); Liam Gumley, Space Science and Engineering Center, University of Wisconsin-Madison and the MODIS science team (br). 42 ESA: (br). Courtesy of JAXA: EORC (bl). NASA: Reto Stockli, GSFC (tl). 42-43 NASA: Jeffrey Kargel, USGS/JPL/AGU. 43 NASA: GSFC Scientific Visualization Studio (bl); Jeff Schmaltz MODIS Land Rapid Response Team, NASA GSFC (br).

44 NASA: (bl); GISS (ca). 44-45 Corbis: NASA. 45 Corbis: NASA (br). NASA: Jesse Allen, based on data provided by Shannon Brown, JPL (cr); JPL (tr). 46 NASA: JHUAPL (bl). 46-47 Corbis: moodboard. 47 ESA: (br). 48-49 NASA: GSFC/SDO AIA Team. 52 NASA: GSFC (tr); JPL/MSSS (tl). 53 NASA: JHUAPL/Arizona State University/Carnegie Institution of Washington (tr); JHUAPL/Smithsonian (br); JPL (tl). Science Photo Library: Manfred Kage (bl). 54 NASA: GSFC (tl); ISS Expedition 20 (cb). 54-55 NASA: GSFC. 55 Corbis: Ralph White (br). Dorling Kindersley: Courtesy of the Natural History Museum, London (crb). Getty Images: Brian Bailey (bc). 56-57 NASA: GSFC/ORBIMAGE. 58 NASA: JHUAPL (tr). 59 Thomas Jäger: (cla). NASA: (clb) (tr). 60 Science Photo Library: Eckhard Slawik (b). 61 Getty Images: ChinaFotoPress (br). Johannes Schedler (panther-observatory.com) : (crb). Science Photo Library: Laurent Laveder (t). 62 Corbis: (bl). Science Photo Library: Detlev Van Ravensswaay (cl). 62-63 NASA: JPL/USGS. 63 Lunar and Planetary Institute: ACT Corporation and University of Hawai'i (b). NASA: (c). USGS: Courtesy USGS Astrogeology Science Center (t). 64 Getty Images: NASA/Newsmakers (r). 65 NASA: (all). 66 Getty Images: Rex Stucky (bl). NASA: GSFC/Arizona State University (ca). 66-67 NASA: (br); JPL/USGS (c). 68 NASA: JSC (bl). 68-69 NASA: JSC. 69 NASA: JPL (all). 70 NASA: JPL (t). 70-71 Moonpans.com: Mike Constantine (b). 71 NASA: JPL (t); Scans organized by Ken Glover from a chart provided by David Portree, USGS Flagstaff (c). 72-73 Moonpans.com: Mike Constantine. 74 NASA: NSSDC (cl). Wikipedia, The Free Encyclopedia: (bl). 74-75 NASA: JPL/USGS. 75 Lunar and Planetary Institute: Clementine Science Group (b). NASA: (t) (c). 76 NASA: JHUAPL/Carnegie Institution of Washington (l); JPL (tc). 76-77 ESA: VIRTIS/INAF-IASF/Obs. de Paris-LESIA. 77 ESA: (cr); VIRTIS/INAF-IASF/Obs. de Paris-LESIA/Univ. of Oxford (t). 78 NASA: (bl). Soviet Planetary Exploration Program, NSSDC: (cla). The Art Agency: Terry Pastor (br). 79 NASA: JPL (cra); JPL/USGS (l) (fcra). Science Photo Library: David P. Anderson, SMU/NASA (br). 80 NASA: (bl); JPL (cla) (clb); JPL. 81 NASA: JPL (ca) (b) (cra); JPL/USGS (c). 82 NASA: JHUAPL/Arizona State University/Carnegie Institution of Washington (tl). Science Photo Library: Fred Espenak (cla). 82-83 NASA: JHUAPL/Arizona State University/Carnegie Institution of Washington. 83 NASA: JHUAPL/Carnegie Institution of Washington (ca) (cra) (crb); JHUAPL/Arizona State University/Carnegie Institution of Washington. Image reproduced courtesy of Science/AAAS (c). 84 Tim Loughhead: (all). 85 NASA: JHUAPL/Arizona State University/Carnegie Institution of Washington (cla) (true & false colour) (clb); JHUAPL/Carnegie Institution of Washington (r); JHUAPL/Smithsonian Institution/Carnegie Institution of Washington (b).

86 NASA: JAXA/ISAS (cl). SOHO (ESA & NASA): (c). 86-87 SOHO (ESA & NASA). 87 Corbis: Jay Pasachoff/Science Faction (b). 88 Corbis: Michael Benson/Kinetikon Pictures (b). The Art Agency: Stuart Jackson-Carter (c). 88-89 Science Photo Library: Scharmer et al, Royal Swedish Academy Of Sciences. 89 Corbis: Fred Hirschmann/Science Faction (cr). ESA: (b). 90-91 SST, Royal Swedish Academy of Sciences, LMSAL: L. Rouppe van der Voort (University of Oslo), picture recorded with the Swedish 1-m Solar Telescope. 92 NASA: JPL (cb). USGS: (tl). 92-93 USGS. 93 ESA: DLR/FU Berlin (G. Neukum) (tr) (cb). NASA: JPL/University of Arizona (crb). 94 ESA: DLR/FU Berlin (G. Neukum) (br). NASA: JPL (cla) (bl); JPL/GSFC (cra). 95 NASA: JPL (t); JPL/JHUAPL/Brown University (br); JPL/University of Arizona (bl). 96 NASA: JPL/Arizona State University (b); Viking Project, USGS (tl). 96-97 NASA: JPL/USGS. 97 ESA: DLR/FU Berlin (G. Neukum) (tl) (br); NASA: JPL/MSSS (bl) (bc); JPL/University of Arizona (tr). 98 ESA: DLR/FU Berlin (G. Neukum) (bl). NASA: JPL (cl); JPL/University of Arizona (c) (cr); JPL/MSSS (tl) (br) (tr). 99 ESA: DLR/FU Berlin (G. Neukum) /astroarts.org (l). NASA: JPL/MSSS (r). 100 ESA: DLR/FU Berlin (G. Neukum) (bl). NASA: JPL-Caltech/University of Rome/Southwest Research Institute/University of Arizona (t); MGS/JPL/MSSS (bl); JPL-Caltech/University of Arizona (crb); JPL/MSSS (c). 101 NASA: GSFC (b); JPL-Caltech/University of Arizona (t); JPL/MSSS (c). 102-103 NASA: JPL/University of Arizona. 104 NASA: HiRISE, MRO, LPL (U. Arizona) (br); JPL/University of Arizona (bc) (crb). 104-105 NASA: JPL-Caltech/Cornell. 105 NASA: JPL-Caltech/Cornell/UNM (b); JPL/University of Arizona (cr) (cb). 106 NASA: Arizona State University TES Team (c); JPL/MSSS (ca) (b). 106-107 NASA: JPL/MSSS. 107 NASA: (br); JPL-Caltech/Cornell (tr); JPL-Caltech/University of Arizona (bc) (cr). 108-109 NASA: JPL/University of Arizona. 111 NASA: (br); JPL (t); JPL-Caltech (bc); JPL/GSFC (c). 112-113 NASA: JPL/Cornell (all). 114 NASA: JPL-Caltech (cl) (c); JPL-Caltech/Cornell/Panoramic camera (tr). 114-115 NASA: JPL; 115 NASA: JPL/University of Arizona (t); JPL-Caltech/University of Arizona/Cornell/Ohio State University (cl); JPL/Cornell (cra). 116 NASA: JPL/Cornell (b). 116-117 NASA: JPL/Cornell. 117 NASA: JPL-Caltech/Cornell (br); JPL/Cornell (cr) (bl). 118-119 NASA: JPL/Texas A&M/Cornell. 120 Corbis: Michael Benson/Kinetikon Pictures (t). ESA: DLR/FU Berlin (G. Neukum) (bl). Tim Loughhead: (c). 121 NASA: JPL/University of Arizona (cla) (tr); JPL-Caltech/University of Arizona (cb); JPL/Cornell (b). 122-123 NASA: JPL/Space Science Institute. 124 W.M. Keck Observatory: Lawrence Sromovsky, University of Wisconsin-Madison (tc). NASA: Erich Karkoschka, University of Arizona (tl). 124-125 NASA: JPL/Space Science Institute. 125 NASA: JPL (br); JPL/Space Science Institute (tr). 126

The Art Agency: Terry Pastor (tr). 126-127 The Art Agency: Stuart Jackson-Carter. 127 Corbis: Sanford/Agliolo (br). The Art Agency: Terry Pastor (bl) (bc). 128 Tim Loughhead: (b). NASA: JPL/USGS (ca) (cra). 129 Courtesy of JAXA: (cla). NASA: courtesy of Steve Ostro, JPL (cra); JPL/JHUAPL (bl) (br) (crb). 130 NASA: JHUAPL/Southwest Research Institute (cra); JPL/Space Science Institute (tl). 131 NASA: (clb); JPL/Space Science Institute (cr). 132 NASA: ESA/I. de Pater & M. Wong (University of California, Berkeley) (cl); Amy Simon (Cornell University)/Reta Beebe (NMSU)/Heidi Hammel (Space Science Institute, MIT) (bl) (bc) (br). 132-133 NASA: JPL. 133 NASA: JPL (br/infrared images); JPL/Cornell (cr); JPL-Caltech (bc/lightning); Amy Simon (Cornell University)/Reta Beebe (NMSU)/Heidi Hammel (Space Science Institute, MIT) (bl) (bc). 134-135 Corbis: NASA JPL-Caltech/Science Faction. 136 Tim Loughhead: (bl). 136-137 NASA: JPL/DLR (galilean moons). 137 NASA: JPL/Cornell University (tr/inner moons). 138 Henrik Hargitai (Eötvös Loránd University, Cosmic Materials research Group, Budapest, Hungary); Paul Schenk (Lunar and Planetary Institute, Houston, Texas, USA) : (clb); NASA: JPL (bl); JPL/University of Arizona (cla). 138-139 Corbis: NASA JPL/Science Faction. 139 NASA: JHUAPL/Southwest Research Institute (tc); JPL (br); JPL/University of Arizona (cb) (tr). 140 NASA: JPL (bl); JPL/University of Arizona (cla) (clb). 140-141 NASA: ESA/DLR. 141 NASA: (br); JPL/University of Arizona (cra); JPL/University of Arizona/University of Colorado (ca). 142-143 Corbis: Michael Benson/Kinetikon Pictures. 144 NASA: JPL/Brown University (cl); JPL/LPI (bl); JPL/University of Arizona (cla). 144-145 NASA: JPL. 145 NASA: JPL (tr) (bc); JPL/Brown University (cr) (br); JPL/DLR (c). 146 NASA: JPL (b); JPL/Arizona State University (cla) (clb). 146-147 Corbis: NASA JPL-Caltech/Science Faction. 147 NASA: JPL (tr) (bl); JPL/Arizona State University, Academic Research Lab (br); JPL/ASU (tc) (bc); JPL/DLR (c). 148 NASA: Hubble Heritage Team (STScI/AURA) (clb); JPL/Space Science Institute (tl). 148-149 NASA: JPL/Space Science Institute. 149 NASA: JPL/University of Arizona (tr); X-ray: NASA/MSFC/CXC/A.Bhardwaj et al.; Optical: NASA/ESA/STScI/AURA (crb). 150-151 NASA: Cassini Imaging Team, SSI, JPL, ESA; JPL/University of Arizona (b). 152 NASA: JPL/Space Science Institute (t) (cr); JPL/University of Arizona (b). 153 NASA: ESA, J. Clarke (Boston University), and Z. Levay (STScI) (br); JPL/Space Science Institute (cra); JPL/University of Arizona (t) (bl). 154 NASA: JPL/University of Colorado (t). 154-155 NASA: JPL/Space Science Institute. 155 NASA: JPL/Space Science Institute (tc) (tr); JPL-Caltech/R. Hurt (SSC) (cr); JPL-Caltech/Univ. of Virginia (cl). 156 NASA: JPL/Space Science Institute (fbr) (bl); JPL/University of Arizona (fbl); JPL/University of Colorado (br). Science Museum/Science &

Society Picture Library: Science Museum (t). 157 Dorling Kindersley: (r). Tim Loughhead: (tl) (bl). 158–159 NASA: JPL/Space Science Institute. 160 NASA: JPL/Space Science Institute (all). 161 NASA: JPL/Space Science Institute (main image: saturn & 4 moons) (clb/tethys moves behind Titan) (clb); W. Purcell (NWU) et al., OSSE, Compton Observatory (b). 162 NASA: JPL/GSFC/SwRI/SSI (cl); JPL/Space Science Institute (r) (bc) (bl). 163 NASA: (all). 164 Max Planck Institute for Solar System Research: (clb). NASA: JPL/Space Science Institute (rest). 165 NASA: JPL/Space Science Institute (all). 166 NASA: JPL (tr); JPL/Space Science Institute (cla); JPL/University of Arizona (br); JPL/USGS (bl). 167 ESA: NASA/JPL/University of Arizona (br). NASA: JPL/University of Arizona (tc); JPL (bc); JPL/Space Science Institute (l) (tr). 168 W.M. Keck Observatory: Lawrence Sromovsky, University of Wisconsin-Madison (r). NASA: JPL (tl); JPL/STScI (clb). 169 Tim Loughhead: (tr). NASA: JPL (cr). 170 NASA: ESA, M. Showalter (SETI Institute) (r); JPL (l); Keck Observatory (b). 171 European Southern Observatory (ESO) : (c/Uranus & moons). Calvin J. Hamilton: (clb). NASA: JPL (tr) (br) (cra) (crb). P. Rousselot and O. Moussis (Observatoire de Besancon, France) and B. Gladman (University of British Columbia, Canada) : (bc). 172 NASA: Erich Karkoschka, University of Arizona (tl); JPL (cra) (c) (cr). 172–173 NASA: Erich Karkoschka, University of Arizona. 173 NASA: JPL (r). 174 NASA: ESA, E. Karkoschka (University of Arizona), and H.B. Hammel (Space Science Institute, Boulder, Colorado) (cb); JPL (cra) (bl) (br) (cl) (cr). 175 NASA: JPL/USGS (tr) (clb); JPL (crb); JPL/Universities Space Research Association/Lunar & Planetary Institute (br). 176–177 Ted Stryk. 179 NASA: ESA, M. Brown (Caltech) (tr); ESA, M. Buie (SwRI) (c); ESA, H. Weaver (JHU/APL), A. Stern (SwRI), and the HST Pluto Companion Search Team (tc); JHUAPL/SwRI (b). 180–181 Science Photo Library: Dan Schechter. 181 © Stéphane Guisard: (cla). Tim Loughhead: (t). NASA: Dr. Hal Weaver and T. Ed Smith (STScI) (cb); ESA, H. Hammel (Space Science Institute, Boulder, Colo.) , and the Jupiter Impact Team (b); JPL-Caltech/M. Kelley (Univ. of Minnesota) (cra). 182–183 2006, Ray Gralak. 184 NASA: JPL-Caltech/UMD (br); JPL/UMD (bc); JPL (cb) (bl). 185 ESA: European Southern Observatory (cr); J. Huart (t). Tim Loughhead: (b). 186 Corbis: Walter Geiersperger (clb/gibeon). Getty Images: Time & Life Pictures (c). NASA: (cl). The Natural History Museum, London: (clb) (cb). 186–187 Getty Images: National Geographic. 187 NASA: (ca); JPL (bl) (br); JSC (tr). 188 NASA: JPL/JHUAPL (bl). 188–189 NASA: IBEX/Adler Planetarium. 189 NASA: JPL (r/all). 190–191 © Stéphane Guisard. 192 Richard Payne (Arizona Astrophotography): (tr). Courtesy of JAXA: (cla). 192–193 The Art Agency: Stuart Jackson-Carter. 193 NASA: ESA, D. Bennett (University of Notre Dame) (cra) (fcra). R. Ibata, M. Irwin, and G.

Gilmore: (tr). The Art Agency: Stuart Jackson-Carter (crb). 194–195 courtesy of the National Park Service: Dan Duriscoe. 196 Paolo Candy of the Cimini Astronomical Observatory and Planetarium, Italy: (bl). Gemini Observatory: (t). The Art Agency: Mark Garlick (br). 197 European Southern Observatory (ESO) : (bl). NASA: CXC/UCSC/L. Lopez et al. (tr); JPL-Caltech/University of Virginia/R. Schiavon (Univ. of Virginia) (t); The Hubble Heritage Team (STScI/AURA/NASA) (cr). 198 Science Photo Library: Jerry Schad (l). 198–199 The Art Agency: Mark Garlick. 199 ESA: (cra). Wikipedia, The Free Encyclopedia: Steve Quirk (b/all). 200 Anglo-Australian Observatory: Royal Observatory, Edinburgh (bl). 200–201 The Art Agency: Terry Pastor. 201 European Southern Observatory (ESO): Digitized Sky Survey (c/CN Leonis images). NASA: ESA, H. Bond (STScI), and M. Barstow (University of Leicester) (t); Walt Feimer (cr); JPL-Caltech (b). 202 NASA: Hubble Heritage Team (AURA/STScI/NASA/ESA) (t). 203 NASA: Andrea Dupree (Harvard-Smithsonian CfA), Ronald Gilliland (STScI), NASA and ESA (tr). 204 Andy Steere: (t). 205 European Southern Observatory (ESO): Y. Beletsky (cla). NASA: ESA, H. Richer (University of British Columbia) (b). 206–207 2MASS: G. Kopan, R. Hurt. 208–209 SOHO (ESA & NASA): (t). 209 Joseph Brimacombe: (c). NASA: (b). 210 NASA: JPL-Caltech/V. Gorjian (JPL) (t). 211 Rogelio Bernal Andreo (Deep Sky Colors): (t). NASA: The Hubble Heritage Team (STScI/AURA) (cla). 212 NASA: ESA and L. Ricci (ESO) (bl); A. Fujii (cl). 212–213 European Southern Observatory (ESO) : J. Emerson/VISTA. Acknowledgment: Cambridge Astronomical Survey Unit. 213 NASA: ESA/M. Robberto (STScI/ESA) et al. (tr) (crb); K. Luhman (Harvard-Smithsonian Center for Astrophysics) (cra). 214 NASA: JPL-Caltech/N. Flagey (IAS/SSC) & A. Noriega-Crespo (SSC/Caltech) (l/2 images). 214–215 European Southern Observatory (ESO). 215 NASA: ESA, The Hubble Heritage Team (STScI/AURA) (br); X-ray: NASA/CXC/U.Colorado/Linsky et al.; Optical: NASA/ESA/STScI/ASU/J.Hester & P.Scowen. (cra). 216–217 NASA: ESA, N. Smith (University of California, Berkeley), and The Hubble Heritage Team (STScI/AURA). 218 Corbis: Roger Ressmeyer (bl). NASA: JPL-Caltech/J. Rho (SSC/Caltech) (cl). NOAO/AURA/NSF: Todd Boroson (cla). 218–219 ESA: AOES medialab. 219 ESA: SPIRE & PACS consortia, Ph. André (CEA Saclay) for the Gould's Belt Key Programme Consortia (c). NASA: JPL-Caltech/L. Allen (Harvard-Smithsonian Center for Astrophysics) (t); K. Luhman (Harvard-Smithsonian Center for Astrophysics) et al. (b). 220 Thomas V. Davis: (t); ESA, J. Maíz Apellániz (Instituto de Astrofísica de Andalucía, Spain) (tr). NASA: ESA, The Hubble Heritage Team (STScI/AURA) (b). NOAO/AURA/NSF: T. Bash, J. Fox, and A. Block (c). 221 NASA: CXC/SAO/M. Karovska et al. (crb); ESA, J. Maíz Apellániz (Instituto de Astrofísica de Andalucía, Spain) (tc). 222–223 NASA: ESA and AURA/Caltech. 223 NASA: JPL-Caltech/J. Stauffer (SSC/Caltech) (cr); T. Preibisch (MPIfR),

ROSAT Project, MPE (tr); The Hubble Heritage Team (STScI/AURA) (br). 224 Anglo-Australian Observatory: David Malin Images (bl). European Southern Observatory (ESO): Very Large Telescope/R. Kotak and H. Boffin (ESO) (c) (bc). NASA: Dr. R. Jedrzejewski (STScI) NASA, ESA (br). 225 European Southern Observatory (ESO) : Digitized Sky Survey 2 (t). NASA: ESA (b). 226 Science Photo Library: Jerry Lodriguss (t). 227 European Southern Observatory (ESO) : A.-M. Lagrange et al. (br). 228 T. Credner & S. Kohle, Allthesky.com: (cl). William Lile: (cra). 228–229 The Art Agency: Stuart Jackson-Carter (b/sequence). 229 Galaxy Picture Library: Robin Scagell (c/mira images). NASA: Margarita Karovska (Harvard-Smithsonian Center for Astrophysics) (cr). 230 NASA: ESA and the Hubble SM4 ERO Team (b). 231 Canada-France–Hawaii Telescope: J.-C. Cuillandre & G. Anselmi (t). NASA: Don F. Figer (UCLA) (b). 232 NASA: ESA and the Hubble SM4 ERO Team (cr); STScI (l). 233 Global Oscillation Network Group (GONG): NSO/AURA/NSF/MLSO/HAO (br). NASA: ESA and the Hubble SM4 ERO Team (tl); GSFC (c/3 all-sky maps). 234 Corbis: Hulton-Deutsch Collection (ca). NASA: Paul Hickson (UBC) (bc). 234–235 Laurie Hatch Photography: 2007 Laurie Hatch.com/image and text (bl). 234–235 Gemini Observatory. 235 European Southern Observatory (ESO) : Stéphane Guisard (br/2 images). W.M. Keck Observatory: Peter Tuthill/Palomar (crb); UCLA Galactic Center Group (tr) (cra). 236–237 Kamioka Observatory, ICRR (Institute for Cosmic Ray Research), The University of Tokyo. 238 NASA: Matt Bobrowsky (CTA INCORPORATED) (t); The Hubble Heritage Team (STScI/AURA/NASA) (b). 238–239 The Art Agency: Stuart Jackson-Carter (c/sequence). 239 ESA: Valentin Bujarrabal (OAN, Spain) (ca). NASA: R. Ciardullo (PSU) /H. Bond (STScI) (br); Raghvendra Sahai and John Trauger (JPL) and the WFPC2 science team (tr); The Hubble Heritage Team (AURA/STScI) (tc). 240 ESA: NASA, NOAO, ESA, the Hubble Helix Nebula Team, M. Meixner (STScI), and T.A. Rector (NRAO) (cla) (clb). 240–241 European Southern Observatory (ESO). 241 NASA: ESA/JPL-Caltech/J. Hora (CfA) and C.R. O'Dell (Vanderbilt) (b); JPL-Caltech/K. Su (Univ. of Ariz.) (t). 242 NASA: JPL-Caltech/J. Hora (Harvard-Smithsonian CfA) (cla); UIUC/Y.Chu et al. (clb). 242–243 NASA: ESA, HEIC, and The Hubble Heritage Team (STScI/AURA). 243 NASA: X-ray: UIUC/Y.Chu et al., Optical: HST (b). Nordic Optical Telescope, Spain: Romano Corradi (t). 244 ESA: Digitized Sky Survey 2 (cla); ESO and Hans van Winckel (Catholic University of Leuven, Belgium) (clb). NASA: ESA, Hans Van Winckel (Catholic University of Leuven, Belgium) and Martin Cohen (University of California, USA) (r). 245 ESA: M. A. Guerrero (IAA-CSIC) (tr). NASA: ESA and The Hubble Heritage Team (STScI/AURA) (b); Andrew Fruchter and the ERO Team (tc). 246–247 NASA: ESA and the Hubble SM4 ERO Team. 248 Anglo-Australian Observatory: David Malin Images (t/before & after). NASA: CXC/PSU/G.

Pavlov et al. (br). The Art Agency: Stuart Jackson-Carter (c/sequence). 249 NASA: ESA, Martin Kornmesser (ESA/Hubble) (tr); ESA, The Hubble Key Project Team, and The High-Z Supernova Search Team (cla); NGST (cb). 250 NASA: ESA, J. Hester and A. Loll (Arizona State University) (cla); JPL-Caltech/Univ. Minn./R.Gehrz (clb). 250–251 NASA: X-ray: NASA/CXC/SAO/F. Seward; Optical: NASA/ESA/ASU/J. Hester & A.Loll; Infrared: NASA/JPL-Caltech/Univ. Minn./R.Gehrz. 251 NASA: CXC/ASU/J. Hester et al. (cr); Jeff Hester and Paul Scowen (Arizona State University) (br); The Hubble Heritage Team (STScI/AURA) (tr). 252 NASA: ESA and The Hubble Heritage Team (STScI/AURA) (tl) (cl); ESA, The Hubble Heritage Team (STScI/AURA) and the Digitized Sky Survey 2 (r). 253 NASA: DOE/Fermi LAT Collaboration (bc); ESA and The Hubble Heritage Team (STScI/AURA) (tr); GSFC/U.Hwang et al. (bl/4 x-ray maps); JPL-Caltech/STScI/CXC/SAO/O. Krause (Steward Observatory) (c). 254 NASA: ESA, P. Kalas et al. (University of California, Berkeley), M. Clampin (GSFC), M. Fitzgerald (Lawrence Livermore National Laboratory), and K. Stapelfeldt and J. Krist (JPL) (cra) (c). 255 European Southern Observatory (ESO): (tr). Mark A. Garlick/space-art.co.uk: (tc). NASA: (br). 256 Science Photo Library: Dr Seth Shostak. 257 Corbis: David Scharf/Science Faction (c). ESA: (t). Science Photo Library: Dr Seth Shostak (b). 258 NASA: Anglo-Australian Observatory, U.S. Naval Observatory and Z. Levay (STScI) (bl/1989 & March 2002). 258–259 NASA: ESA and H.E. Bond (STScI) (sequence: 20 May - 17 December). 259 European Southern Observatory (ESO): J. Emerson/VISTA (tr). NASA: The Hubble Heritage Team (AURA/STScI) (br). Science Photo Library: Chris Butler (cr). 260 NASA: CXC/MIT/F.K. Baganoff et al. (t). 261 NASA: CXC/Caltech/M. Muno et al. (c/4 X-ray echo images); Don Figer (STScI) (tc/giant clusters). Naval Research Lab : N. E. Kassim, D. S. Briggs, T. J. W. Lazio, T. N. LaRosa, J. Imamura (NRL/RSD) (tr). 262–263 NASA: JPL-Caltech/S. Stolovy (SSC/Caltech). 264–265 NASA: ESA and The Hubble Heritage Team (STScI/AURA). 266 R Jay GaBany, Cosmotography.com: (t). NASA: The Hubble Heritage Team (AURA/STScI/NASA) (cb). 267 European Southern Observatory (ESO): (crb). NASA: ESA and The Hubble Heritage Team (STScI/AURA) (clb) (cb). The Art Agency: Terry Pastor (t). 268 European Southern Observatory (ESO): (bl). NASA: ESA, F. Paresce (INAF-IASF), R. O'Connell (U. Virginia), & the HST WFC3 Science Oversight Committee (c). NRAO/AUI/NSF: David L. Nidever et al. & A. Mellinger, LAB Survey, Parkes Obs., Westerbork Obs., Arecibo Obs. (t). Wei-Hao Wang (IfA, U. Hawaii) : (br). 268–269 NASA: ESA and M. Livio (STScI). 269 NASA: P. Challis, R. Kirshner (Harvard-Smithsonian Center for Astrophysics) and B. Sugerman (STScI) (tr/ whole sequence). 270 European Southern Observatory (ESO): (br). NASA: ESA, E. Olszewski (University of Arizona) (cl); ESA and The Hubble Heritage Team (STScI/AURA) (bl); JPL-Caltech/K

Gordon (STScI) (cr). **270–271 NASA:** ESA and A. Nota (STScI/ESA). **272 NASA:** ESA and T. Lauer (NOAO/AURA/NSF) (cb); JPL-Caltech/UCLA (cla); UMass/Z. Li & Q.D. Wang (bc). **272–273 Science Photo Library:** Adam Block. **273 NASA:** ESA and T.M. Brown (STScI) (tr) (cra); Thomas M. Brown et al. (GSFC) and Henry C. Ferguson (STScI) (crb). **NOAO/ AURA/NSF:** (br). **274 NASA:** JPL-Caltech/J. Hinz (Univ. of Arizona) (br); Swift Science Team/Stefan Immler (clb); The Hubble Heritage Team (AURA/ STScI) (t). **NOAO/AURA/NSF:** T.A. Rector and M. Hanna (cla). **275 NOAO/AURA/ NSF:** Local Group Galaxies Survey Team (t); T.A. Rector (b). **276 NASA:** ESA and A. Riess (STScI/JHU) (crb); ESA and The Hubble Heritage Team (STScI/AURA) (ca) (br). **276–277 NASA. 277 NASA:** (cra/6 images); ESA and J. Dalcanton and B. Williams (University of Washington, Seattle) (tl). **278–279 NASA. 280 Leonardo Orazi:** (t). **NASA:** ESA and The Hubble Heritage Team (STScI/AURA) (c). **NRAO/AUI/NSF:** Chynoweth et al., Digital Sky Survey (b). **281 NASA:** ESA and the Hubble Heritage Team (c) (bc); ESA, CXC, and JPL-Caltech (bl). **282 ESA:** PACS Consortium (cla). **NASA:** JPL-Caltech/R. Kennicutt (Univ. of Arizona) (bl); X-ray: NASA/CXC/Wesleyan Univ./R. Kilgard et al; UV: NASA/JPL-Caltech; Optical: NASA/ESA/S. Beckwith & Hubble Heritage Team (STScI/AURA); IR: NASA/JPL-Caltech/ Univ. of AZ/R. Kennicutt (clb). **282–283 NASA:** ESA, S. Beckwith (STScI) , and The Hubble Heritage Team STScI/AURA). **283 NASA:** CXC/UMd./A.Wilson et al. (crb); ESA and The Hubble Heritage Team (STScI/ AURA) (cra); ESA, S. Beckwith (STScI), and The Hubble Heritage Team (STScI/ AURA) (br). **284 ESA:** NASA (cla) (clb). **284–285 ESA:** NASA. **285 NASA:** CXC/ SAO/R.DiStefano et al. (tr); ESA, CXC,

SSC, and STScI (br); JPL-Caltech/ Potsdam Univ. (cr). **286 NASA:** JPL-Caltech/R. Kennicutt (University of Arizona), and the SINGS Team (bl); UMass/Q.D.Wang et al (br). **286–287 NASA:** The Hubble Heritage Team (STScI/AURA). **287 NASA:** X-ray: NASA/ UMass/Q.D.Wang et al.; Optical: NASA/ STScI/AURA/Hubble Heritage; Infrared: NASA/JPL-Caltech/Univ. AZ/R. Kennicutt/SINGS Team (br). **288–289 NASA:** ESA and The Hubble Heritage Team (STScI/AURA). **290 Adam Block/ Mount Lemmon SkyCenter/University of Arizona (Board of Regents):** (b). **Corbis:** Stocktrek Images (tl). **NASA:** The Hubble Heritage Team (STScI/ AURA) (tr). **291 NASA:** ESA and E. Peng (Peking University, Beijing). **292 NASA:** Kirk Borne (STScI) (cra); H. Ford (JHU) et al. (bl); J. English (U. Manitoba) et al. (ca); The Hubble Heritage Team (STScI/ AURA) (br). **293 R Jay GaBany, Cosmotography.com:** (b). **NASA:** ESA and The Hubble Heritage Team (STScI/ AURA) (tl) (cr). **294 NASA:** CXC/SAO/H. Marshall et al. (br); A. Wilson & A. Young (UMD), P. Shopbell (Caltech), CXC (bl); X-ray (NASA/CXC/ MIT/C.Canizares, D.Evans et al), Optical (NASA/STScI), Radio (NSF/ NRAO/VLA) (bc). **NRAO/ AUI/NSF:** (t). **295 NASA:** CXC/A. Zezas et al (cla); JPL-Caltech/STScI-ESA (br); STScI (cl); X-ray: NASA/CXC/SAO/P. Green et al., Optical: Carnegie Obs./ Magellan/W.Baade Telescope/J.S.Mulchaey et al. (bl). **296 NASA:** CXC/CfA/R.Kraft et al. (clb). **National Science Foundation, USA:** VLA/Univ.Hertfordshire/M.Hardcastle (cla). **296–297 NASA:** X-ray: NASA/CXC/ CfA/R.Kraft et al.; Submillimeter: MPIfR/ESO/APEX/A.Weiss et al.; Optical: ESO/WFI. **297 Tim Carruthers:** (t). **European Southern Observatory (ESO):** Y. Beletsky (b). **NASA:** E.J. Schreier (STScI) (c) (cr). **298 NASA:**

Andrew S. Wilson (University of Maryland) et al. (b); Penn State/F.Bauer et al. (t). **299 NASA:** ESA, D. Evans (Harvard-Smithsonian Center for Astrophysics), X-ray: NASA/CXC/CfA/D. Evans et al.; Optical/UV: NASA/STScI; Radio: NSF/VLA/CfA/D.Evans et al., STFC/JBO/MERLIN (b); NRAO/AUI/NSF and W. Keel (University of Alabama, Tuscaloosa) (tc) (cra). **300–301 NRAO/ AUI/NSF:** J. M. Uson. **302 NASA:** ESA, R. Bouwens and G. Illingworth (University of California, Santa Cruz) (bl); GSFC (c). **303 NASA:** ESA, G. Illingworth and R. Bouwens (University of California, Santa Cruz) and the HUDF09 Team (crb) (br); ESA, L. Bradley (JHU) et al. (cra) (fcra). **304–305 Science Museum/Science & Society Picture Library:** Volker Springel/Max Planck Institute For Astrophysics. **306 NASA:** ESA/Hubble & S. Beckwith (STScI) & HUDF Team (cla). **The Art Agency:** Terry Pastor (cra/cosmological principle). **306–307 The Art Agency:** Barry Croucher. **307 NASA:** JPL-Caltech/A. Marston (ESTEC/ESA) (tr). **309 The Art Agency:** Barry Croucher (r/3 curvature images). **311 NASA:** ESA, R. Windhorst (Arizona State University) and H. Yan (Spitzer Science Center, Caltech) (tc). **313 © CERN :** Maximilien Brice (cra); Marzena Lapka (br). **NASA:** ESA/Hubble & Adam Riess (STScI) (tc). **314–315 © CERN :** Maximilien Brice. **316 ESA:** Alcatel (b). **The Art Agency:** Barry Croucher (c/seeing the first light). **316–317 NASA:** LAMBDA. **317 NASA:** LAMBDA (b/w-band map details). **NRAO/AUI/NSF:** Rudnick et al./NASA (cr). **The Art Agency:** Barry Croucher (b/ universe curvature diagrams). **318 NASA:** ESA/Hubble & R. Massey (California Institute of Technology) (l/ visible & dark matter). **318–319 NASA:** ESA and R. Massey (Caltech). **319 NASA:** ESA and A. Riess (STScI) (c/

before & after). **The Art Agency:** Terry Pastor (b) (t/steady & accelerated expansion). **320 NASA:** ESA/Hubble, N. Pirzkal (ESA/STScI) & HUDF Team (STScI) (tr) (cra) (fcra). **320–321 NASA:** ESA/Hubble, Hubble Heritage Team (STScI/AURA) & B. Whitmore (STScI). **321 The Art Agency:** Terry Pastor (t). **322 2MASS:** Thomas Jarrett (bl). **322– 323 Sloan Digital Sky Survey. 323 2MASS:** Atlas Image mosaic obtained as part of the Two Micron All Sky Survey (2MASS), a joint project of UMASS and IPAC/Caltech, funded by NASA and NSF (cr). **Sloan Digital Sky Survey:** (cra). **324 The Art Agency:** Terry Pastor (bl). **325 Science Photo Library:** Royal Observatory, Edinburgh/AATB (br). **The Art Agency:** Terry Pastor (tr). **326 NASA:** (clb); MSFC/Emmett Givens (tr). **326– 327 NASA. 327 NASA:** ESA/Arianespace (cr). **328–329 The Bridgeman Art Library:** Private Collection

封面图片：NASA: JPL–Caltech/S. Stolovy (SSC/Caltech).

环衬图片：NASA

本书中其他图片为DK出版公司所有，详情请登录www.dkimages.com查询。

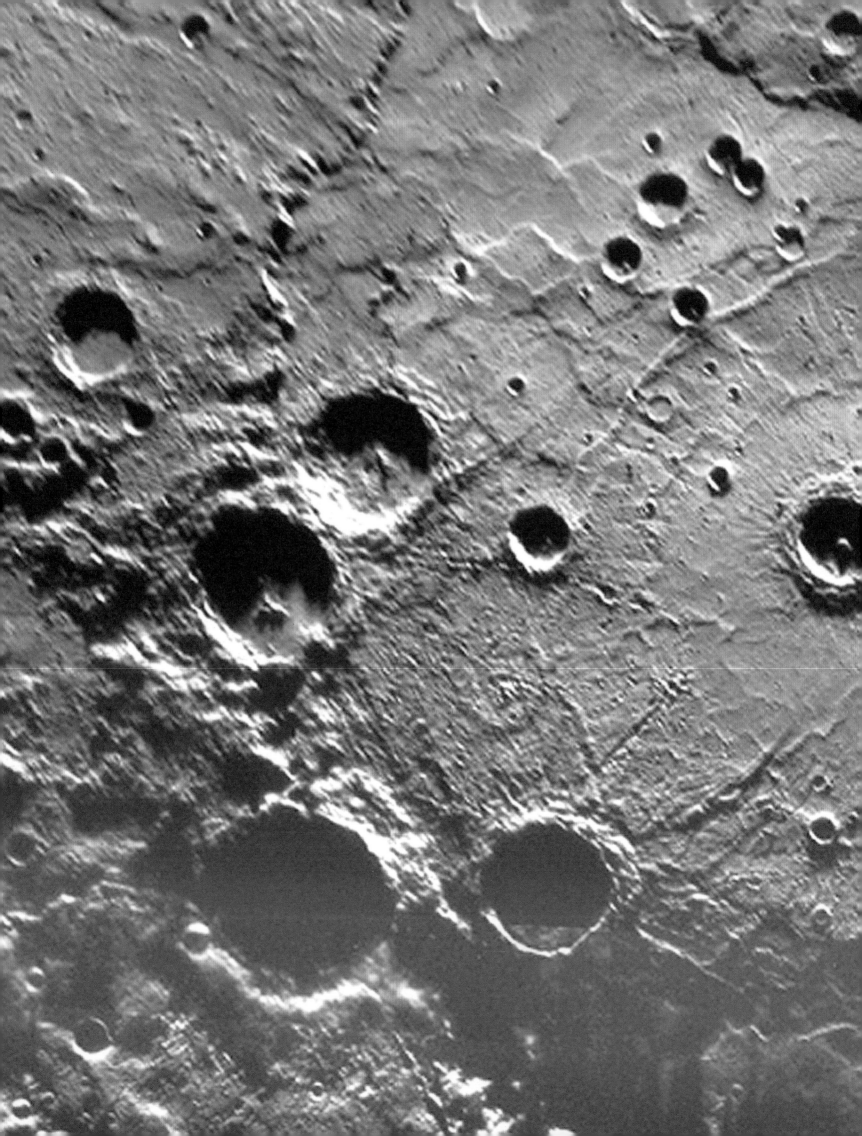